21 世纪全国高职高专电子信息系列实用规划教材

电力电子技术

主　编　梁南丁

副主编　叶予光　王春莹

参　编　马桂荣　张荣花　王立亚

内 容 简 介

本书以培养高素质技能型专业人才为目标，系统地介绍了电力电子技术的基本理论及其应用。本书在注重基本理论、基本方法的基础上，突出了应用技术和实践性的教学，充分体现了高职高专教育的特点。全书共分7章，包括：电力电子器件，相控型整流和有源逆变电路，直流电压变换电路，交流电压变换电路，无源逆变电路，电力电子技术在工程中的应用，课程实训与实验。每章后都附有本章小结和习题与思考题，便于教师教学和学生自学。

本书可作为高职高专院校电气化、工业自动化、机电及相关专业的教材，也可作为成人教育和继续教育的教材，还可供有关工程技术人员参考。

图书在版编目(CIP)数据

电力电子技术/梁南丁主编. —北京：北京大学出版社，2009.4
(21世纪全国高职高专电子信息系列实用规划教材)
ISBN 978-7-301-12390-4

Ⅰ. 电… Ⅱ. 梁… Ⅲ. 电力电子学—高等学校：技术学校—教材 Ⅳ. TM1

中国版本图书馆CIP数据核字(2007)第083342号

书　　名：电力电子技术
著作责任者：梁南丁　主编
策 划 编 辑：赖　青
责 任 编 辑：刘　颖
标 准 书 号：ISBN 978-7-301-12390-4/TM·0014
出 版 者：北京大学出版社
地　　址：北京市海淀区成府路205号　100871
网　　址：http://www.pup.cn　http://www.pup6.com
电　　话：邮购部62752015　发行部62750672　编辑部62750667　出版部62754962
电 子 邮 箱：pup_6@163.com
印 刷 者：北京飞达印刷有限责任公司
发 行 者：北京大学出版社
经 销 者：新华书店
787毫米×1092毫米　16开本　17.75印张　420千字
2009年4月第1版　2013年1月第3次印刷
定　　价：28.00元

未经许可，不得以任何方式复制或抄袭本书之部分或全部内容。
版权所有，侵权必究　　举报电话：010-62752024
电子邮箱：fd@pup.pku.edu.cn

前　　言

本教材是根据高等职业技术教育的特点，面向21世纪科技发展的需要以及电气化、自动化、机电、计算机控制技术等专业教学改革的要求而组织编写的。

本教材主要由三大部分构成：电力电子器件、电力电子电路和电力电子技术在工程中的应用。本教材重点介绍了：电力电子器件，相控型整流和有源逆变电路，直流电压变换电路，交流电压变换电路，无源逆变电路，电力电子技术在工程中的应用等基础理论、基本电路和应用。

本教材在编写思路上坚持理论“够用为度”，实践“突出能力”的培养原则，在教学内容上进行了较大的调整和压缩，如在电力电子器件中将传统的半控型器件——普通晶闸管部分仅作为基础内容，而以目前新型的全控型器件IGBT、MOSFET等为主要内容；在电力电子电路中四大类基本变流电路，即AC-DC、DC-DC、AC-AC、DC-AC变流电路的基础上，介绍了PWM控制技术、SPWM控制技术和软开关技术；在电力电子技术在工程中的应用中对组合变流电路AC-DC-AC和DC-AC-DC、变频器电路及电力电子技术在交、直流调速系统和电力系统中的应用进行了分析和讲解。本书的最后一章提供了通用变频器的维修，故障检查和处理方法，课程实训与实验，从实践能力培养方面培养学生的逻辑思维能力、综合运用能力和解决问题的能力。全书在基本理论的讲解上力求做到深入浅出，循序渐进，通俗易懂，在注重物理概念叙述的同时引入实例，做到理论联系实际。在教材结构上，每章都设置了“教学提示”、“本章小结”和“习题与思考题”，便于学生巩固所学知识及自学。

本教材由梁南丁担任主编，叶予光、王春莹担任副主编。参加本教材编写工作的有：河南平顶山工业职业技术学院梁南丁(绪论、第1章)，马桂荣(第2、3章)，张荣花(第2、4章)，王立亚(第1章1.7节、1.8节、1.9节，第5章)；平顶山学院叶予光(第6章)，王春莹(第7章)。全书由梁南丁统稿。

本书较适宜的授课学时为80时左右，各章的参考教学时数见下表：

序号	内　　容	建议学时	备　　注
0	绪论	2	
1	电力电子器件	10	
2	相控整流电路和有源逆变电路	12	
3	直流电压变换电路	8	
4	交流电压变换电路	8	
5	无源逆变电路	8	

（续）

序号	内　　容	建议学时	备　　注
6	电力电子技术在工程中的应用	16	
7	课程实训与实验	14	实训可安排在课外进行，实验可根据各校情况选做4个

在本教材的编写过程中，查阅和参考了大量的文献资料，在此谨向参考文献的作者致以诚挚的谢意！

限于编者水平有限，书中不妥之处在所难免，恳请广大读者提出宝贵意见，以便修改。

编　者

2009年2月

目　　录

绪论 ………………………………………… 1
第1章　电力电子器件 …………………… 5
1.1　电力电子器件概述 ………………… 5
1.1.1　电力电子器件的发展与应用 ………………… 5
1.1.2　电力半导体器件的分类…… 6
1.1.3　电力半导体器件的发展趋势 …………………… 7
1.2　不可控器件——电力二极管 ……… 8
1.2.1　电力二极管的工作原理…… 8
1.2.2　电力二极管的主要参数…… 8
1.2.3　电力二极管的主要类型…… 9
1.3　半控型器件——晶闸管 ………… 9
1.3.1　晶闸管的结构 …………… 9
1.3.2　晶闸管的工作原理 ……… 11
1.3.3　晶闸管的检测…………… 12
1.3.4　晶闸管的伏安特性 ……… 12
1.3.5　晶闸管的主要参数 ……… 13
1.3.6　晶闸管的型号及简单测试方法 ………………… 15
1.3.7　晶闸管的派生系列 ……… 15
1.4　全控型电力电子器件 …………… 17
1.4.1　门极可关断晶闸管 ……… 17
1.4.2　电力晶体管 …………… 20
1.4.3　电力场效应晶体管 ……… 29
1.4.4　绝缘栅双极型晶体管 …… 32
1.5　其他新型电力电子器件 ………… 38
1.5.1　静电感应晶体管………… 38
1.5.2　静电感应晶闸管………… 40
1.5.3　MOS栅控晶闸管 ……… 41
1.5.4　集成门极换向晶闸管 …… 42
1.5.5　功率集成电路…………… 42
1.6　电力电子器件的保护 …………… 44
1.6.1　过电压的产生及过电压保护 ……………… 44
1.6.2　过电流保护 …………… 44
1.7　电力电子器件的串联与并联 …… 46
1.7.1　晶闸管的串、并联 ……… 46
1.7.2　可关断晶闸管的串、并联 ………………… 48
1.7.3　双极型功率晶体管的串、并联 ………………… 49
1.7.4　电力场效应晶体管的串、并联 ………………… 50
1.7.5　绝缘栅双极型晶体管的串、并联 ……………… 50
1.8　本章小结 …………………… 51
1.9　习题及思考题 ……………… 52
第2章　相控型整流和有源逆变电路 ………………… 53
2.1　单相可控整流电路 ……………… 53
2.1.1　单相半波可控整流电路 … 53
2.1.2　单相桥式全控整流电路 … 56
2.1.3　单相全波可控整流电路 … 60
2.1.4　单相桥式半控整流电路 … 60
2.2　三相可控整流电路 ……………… 64
2.2.1　三相可控整流电路 ……… 64
2.2.2　三相桥式全控整流电路 … 67
2.3　变压器漏感对整流电路的影响 … 72
2.4　电容滤波的不可控整流电路 …… 74
2.4.1　电容滤波的单相不可控整流电路 ………… 74
2.4.2　电容滤波的三相不可控整流电路 ………… 77
2.5　大功率可控整流电路 …………… 79
2.5.1　带平衡电抗器的双反星形可控整流电路 ……… 79
2.5.2　多重化整流电路 ………… 82
2.6　整流电路的有源逆变工作状态 … 84
2.6.1　逆变的概念 …………… 84

2.6.2 三相桥式整流电路的有源逆变工作状态 ……… 86
2.6.3 逆变失败与最小逆变角的限制 ……… 87
2.7 晶闸管-直流电动机(V-M)系统 ……… 89
2.7.1 整流电路工作于整流状态 ……… 89
2.7.2 整流电路工作于有源逆变状态 ……… 92
2.7.3 直流可逆电力拖动系统 … 93
2.8 晶闸管相控电路的驱动控制 …… 95
2.8.1 同步信号为锯齿波的触发电路 ……… 95
2.8.2 集成触发器 ……… 99
2.8.3 触发电路的定相 ……… 100
2.9 本章小结 ……… 102
2.10 习题及思考题 ……… 102
第3章 直流电压变换电路 ……… 105
3.1 直流电压变换电路的基本原理及控制方式 ……… 105
3.1.1 直流电压变换电路的基本原理 ……… 105
3.1.2 直流电压变换电路的控制方式 ……… 106
3.2 降压直流电压变换电路 ……… 106
3.3 升压直流电压变换电路 ……… 109
3.4 直流变换降压-升压复合型直流变换电路 ……… 111
3.5 库克直流电压变换电路 ……… 112
3.6 直流变换电路的 PWM 控制技术 ……… 115
3.7 直流开关电源的应用 ……… 118
3.7.1 带有电气隔离的直流-直流变换器 ……… 118
3.7.2 直流电源的保护 ……… 120
3.7.3 直流电源设计中的一些问题 ……… 121
3.8 本章小结 ……… 122
3.9 习题及思考题 ……… 123
第4章 交流电压变换电路 ……… 124
4.1 交流调压电路 ……… 124
4.1.1 相位控制的单相交流调压电路 ……… 124
4.1.2 交流斩波调压电路 …… 127
4.1.3 相位控制的三相交流调压电路 ……… 129
4.2 交流调功电路和交流电力电子开关 ……… 135
4.2.1 交流调功电路 ……… 135
4.2.2 交流电力电子开关 …… 136
4.3 交-交变频电路 ……… 136
4.3.1 单相交-交变频电路 …… 136
4.3.2 三相交-交变频电路 …… 139
4.4 晶闸管交-交变换器的应用 …… 141
4.4.1 晶闸管交流调压应用电路 ……… 141
4.4.2 晶闸管交流调功器应用电路 ……… 142
4.4.3 晶闸管交流开关应用电路 ……… 143
4.5 本章小结 ……… 145
4.6 习题及思考题 ……… 146
第5章 无源逆变电路 ……… 148
5.1 逆变器的基本工作原理及分类 … 148
5.1.1 逆变器的基本工作原理 ……… 148
5.1.2 逆变器的分类 ……… 149
5.2 单相桥式逆变电路 ……… 152
5.2.1 单相半桥逆变电路 …… 152
5.2.2 单相全桥逆变电路 …… 153
5.3 电流型逆变器 ……… 154
5.3.1 电流型并联谐振式逆变器 ……… 154
5.3.2 三相串联二极管式电流型逆变器 ……… 156
5.4 电压型逆变器 ……… 160
5.4.1 串联谐振式电压逆变电路 ……… 161
5.4.2 串联电感式电压型逆变器 ……… 162

5.4.3 串联二极管式电压型逆变器 …… 164
5.4.4 振荡换流的串联二极管式电压型逆变器 …… 165
5.5 脉宽调制逆变电路 …… 166
5.5.1 SPWM 原理 …… 166
5.5.2 三相桥式 PWM 逆变电路 …… 169
5.5.3 SPWM 控制的交-直-交变频器 …… 170
5.6 软开关技术 …… 170
5.6.1 软开关的基本概念 …… 170
5.6.2 软开关电路的分类 …… 171
5.6.3 典型的软开关电路 …… 173
5.6.4 软开关逆变技术的应用 …… 178
5.7 本章小结 …… 179
5.8 习题及思考题 …… 180
第 6 章 电力电子技术在工程中的应用 …… 181
6.1 交-直-交组合变流电路 …… 181
6.1.1 交-直-交组合变流电路原理 …… 181
6.1.2 交-直-交组合变流电路的控制方式 …… 184
6.2 直-交-直组合变流电路 …… 188
6.2.1 单端电路 …… 188
6.2.2 双端电路 …… 190
6.2.3 开关电源 …… 194
6.3 电力电子技术的应用 …… 194
6.3.1 典型的直流调速系统 …… 194
6.3.2 变频器 …… 199
6.3.3 典型变频调速系统 …… 207
6.3.4 高压直流输电 …… 208
6.3.5 静止无功补偿 …… 213
6.3.6 静止无功发生器 …… 217
6.3.7 有源电力滤波器 …… 219
6.4 本章小结 …… 221
6.5 习题及思考题 …… 222
第 7 章 课程实训与实验 …… 223
7.1 通用变频器维修及检查 …… 223
7.2 晶闸管单相半控桥式整流电路的安装与调试训练 …… 226
7.3 晶闸管直流调速系统主回路参数设计实训 …… 228
7.3.1 整流变压器参数计算 …… 228
7.3.2 平波电抗器参数计算 …… 235
7.3.3 脉冲变压器设计 …… 238
7.3.4 课程设计及实训 …… 243
7.4 实验 …… 256
7.4.1 晶闸管的简易测试及导通关断条件实验 …… 256
7.4.2 单相桥式半控整流电路与单结晶体管触发电路的研究 …… 257
7.4.3 三相桥式全控整流电路的研究 …… 260
7.4.4 三相交流调压电路的研究 …… 264
7.4.5 GTR 单相并联逆变器的研究 …… 266
7.4.6 IGBT 斩波电路的研究 …… 268
参考文献 …… 271

绪　论

1. 电力电子技术

电力电子技术是应用于电力领域的电子技术，是应用各种电力电子器件对电能进行变换和控制的技术。电力电子技术所变换的“电力”，功率可以大到吉瓦级，也可以小到1W以下。因此说，它既是电子学在强电(高电压、大电流)电子领域的一个分支，又是电工学在弱电(低电压、小电流)电子领域的一个分支，也是强弱电结合的新兴高新技术学科。通常所用的电力有直流(DC)和交流(AC)两大类。前者有电压幅值和极性的不同，后者除电压幅值和极性不同外，还有频率和相位的差别。在实际应用中，人们常常需要在两种电能之间，或对同种电能的一个或多个参数(如电压、电流、频率和功率因数等)进行变换。不难看出，这些变换共有4种类型，它们都可通过相应的变换器实现，见表0-1。

表0-1　电力变换的类型与变换器

输出＼输入	交　流	直　流
直流	整流(整流器)	直流斩波(斩波器、脉宽调制器PWM)
交流	交流调压(调压器)，交-交变频(变频器)	逆变(逆变器、变频器)

交流-直流(AC-DC)变换：即将交流电转换为直流电。这种变换也称为整流。所用的装置叫整流器。用于如充电、电镀、电解和直流电动机的速度调节等场合。

直流-交流(DC-AC)变换：即将直流电转换为交流电。这是与整流相反的变换，也称为逆变。当交流输出接电网时，称之为有源逆变；当交流输出接负载时，称之为无源逆变。无源逆变装置的输出可以是恒频的，用于如恒压恒频(CVCF)电源或不间断供电电源(UPS)；也可以是变频(这时变换器也称为变频器)的，用于各种变频电源、中频感应加热和交流电动机的变频调速等场合。

交流-交流(AC-AC)变换：即将交流电能的参数(幅值或频率)加以变换。其中，改变交流电压有效值称为交流调压，用于如调温、调光、交流电动机的调压调速等场合；而将50Hz工频交流电直接转换成其他频率的交流电，称为交-交变频，所用装置也称为周波变换器(Cycloconverter)，主要用于交流电动机的变频调速。

直流-直流(DC-DC)变换：即将直流电的参数(幅值或极性)加以转换，是将恒定直流变成断续脉冲输出，以改变其平均值，此种变换器也称为斩波器(Chopper)或脉宽调制(PWM)变换器，主要用于直流电压变换、开关电源、电车、地铁、矿山电动机车、搬运车等电气机车上所用直流电动机的牵引传动等场合。

可见，电力电子技术在工农业生产、交通运输、通信以及家用电器等行业都有着广泛的应用。因此，电力电子技术是横跨“电子”、“电力”和“控制”3个领域的一门新兴工程技术。

2. 电力电子技术的发展

电力电子技术的发展是基于电力电子器件的发展。一般认为，电力电子技术的诞生是以1957年美国通用电气公司研制出第一只晶闸管为标志的。在晶闸管出现之前，电能转换是依靠旋转机组来实现的。与这些旋转式的交流机组相比，利用电力电子器件组成的静止电能变换器，具有体积小、重量轻、无机械噪声和磨损、效率高、易于控制、响应快及使用方便等优点。因此，自20世纪60年代开始电力电子技术进入了晶闸管时代。晶闸管是通过对门极的控制使其导通而不能使其关断的器件，因而属于半控型器件。对晶闸管电路的控制方式主要是相位控制方式。晶闸管的关断通常依靠电网电压等外部条件来实现，这就使得晶闸管的应用受到局限。

20世纪70年代后期，电力电子技术突飞猛进，其特征是，出现了通和断或开和关都能控制的全控型电力电子器件(亦称自关断型器件)。全控型器件的特点是通过对门极(基极、栅极)的控制既可使其开通又可使其关断，如门极可关断晶闸管(GTO)、双极型功率晶体管(BJT/GTR)、功率场效应晶体管(P-MOSFET)等。这些器件的开关速度普遍快于晶闸管，可用于开关频率较高的电路。这些优越的特性使电力电子技术的面貌焕然一新，把电力电子技术推进到一个新的发展阶段。

和晶闸管电路的相位控制方式相对应，采用全控型器件的电路的主要控制方式为脉冲宽度调制(PWM)方式。PWM控制技术在电力电子技术中占有十分重要的位置，它在逆变、斩波、整流、变频及交流电力控制中均可应用。它使电路的控制性能大为改善，使以前难以实现的功能也得以实现，对电力电子技术的发展产生了深远的影响。

在20世纪80年代后期，以绝缘栅极双极型晶体管(IGBT)为代表的复合型器件异军突起。IGBT是MOSFET和BJT的复合。它把MOSFET的驱动功率小、开关速度快的优点和BJT通态压降小、载流能力大的优点集于一身，性能十分优越，成为现代电力电子技术的主导器件。与IGBT相对应，MOS控制晶闸管(MCT)和集成门极换流晶闸管(IGCT)都是MOSFET和GTO的复合，它们也综合了MOSFET和GTO两种器件的优点。

为了使电力电子装置的结构紧凑、体积减小，人们常常把若干个电力电子器件及必要的辅助元件做成模块的形式，这给应用带来了很大的方便。后来，又把驱动、控制、保护电路和功率器件集成在一起，构成功率集成电路(PIC)。目前功率集成电路的功率都还较小，但这代表了电力电子技术发展的一个重要方向。

随着全控型电力电子器件技术的不断进步，电力电子电路的工作频率也不断提高，电力电子器件的开关损耗也随之增大。为了减小开关损耗，软开关技术便应运而生，零电压开关(ZVS)和零电流开关(ZCS)就是软开关最基本的形式。从理论上讲，采用软开关技术可使开关损耗降为零，可以提高效率。另外，它也使得开关频率可以进一步提高，从而提高了电力电子装置的功率密度。

3. 电力电子技术的应用

电力电子技术的应用十分广泛。它不仅用于一般工业，也广泛用于交通运输、电力系统、通信系统、计算机系统、新能源系统等，在电灯、空调等家用电器及其他领域中也有着广泛的应用。以下分几个主要应用领域加以叙述。

(1) 交直流电动机调速。工矿企业中大量应用的各种直流电动机具有良好的调速性能，为其供电的可控整流电源或直流斩波电源都是电力电子装置。近年来，由于电力电子变频技术的迅速发展，使得交流电动机的调速性能可与直流电动机相媲美，交流调速技术大量应用并占主导地位。大至数兆瓦的各种轧钢机，小到几百瓦的数控机床的伺服电动机，以及矿山机械牵引等场合都广泛采用电力电子交直流调速技术。一些对调速性能要求不高的大型风机、水泵等近年来也采用了变频装置，以达到节能的目的。还有些不需要调速的电动机为了避免启动时的电流冲击而采用了软启动装置，这些软启动装置也是电力电子装置。

(2) 电源技术。各种电子装置一般都需要不同电压等级的直流电源供电。以前的直流电源大多用晶闸管整流电源，现在多改为采用全控型器件的高频开关电源，如通信设备中的程控交换机用的直流电源、计算机的电源等。

在冶金工业中的高频或中频感应加热电源、淬火电源及直流电弧炉电源等，在电化学工业中所使用的直流电源、电解铝、电解食盐水、电镀等都需要大容量整流电源。

在交通运输电气化铁道中也广泛采用电力电子技术。电气机车中的直流机车采用整流装置，交流机车采用变频装置。直流斩波器也广泛用于铁道车辆。在未来的磁悬浮列车中，电力电子技术更是一项关键技术。除牵引电动机传动外，车辆中的各种辅助电源也都离不开电力电子技术。

电动汽车的电动机靠电力电子装置进行电力变换和驱动控制，其蓄电池的充电也离不开电力电子装置。一台高级汽车中需要许多控制电动机，它们也要靠变频器和斩波器来驱动和控制。

飞机、船舶需要很多不同要求的电源，因此航空和航海都离不开电力电子技术。

由于电力电子装置可以提供给负载各种不同的直流电源、恒频交流电源和变频交流电源，因此也可以说电力电子技术研究的就是电源技术。

(3) 电力系统自动化。电力电子技术在电力系统中有着非常广泛的应用。据估计，发达国家在用户最终使用的电能中，有60%以上的电能至少经过一次电力电子交流装置的处理。电力系统在通向现代化的过程中，电力电子技术是关键技术之一。可以毫不夸张地说，如果离开电力电子技术，电力系统的现代化是不可想象的。

直流输电在长距离、大容量输电时有很大的优势，其送电端的整流间和受电端的逆变阀都采用晶闸管变流装置。近年发展起来的柔性交流输电(FACTS)也是依靠电力电子装置才得以实现的。

无功补偿和谐波抑制对电力系统有重要的意义。晶闸管控制电抗器(TCR)、晶闸管投切电容器(W)都是重要的无功补偿装置。近年来出现的静止无功发生器(SVG)、有源电力滤波器(APF)等新型电力电子装置具有更为优越的无功功率和谐波补偿的性能。在配电网系统中，电力电子装置还可用于防止电网瞬时停电、瞬时电压跌落、闪变等，以进行电能质量控制，改善供电质量。

(4) 家用电器。电灯在家用电器中占有十分突出的地位。由于电力电子照明电源体积小、发光效率高、可节省大量能源，通常被称为“节能灯”，目前正在逐步取代传统的白炽灯和日光灯。

家用变频空调器、电视机、音响设备、计算机、全自动洗衣机、电冰箱、微波炉等家用电器都不同程度地应用了电力电子技术。

4. 电力电子技术的重要作用

综合以上所述可知，电力电子技术在现代社会的重要作用如下。

(1) 优化电能使用。通过电力电子技术对电能的处理，使电能的使用合理、高效和节约，实现了电能使用最佳化。例如，在节电方面，针对风机水泵、电力牵引、轧机冶炼、轻工造纸、工业窑炉、感应加热、电焊、化工、电解等14个方面的调查报告显示，潜在节电总量相当于1990年全国发电量的16%。所以，推广应用电力电子技术是节能的一项战略措施，一般节能效果为10%～40%。我国已将许多装置列入到节能的推广应用项目之中。

电力电子技术与能源利用的关系：在过去100年中，能源消耗增长很快，对环境造成了严重的污染。如果这个趋势继续下去，将来会造成很严重的后果，会出现能源匮乏、环保等问题。那么电力电子技术在这个方面起什么作用呢？目前在所有的能源中，电力方面的能源约占40%，而电力能源中有40%是经过电力电子设备的转换才到使用者手中的。其中的55%以上是在电动机和电动机控制方面，20%是照明方面。在这两个主要方面，如果用先进的电力电子技术去转换，人类最少可节省约1/3的能源，而这1/3的能源相当于840个发电厂发出的电能。由此可以看出，电力电子技术与环保密切相关，是环保的重点之一。预计10年后，电力能源中的80%要经过电力电子装置的变换，电力电子技术在21世纪将起到更大的作用。

(2) 改造传统产业和发展机电一体化等新兴产业。据发达国家预测，今后将有95%的电能要经电力电子技术处理后再使用，即工业和民用的各种机电设备中，将有95%与电力电子产业有关。特别是，电力电子技术是弱电控制强电的媒介，是机电设备与计算机之间的重要接口。它的发展为传统产业和新兴产业采用微电子技术创造了条件，成为发挥计算机作用的基础和保证。

(3) 电力电子技术高频化和变频技术的发展，将使机电设备突破工频传统，向高频化方向发展。实现最佳工作效率，将使机电设备的体积减小为原来的几分之一，甚至几十分之一，响应速度大大加快，并能适应任何基准信号，实现无噪声且具有全新的功能和用途。

(4) 电力电子智能化的发展，在一定程度上将信息处理与功率处理合二为一，使微电子技术与电力电子技术一体化，其发展有可能引起电子技术的重大改革。有人甚至提出，电子学的下一项革命将发生在以工业设备和电网为对象的电子技术应用领域，电力电子技术将把人们带到第二次电子革命的边缘。

5. 本课程的学习要求

电力电子技术是机电一体化技术、自动化技术等专业的专业技术基础课，也是一门实用性很强的课程，因此本课程对学生的学习要求如下。

(1) 熟悉和掌握常用电力电子器件和装置的工作原理、特性和参数，能正确选择和使用它们。

(2) 熟悉和掌握各种基本变换器的工作原理，特别是各种基本电路中的电磁过程，掌握其工作波形分析方法和常见故障的分析与处理方法。

(3) 了解各种开关元件的控制电路、缓冲电路和保护电路。

(4) 了解各种变换器的特点、性能指标和使用场合。

(5) 重视实验与实训，掌握基本实验和实训方法，提高实践技能。

本课程的选修课程是电工学、电子技术基础等课程，后续课程主要是自动控制原理及应用、电力拖动自动控制系统等专业课程。

第1章　电力电子器件

教学提示：电力电子器件是电力电子电路的基础，本章主要讲述电力电子器件的概念、特点和分类。电力电子器件种类繁多，按其开关控制性能可分为不控型器件(如电力二极管)、半控型器件(如晶闸管)和全控型器件(如可关断晶闸管GTO、电力晶体管GTR及绝缘栅双极晶体管IGBT等)。通过控制信号既可以控制其导通，又可以控制其关断的电力电子器件被称为全控型器件。这类器件的品种很多，目前常用的有门极可关断晶闸管(GTO)、大功率晶体管(GTR)、电力场效应晶体管(Power MOSFET)、绝缘栅双极型晶体管(IGBT)、静电感应晶体管(SIT)及静电感应晶闸管(SJTH)等。根据器件内部载流子参与导电的种类不同，全控型器件又可分为单极型、双极型和复合型3类。器件内部只有一种载流子参与导电的称为单极型，如P-MOSFET和SIT；器件内有电子和空穴两种载流子导电的称为双极型，如GTR、GTO和SITH等；由双极型器件与单极型器件复合而成的新器件称为复合型器件，如IGBT等。本章重点分析这3类电力电子器件的工作原理、基本特性、主要参数、电力电子器件的驱动、保护、串并联使用以及选择和使用中应注意的问题等。

1.1　电力电子器件概述

1.1.1　电力电子器件的发展与应用

1. 电力电子器件的发展

在电力系统或电气控制系统中，用以实现主电路电能的变换或控制的电力半导体器件称为电力电子器件。自1958年世界上第一支晶闸管(早期称为可控硅整流管，300V/25A)研制成功以来，电力半导体技术在工业领域的应用发生了革命性的变化，有力地推动了大功率(高电压、大电流)电子器件多样化应用进程的发展。在随后的二十多年里，电力半导体器件在技术性能和应用类型方面又有了突飞猛进的发展，先后分化并制造出功率逆导晶闸管、三端双向晶闸管和可关断晶闸管等。在此基础上为增强功率器件的可控性，还研制出双极型大功率晶体管、开关速度更高的单极MOS场效应晶体管和复合型高速、低功耗绝缘栅双极晶体管等，从此电力半导体器件跨入了全控开关器件的新时代。进入20世纪90年代，单个器件的容量明显增大，控制功能更加灵活，价格显著降低，派生的新型器件不断涌现，电力全控开关器件模块化和智能化集成电路已经形成，产品性能和技术参数正不断改进和完善。电力电子技术的不断发展及广泛应用又将反过来促进现代电力半导体器件制造技术的成熟与发展。

2. 电力电子器件的应用范围

随着电力半导体器件制造水平的不断提高和电力电子技术的迅速推广，越来越多的电气设备采用了电力变换和控制器件，其应用范围非常广泛，从家用电器、商业运营系统、一般工业设备、电气化机车，到大型电力行业等领域都有许多独特的应用。

从应用类型的实际要求和电力器件的技术性能(例如，器件容量、开关频率以及器件尺寸大小等)进行综合选择，各种电力半导体器件的适用范围大致如下。

(1) 三端双向晶闸管：适用于可控电抗器、电容器投切电子开关、电子洗衣机、微波炉、真空清洗器等。

(2) 晶闸管：适用于高压直流输电(HVDC)、电动机车牵引、直流电动机传动、制造行业焊机和化工业电解直流电源等。

(3) 可关断晶闸管：适用于静止无功补偿(SVC、SVG)、电力机车、不间断电源(UPS)、电动机调速控制、超导磁储能控制(SMES)等。

(4) 大功率晶体管：适用于 UPS、电动机控制、空调、普通逆变器、电冰箱等。

(5) 场控器件和功率模块：适用于工业用大功率逆变器、有源电力滤波器(APF)、电动机驱动控制、铲叉车斩波器、机器人焊接器、UPS、电动汽车、恒压恒频(CVCF)和变压变频(VVVF)装置、视频音频设备、微波炉、电子烤箱等。

1.1.2 电力半导体器件的分类

电力半导体器件一般有下面两种分类方法。

1. 按照器件的可控性分类

按照器件的可控性进行分类，可将电力半导体器件分为不可控型、半控型和全控型 3 种。

(1) 不可控型：如电力二极管，其特点是由电源主回路控制其通断状态。

(2) 半控型：如普通晶闸管，其特点是由触发信号控制其导通，但需由主回路的外部条件(负电压和小于维持电流)控制关断，通常采用换相电压的自然关断或强迫关断方法。

(3) 全控型：如电力开关器件，其特点是由触发信号控制导通和关断两种状态。包括可关断晶闸管(GTO)、大功率双极型晶体管(BJT)、MOS 场效应晶体管(MOSFET)、绝缘栅双极晶体管(IGBT)、MOS 控制晶闸管(MCT)以及静电感应晶闸管(SITH)和静电感应晶体管(SIT)等。

2. 按照器件的物理结构和功能特点分类

按照器件的物理结构和功能特点进行分类，可将电力半导体器件分为二层二端结构、四层三端结构、多重台面三端结构和多芯片模块结构。

(1) PN 二层二端结构：如二极管，主要用于电源整流和逆变器续流。

(2) PNPN 四层三端结构：如晶闸管，用于可控整流器和逆变器，以及其他电气设备的电子开关等。其主要包括普通晶闸管(SCR)、三端双向晶闸管(TRIAC)，以及派生的可关断晶闸管等。

(3) NPN 多重台面三端结构：如电力晶体管等，是一种自关断功率器件，作为高速开关广泛用于逆变器。其主要包括双极型晶体管、MOS 场效应晶体管和绝缘栅双极晶体管等。

(4) 多芯片模块结构：如电力模块，由数块电力半导体器件按照应用电路的要求集成或封装在单一模块中。根据所含器件芯片的种类，又可分为二极管模块、晶闸管模块、晶体管模块和智能功率模块等。

1.1.3　电力半导体器件的发展趋势

电力半导体器件技术的进步是与工业市场的需求密不可分的。虽然不同的应用系统和电气设备对电力器件的要求不尽相同，但从利用电力电子技术促进节能和提高电能转换效率、免除换流电路系统的复杂设计过程等社会效益和经济效益考虑，电力半导体器件技术正向着大容量、高开关速度、高集成度和低价格方向迅猛发展，主要发展趋势如下。

1. 高电压、大电流、低损耗和高速开关的全控器件

可以预言，除了在数兆伏安等级的电力电子换流器中仍会使用传统的自然关断或强迫换相晶闸管外，未来的换流器设计中都将采用可控开关器件，或者说电力器件的结构和类型主要将在低频大容量晶闸管、可关断晶闸管和高开关频率、电压触发型 MOS 复合型晶体管两个方面发展。例如：目前已有 4.5kV、3kA 可关断晶闸管用于 80MVA 电力静止无功发生器和 20MVA 电力有源滤波器，正在开发研制 8kV、4kA 晶闸管和 6kV、6kA 可关断晶闸管，并把它们用于工频高压直流输电换流器以及静止无功发生器中。在高频开关应用领域里，越来越多地采用 MOS 场控器件。目前正在开发研制 1.4kV、1kA、工作频率为 20kHz，并带有续流二极管的单开关 IGBT 模块；1.4kV、300A 的三相逆变桥模块以及 1.2kV、30A 具有制动回路的三相整流和逆变桥一体的 IGBT 模块。不久将有 1.2kV、600A 的达林顿双极晶体管产品出现。

提高电力器件的开关工作频率对于降低工作环境的噪声，减小和减轻器件的体积与重量，增强控制精度以及改善变换性能的作用是十分显著的。由于半导体器件结构和特性等因素的影响，提高电力器件的开关工作频率在器件的类型上正从晶闸管向双极晶体管方面转变。晶闸管的工作频率通常在 0～1kHz 范围内(实际上主要用于工频条件)，对应人类的听觉有最大噪声感受度。随着电力器件半导体物理结构设计和制造技术的进步，大功率晶体管的最高工作频率已达到 5kHz，MOS 双极晶体管的工作频率已达到 50kHz，其中 IGBT 工作频率范围很宽，可达 20kHz，而 MOSFET 的工作频率甚至接近于 100kHz。许多制造厂家都把如何进一步提高电力器件的开关工作频率作为重要的研究方向，因此可以说，无论从器件的功率容量或是开关工作频率等技术参数上来说，IGBT 器件都将取代 BJT 器件。

2. 功率器件的智能模块化和系统模块化

电力半导体器件技术发展的另一个重要方面是功率器件的智能模块化和系统模块化。除了上述提到的大容量、低噪声、高集成度和小型化外，从实际应用角度考虑，还希望功率器件高效低损耗，有较大的安全工作区，坚固耐用，便于稳定控制，并且易于进行复杂换流电路系统设计和实际使用。随着电力半导体构造技术和工艺制造技术的发展，在充分发挥 IGBT 模块的技术性能的基础上，20 世纪 90 年代利用新兴 IGBT 芯片和优化集成电路，并通过封装新技术将器件驱动功能、信号传感、自保护和自诊断功能(过电流及掉负载保护、过热保护、短路保护和控制电源欠电压闭锁保护等)与功率器件或开关主电路集成一体，生产出智能功率模块(IPM)。与一般功率模块相比，它的抗干扰性能进一步改善，器件功耗减少了 20%～30%，应用电路设计工作量节省约 50%，功率器件的可靠性大大提高，加快了电力电子技术在各个领域的推广和应用。

1.2　不可控器件——电力二极管

电力二极管属于不可控器件，由电源主回路控制通断状态。由于其结构和工作原理简单，性能可靠，因而在需要将交流电变为直流电且不需要调压的场合仍广泛使用电力二极管，如交-直-交变频的整流、大功率直流电源等。特别是快速恢复二极管和肖特基二极管，仍在中、高频整流和逆变以及低压高频整流场合广泛应用。

1.2.1　电力二极管的工作原理

电力二极管是以 PN 结为基础的，实际上就是由一个面积较大的 PN 结和两端引线封装组成的，其外形主要有螺栓型和平板型两种。电力二极管的外形、结构和电气图形符号如图 1.1 所示。

电力二极管和电子电路中二极管的工作原理一样，即若二极管处于正向电压作用下，则 PN 结导通，正向管压降很小；反之，若二极管处于反向电压作用下，则 PN 结截止，仅有极小的可忽略的漏电流流过二极管。电力二极管的伏安特性曲线如图 1.2 所示。

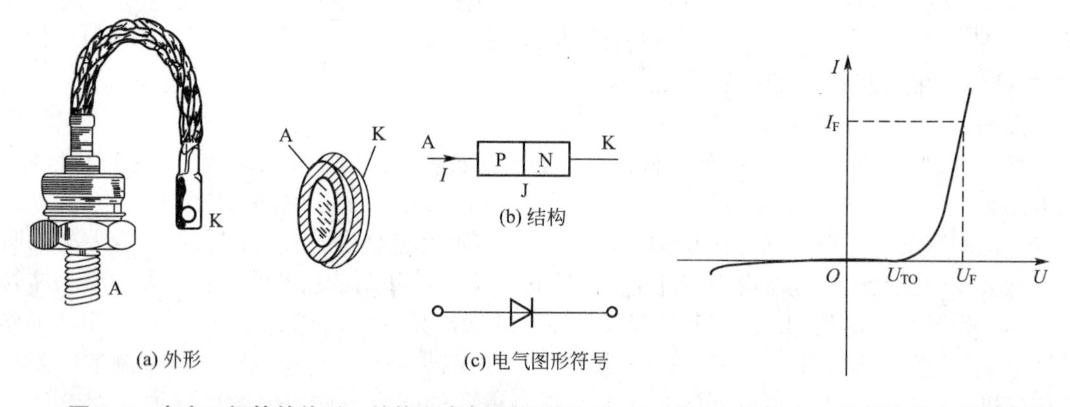

图 1.1　电力二极管的外形、结构和电气图形符号　　图 1.2　电力二极管的伏安特性曲线

1.2.2　电力二极管的主要参数

1. 正向平均电流 $I_{F(AV)}$

电力二极管的正向平均电流 $I_{F(AV)}$ 是指在规定的管壳温度和散热条件下允许通过的最大工频正弦半波电流的平均值。元件标称的额定电流就是这个电流。实际应用中，电力二极管所流过的最大有效电流为 I，则其额定电流一般选择为

$$I_{F(AV)} \geqslant (1.5\sim2)\frac{I}{1.57} \tag{1-1}$$

式中：系数 1.5～2 是安全系数。

2. 正向压降 U_F

正向压降 U_F 是指在规定温度下，流过某一稳定正向电流时所对应的正向压降。

3. 反向重复峰值电压 U_{RRM}

反向重复峰值电压 U_{RRM} 是电力二极管能重复施加的反向最高电压，通常是其雪崩击穿电压 U_B 的 2/3。一般在选用电力二极管时，以其在电路中可能承受的反向峰值电压的两倍为准则来选择反向重复峰值电压。

4. 反向恢复时间 t_{rr}

反向恢复时间 t_{rr} 是指电力二极管从所施加的反向偏置电流降至零起到恢复反向阻断能力的时间。

1.2.3 电力二极管的主要类型

1. 整流二极管

整流二极管多用于开关频率不高的场合，一般开关频率在 1kHz 以下。整流二极管的特点是电流定额和电压定额可以达到很高，一般为几千安和几千伏，但反向恢复时间较长。

2. 快速恢复二极管

快速恢复二极管的特点是恢复时间短，尤其是反向恢复时间短，一般在 5μs 以内，可用于要求反向恢复时间很小的电路中，如用于与可控开关配合的高频电路中。

3. 肖特基二极管

肖特基二极管是以金属和半导体接触形成的势垒为基础的二极管，其反向恢复时间更短，一般为 10～40μs。肖特基二极管在正向恢复过程中不会有明显的电压过冲，在反向耐压较低的情况下正向压降也很小，明显低于快速恢复二极管。因此，其开关损耗和正向导通损耗都很小。肖特基二极管的不足之处是，当所承受的反向耐压提高时，其正向电压有较大幅度的提高。它适用于较低输出电压和要求较低正向管压降的换流器电路。

1.3 半控型器件——晶闸管

由于电力二极管是不可控器件，因此由电力二极管组成的整流电路，当输入的交流电压一定时，其输出的直流电压也是一个固定值，不能调节。在实际使用中，有很多情况要求直流电压能够进行调节，就是具有可控性。1957 年研制出的晶闸管(又名可控硅)，其导通时刻可控，满足了这种可控的要求。近 20 年来，晶闸管的制造和应用技术发展很快。由于它具有体积小、重量轻、效率高、动作迅速、维护简单、操作方便和寿命长等特点，因而在生产实际中获得了广泛的应用。

1.3.1 晶闸管的结构

晶闸管是一种大功率 PNPN 4 层半导体变流器件，它具有 3 个引出极——阳极 A、阴极 K 和门极 G(也称控制极)。常用的晶闸管有螺栓式和平板式两种，其外形、结构和电气图形符号、文字符号如图 1.3 所示。

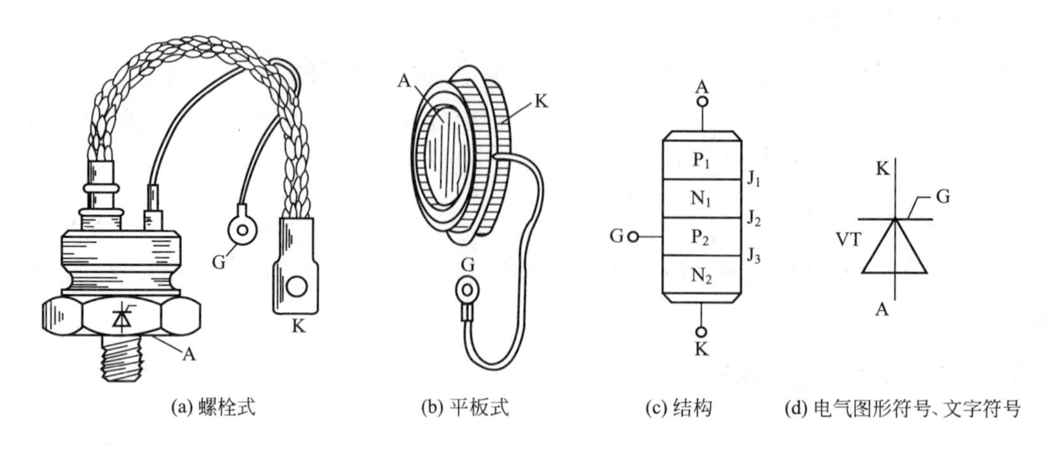

图 1.3　晶闸管的外形、结构和电气图形符号、文字符号

由于大功率晶闸管在工作过程中会因损耗而发热，因此必须安装散热器。螺栓式晶闸管是靠阳极(螺栓)拧紧在铝制散热器上自然冷却的；平板式晶闸管由两个相互绝缘的散热器把晶闸管紧紧夹在中间，靠冷风冷却。目前额定电流在 200A 以上的晶闸管，通常都采用平板式结构。常用的晶闸管散热器如图 1.4 所示。

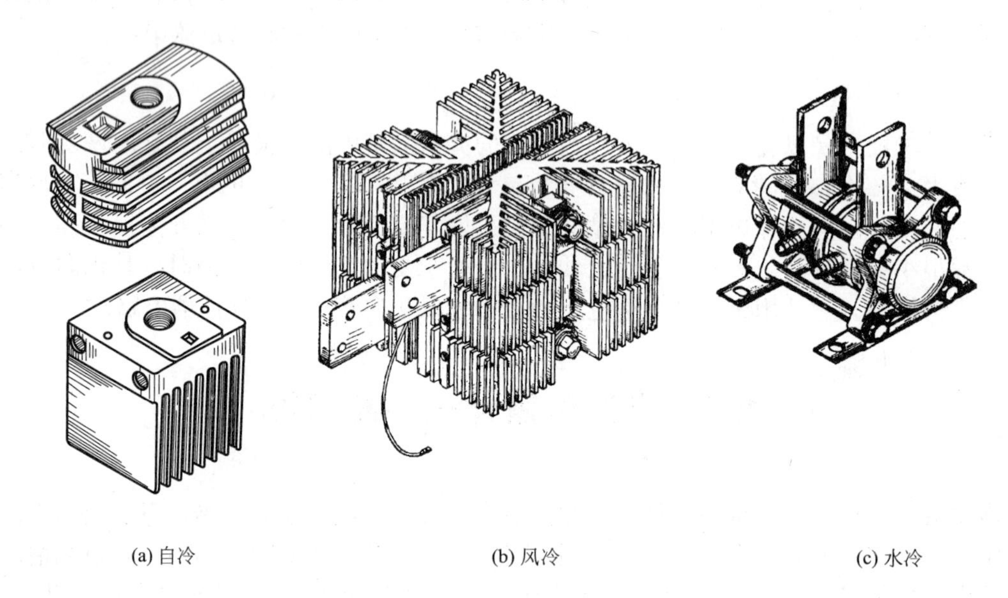

图 1.4　晶闸管的散热器

晶闸管内部是由 4 层半导体(P_1、N_1、P_2、N_2)组成，如图 1.3(c)所示。由 P_1 引出阳极 A，N_2 引出阴极 K，P_2 引出门极 G，形成 J_1、J_2、J_3 3 个 PN 结。当 A、K 之间施加正向电压(阳极高于阴极)，则 J_2 处于反向偏置状态，晶闸管处于正向阻断状态，只能流过很小的正向漏电流；当 A、K 之间施加反向电压时，J_1 和 J_2 反偏，晶闸管处于反向阻断状态，仅有极小的反向漏电流通过。那么，晶闸管在什么条件下才能从正向阻断状态转变为正向导通状态呢？什么情况下又从导通状态恢复为阻断状态呢？下面用晶闸管的等效电路——双晶体管模型来分析晶闸管的导通与关断条件。

1.3.2 晶闸管的工作原理

1. 晶闸管的导通

晶闸管导通的工作原理可以用晶闸管的等效电路——双晶体管模型来解释，如图 1.5 所示。将晶闸管看做是由一个 $P_1N_1P_2$ 和 $N_1P_2N_2$ 构成的两个晶体管 V_1、V_2 组合而成的。当晶闸管承受正向阳极电压，而门极未施加电压的情况下，$I_G=0$，晶闸管处于正向阻断状态。如果门极施加正向电压且门极注入电流 I_G 足够大时，I_G 流入晶体管 V_2 的基极，即产生集电极电流 $I_{C2}(\approx I_K)$，I_{C2}同时又是晶体管 V_1 的基极电流，经 V_1 放大成集电极电流 $I_{C1}(\approx I_A)$，I_{C1}又进一步增大 V_2 的基极电流，如此形成强烈的正反馈，V_1 和 V_2 迅速进入完全饱和状态，即晶闸管导通。其正反馈过程如下：

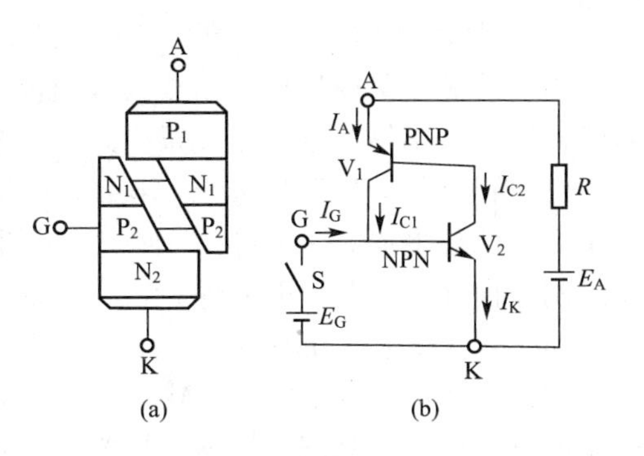

图 1.5 晶闸管工作原理

$$I_G\uparrow\rightarrow I_{B2}\uparrow\rightarrow I_{C2}(\approx\beta_2 I_{B2})\uparrow\rightarrow I_{B1}\uparrow\rightarrow I_{C1}(\approx\beta_1 I_{B1})\uparrow$$

当晶闸管导通后，即使 $I_G=0$，因 I_{C1}直接流入 V_2 的基极，晶闸管内部已形成了强烈的正反馈，晶闸管会仍然维持导通状态。

2. 晶闸管的关断

晶闸管导通后，由于内部正反馈的作用，即使门极电压降为零或为负值，也不能使管子关断，即门极在晶闸管导通后就失去控制作用。要使导通的管子关断，只有通过外电路降低管子阳极所加的正向电压或给阳极施加反压，从而减小阳极电流，当阳极电流减小到低于某一数值(该数值一般为几十毫安)时，管子内部的正反馈已无法维持，晶闸管才能关断。把晶闸管导通时能维持晶闸管导通的最小阳极电流称为维持电流，用 I_H 表示。

由于晶闸管的门极只能控制其开通，不能控制其关断，所以晶闸管被称为半控型器件。

综上所述，可得出如下结论。

(1) 晶闸管承受反向阳极电压时，不管门极加不加电压及承受何种电压，晶闸管都处于关断状态，即晶闸管具有反向阻断能力。

(2) 晶闸管承受正向阳极电压而门极不加触发电压时，晶闸管仍处于阻断状态，即晶闸管具有正向阻断能力。其正向阻断特性是一般二极管所不具备的。

(3) 晶闸管导通的条件是：阳极加正向电压的同时门极加足够大的触发电压。

需要注意的是，如果门极触发电压不够大，则不会产生足够大的触发电流，也就不会使管子触发导通。

(4) 晶闸管在导通情况下，只要有一定的正向阳极电压，不论门极电压如何，晶闸管总保持导通，即晶闸管导通后，门极失去控制作用。

(5) 晶闸管在导通情况下，要使晶闸管关断只有设法使管子的阳极电流减小到维持电流 I_H 以下，可通过减小阳极电压来实现。为保证晶闸管迅速可靠地关断，通常在管子的阳极电压降为零后再给阳极加一段时间的反向电压。

使晶闸管触发导通的方法很多，归纳为以下几种方法。

(1) 门极加触发电压：这是一种最通用最有效的方法。

(2) 阳极加较大电压：当阳极电压足够大时，J_2 在强电压作用下，漏电流会急剧增大形成雪崩效应，又通过正反馈放大漏电流，最终使晶闸管导通。但这种方法很容易导致晶闸管损坏，且不易控制，因此很少采用。

(3) 阳极电压上升率 du/dt 作用：如果阳极电压上升很快即 du/dt 很大，就会在 J_2 电容中产生位移电流 $i=Cdu/dt$，使发射极电流增大，最终使晶闸管导通。过大的 du/dt 会使晶闸管损坏，因此要采取保护措施限制 du/dt。

(4) 温度作用：在较高的温度作用下，晶闸管中漏电流增大，可引起晶闸管导通。

(5) 光触发：当光照射在硅片上，会在硅片中产生自由电子空穴对，在电场作用下，产生的电流可触发晶闸管导通。用光触发的晶闸管是专门设计的光控晶闸管，常用在高压直流输电中，使用时把器件用串并联方法连接起来，可保证控制电路和主电路良好的绝缘性能。

1.3.3　晶闸管的检测

晶闸管的 3 个电极可从外观判断也可用万用表来测量并粗测其好坏。根据元件内部的 3 个 PN 结可知，阳极与阴极间、阳极与门极间的正反向电阻均应在数百千欧以上，门极与阴极间的电阻通常为几十欧到几百欧，因元件内部门、阴极间有旁路电阻，通常正反向阻值相差很小。注意：在测门极与阴极间的电阻时，不能使用万用表的高阻(10k)挡，以防表内高压电压击穿门极的 PN 结。至于元件能否可靠触发导通，可用直流电源串联电灯与晶闸管，当门极与阳极接触一下后，如管子导通灯亮，则说明管子是可触发的。

1.3.4　晶闸管的伏安特性

晶闸管的伏安特性是晶闸管阳极与阴极间的电压 U_{AK} 和阳极电流 I_A 之间的关系特性。图 1.6 为晶闸管阳极伏安特性曲线，包括正向特性(第一象限)和反向特性(第三象限)两部分。

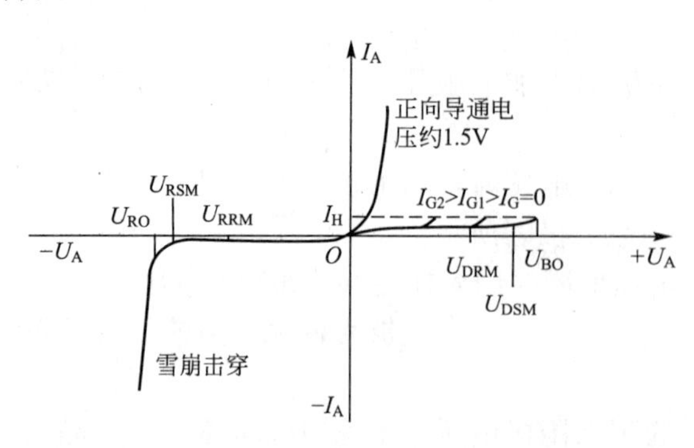

图 1.6　晶闸管阳极伏安特性曲线

晶闸管的正向特性又有阻断状态和导通状态之分。在正向阻断状态时，晶闸管的伏安特性是一组随门极电流 I_G 的增加而不同的曲线簇。当 $I_G=0$ 时，逐渐增大阳极电压 U_A，只有很小的正向漏电流，晶闸管正向阻断；随着阳极电压的增加，当达到正向转折电压 U_{BO}时，漏电流突然剧增，晶闸管由正向阻断突变为正向寻通状态。这种在 $I_G=0$ 时，依靠增大阳极电压而强迫晶闸管导通的方式称为“硬导通”。多次“硬导通”会使晶闸管损坏，因此正常情况下是不允许的。

随着门极电流 I_G 的增大，晶闸管的正向转折电压 U_{BO} 迅速下降，当 I_G 足够大时，晶闸管的正向转折电压降至极小，此时晶闸管像整流二极管一样，只要很小的正向阳极电压就能使其导通，称这种导通为触发导通。导通后的晶闸管的伏安特性与二极管的正向特性相似，即流过管子的阳极电流大，而正向压降很小。

晶闸管正向导通后，要使晶闸管恢复阻断，只有逐步减小阳极电流 I_G，当 I_G 下降到小于维持电流 I_H(维持晶闸管导通的最小电流)时，晶闸管由正向导通状态变为正向阻断状态。

图 1.6 中各物理量的含义如下。

U_{DRM}、U_{RRM}——正、反向断态重复峰值电压；

U_{DSM}、U_{RSM}——正、反向断态不重复峰值电压；

U_{BO}——正向转折电压；

U_{RO}——反向击穿电压。

晶闸管的反向特性与一般二极管的反向特性相似。在正常情况下，当承受反向阳极电压时，晶闸管总是处于阻断状态，只有很小的反向漏电流流过。当反向电压增加到一定值时，反向漏电流增加较快，再继续增大反向阳极电压会导致晶闸管反向击穿，造成晶闸管永久性损坏，这时对应的电压为反向击穿电压 U_{RO}。

1.3.5 晶闸管的主要参数

1. 正向断态重复峰值电压 U_{DRM}

在控制极断路和晶闸管正向阻断的条件下，可重复加在晶闸管两端的正向峰值电压称为正向断态重复峰值电压 U_{DRM}。一般规定此电压为正向转折电压 U_{BO} 的 80%。

2. 反向断态重复峰值电压 U_{RRM}

在控制极断路时，可以重复加在晶闸管两端的反向峰值电压称为反向断态重复峰值电压 U_{RRM}。此电压取反向击穿电压 U_{RO} 的 80%。

3. 额定电压

通常取晶闸管的 U_{DRM} 和 U_{RRM} 中较小的那个标值作为晶闸管型号中的额定电压。在实际选用时，一般取正常工作时晶闸管在电路中所承受峰值电压的 2～3 倍并取标值作为所选管子的额定电压。

4. 额定电流 $I_{T(AV)}$

晶闸管的额定电流用通态平均电流来表示。通态平均电流 $I_{T(AV)}$ 是在环境温度为 40℃ 和规定的冷却条件下，晶闸管在电阻性负载的单相工频正弦半波电路中，导通角不小于 170°，稳定结温不超过额定结温时所允许流过的最大通态平均电流。同电力二极管一样，额定电流是按照正向电流造成的器件本身的通态损耗的发热效应来定义的。因此在使用时同样应按照实际电流波形的电流与通态平均电流所造成的发热效应相等原则，即有效值相等的原则来选择晶闸管的额定电流。由于晶闸管的电流过载能力比一般电动机、电器要小得多，因此在选用晶闸管额定电流时，根据实际最大的电流计算后至少要乘以 1.5～2 的安全系数，使其有一定的电流裕量。设 I_T 为正弦半波电流的有效值，则

$$I_{T(AV)}=(1.5\sim2)\frac{I_T}{1.57} \tag{1-2}$$

5. 维持电流 I_H

I_H 是在室温和控制极开路时，晶闸管由较大的通态电流降至维持导通所必需的最小阳极电流。维持电流大的晶闸管容易关断，维持电流与元件容量、结温等因素有关，同一型号的元件其维持电流也不相同。通常在晶闸管的铭牌上标明了常温下 I_H 的实测值。

6. 掣住电流 I_L

I_L 是晶闸管从阻断状态转为导通状态时移去触发电压后，维持晶闸管导通所需要的最小阳极电流。对同一晶闸管来说，掣住电流 I_L 要比维持电流 I_H 大 2～4 倍。

7. 晶闸管的开通与关断时间

晶闸管作为无触点开关，在导通与阻断两种工作状态之间的转换并不是瞬时完成的，而需要一定的时间。当元件的导通与关断频率较高时，就必须考虑这种时间的影响。

1）开通时间 t_{gt}

一般规定：从门极电流阶跃开始，到阳极电流上升到稳态值的 10%，这段时间称为延迟时间 t_d，与此同时晶闸管的正向压降也在减小。阳极电流从 10%上升到稳态值的 90%所需的时间称为上升时间 t_r。开通时间 t_{gt}定义为两者之和，即 $t_{gt}=t_d+t_r$。普通晶闸管的延迟时间为 0.5～1.5μs，上升时间为 0.5～3μs，其延迟时间随门极电流的增大而减小。上升时间除反映晶闸管本身特性外，还受到外电路电感的严重影响。因此，为了缩短开通时间，常采用实际触发电流比规定触发电流大 3～5 倍、前沿陡的窄脉冲来触发，称为强触发。另外，如果触发脉冲不够宽，晶闸管就不可能触发导通。一般说来，要求触发脉冲的宽度稍大于 t_{gt}，以保证晶闸管的可靠触发。

2）关断时间 t_q

晶闸管导通时，内部存在大量的载流子。晶闸管的关断过程是：当阳极电流刚好下降到 0 时，晶闸管内部各 PN 结附近仍然有大量的载流子未消失，此时若马上重新加上正向电压，晶闸管仍会不经触发而立即导通，只有再经过一段时间，待元件内的载流子通过复合而基本消失之后，晶闸管才能完全恢复正向阻断能力。把晶闸管从正向阳极电流下降为零到它恢复正向阻断能力所需要的这段时间称为关断时间 t_q。

晶闸管的关断时间与元件结温、关断前阳极电流的大小以及所加反压的大小有关。普通晶闸管的 t_q 为几十微秒到几百微秒。

8. 通态电流临界上升率 di/dt

门极流入触发电流后，晶闸管开始只在靠近门极附近的小区域内导通，随着时间的推移，导通区才逐渐扩大到整个 PN 结上。如果阳极电流上升得太快，则会导致门极附近的 PN 结因电流密度过大而烧毁，使晶闸管损坏。因此，对晶闸管必须规定允许的最大通态电流上升率，称通态电流临界上升率 di/dt。

9. 断态电压临界上升率 du/dt

晶闸管的结面积在阻断状态下相当于一个电容，若突然加一正向阳极电压，便会有一

个充电电流流过结面，该充电电流流经靠近阴极的 PN 结时，产生相当于触发电流的作用，如果这个电流过大，将会使元件误触发导通，因此对晶闸管还必须规定允许的最大断态电压上升率。把在规定条件下，晶闸管直接从断态转换到通态的最大阳极电压上升率称为断态电压临界上升率 du/dt。

1.3.6 晶闸管的型号及简单测试方法

1. 晶闸管的型号

根据原机械工业部颁发的标准 JBll 44—1975 规定，KP 系列普通硅晶闸管型号的含义如图 1.7 所示。

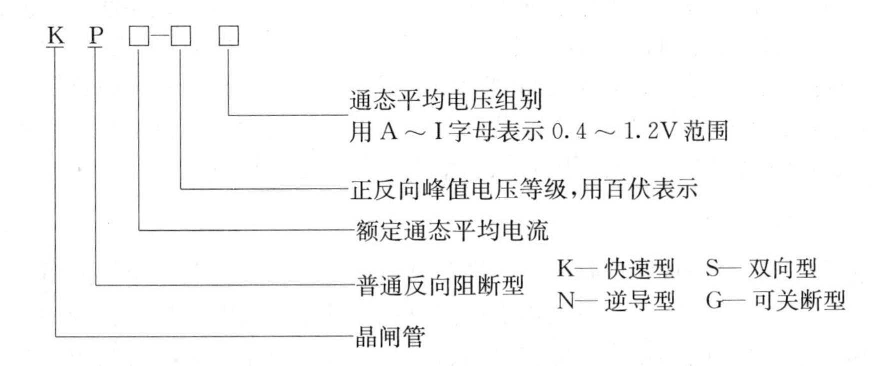

图 1.7 KP 系列普通硅晶闸管型号的含义

如 KP5 - 7E 表示额定电流为 5A、额定电压为 700V 的普通晶闸管。

2. 晶闸管的简单测试

对于晶闸管的 3 个电极，可以用万用表粗测其好坏。依据 PN 结单向导电原理，用万用表欧姆挡测试元件的 3 个电极之间的阻值，可初步判断管子是否完好。如用万用表 R×1kΩ 挡测量阳极 A 和阴极 K 之间的正、反向电阻都很大，在几百千欧以上，且正、反向电阻相差很小，用 R×10Ω 或 R×100Ω 挡测量控制极 G 和阴极 K 之间的阻值，其正向电阻小于或接近于反向电阻，这样的晶闸管是好的。如果阳极与阴极或阳极与控制极间有短路，阴极与控制极间为短路或断路，则晶闸管是坏的。

1.3.7 晶闸管的派生系列

1. 快速晶闸管

快速晶闸管的外形、符号、基本结构和伏安特性与普通晶闸管相同，但它专为快速应用而设计。快速晶闸管的开通与关断时间短，允许的电流上升率高，开关损耗小，在规定的频率范围内可获得较平直的电流波形。从关断时间来看，普通晶闸管一般为数百微秒，快速晶闸管为数十微秒，而高频晶闸管则为 10μs 左右。与普通晶闸管相比，高频晶闸管的不足之处在于其电压和电流定额都不易做高。由于工作频率较高，选择快速晶闸管和高频晶闸管的通态平均电流时不能忽略其开关损耗的发热效应。

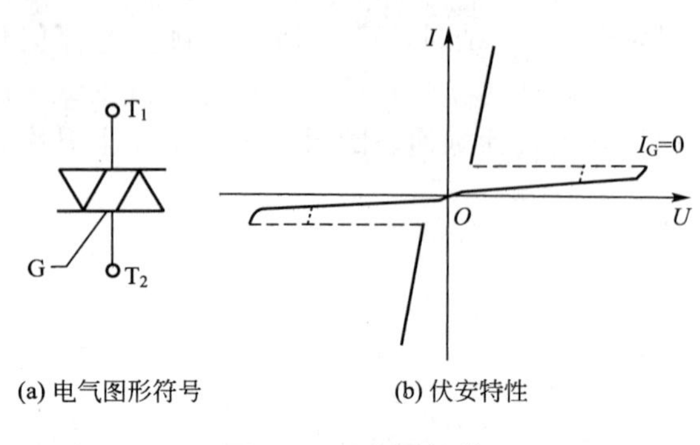

图 1.8　双向晶闸管

2. 双向晶闸管

双向晶闸管可被认为是一对反并联连接的普通晶闸管的集成。图 1.8 为它的电气图形符号及伏安特性。双向晶闸管有两个主电极 T_1 和 T_2，一个门极 G。门极使器件在主电极的正、反两个方向均可触发导通，因此双向晶闸管在第一和第三象限有对称的伏安特性。

双向晶闸管门极加正、负触发脉冲都能使管子触发导通，因此有 4 种触发方式：Ⅰ＋、Ⅰ－表示 T_1、T_2 间加正向电压时，正、负脉冲能触发晶闸管导通；Ⅲ＋、Ⅲ－表示 T_1、T_2 间加反向电压时，正、负脉冲能触发晶闸管导通。双向晶闸管与一对反并联晶闸管相比是经济的，而且控制电路比较简单，所以在交流调压电路、固态继电器和交流电动机调速等领域应用较多。由于双向晶闸管通常用在交流电路中，因此不用平均值而用有效值来表示其额定电流值。

3. 逆导晶闸管

逆导晶闸管是将晶闸管反并联一个二极管制作在同一管芯上的功率集成器件，这种器件不具备承受反向电压的能力，一旦承受反向电压即开通。其电气图形符号和伏安特性如图 1.9 所示。与普通晶闸管相比，逆导晶闸管具有正向压降小、关断时间短、高温特性好和额定结温高等优点，可用于不需要阻断反向电压的电路中。逆导晶闸管的额定电流有两个，一个是晶闸管电流，另一个是与之反并联的二极管的电流。

4. 光控晶闸管

光控晶闸管又称光触发晶闸管，是利用一定波长的光照信号触发导通的晶闸管，其电气图形符号和伏安特性如图 1.10 所示。小功率光控晶闸管只有阳极和阴极两个端子，大功率光控晶闸管还带有光缆，光缆上装有作为触发光源的发光二极管或半导体激光器。由于采用光触发保证了主电路与控制电路之间的绝缘，而且避免了电磁干扰的影响，因此光控晶闸管目前在高压大功率的场合，如高压直流输电和高压核聚变装置中，占据重要的地位。

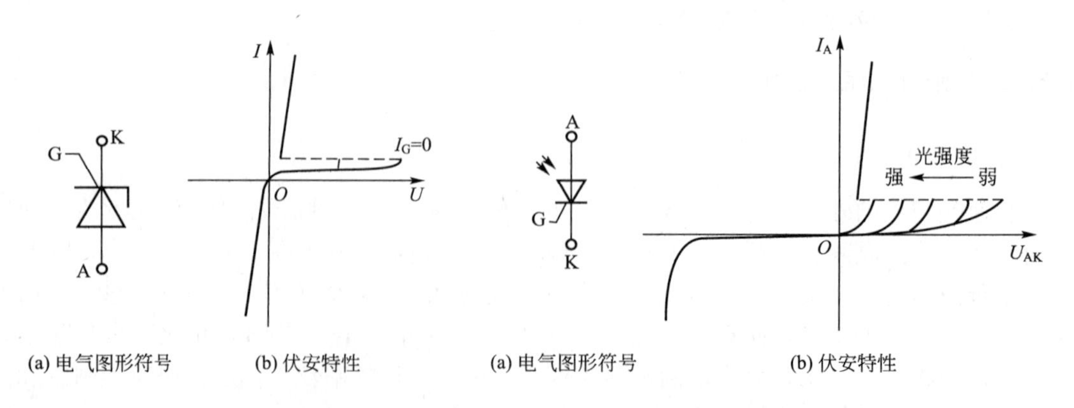

图 1.9　逆导晶闸管　　　　图 1.10　光控晶闸管

1.4　全控型电力电子器件

1.4.1　门极可关断晶闸管

门极可关断晶闸管简称GTO，它具有普通晶闸管的全部特性，如耐压高(工作电压可高达6000V)、电流大(电流可达6000A)以及造价便宜等，同时它又具有门极正脉冲信号触发导通、门极负脉冲信号触发关断的特性，而在它的内部有电子和空穴两种载流子参与导电，所以它属于全控型双极型器件。它的电气符号如图1.11(c)所示，也有阳极A、阴极K和门极G三个电极。

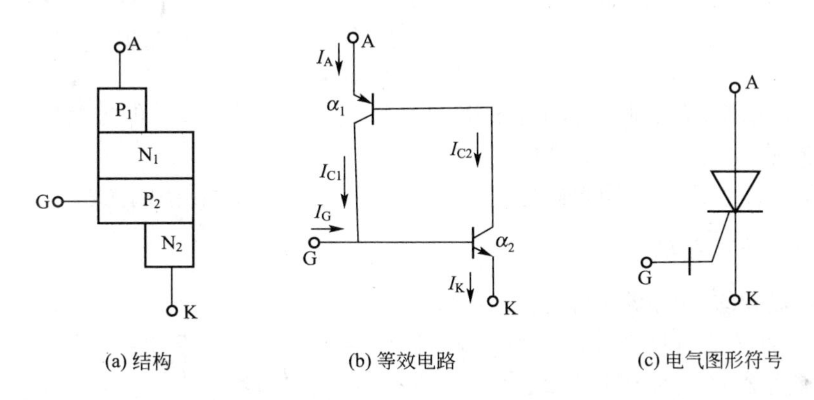

图1.11　GTO的结构、等效电路及电气图形符号

1. GTO的结构与工作原理

GTO的工作原理与普通晶闸管的相似，其结构也可以等效看成是由PNP与NPN两个晶体管组成的反馈电路，如图1.11(a)、(b)所示。两个等效晶体管的电流放大倍数分别为α_1和α_2。GTO触发导通的条件是：当它的阳极与阴极之间承受正向电压，门极加正脉冲信号(门极为正，阴极为负)时，可使$\alpha_1+\alpha_2>1$，从而在其内部形成电流正反馈，使两个等效晶体管接近临界饱和导通状态。其正反馈过程如下：

$$I_G\uparrow\rightarrow I_{C2}\uparrow\rightarrow I_A\uparrow\rightarrow I_{C1}\uparrow$$

GTO导通后的管压降比较大，一般为2～3V。只要在GTO的门极加负脉冲信号，即可将其关断。当GTO的门极加负脉冲信号(门极为负，阴极为正)时，门极出现反向电流，此反向电流将GTO的门极电流抽出，使其电流减小，α_1和α_2也同时下降，以致其无法维持正反馈，从而使GTO关断。因此，GTO采取了特殊工艺，使管子导通后处于接近临界饱和状态。由于普通晶闸管导通时处于深度饱和状态，用门极抽出电流无法使其关断，而GTO处于临界饱和状态，因此可用门极负脉冲信号破坏临界状态使其关断。

由于GTO门极可关断，关断时，可在阳极电流下降的同时再施加逐步上升的电压，不像普通晶闸管关断时是在阳极电流等于零后才能施加电压的。因此，GTO关断期间功耗较大。另外，因为导通压降较大，门极触发电流较大，所以GTO的导通功耗与门极功耗均较普通晶闸管的大。

2. GTO的主要参数

GTO的基本参数与普通晶闸管的大多相同，现将不同的主要参数介绍如下。

1）最大可关断阳极电流 I_{ATO}

GTO的最大阳极电流除了受发热温升限制外，还会由于管子阳极电流 I_A 过大使 $\alpha_1+\alpha_2$ 稍大于1的临界导通条件被破坏，管子饱和加深，导致门极关断失败。因此，GTO必须规定一个最大可关断阳极电流 I_{ATO}，也就是管子的铭牌电流。I_{ATO} 与管子电压上升率、工作频率、反向门极电流峰值和缓冲电路参数有关，在使用中应予以注意。

2）关断增益 β_{off}

这个参数是用来描述GTO关断能力的。关断增益 β_{off} 为最大可关断阳极电流 I_{ATO} 与门极负电流最大值 I_{GM} 之比，即

$$\beta_{off}=\frac{I_{ATO}}{|-I_{GM}|}$$

因而，一切影响 I_{ATO} 和 I_{GM} 的因素均会影响 β_{off}，大功率GTO的关断增益 β_{off} 通常只有5左右。β_{off} 低是GTO的一个主要缺点。

GTO有能承受反压和不能承受反压两种类型，在使用时要特别注意。

3. GTO的缓冲电路

1）GTO设置缓冲电路的目的

电力电子器件开通时流过很大的电流，阻断时承受很高的电压，尤其是在电路中各种储能元件的能量释放会导致器件经受很大的冲击，有可能超过元件的安全值而损坏。因此，GTO设置缓冲电路的目的是：降低浪涌电压、抑制 du/dt 和 di/dt、减少器件的开关损耗、避免器件损坏和抑制电磁干扰、提高电路的可靠性。

在GTO关断过程中产生的过电压和阳极电流变化率、电路中元器件连接线的分布电感等参数有关，为了缓冲和吸收这些过电压，可采用缓冲吸收电路。

2）缓冲电路的工作原理

GTO的缓冲电路如图1.12所示，在器件两端并联一个吸收过电压的阻容电路，C_S 将吸收电路中产生的过电压。一旦GTO导通，电容 C_S 将有很大的放电电流流过GTO，这个放电电流的上升率过大时也会损坏器件。为了减小电容 C_S 中电荷的放电速率，在电容上串联一个吸收(阻尼)电阻 R_S，此电阻的作用是以 $\tau=R_SC_S$ 的时间常数衰减放电电流，还可阻止 C_S 与电路中电感 L_S 所产生的振荡。在吸收电阻 R_S 的两端又并联了二极管 VD_S，这样在吸收过电压时不经过 R_S，以加快对过电压的吸收，而电容 C_S 只能通过电阻 R_S 放电，这样就可以衰减放电电流以保护GTO。

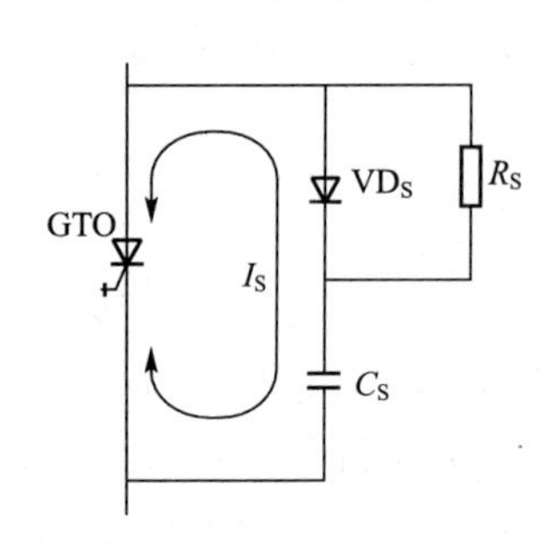

图1.12　GTO的缓冲电路

如果吸收电路元器件的参数选择不当，或连线过长造成分布电感 L_S 过大等，也可能产生严重的过电压。

图1.13为GTO的几种常见的阻容缓冲电路，图1.13(a)只能用于小电流电路；图1.13(b)与图1.13(c)是较大容量GTO电路中常见的缓冲器，且应尽量选用快速型、接

线短的二极管，这将使缓冲器阻容效果更显著。

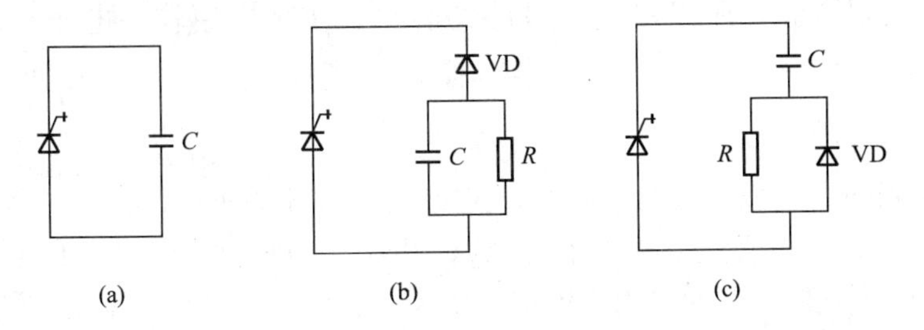

图 1.13　GTO 阻容缓冲电路

4. GTO 的门极驱动电路

用门极正脉冲可使 GTO 开通，门极负脉冲可以使其关断，这是 GTO 最大的优点，但要使 GTO 关断的门极反向电流比较大，约为阳极电流的 1/5。尽管采用高幅值的窄脉冲可以减少关断所需的能量，但还是要采用专门的触发驱动电路。

图 1.14(a)为小容量 GTO 门极驱动电路，属电容储能电路。工作原理是利用正向门极电流向电容充电触发 GTO 导通；当关断时，电容储能释放形成门极关断电流。图中 E_C 是电路的工作电源，U_I 为控制电压。当 $U_I=0$ 时，V_1、V_2 饱和导通，V_3、V_4 截止，电源 E_C 对电容 C 充电，形成正向门极电流，触发 GTO 导通；当 $U_I>0$ 时，V_3、V_4 饱和导通，电容 C 沿 VD、V_4 放电，形成门极反向电流，使 GTO 关断，放电电流在 VD 上的压降保证了 V_1、V_2 截止。

图 1.14(b)所示是一种桥式驱动电路。当在晶体管 V_1、V_2 的基极加控制电压使它们饱和导通时，GTO 触发导通；当在普通晶闸管 VT_1、VT_2 的门极加控制电压使其导通时，GTO 关断。考虑到关断时门极电流较大，所以关断时用普通晶闸管组。晶体管组和晶闸管组是不能同时导通的。图中电感 L 的作用是在晶闸管阳极电流下降期间释放所储存的能量，补偿 GTO 的门极关断电流，提高了关断能力。

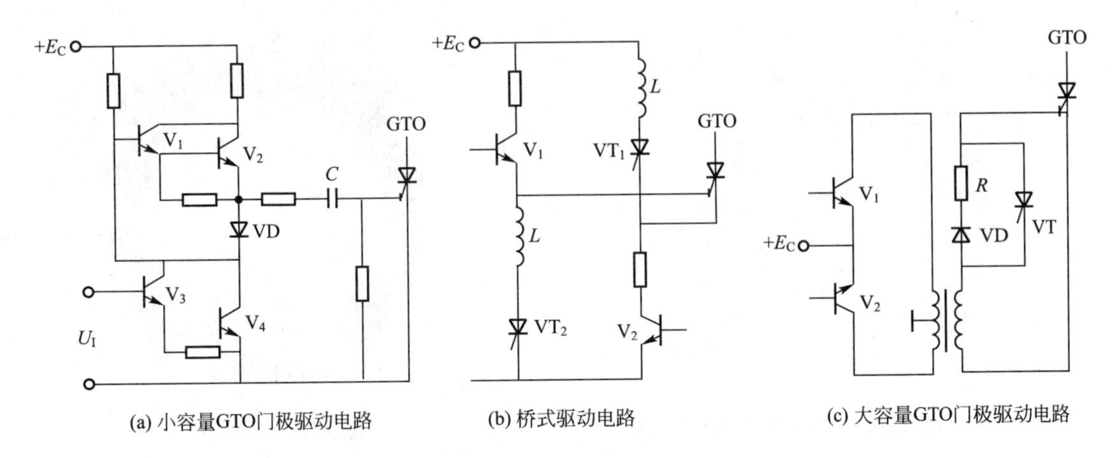

(a) 小容量GTO门极驱动电路　(b) 桥式驱动电路　(c) 大容量GTO门极驱动电路

图 1.14　GTO 的门极驱动电路

上述两种触发电路都只能用于 300A 以下的 GTO 的导通，对于 300A 以上的 GTO，可用图 1.14(c)所示的触发电路来控制。当 V_1、VD 导通时，GTO 导通；当 V_2、VT 导通时，GTO关断。由于控制电路与主电路之间用了变压器进行隔离，GTO导通、关断时的电流不影响控制电路，所以提高了电路的容量，实现了用较小电压对大电流电路的控制。

5. GTO的应用举例

GTO主要用在高电压、大功率的直流变换电路(即斩波电路)和逆变器电路中，例如，恒压恒频电源(CVCF)、常用的不停电电源(UPS)等。另一类GTO的典型应用是调频调压电源，即VVVF，此电源较多用于风机、水泵、轧机、牵引等交流变频调速系统中。

此外，由于GTO的耐压高、电流大、开关速度快、控制电路简单方便，因此它还特别适用于汽油机点火系统。图1.15为一种用电感、电容关断GTO的点火电路。

图中GTO为主开关，控制GTO导通与关断即可使脉冲变压器Tr二次侧产生瞬时高压，该电压使汽油机火花塞电极间隙产生火花。在晶体管V的基极输入脉冲电压。低电平时，V截止，电源对电容C充电，同时触发GTO。由于L和C组成LC谐振电路，C两端可产生高于电源的电压。脉冲电压为高电平时，晶体管V导通，C放电并将其电压加于GTO门极，使GTO迅速、可靠地关断。

图中R为限电流电阻，C_1(0.5μF)与GTO并联，可限制GTO的电压上升率。

1.4.2 电力晶体管

电力晶体管(GTR)是一种耐高电压、大电流的双极结型晶体管，所以又称为双极型电力晶体管BJT。GTR通常指耗散功率(或输出功率)1W以上的晶体管。GTR的电气符号与普通晶体管的相同。图1.16为某晶体管厂生产的1300系列GTR的外观，它是一种双极型大功率高反压晶体管，具有自关断能力，控制方便，开关时间短，高频特性好，价格低廉。目前GTR的容量已达400A/1200V、1000A/400V，工作频率可达5kHz，模块容量可达1000A/1800V，频率为30kHz，因此也可用于不停电电源、中频电源和交流电动机调速等电力变流装置中。

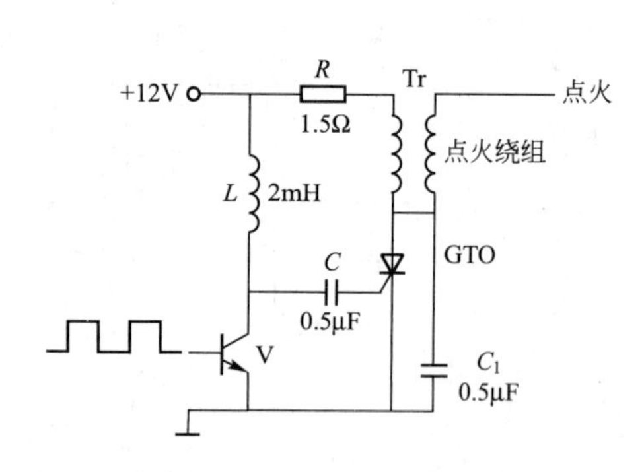

图1.15 用电感、电容关断GTO的点火电路

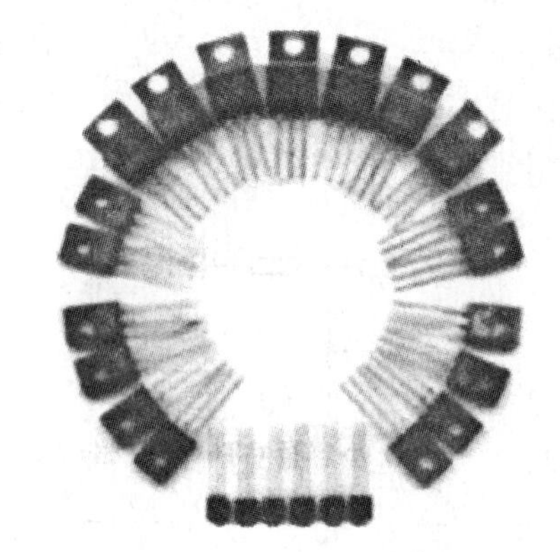

图1.16 GTR外形

1. GTR的结构及工作原理

GTR是由3层半导体材料两个PN结组成，有PNP和NPN两种结构。如图1.17所示，其结构和符号与小信号晶体管相同。

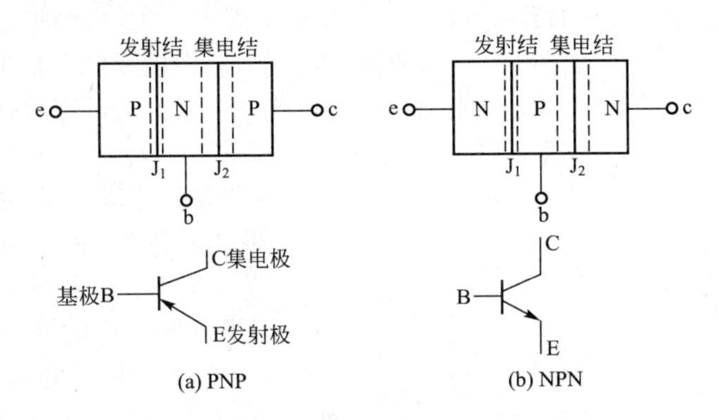

图 1.17　GTR 的结构示意图及电气图形符号

GTR 是电流控制型器件，常用的是 NPN 型，其工作在正偏($I_B>0$)时大电流导通；反偏($I_B<0$)时处于截止状态。在变流技术应用中，GTR 大多工作在功率开关状态，对其要求与小信号晶体管有所不同，主要是要有足够的容量、适当的增益、较快的开关速度和较低的功率损耗等。

由于 GTR 的工作电流和功耗大，工作时会出现与小信号晶体管不同的新问题，称为 GTR 的大电流效应。GTR 的大电流效应会造成其电流增益下降、特征频率减小和电流局部集中而导致的局部过热现象，这将严重地影响 GTR 的品质，甚至使 GTR 损坏。为了削弱上述物理效应的影响，必须在结构和制造工艺上采取适当的措施，以满足大功率应用的需要。

目前 GTR 器件的结构有单管、达林顿管和达林顿晶体管模块三大系列。单管 GTR 的电流增益较低，而达林顿结构是提高电流增益的有效方式。

达林顿结构的 GTR 由两个或多个晶体管复合而成，可以是 PNP 型也可以是 NPN 型，其类型由驱动管决定。图 1.18(a)表示两个 NPN 晶体管组成的达林顿结构，V_1 为驱动管，V_2 为输出管，属 NPN 型；图 1.18(b)的驱动管 V_1 为 PNP 晶体管，输出管 V_2 为 NPN 晶体管，故属 PNP 型。与单管 GTR 相比，达林顿结构提高了电流增益，但饱和压降增加。这是因为 V_1 管的集电极电位永远高于它的发射极电位，使 V_2 管的集电结不会处于正向偏置状态，输出管 V_2 也就不会饱和，从而使达林顿 GTR 的饱和压降较大，增加了导通损耗；又因其开通或关断时总是先驱动管动作，然后才输出管动作，导致开关时间增加。

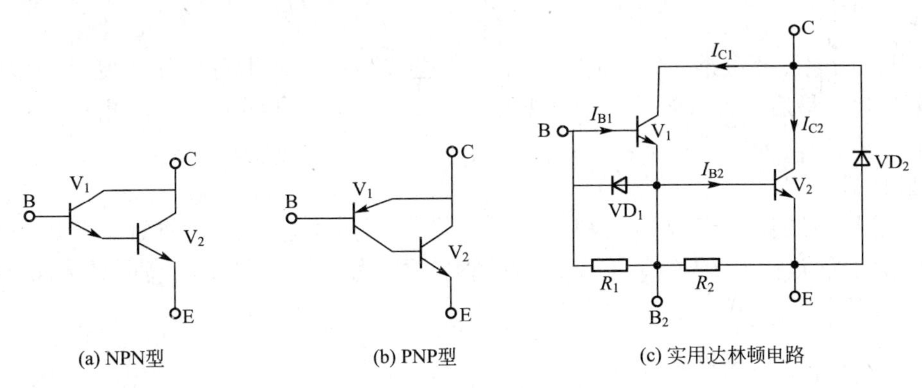

图 1.18　达林顿 GTR

实用达林顿电路是将达林顿结构的 GTR、稳定电阻 R_1、R_2、加速二极管 VD_1 和续流二极管 VD_2 等制作在一起。如图 1.18(c)所示，R_1 和 R_2 提供反向电流通路，以提高复合管的温度稳定性；加速二极管 VD_1 的作用是在输入信号反向关断 GTR 时，反向驱动信号经 VD_1 迅速加到 V_2 基极，加速 GTR 关断过程。

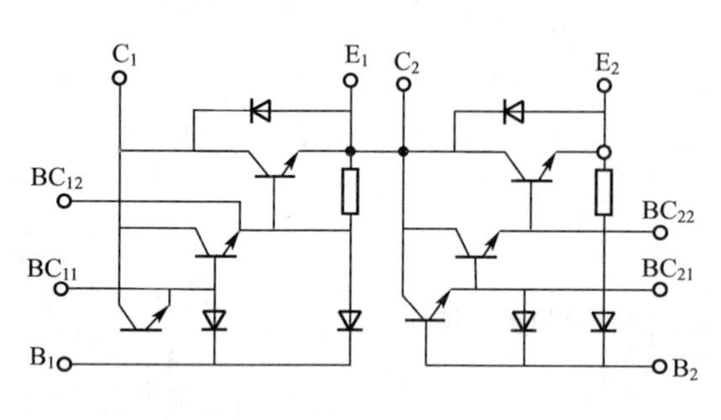

图 1.19　GTR 模块电路

目前作为大功率开关应用最多的还是 GTR 模块，图 1.19 是由两只三级达林顿 GTR 及其辅助元件构成的单臂桥式电路模块。为了改善器件的开关过程和方便并联使用，中间级晶体管的基极均有引线引出，如图 1.19 中 BC_{11}、BC_{12} 等端子。日本富士公司生产的 2DI100M－120 型 GTR 模块即为这种类型，其基本参数为：$I_C=100A$、$U_{CEO}=1200V$。

2. GTR 的主要参数

1) 电流放大倍数 β

电流放大倍数 β 定义为 GTR 的集电极电流 I_c 与基极电流 I_b 之比，即 $\beta=I_c/I_b$。

2) 集电极最大电流 I_{CM}(最大电流额定值)

一般将电流放大倍数 β 下降到额定值的 1/3～1/2 时集电极电流 I_C 的值定为 I_{CM}。因此，通常 I_C 的值只能到 I_{CM} 值的一半左右，使用时绝不能让 I_C 值达到 I_{CM}，否则 GTR 的性能将变坏。

3) 集电极最大耗散功率 P_{CM}

P_{CM} 是指 GTR 在最高集电结温度下允许的耗散功率，它等于集电极工作电压与集电极工作电流的乘积。这部分能量转化为热能使管温升高，因此在使用中要特别注意 GTR 的散热。如果散热条件不好，会使 GTR 的寿命下降。实践表明，工作温度每增加 20℃，GTR 的寿命差不多下降一个数量级，有时甚至会因温度过高而使 GTR 迅速损坏。

4) GTR 的反向击穿电压

(1) 集电极与基极之间的反向击穿电压 U_{CBO}：当发射极开路时，集—基极间能承受的最高电压。

(2) 集电极与发射极之间的反向击穿电压 U_{CEO}：当基极开路时，集—射极间能承受的最高电压。

当 GTR 的电压超过某一定值时，管子性能会发生缓慢、不可恢复的变化，这些微小变化逐渐积累，最后导致管子性能显著变坏。因此，实际管子的最大工作电压应比反向击穿电压低得多。

5) 最高结温 T_{jM}

GTR 的最高结温与半导体材料的性质、器件制造工艺、封装质量有关。一般情况下，塑封硅管的 T_{jM} 为 125～150℃，金封硅管的 T_{jM} 为 150～170℃，高可靠平面管的 T_{jM} 为 175～200℃。

3. GTR 的二次击穿现象和安全工作区

处于工作状态的 GTR，当其集电极反偏电压逐渐增大到击穿电压时，集电极电流迅速增大，这时首先出现的击穿是雪崩击穿，被称为一次击穿，如图 1.20 所示。发生一次击穿时，只要 I_C 不超过与最大允许耗散功率相对应的限度，一般不会引起 GTR 的特性变坏。但如果继续增大 U_{CE}，又不限制 I_C 的增长，则当 I_C 上升到 A 点(临界值)后会突然急剧上升，同时伴随着 U_{CE} 突然下降，这种现象称为二次击穿。二次击穿常常立即导致器件的永久损坏，或工作特性明显恶化，因而对 GTR 危害极大。

GTR 发生二次击穿损坏是它在使用中最大的缺点。但要发生二次击穿，必须同时具备 3 个条件：高电压、大电流和持续时间。因此，集电极电压、电流、负载性质、驱动脉冲宽度与驱动电路配置等因素都会对二次击穿造成一定的影响。但一般说来，工作在正常开关状态的 GTR 是不会发生二次击穿现象的。

将不同基极电流下二次击穿的临界点连接起来，就构成了二次击穿临界线，临界线上的点反映了二次击穿功率 P_{SB}。这样，GTR 工作时不仅不能超过最高电压 U_{CEM}、集电极最大电流和最大耗散功率 P_{CM}，也不能超过二次击穿临界线。这些限制条件就规定了 GTR 的安全工作区，如图 1.21 所示的阴影区。

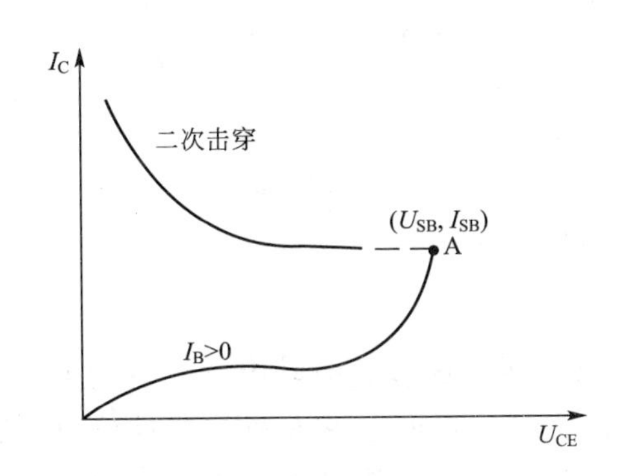

图 1.20　二次击穿示意图

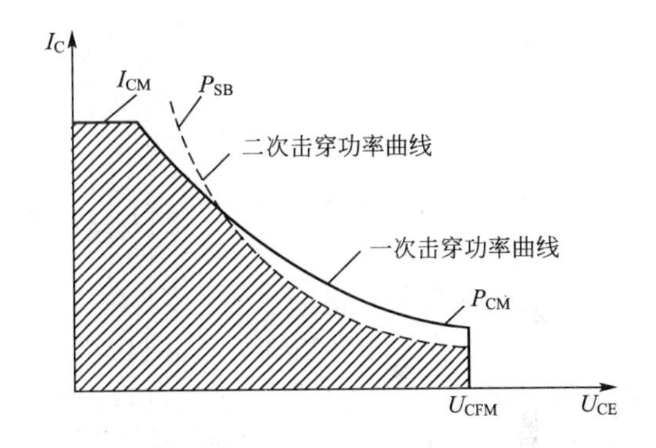

图 1.21　GTR 安全工作区

4. GTR 的基极驱动电路

1) 基极驱动电路

GTR 基极驱动电路的作用是将控制电路输出的控制信号放大到足以保证 GTR 可靠导通和关断的程度。基极驱动电流的各项参数直接影响 GTR 的开关性能，因此根据主电路的需要正确选择和设计 GTR 的驱动电路是非常重要的。一般来说，希望基极驱动电有如下功能。

(1) 提供全程的正、反向基极电流，以保证 GTR 可靠导通与关断，理想的基极驱动电流波形如图 1.22 所示。

(2) 实现主电路与控制电路的隔离。

(3) 具有自动保护功能，以便在故障发生时快速自动切除驱动信号，避免损坏 GTR。

(4) 电路尽可能简单，工作稳定可靠，抗干扰能力强。

2) GTR 驱动电路

GTR 驱动电路的形式很多，下面分别介绍几种，以供参考。

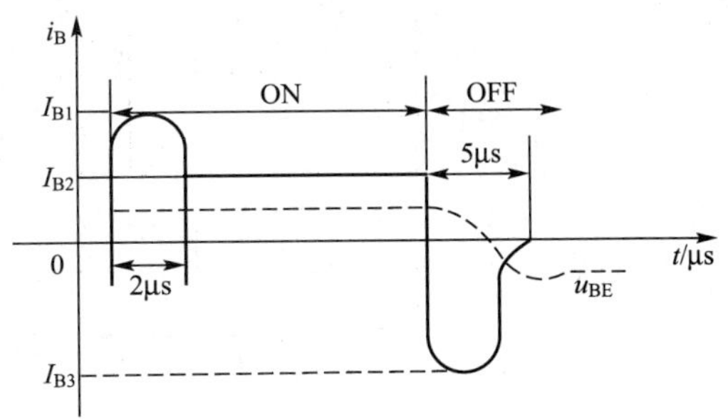

图 1.22　理想的基极驱动电流波形

(1) 简单的双电源驱动电路。

电路如图 1.23 所示，驱动电路与 GTR(V_6)直接耦合，控制电路用光耦合实现电隔离，正、负电源($+U_{c2}$和$-U_{c3}$)供电。当输入端 S 为低电位时，V_1～V_3 导通，V_4、V_5 截止，B 点电压为负，给 GTR 基极提供反向基极电流，此时 GTR(V_6)关断。当 S 端为高电位时，V_1～V_3 截止，V_4、V_5 导通，V_6 流过正向基极电流，此时 GTR 开通。

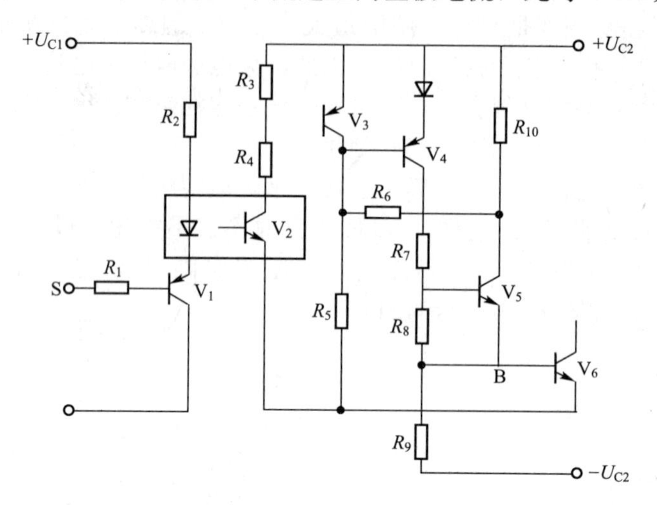

图 1.23　双电源驱动电路

(2) 集成基极驱动电路。

UAA4002 是 THOMSON 公司专为 GTR 设计的大规模集成式驱动电路，可对 GTR 实现较理想的基极电流优化驱动和自身保护。它采用标准的双列 DIP16 封装，对 GTR 基极正向驱动能力为 0.5A，反向驱动能力为−3A，也可以通过外接晶体管扩大驱动能力，不需要隔离环节。UAA4002 可对被驱动的 GTR 实现过流保护、退饱和保护、最小导通的时间限制($t_{on(min)}=1$～$12\mu s$)、最大导通的时间限制、正反向驱动电源电压监控以及自身过热保护。UAA4002 的内部功能框图如图 1.24 所示，各引脚的功能如下。

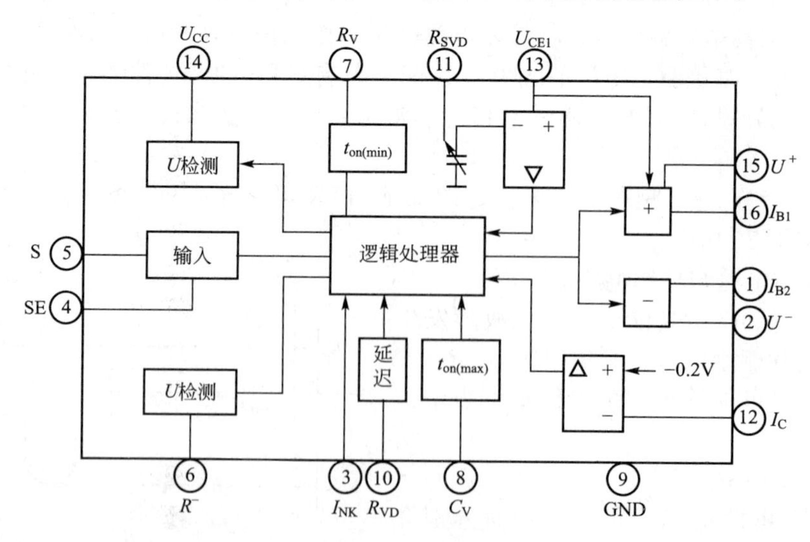

图 1.24　UAA4002 内部功能框图

①反向基极电流输出端 I_{B2}；②负电源端(－5V)；③输出脉冲封锁端，“1”态时封锁输出信号，“0”态时解除封锁；④输入选择端，“1”态时选择电平输入，“0”态时选择脉冲输入；⑤驱动信号输入端；⑥由 R^- 接负电源，该脚通过一个电阻与负电源相接，当负电源的电压欠压时可起保护作用，负电源欠压保护的门槛电压 $|U^-|_{min}$ 由式 $R^-=R_V/2(1+|U^-|_{min}/5)$(kΩ)决定，若⑥接地，则无此保护功能；⑦通过电阻 R_V 值决定最小导通时间 $t_{on(min)}=0.06R_V$(式中 R_V 的单位为 kΩ)，实际中 $t_{on(min)}$ 可在 1～12μs 之间调节)；⑧通过电容 C_V 接地，最大导通时间 $t_{on(max)}=2R_V \cdot C_V$μs(式中 R_V 的单位为 kΩ、C_V 的单位为 μF)，若⑧脚接地，则不限制导通时间；⑨接地端；⑩由 R_{VD} 接地，输出相对输入电压前沿延迟量 $T_{VD}=0.05R_V$μs(式中 R_V 的单位为 kΩ)，调节范围为 1～12μs；⑪由 R_{SVD} 接地，完成退饱和保护。所谓退饱和保护，是指 GTR 一般工作在开关状态，当其基极驱动电流或负载电流降低时，GTR 会退出饱和而进入放大区，管压降会明显增加；此引脚的功能就是，当 GTR 出现退饱和时，切除 GTR 的驱动信号，关断 GTR；R_{SVD} 上的电压 $U_{RSVD}=10R_{SVD}/R_V$(V)，当从⑬脚引入的管压降 $U_{CE}>U_{RSVD}$ 时，退饱和保护动作，若⑪脚接负电源，则无退饱和保护；⑫过电流保护端，接 GTR 射极的电流互感器；若电流值大于设定值，则过流保护，关断 GTR，若⑫脚接地，则无过流保护功能；⑬通过抗饱和二极管接到 GTR 的集电极；⑭正电源端(10～15V)；⑮输出级电源输入端，由 R 接正电源。调节 R 大小可改变正向基极驱动电流 I_{B1}；⑯正向基极电流输出端 I_{B1}。

图 1.25 是用 UAA4002 作驱动的开关电路实例，其容量为 8A/400V，采用电平控制方式，最小导通时间为 2.8μs。由于 UAA4002 的驱动容易扩展，因而可通过外接晶体管驱动各种型号和容量的 GTR，也可以驱动功率 MOSFET 管。

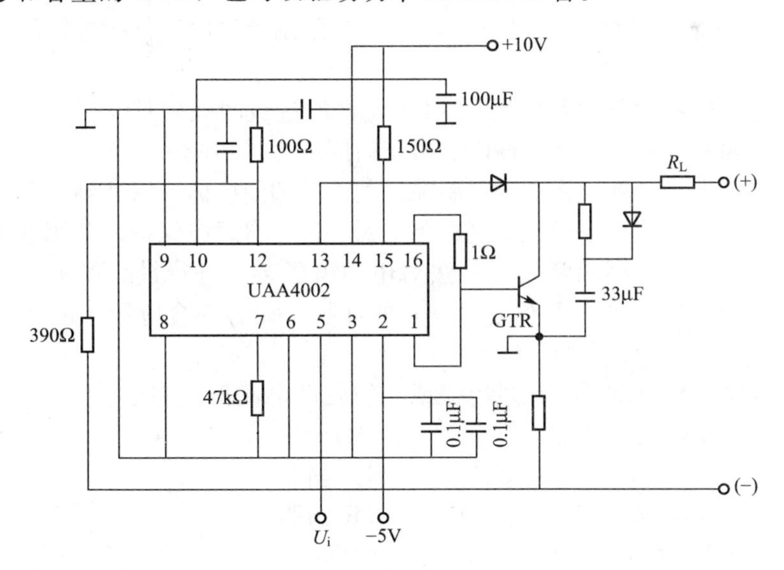

图 1.25　由 UAA4002 驱动的开关电路

5. GTR 的保护电路

GTR 作为一种大功率电力器件，常工作于大电流、高电压的场合。为了使 GTR 组成的系统安全正常可靠的运行，必须采取有效措施对 GTR 实施保护。一般来说，GTR 保护分为过电压、过电流保护、电流变化率 di/dt 限制和电压变化率 du/dt 限制等。

1）GTR 的过电压保护及 $\mathrm{d}i/\mathrm{d}t$、$\mathrm{d}u/\mathrm{d}t$ 的限制

在电感性负载的开关装置中，GTR 在开通和关断过程中的某一时刻，可能会出现集电极电压和电流同时达到最大值的情况，这时 GTR 的瞬时开关损耗最大。若其工作点超出器件的安全工作区 SOA，则极易产生二次击穿而使 GTR 损坏。缓冲电路可以使 GTR 在开通时的集电极电流缓升，关断时的集电极电压缓升，避免了 GTR 同时承受高电压、大电流的情况发生。另一方面，缓冲电路也可以使 GTR 的集电极电压变化率 $\mathrm{d}u/\mathrm{d}t$ 和集电极电流变化率 $\mathrm{d}i/\mathrm{d}t$ 得到有效的抑制，防止高压击穿和硅片局部过热熔通而损坏 GTR。

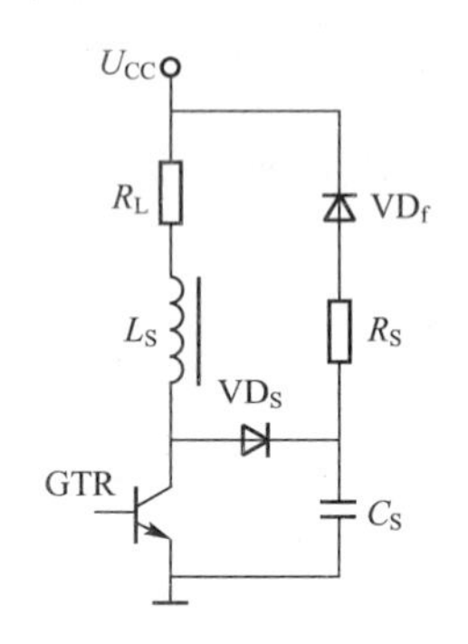

图 1.26　GTR 的缓冲电路

图 1.26 是一种缓冲电路。在 GTR 关断过程中，流过负载 R_L 的电流通过电感 L_S，二极管 VD_S 给电容 C_S 充电。因为 C_S 上的电压不能突变，这就必须使 GTR 在关断过程中电压缓慢上升，避免了关断过程初期 GTR 中电流下降不多时电压就升到最大值的情况，同时也使电压上升率 $\mathrm{d}u/\mathrm{d}t$ 被限制。在 GTR 开通过程中，一方面 C_S 经 R_S、L_S 和 GTR 回路放电，减小了 GTR 所承受的较大的电流上升率 $\mathrm{d}i/\mathrm{d}t$；另一方面，负载电流经电感 L_S 后受到缓冲，也就避免了开通过程中 GTR 同时承受大电流和高电压的情形。

值得注意的是，缓冲电路之所以能减小 GTR 的开关损耗，是因为它把 GTR 开关损耗转移到缓冲电路内，消耗在电阻 R_S 上，但这会使装置的效率降低。

2）GTR 的过电流保护

缓冲电路很好地解决了 GTR 的 $\mathrm{d}i/\mathrm{d}t$、$\mathrm{d}u/\mathrm{d}t$ 限制及过电压保护等问题，下面讨论过电流保护问题。

过电流分为过载和短路两种情况。GTR 允许的过载时间较长，一般在数毫秒内；而允许的短路时间极短，一般在几微秒内。由于时间极短，不能采用快速熔断器来保护，因此必须采取正确的保护措施，将电流限制在过载能力的限度内，以达到过载和短路保护的目的。一般做法是：利用参数状态识别对单个器件进行自适应保护；利用互锁办法对桥臂中的两个器件进行保护；利用常规的办法对电力电子装置进行最终保护。上述 3 个办法中，单独使用任何一种办法都不能进行有效的保护，只有综合应用才能实现全方位的保护。下面对前两种方法加以介绍。

（1）GTR 的 U_{CE} 识别法。负载过电流或基极驱动电流不足都会导致 GTR 退出饱和区而进入放大区，管压降明显增加。图 1.27 所示的识别保护电路检测 GTR 管压降并与基准值 U_r 比较，当管压降 $U_{CE}>U_r$ 时就使驱动管 V 截止，切除 GTR 的驱动信号，关断过流的 GTR。U_r 的大小取决于需要保护电路动作时负载电流的大小。U_r 的值通常由它所对应的额定负载电流值确定。由于 GTR 在脱离饱和区时 U_{CE} 变化较大，因此过载保护效果很好，它可使 GTR 在几个微秒之内封锁驱动电流，关断 GTR。

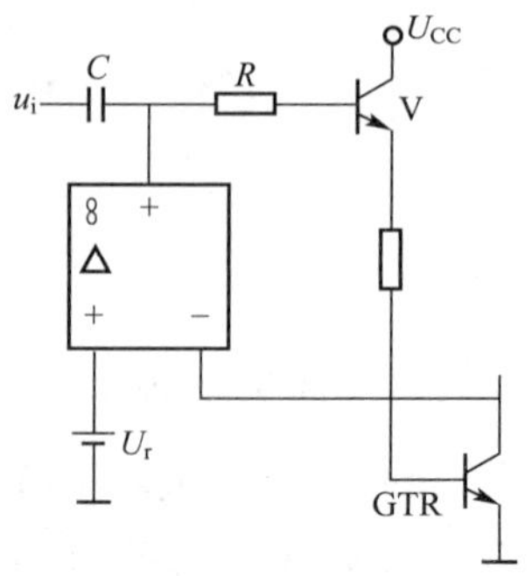

图 1.27　GTR 的 U_{CE} 识别保护电路

（2）GTR 桥臂互锁保护法。若一个桥臂上的两个 GTR 控制信号重叠或开关器件本身延时过长，就会造

成桥臂短路。为了避免桥臂短路，可采用互锁保护法，即一个GTR关断后，另一个才导通。采用桥臂的互锁保护，不但能提高可靠性，而且可以改进系统的动态性能，提高系统的工作频率。图1.28为互锁保护的示意图，这种互锁控制是通过与门来实现的。当A为高电平时，驱动GTR_A导通，其发射极输出低电平将另一接口的与门封锁，则GTR_B关断。如何判别GTR是否关断是互锁保护的关键问题。分析表明，只要GTR的B-E间已建立足够大的反向电压U_{BE}，GTR一定被关断。图1.29为U_{BE}的识别电路。当GTR关断时，$U_{BE}=-4V$，恒流源电路中发光二极管因流过稳定电流而发光，以此作为GTR的关断信号。

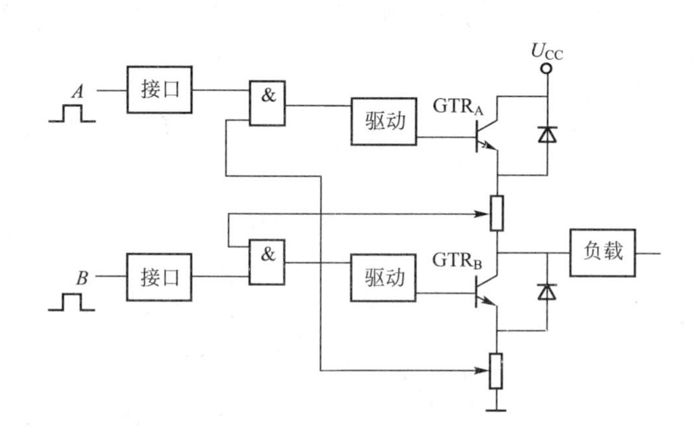

图1.28 GTR桥臂互锁保护示意图

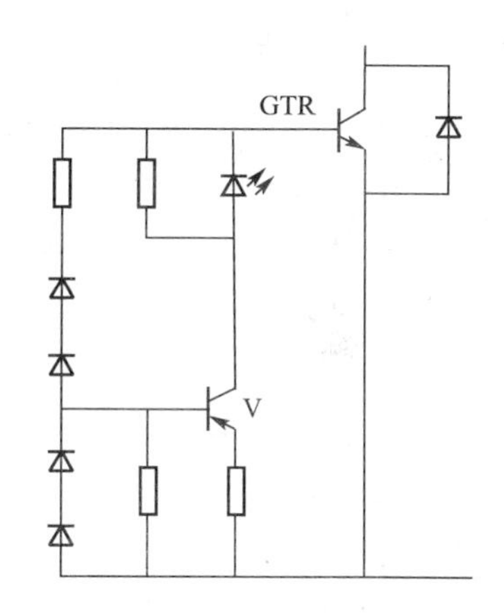

图1.29 U_{BE}识别电路

6. GTR的应用

GTR的应用已发展到晶闸管领域，与一般晶闸管比较，GTR有以下应用特点。

(1) 具有自关断能力。GTR因为有自关断能力，所以在逆变回路中不需要复杂的换流设备。与使用晶闸管相比，GTR不但使主回路简化、重量减轻、尺寸缩小，更重要的是不会出现换流失败的现象，提高了工作的可靠性。

(2) 能在较高频率下工作。GTR的工作频率比晶闸管高1～2个数量级，不但可获得晶闸管系统无法获得的优越性能，而且因频率提高还可降低各磁性元件和电容器件的规格参数及体积重量。

当然，GTR也存在二次击穿的问题，管子裕量要考虑足够一些。

下面介绍几个简单的例子来说明GTR的应用。

(1) 直流传动。

GTR在直流传动系统中的功能是直流电压变换，即斩波调压，如图1.30所示。所谓斩波调压，是利用电力电子开关器件将直流电变成另一固定或大小可调的直流电，有时又称此为直流变换或开关型DC-DC变换电路。

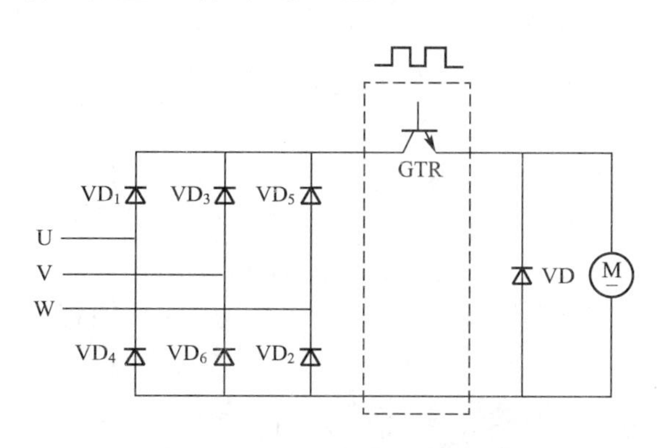

图1.30 GTR直流斩波调速

图1.30中VD_1～VD_6构成一个三

相桥式整流电路，获得一个稳定的直流电压。VD 为续流二极管，作用是在 GTR 关断时为直流电动机提供电流，保证直流电动机的电枢电流连续。通过改变 GTR 的基极输入脉冲的占空比来控制 GTR 的导通与关断时间，在直流电动机上就可获得电压可调的直流电。

由于 GTR 的斩波频率可高达 2kHz，在该频率下，直流电动机的电枢电感足以使电流平滑，这样电动机旋转的振动减小，温升比用晶闸管调速低，从而能减小电动机的尺寸。因此，在 200V 以下、数十千瓦容量内，用 GTR 不但简便，而且效果好。

(2) 电源装置。

目前大量使用的开关式稳压电源装置中，GTR 的功能是斩波稳压。与以往的晶体管串联稳压或可控整流稳压相比，其优点是效率高，频率范围一般在音频之外，无噪声，反应快，滤波元件可大大缩小。

(3) 逆变系统。

与晶闸管逆变器相比，GTR 关断控制方便、可靠，效率提高 10%，有利于节能。图 1.31 给出了电压型晶体管逆变器变频调速系统框图。

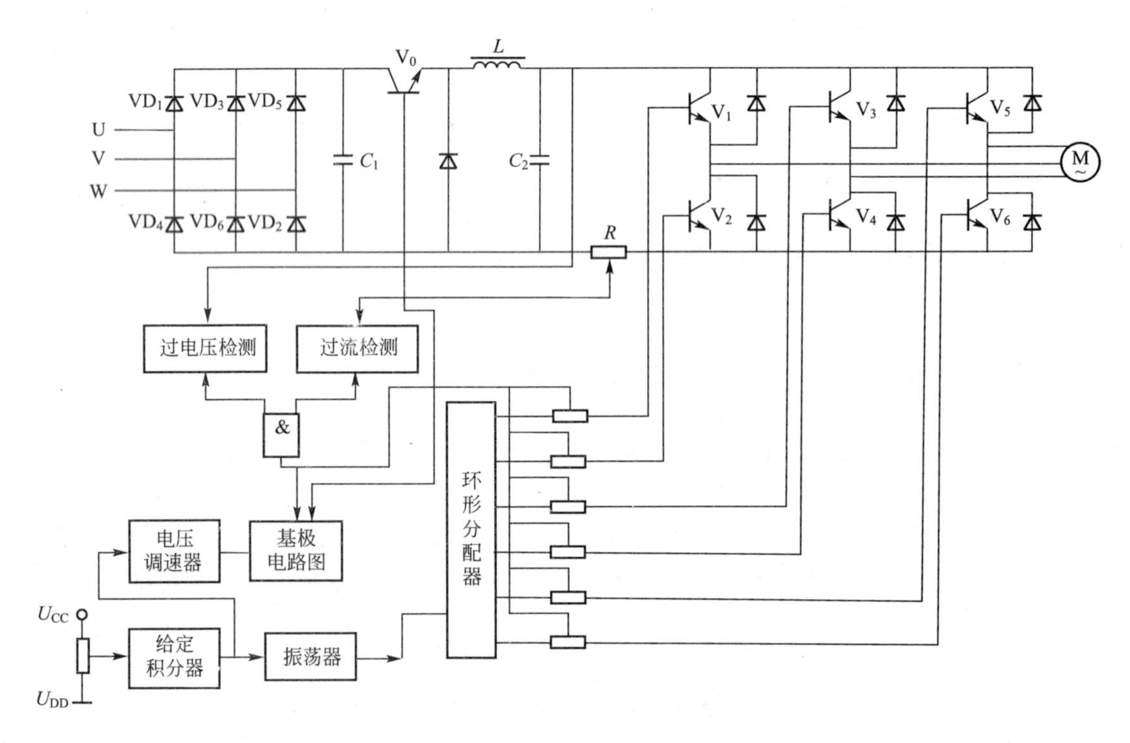

图 1.31　电压型晶体管逆变器变频调速系统框图

主电路由二极管 VD_1～VD_6 构成一个三相桥式整流电路，C_1 为滤波电容，以获得稳定的直流电压。由 GTR(V_0)、L、C_0 和续流二极管组成斩波电路，V_0 的基极电路输入可调的电压信号，则可在 C_2 两端得到电压可调的直流电压。V_1～V_6 是 6 个 GTR 构成的三相逆变电路，每个 GTR 的集-发极之间所接的二极管为其缓冲电路。

控制电路的工作情况为：阶跃速度指令信号 U_{gd} 经给定积分器变为斜坡信号，可以限制电动机启动与制动时的电枢电流。此速度指令一方面通过电压调节器、基极电路，控制 V_0 基极的关断与导通时间，即控制斩波电路，使输出与逆变器频率成正比的电压，以保证在调速过程中实现恒磁通；另一方面，速度指令经电压频率变换器(振荡器)变成相应脉冲，再经环形分配器分频，使驱动信号每隔60°轮流加在各开关器件GTR(V_1～V_6)上，实现将直流电变成交流电的逆变过程。

当主电路出现过压或过流时，其检测电路输出信号，封锁逆变电路的输出脉冲(环形分配器)，另外还立即封锁开关器件GTR(V_0)的基极电流，实现线路保护。

1.4.3 电力场效应晶体管

电力场效应晶体管简称Power MOSFET，是20世纪70年代中后期开发的新型电力半导体器件，通常又叫绝缘栅电力场效应晶体管，本书简称为P-MOSFET，用字母PM表示。电力场效应晶体管已发展了多种结构，本节主要介绍目前使用最多的单极VDMOS、N沟道增强型PM。

1. P-MOSFET的结构及原理

电力场效应晶体管的电气图形符号如图1.32(a)所示，有3个引脚，S为源极，G为栅极，D为漏极。源极的金属电极将管子内的N^+区和P区连接在一起，相当于在源极(S)与漏极(D)间形成了一个寄生二极管。管子截止时，漏源间的反向电流就在此二极管内流动。为了明确起见，常又将P-MOSFET的符号用图1.32(b)表示。如果是在变流电路中，P-MOSFET元件自身的寄生二极管流通反向大电流，可能会导致元件损坏。为避免电路中反向大电流流过P-MOSFET元件，在它的外面常并接一个快速二极管VD_2，串接一个二极管VD_1。因此，P-MOSFET元件在变流电路中的实际形式如图1.32(c)所示。

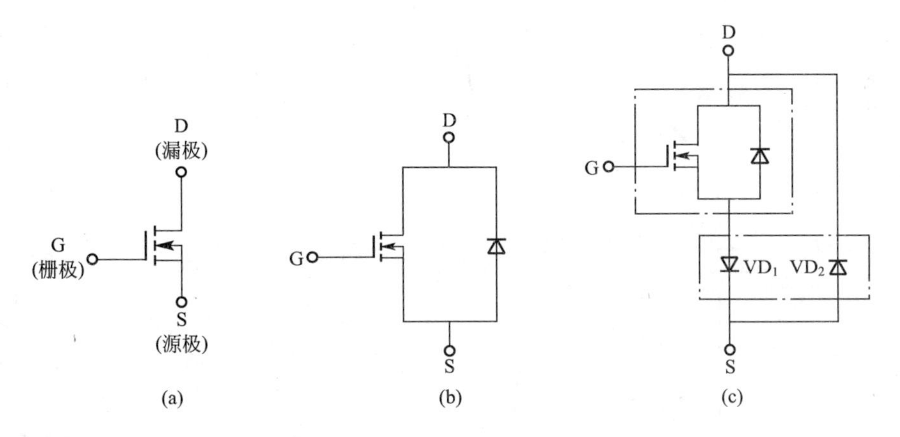

图1.32 PM图形符号

当栅-源极间的电压$U_{GS}<0$或$0<U_{GS}<U_V$(U_V为开启电压，又叫阈值电压，典型值为2～4V)时，即使加上漏-源极电压U_{DS}，也没有漏极电流I_D出现，PM处于截止状态。当$U_{GS}>U_V$且$U_{DS}>0$时，会产生漏极电流I_D，PM处于导通状态，且U_{DS}越大，I_D越大。另外，在相同的U_{DS}下，U_{GS}越大，I_D越大。

综上所述，PM的漏极电流I_D受控于栅-源电压U_{GS}和漏-源电压U_{DS}。

2. P-MOSFET的主要特性

P-MOSFET的特性主要体现在以下几个方面。

(1) 输入阻抗高，属于纯容性元件，不需要直流电流驱动，属电压控制器件，可直接与数字逻辑集成电路连接，驱动电路简单。

(2) 开关速度快，工作频率可达 1MHz，比 GTR 器件快 10 倍，可实现高频斩波，使开关损耗小。

(3) 为负电流温度系数，即器件内的电流具有随温度的上升而下降的负反馈效应，因此热稳定性好，不存在二次击穿问题，安全工作区 SOA 较大。

3. P-MOSFET 的栅极驱动电路

1) 基本电路形式

在开关电路中，P-MOSFET 有如图 1.33 所示的 4 种电路形式。

(1) 共源极电路：相当于普通晶体管的共发射极电路，如图 1.33(a)所示。

(2) 共漏极电路：相当于射极跟随器，如图 1.33(b)所示。

(3) 转换开关电路：PM_1 与 PM_2 轮流驱动导通可构成半桥式逆变器，如图 1.33(c)所示。

(4) 交流开关电路：当 PM_1、VD_2 导通时，负载为交流正向；当 PM_2、VD_1 导通时，负载为交流负向。如图 1.33(d)所示，它是交流调压电路的常用形式。

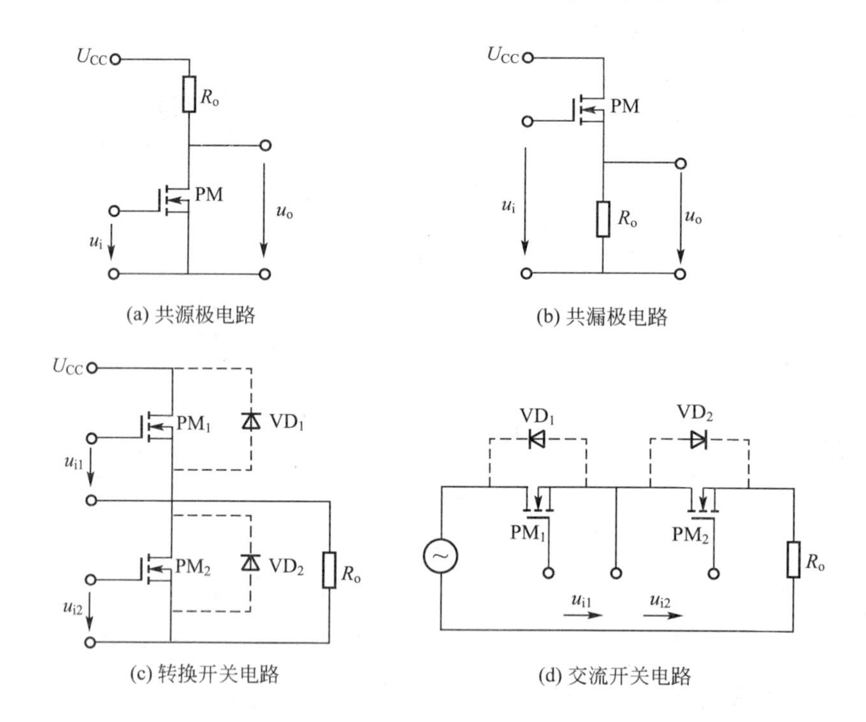

图 1.33 P-MOSFET 电路的 4 种形式

2) 对栅极驱动电路的要求

(1) P-MOSFET 的栅极提供所需要的栅压，以保证 P-MOSFET 可靠导通。

(2) 减小驱动电路的输入电阻以提高栅极充放电速度，从而提高器件的开关速度。

(3) 实现主电路与控制电路间的电隔离。

(4) 因为 P-MOSFET 的工作频率和输入阻抗都较高，很容易被干扰，所以栅极驱动电路还应具有较强的抗干扰能力。

理想的栅极控制电压波形如图1.34所示，提高栅极电压上升率 du_G/dt 可缩短开通时间，但过高会使管子在开通时承受过高的电流冲击。正、负栅极电压的幅值 U_{G1}、U_{G2} 要小于器件规定的允许值。

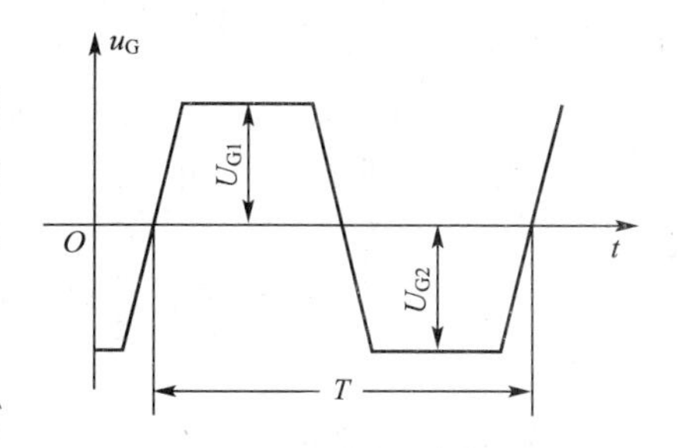

图1.34 理想栅极控制电压波形

3）驱动电路举例

图1.35是一种数控逆变器，两个P-MOSFET的栅极不用任何接口电路直接与数字逻辑驱动电路连接。该驱动电路是由两个与非门与RC组成的振荡电路。当门Ⅰ输入高电平，电路起振时，在 PM_1、PM_2 的栅极分别产生高、低电平，使它们轮流导通，将直流电压变为交流电压，实现逆变。振荡频率由电容与电阻值决定。

图1.36为直流斩波的驱动电路。斩波电源为 U_D，由不可控整流器件获得。当管子 PM_2 导通时，负载上电，输出电流 $I_o>0$；当 PM_2 关断时，VD_4 续流，直到 $I_o=0$，VD4断开，接着 PM_3 导通。由图1.36可见，由 PM_2、PM_3 组成的驱动电路实际上是推拉式和自举式电路的结合。当输入电压 $U_i=0$ 时，PM_1、PM_3 截止，电容 C_1 沿 V_2 和 C_{13}（P-MOSFET栅极输入电容）放电，驱动 PM_2 导通；当 $U_i>0$ 时，PM_1 导通，$U_F\approx0$，V_2 截止，电容 C_{13} 上的电荷沿 VD_2、PM_1 放电，VD_2 的导通保证了 V_2 一定截止。PM_2 关断后，负载电流通过 VD_4 续流，直到 $I_o=0$，PM_3 因正向电压而导通。

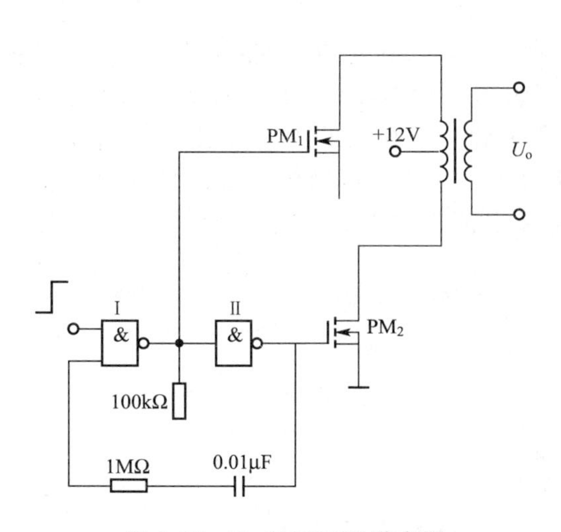

图1.35 P-MOSFET逆变器

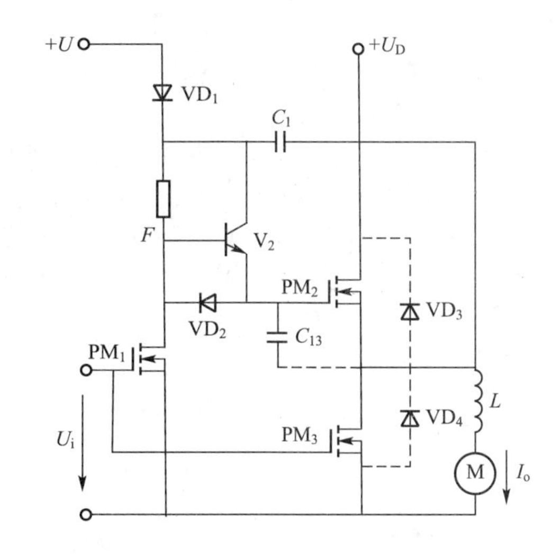

图1.36 直流斩波的驱动电路

4）P-MOSFET的应用

P-MOSFET在电力变流技术中主要有以下应用。

（1）在开关稳压调压电源方面，可使用P-MOSFET器件作为主开关功率器件，可大幅度提高工作频率，工作频率一般为200～400kHz。频率提高可使开关电源的体积减小，重量减轻，成本降低，效率提高。目前，P-MOSFET器件已在数十千瓦的开关电源中使用，正逐步取代 GTR。

(2) 将 P－MOSFET 作为功率变换器件。由于 P－MOSFET 器件可直接用集成电路的逻辑信号驱动，而且开关速度快，工作频率高，大大改善了变换器的功能，因而在计算机接口电路中获得了广泛的应用。

(3) 将 P－MOSFET 作为高频的主功率振荡、放大器件，在高频加热、超声波等设备中使用，具有高效、高频、简单可靠等优点。

1.4.4 绝缘栅双极型晶体管

绝缘栅双极型晶体管简称 IGBT。它将 MOSFET 和 GTR 的优点集于一身，既具有输入阻抗高、速度快、热稳定性好和驱动电路简单的特点，又具有通态电压低、耐压高和承受电流大等优点，因此发展迅速，备受青睐。IGBT 有取代 MOSFET 和 GTR 的趋势。由于它的等效结构具有晶体管结构，因此被称为绝缘栅双极型晶体管。IGBT 于 1982 年开始研制，1986 年投产，是发展最快、使用最广泛的一种混合型器件。目前 IGBT 产品已系列化，最大电流容量达 1800A，最高电压等级达 4500V，工作频率达 50kHz。IGBT 综合了 MOSFET、GTR 和 GTO 的优点，其导通电阻是同一耐压规格的功率 MOSFET 的 1/10。它在电动机控制、中频电源、各种开关电源以及其他高速低损耗的中小功率领域中得到广泛的应用。

1. IGBT 的结构与工作原理

IGBT 的结构是在 P－MOSFET 结构的基础上作了相应的改善而得到的，相当于一个由 P－MOSFET 驱动的厚基区双极型电力晶体管 GTR，其简化等效电路如图 1.37 所示，电气图形符号如图 1.38 所示。IGBT 有 3 个电极，分别是集电极 C、发射极 E 和栅极 G。在应用电路中，IGBT 的 C 接电源正极，E 接电源负极。它的导通和关断由栅极电压来控制。栅极施以正向电压时，P－MOSFET 内形成沟道，为 PNP 型的晶体管提供基极电流，从而使 IGBT 导通。此时，从 P 区注入到 N 区的空穴(少数载流子)对 N 区进行电导调制，减少 N 区的电阻，使高耐压的 IGBT 也具有低的通态压降。在栅极上施以负向电压时，P－MOSFET 内的沟道消失，PNP 晶体管的基极电流被切断，IGBT 关断。由此可知，IGBT 的导通原理与 P－MOSFET 的相同。

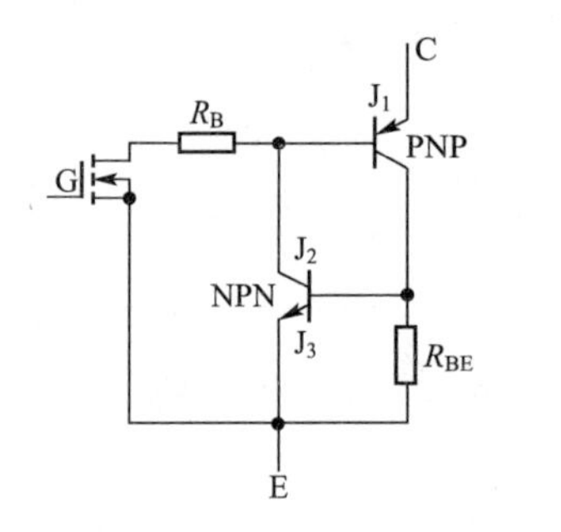

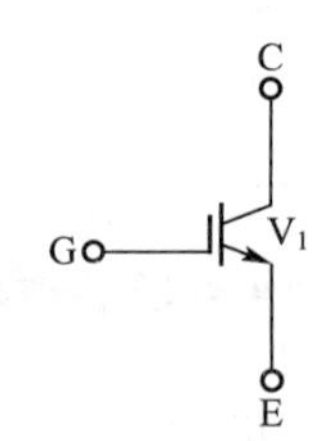

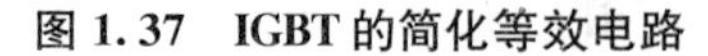

图 1.37　IGBT 的简化等效电路　　图 1.38　IGBT 的电气图形符号

2. IGBT 的伏安特性

IGBT 的伏安特性(又称静态输出特性)如图 1.39(a)所示，它反映了在一定的栅-射极电压U_{GE}下器件的输出端电压U_{CE}与电流I_C的关系。U_{GE}越高，I_C越大。与普通晶体管的伏安特性一样，IGBT的伏安特性分为截止区、有源放大区、饱和区和击穿区。值得注意的是，IGBT的反向电压承受能力很差，从曲线可知，其反向阻断电压U_{RM}只有几十伏，因此限制了它在需要承受高反压场合的应用。

图1.39(b)是IGBT的转移特性曲线。当$U_{GE}>U_{GE(th)}$(开启电压，一般为3～6V)时，IGBT开通，其输出电流I_C与驱动电压U_{GE}基本呈线性关系；当$U_{GE}<U_{GE(th)}$时，IGBT关断。

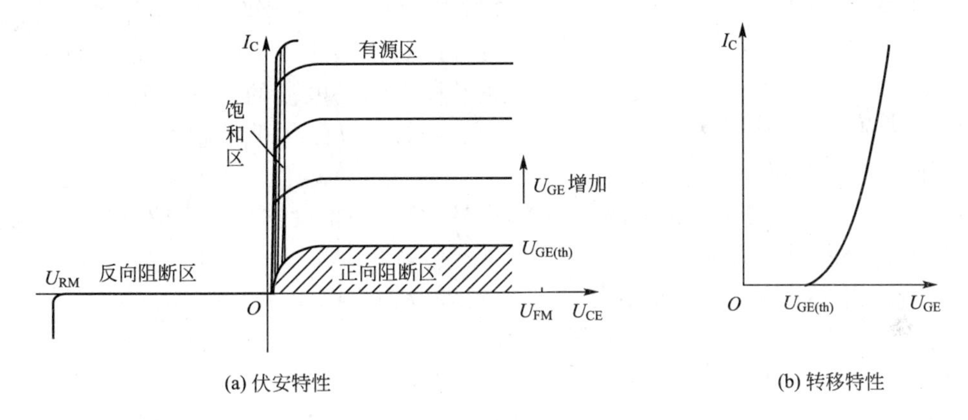

图1.39 IGBT的伏安特性和转移特性

3. IGBT的主要参数

1) 集射极额定电压U_{CES}

它是栅射极短路时IGBT的最大耐压值，是根据器件的雪崩击穿电压而规定的。

2) 栅射极额定电压U_{GES}

IGBT是电压控制器件，靠加到栅极的电压信号来控制IGBT的导通和关断，而U_{GES}是栅极的电压控制信号额定值。通常IGBT对栅极的电压控制信号相当敏感，只有电压在额定电压值附近很小的范围内，才能使IGBT导通而不致损坏。

3) 栅射极开启电压$U_{GE(th)}$

它是指使IGBT导通所需的最小栅射极电压。通常，IGBT的开启电压$U_{GE(th)}$在3～5.5V之间。

4) 集电极额定电流I_C

它是指在额定的测试温度(壳温为25℃)条件下，IGBT所允许的集电极最大直流电流。

5) 集射极饱和电压U_{CEO}

IGBT在饱和导通时，通过额定电流的集射极电压，代表了IGBT通态损耗的大小。通常IGBT的集射极饱和电压U_{CEO}在1.5～3V之间。

6) 集电极功耗P_{CM}

在正常工作温度下集电极允许的最大耗散功率。

4. IGBT的栅极驱动电路及其保护

1) 栅极驱动电路

由于IGBT的输入特性几乎与P-MOSFET相同，因此P-MOSFET的驱动电路同

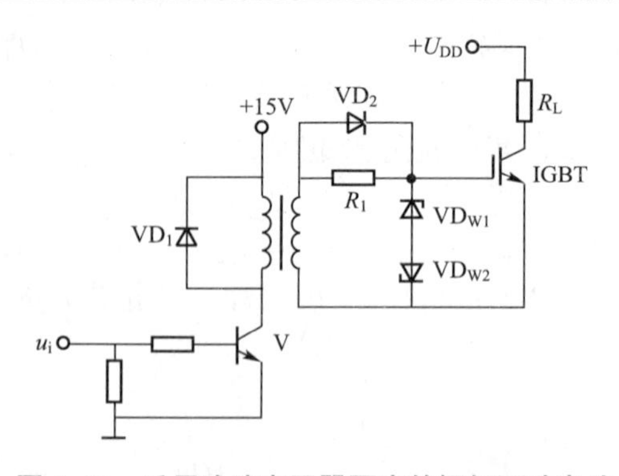

图 1.40　采用脉冲变压器隔离的栅极驱动电路

样适用于 IGBT。

(1) 采用脉冲变压器隔离的栅极驱动电路。

图 1.40 是采用脉冲变压器隔离的栅极驱动电路。其工作原理是：控制脉冲 u_i 经晶体管 V 放大后送到脉冲变压器，由脉冲变压器耦合，并经 VD_{W1}、VD_{W2} 稳压限幅后驱动 IGBT。脉冲变压器的一次侧并接了续流二极管 VD_1，以防止 V 中可能出现的过电压。R_1 限制栅极驱动电流的大小，R_1 两端并接了加速二极管，以提高开通速度。

(2) 推挽输出栅极驱动电路。

图 1.41 是一种采用光耦合隔离的由 V_1、V_2 组成的推挽输出栅极驱动电路。当控制脉冲使光耦合关断时，光耦合输出低电平，使 V_1 截止，V_2 导通，IGBT 在 VD_{W1} 的反偏作用下关断。当控制脉冲使光耦合导通时，光耦合输出高电平，V_1 导通，V_2 截止，经 U_{CC}、V_1、R_G 产生的正向电压使 IGBT 开通。

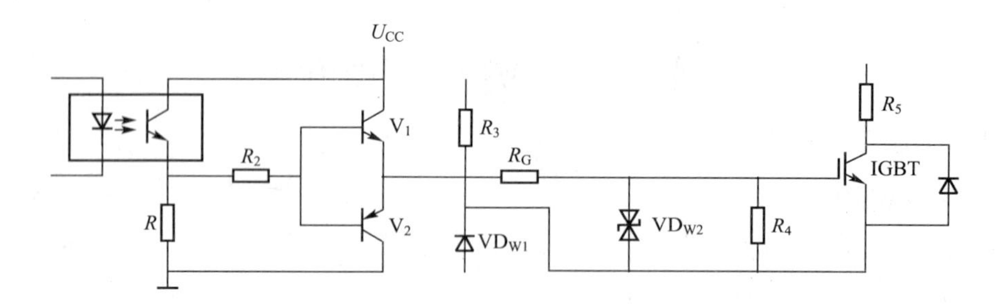

图 1.41　推挽输出栅极驱动电路

(3) 专用集成驱动电路。

EXB 系列 IGBT 专用集成驱动模块是日本富士公司出品的，它们性能好，可靠性高，体积小，应用广泛。EXB850、EXB851 是标准型，EXB840、EXB841 是高速型，它们的内部框图如图 1.42 所示，各引脚功能列于表 1-1 中，表 1-2 是其额定参数。

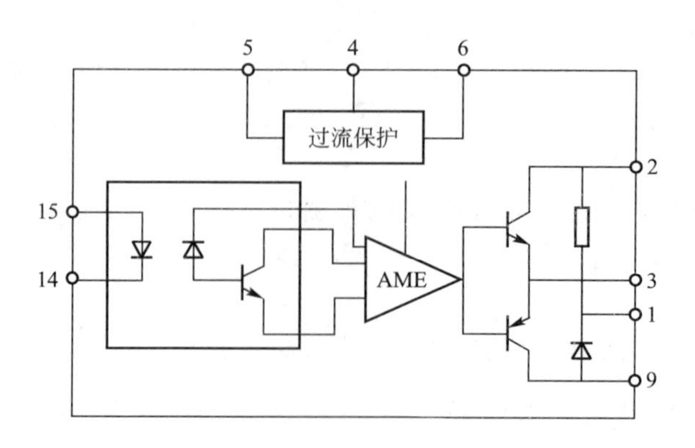

图 1.42　EXB8××驱动模块框图

表 1-1　EXB 系列驱动器引脚功能表

引脚	说　明
1	连接用于反向偏置电源的滤波电容器
2	电源(+20V)
3	驱动输出
4	用于连接外部电容器，以防止过流保护电路误动作(绝大部分场合不需要电容器)
5	过流保护输出
6	集电极电压监视
7、8	不接
9	电源(0V)
10、11	不接
14	驱动信号输入(—)
15	驱动信号输入(+)

表 1-2　额定参数

项　目	符号	条　件	额　定　值	
			EXB850、EXB840（中容量）	EXB851、EXB841（大容量）
电源供电电压	U_{CC}		25V	
光耦合器输入电流	I_{im}		10mA	
正向偏置输出电流	I_{g1}	PW=2μs	1.5A	4.0A
反向偏置输出电流	I_{g2}	PW=2μs	1.5A	4.0A
输入输出隔离电压	U_{ISO}	AC50/60Hz、60s	2500V	
工作表面温度	t_C		—10～+85℃	
存储温度	t_{stg}		—25～+125℃	

2) IGBT 的保护

IGBT 与 P-MOSFET 管一样具有较高的输入阻抗，容易造成静电击穿，故在存放和测试时应采取防静电措施。

IGBT1 作为一种大功率电力电子器件常用于大电流、高电压的场合，因此对其采取保护措施以防器件损坏就显得非常重要。

(1) 过电流保护。

IGBT 应用于电力电子系统中，对于正常过载(如电动机启动、滤波电容的合闸冲击以及负载的突变等)，系统能自动调节和控制，不至损坏 IGBT。对于不正常的短路故障，要实行过流保护，通常的做法如下。

① 切断栅极驱动信号。只要检测出过流信号，就在 2μs 内迅速撤除栅极信号。

② 当检测到过流故障信号时，立即将栅极电压降到某一电平，同时启动定时器，在定时器到达设置值之前，若故障消失，则栅极电压恢复正常工作值；若定时器到达设定值时故障仍未消除，则使栅极电压降低到 0。这种保护方案要求保护电路在 1～2μs 内响应。

(2) 过电压保护。

利用缓冲电路能对 IGBT 实行过电压抑制并限制过量的电压变化率 du/dt。但由于IGBT的安全工作区宽，因而改变栅极串联电阻的大小可减弱 IGBT 对缓冲电路的要求。然而，由于 IGBT 控制峰值电流的能力比 P-MOSFET 强，因而在有些应用中可不用缓冲电路。

(3) 过热保护。

利用温度传感器检测 IGBT 的壳温，当超过允许温度时，主电路跳闸以实现过热保护。

5. IGBT 的功率模块

一个 IGBT 基本单元是由 IGBT 芯片和快速二极管集成而成的，封装于同一个管壳内，组成单管模块。图 1.43 是单管模块的内部电路和输出特性。

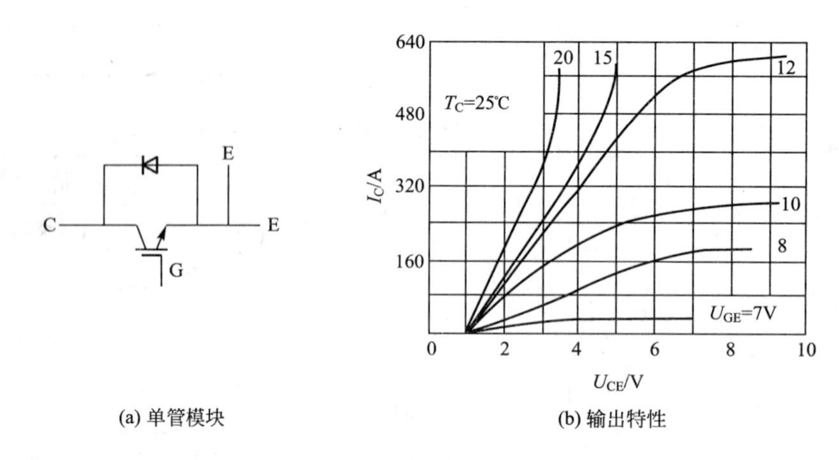

(a) 单管模块　　(b) 输出特性

图 1.43　单管模块的内部电路和输出特性

两个基本单元组成双管模块，6 个基本单元组成六管模块，图 1.44、图 1.45 分别是双管模块和六管模块的内部电路结构和输出特性图。

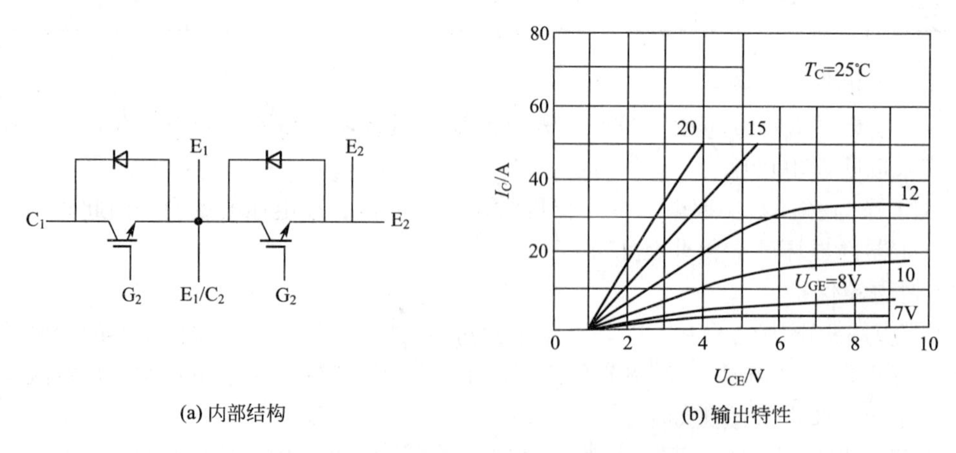

(a) 内部结构　　(b) 输出特性

图 1.44　双管模块的内部结构和输出特性

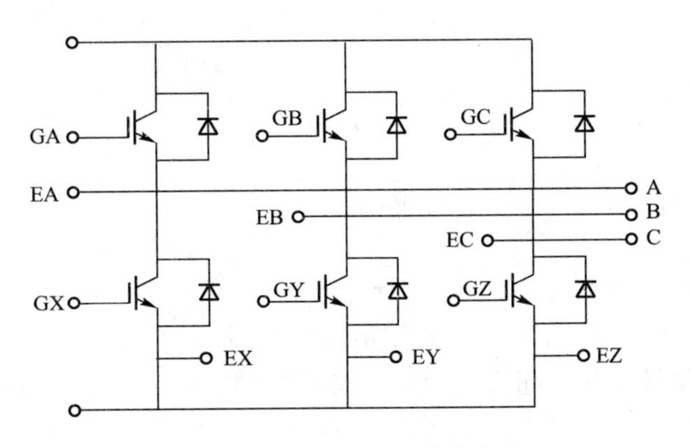

图 1.45 六管模块的内部电路

表 1-3 和表 1-4 列出了东芝公司生产的 MG25N2S1 型 25A/1000V 的 IGBT 模块的最大额定值和各种电气特性。

表 1-3 东芝 MG25N2S1 的最大额定值($T_C=25$℃)

项目		符号	额定值
集-射极电压		U_{CES}	1000V
门-射极电压		U_{CES}	±20V
集电极电流	DC	I_C	25A
	I_{ms}	I_{CP}	50A
集电极损耗		P_C	200W
结温		T_i	125℃
储存温度		$t_{\mu s}$	−40～125℃
绝缘耐压		U_{ISOL}	2500V(AC, 1min)
紧固力矩(端子安装)			20/30kg/cm

表 1-4 东芝 MG25N2S1 的电气特性($T_C=25$℃)

项目		符号	测试条件	最小	标准	最大	单位
门极漏电流		I_{GBS}	$U_{GE}=\pm20V$, $U_{CE}=0V$	—	—	±500	μA
集电极电流		I_{CBS}	$U_{CE}=1000V$, $U_{GE}=0V$	—	—	1	mA
集-射极电流		U_{CES}	$I_C=10mA$, $U_{GE}=0V$	1000	—	—	V
门-射极电压		$U_{GE(OFF)}$	$U_{CE}=5V$, $I_C=25mA$	3	—	6	V
集电极-发射极饱和压降		U_{CES}	$I_C=25A$, $U_{GE}=15V$	—	3	5	V
输入电容		C_{ie}	$U_{CE}=10V$, $U_{GE}=0V$, $f=1MHz$	—	3000	—	pF
开关时间	上升时间	t_r	$U_{GE}=\pm15V$	—	0.3	1	μs
	开通时间	t_{on}	$R_G=51\Omega$	—	0.4	—	μs
	下降时间	t_f	$U_{GC}=600V$	—	0.6	—	μs
	关断时间	t_{off}	负载电阻 24Ω	—	1	—	μs

（续）

项　　目		符　号	测试条件	最小	标准	最大	单位
反向恢复时间		t_{rr}	$I_p=25A$，$U_{GE}=-10V$，$di/dt=100A/\mu s$	—	0.2	0.5	μs
热量	晶体管部分	$R_{th(J-G)}$	—	—	—	0.625	℃/W
	二极管部分	$R_{ch(J-G)}$	—	—	—	1	℃/W

近年来，各种功能完善的IGBT智能功率模块(简称IPM)层出不穷，它把驱动电路、保护电路和功率开关封装在一起组成模块，具有结构紧凑、安装方便、性能可靠等优点。图1.46是一种IGBT智能功率模块的内部电路框图。从该图可知其保护电路直接控制驱动电路，一旦出现故障能迅速关断IGBT，保护功率模块。

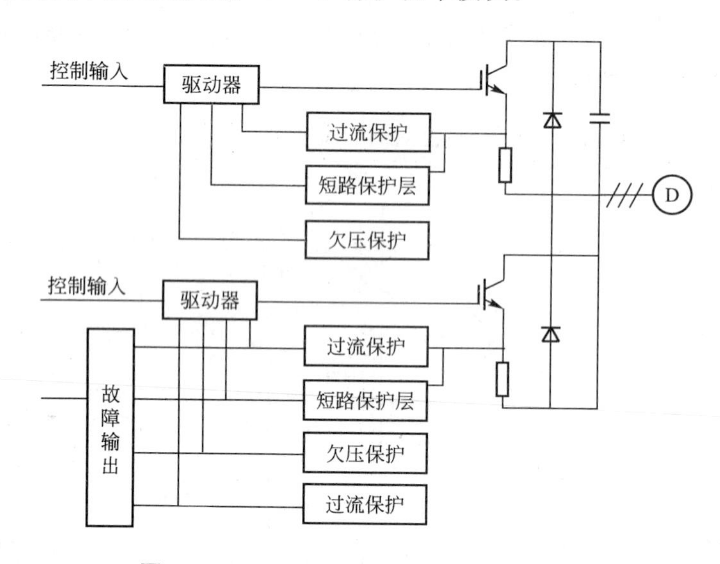

图1.46　IGBT智能功率模块内部电路框图

1.5　其他新型电力电子器件

除了以上几节所介绍的全控型电力电子器件外，从20世纪70年代开始人们还研制出了静电感应晶体管(SIT)、静电感应晶闸管(SITH)、集成门极换流晶闸管(IGCT)、电子注入增强型栅极晶体管(IEGT)和MOS场控晶闸管(MCT)等。下面就前两种器件分别作简单介绍。

1.5.1　静电感应晶体管

静电感应晶体管简称SIT，从20世纪70年代开始研制，发展到现在已成为系列化的电力电子器件。它是一种多子导电的单极型器件，具有输出功率大、输入阻抗高、开关特性好、热稳定性好以及抗辐射能力强等优点。现已商品化的SIT可工作在几百千赫兹，电流达300A，电压达2000V，已广泛用于高频感应加热设备(如200kHz、200kW的高频感应加热电源)中。SIT 还适用于高音质音频放大器、大功率中频广播发射机、电视发射机以及空间技术等领域。

1. SIT 的工作原理

SIT 为 3 层结构，如图 1.47(a)所示。其 3 个电极分别为栅极 G、漏极 D 和源极 S，其表示符号如图 1.47(b)所示。SIT 分 N 沟道和 P 沟道两种，箭头向外的为 N－SIT，箭头向内的为 P－SIT。

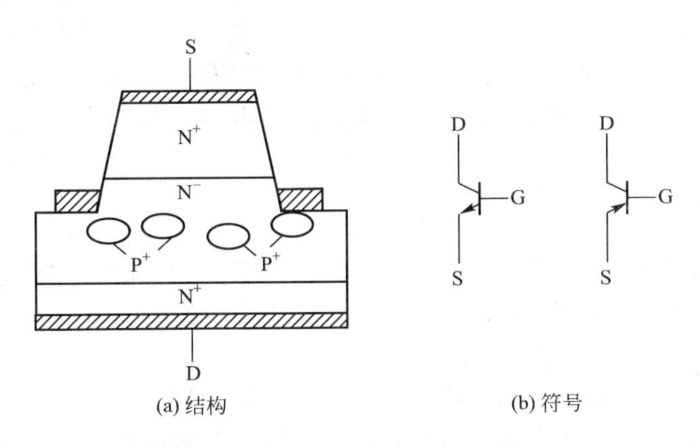

图 1.47　SIT 的结构及其符号

SIT 为常开器件。以 N－SIT 为例，当栅-源电压 U_{GS}大于或等于零，漏-源电压 U_{DS}为正向电压时，两栅极之间的导电沟道使漏-源之间导通。当加上负栅-源电压 U_{GS}时，栅源间 PN 结产生耗尽层。随着负偏压 U_{GS}的增加，其耗尽层加宽，漏-源间导电沟道变窄。当 $U_{GS}=U_P$(夹断电压)时，导电沟道被耗尽层夹断，SIT 关断。

2. SIT 的特性

图 1.48 为 N－SIT 的静态伏安特性曲线。当漏-源电压 U_{DS}一定时，对应于漏极电流 I_D 为零的栅源电压称为夹断电压 U_P。在不同 U_{DS}下有不同的 U_P，漏-源极电压 U_{DS}越大，U_P 的绝对值越大。SIT 的漏极电流 I_D 不但受栅极电压 U_{GS}控制，同时还受漏极电压 U_{DS}控制，当栅-源电压 U_{GS}一定时，随着漏-源电压 U_{DS}的增加，漏极电流 I_D 也线性增加，其大小由 SIT 的通态电阻决定。因此，SIT 不但是一个开关元件，而且是一个性能良好的放大元件。

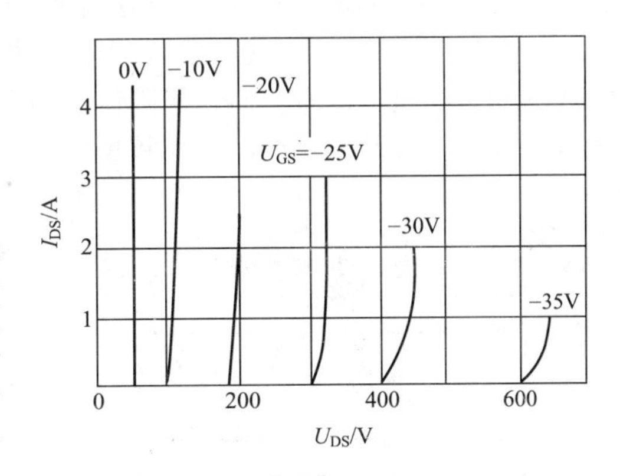

图 1.48　N－SIT 静态伏安特性

SIT 的导电沟道短而宽，适应于高电压、大电流的场合。它的漏极电流具有负温度系数，可避免因温度升高而引起的恶性循环。

SIT 的漏极电流通路上不存在 PN 结，一般不会发生热不稳定和二次击穿现象，其安全工作区范围较宽。它的开关速度相当快，适用于高频场合。例如 2SK183U(60A/1500V)的开通和关断时间分别为 $t_{on}=250$ns，$t_{off}=300$ns；TS300U(180A/1500V)为 $t_{on}=359$ns，

t_{off} = 350ns。

SIT 的栅极驱动电路比较简单。一般来说，关断 SIT 需要加数十伏的负栅压($-U_{GS}$)，使 SIT 导通可以加 5～6V 的正栅极偏压($+U_{GS}$)，以降低器件的通态压降。

1.5.2 静电感应晶闸管

静电感应晶闸管简称 SITH。它属于双极型开关器件，自 1972 年开始研制并生产，发展至今已初步趋于成熟，有些已经商品化。与 GTO 相比，SITH 有许多优点，比如通态电阻小、通态压降低、开关速度快、损耗小、di/dt 以及 du/dt 耐量高等。现有产品容量已达 1000A/2500V、2200A/450V、400A/4500V，工作频率可达 100kHz。它在直流调速系统、高频加热电源和开关电源等领域已发挥着重要作用，但制造工艺复杂、成本高是阻碍其发展的重要因素。

1. SITH 的工作原理

在 SIT 结构的基础上再增加一个 P^+ 层即形成了 SITH 的结构，如图 1.49(a)所示。在 P^+ 层引出阳极 A，原 SIT 的源极变为阴极 K，其控制极仍为栅极 G，图 1.49(b)为 SITH 的常用符号。

和 SIT 一样，SITH 也为常开型器件。栅极开路，在阳极和阴极间加正向电压，有电流流过 SITH，其特性与二极管正向特性相似。在栅极 G 和阴极 K 之间加负电压，G-K 之间 PN 结反偏，在两个栅极区之间的导电沟道中出现耗尽层，A-K 之间电流被夹断，SITH 关断，这一过程与 GTO 的关断非常相似。栅极所加的负偏压越高，可关断的阴极电流也越大。

2. SITH 的特性

图 1.50 为 SITH 的静态伏安特性曲线。由该图可知，特性曲线的正向偏置部分与 SIT 相似。栅极负压($-U_{GK}$)可控制阳极电流关断。已关断的 SITH，A-K 之间只有很小的漏电流存在。SITH 为场控少子器件，其动态特性比 GTO 优越。SITH 的电导调制作用使它比 SIT 的通态电阻、通态压降低、通态电流大；但因器件内有大量的存储电荷，所以它的关断时间比 SIT 要长，工作频率要低。

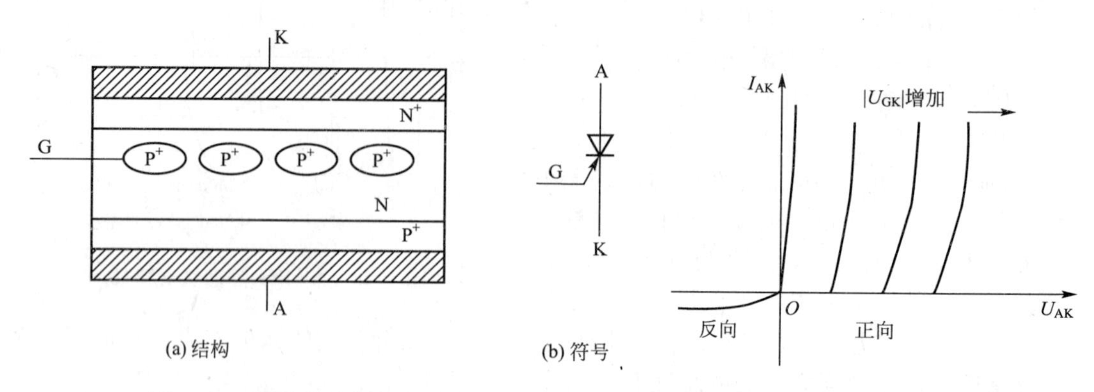

图 1.49 SITH 的结构和常用符号

图 1.50 SITH 的静态伏安特性曲线

近年来，人们还研制出了以下一些新型电力电子器件。

(1) IGCT 集成门极换流晶闸管。它是从 GTO 发展而来的，兼有 IGBT 和 GTO 的优点，特性很接近 GTO，但开关频率却高于 GTO，关断时间是 GTO 的 1/10，容量可达 5000A/6500V。

(2) IEGT 电子注入增强型栅极晶体管。它是以 IGBT 为基础发展而来的，它融合了 IGBT 和 GTO 的优点，容量可达 1000A/4500V。

(3) MCT 为 MOS 场控晶闸管。它是美国 GE 公司发起研制的，目前仍处在研制阶段。GE 公司制定了这种管子的 6 条性能指标，尤其对管子的动态特性做了非常严格的规定，有些参数指标就目前的加工工艺来看甚至是相互矛盾、根本不可实现的。但是一旦研制成功，MCT 的应用前景将不可估量，会为电力电子领域带来一次彻底的技术革命。

1.5.3　MOS 栅控晶闸管

MOS 栅控晶闸管(MCT)原理上也是一种很理想的器件，可以把它看成一种集成了 MOSFET 后的晶闸管或 GTO。一个 MOSFET 用于开通，另一个用于关断。将 MOSFET 的高输入阻抗、低驱动功率和开关速度快的特性与晶闸管的高电压、大电流特性结合，产生相当理想的器件特性。

1. MCT 的结构

MCT 是在晶闸管结构中集成了一对 MOSFET，通过 MOSFET 来控制晶闸管的导通与关断。使 MCT 导通的 MOSFET 称为 ONFET，使 MCT 关断的 MOSFET 称为 OFFFET。MCT 是采用集成电路工艺制成的，尤其是 DMOSFET，一个小的 MCT 大约有 10^5 个单胞，每个单胞有一个宽基区 NPN 晶体管和一个窄基区 PNP 晶体管，二者构成晶闸管。还有一个 OFFFET 连接在 PNP 晶体管的基射极之间，同时大约有 4%的单胞有 ONFET，它连接在 PNP 晶体管的射、集极之间。两组 MOSFET 的栅极连在一起，构成 MCT 的单门极。MCT 的等效电路和符号如图 1.51 所示。

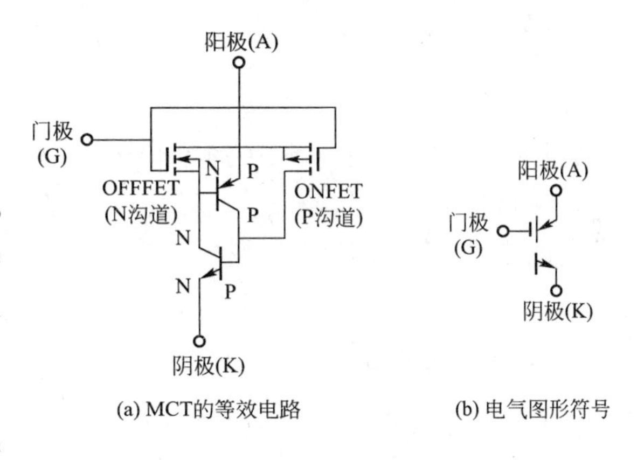

图 1.51　MCT 的等效电路和符号

2. MCT 的工作原理

当门阳极加负脉冲电压时，ONFET 导通，MCT 的漏极电流使 NPN 晶体管导通，NPN 晶体管的集电极电流由电子产生。这些电子使 PNP 晶体管导通，PNP 晶体管的集电极电流由空穴产生，这些空穴又反过来维持 NPN 晶体管导通。通过晶闸管的正反馈，使 $\alpha_1+\alpha_2>1$，MCT 导通。当门阴极加正脉冲电压时，OFFFET 导通，降低了 PNP 晶体管的射、基极之间的电位差值，PNP 晶体管关断，破坏了晶闸管的擎住条件，使 MCT 关断。通常−15～−5V 脉冲可使 MCT 导通，+10V 脉冲可使 MCT 关断。

MCT 具有电流密度高、电压、电流容量大、通态压降小、极高的 du/dt 和 di/dt 容量、开关速度快、开关损耗小、工作温度高(200℃以上)等优点。因此，MCT 被认为是性能最佳、最有发展前途的一种新器件。

1.5.4 集成门极换向晶闸管

人们通过对GTO的结构进行重大改进，研制出了门极换向晶闸管GCT，又将门极驱动电路集成在GCT上，开发出集成门极换向晶闸管IGCT。

1. IGCT的结构和工作原理

1) IGCT的结构

IGCT是由GCT和门极驱动电路集成而成的。GCT是IGCT的核心器件，它由GTO演变而来。对GTO的结构进行重大调整，引入缓冲层、可穿透发射区和集成续流快速恢复二极管结构，形成了GCT。GCT采用缓冲层结构后，在相同阻断电压下，硅片厚度和标准结构的相比可选用更薄的，从而大大降低了导通和开关损耗。采用可穿透发射区，大大降低了关断时间(小于3μs)，从而大大降低了关断损耗，因此可采用极低电感的门极驱动电路。

2) IGCT的工作原理

当IGCT导通时，它具有晶闸管的工作机理。其特点为大电流和低导通电压，当门极电压反偏时，通过器件的全部电流瞬间(1ns)从门极抽走，即IGCT瞬间从导通态转变为阻断态(而GTO在导通态和阻断态之间有一个过渡态)。这样使IGCT具有承受很大的du/dt冲击的能力。在关断过程中，IGCT同MOSFET和IGBT一样，不需要缓冲电路对线路的du/dt进行抑制。

2. IGCT的特点

IGCT具有高阻断电压、大导通电流、低导通电压降、可忽略不计的开关损耗、很小的关断时间(小于3μs)等特点。与标准GTO相比，IGCT最显著的特点是存储时间短。因此，器件之间关断时间的差异很小，可方便地将IGCT进行串并联，适合应用于大功率的范围。

1.5.5 功率集成电路

功率集成电路PIC是至少包含一个半导体功率器件和一个独立功能电路的单片集成电路，成为除单极型、双极型和复合型器件以外的第四大类功率器件。功率集成电路是微电子技术和电力电子技术相结合的产物，其基本功能是使动力和信息合一，是机电控制的关键。要实现功率集成，必须采用新工艺，如双极、互补、双扩散的MOSFET(BCDMOS)工艺、腐蚀再填充工艺和直接鼓合SDB工艺等。现已能在一个芯片上集成多种功率器件及控制电路所需要的各种有源和无源器件，如N沟道和P沟道MOSFET、PNP和NPN晶体管、M极管、晶闸管、高低压电容、高阻值多晶硅电阻和低阻值扩散电阻及各元件之间的连线等。

功率集成电路分为两类：一类是高压集成电路HVIC，由高耐压电力电子器件与控制电路的单片集成；另一类是智能功率集成电路SPIC，是功率电子器件与控制电路的保护电路及传感器电路等的功能集成。

1. 高压集成电路

高压集成电路是用来控制功率输出的。图1.52为300V全桥集成电路，其中高压开关元件为功率 MOSFET，它的导通电阻约为 5Ω。为了满足同一桥臂中两只开关元件一个完全关断之后再打开另一个的要求，采用 5kΩ 串联电阻和输入电容构成的电路来延迟开通时间，用旁路二极管来加速开断过程，由 V_5 和 V_6 两个 MOS 管构成反相器，保证同一桥臂中的两只开关元件处于相反工作状态。

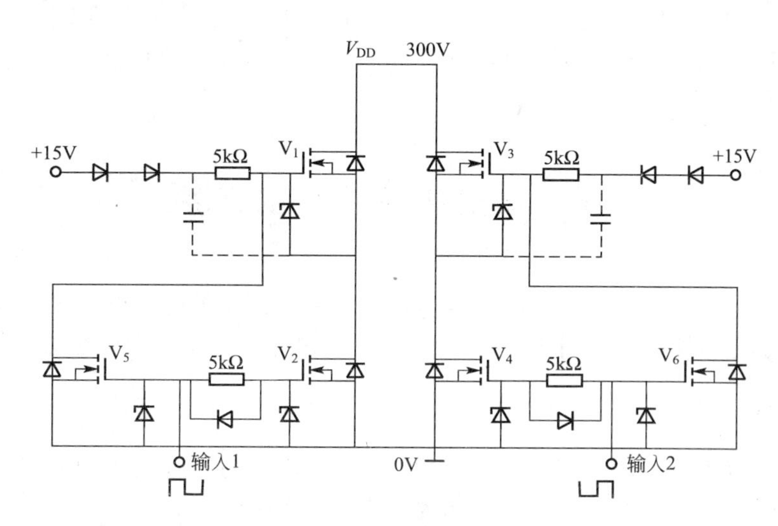

图 1.52　全桥集成电路

2. 智能功率集成电路

智能功率集成电路能提供数字控制逻辑与功率负载之间的接口。最简单的智能功率集成电路可由一电平移动和驱动电路组成，把来自微处理器的逻辑信号转变为足以驱动负载的电压和电流，较复杂的智能功率集成电路能实现下述 3 项任务。

(1) 控制功能。

自动检测某些外部参量并调整功率器件的运行状态，以补偿外部参数的偏离。

(2) 传感与保护功能。

当器件出现过载、短路、过电压、欠电压或过热等非正常运行情况时，能测取相关信号并能进行相应调节保护，使功率器件能继续工作在安全工作区。

(3) 提供逻辑输出接口。

功率控制由功率器件及驱动电路来执行。它具有处理高压、大电流的能力。驱动电路必须设计成能在高达 30V 电压下工作，并能给功率器件栅极提供足够的电压。

此外，驱动电路必须能够实现向高压的电平转换。功率调节可由多种功率器件完成，其中的 MOS 栅极器件日益受到重视。利用 MOSFET 和 IGBT 的电压控制特性，可以大大简化栅(门)极控制电路，反过来，这又为集成栅(门)极驱动电路创造了条件。除了检测过电流、过电压、过热，有时还进行空载和欠电压的检测。欠电压检测是用来保证功率器件有足够的偏压的，以防止启动期间过大的功耗，电流检测是以从功率器件上将其电流馈送给控制电路的方式进行的。

集成电路的保护是通过高频双极型晶体管的反馈环路来实现的。反馈环路的响应时间对关断至关重要。原因是：在故障发生过程中，系统电流以极高的速度上升，所以智能功率集成电路的这一部分需要集成高性能的模拟电路。

接口功能逻辑电路实现编码和译码操作，芯片不仅必须响应来自微处理器的信号，还必须能够发出有关工作状态信息，如过热关闭、空载、短路信息、与负载监控有关的信息等，这就需要在智能功率集成电路中集成高密度的 CMOS 电路。为了避免擎住效应，CMOS 电路的设计相当复杂。智能功率集成电路 SPIC 的种类繁多，例如，德国西门子公司生产的 BTS－412A 智能式单片功率开关，美国 SPRAGUE 半导体集团生产的驱动无刷直流电动机专用 PIC，意大利 SGS 公司生产的 L6217 型步进电动机驱动电路、单片桥式驱动器 L293 等。

1.6　电力电子器件的保护

在电力电子电路中，除了电力电子器件参数选择合适，驱动电路、缓冲电路设计良好外，采用合适的过电压保护、过电流保护、du/dt 保护和 di/dt 保护也是必要的。

1.6.1　过电压的产生及过电压保护

电力电子装置中可能发生的过电压分为外因过电压和内因过电压两类。外因过电压主要来自雷击和系统中的操作过程等外部原因，包括以下两个方面。

(1) 操作过电压：由分闸、合闸等开关操作引起的过电压，电网侧的操作过电压主要由供电变压器电磁感应耦合，或由变压器绕组之间存在的分布电容静电感应耦合而来。

(2) 雷击过电压：由雷击引起的过电压。

内因过电压主要来自电力电子装置内部器件的开关过程，包括以下两个方面。

(1) 换相过电压：由于晶闸管或者与全控型器件反并联的续流二极管在换相结束后不能立刻恢复阻断能力，因而有较大的反向电流流过，使残存的载流子恢复，而当其恢复了阻断能力时，反向电流急剧减小，这样的电流突变会因线路电感而在晶闸管阴阳极之间或与续流二极管反并联的全控型器件两端产生过电压。

(2) 关断过电压：全控型器件在较高频率下工作，当器件关断时，因正向电流的迅速降低而由线路电感在器件两端感应产生的过电压。

图 1.53 示出了各种过电压抑制措施及其配置位置，各电力电子装置可视具体情况只采用其中的几种。其中 RC_3 和 RCD 为抑制内因过电压的措施，其功能已属于缓冲电路的范畴。在抑制外因过电压的措施中，采用 RC 过电压抑制电路是最为常见的，其典型联结方式如图 1.54 所示。RC 过电压抑制电路可接于供电变压器的两侧(通常供电网一侧称网侧，电力电子电路一侧称阀侧)，或电力电子电路的直流侧。对大容量的电力电子装置，可采用图 1.55 所示的反向阻断式 RC 电路。有关保护电路的参数计算可参考相关的工程手册。采用雪崩二极管、金属氧化物压敏电阻、硒堆和转折二极管(BOD)等非线性元器件来限制或吸收过电压也是较常用的措施。

1.6.2　过电流保护

电力电子电路运行不正常或者发生故障时，可能会发生过电流。过电流分过载和短路两种。图 1.56 给出了各种过电流保护措施及其配置位置，其中采用快速熔断器、直流快速断路器和过电流继电器是较为常用的措施。一般电力电子装置均同时采用几种过电流保护措施，以提高系统的可靠性和合理性。在选择各种保护措施时应注意相互协调。通常，电子电路作为第一保护措施，快速熔断器仅作为短路时部分区段的保护，直流快速断路器整定在电子电路动作之后实现保护，过电流继电器整定在过载时动作。

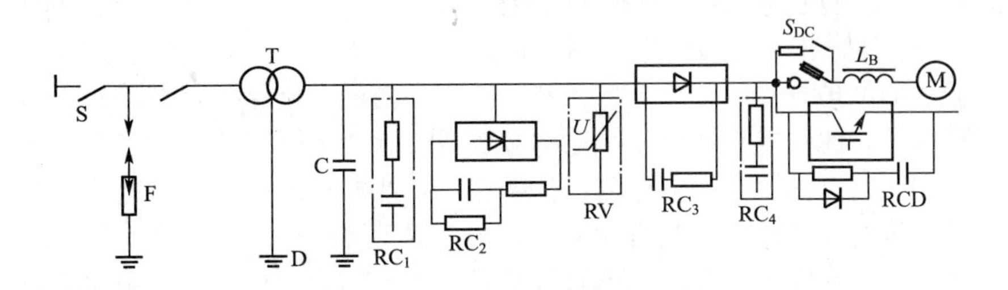

图 1.53 过电压抑制措施及配置位置

F—避雷器 D—变压器静电屏蔽层 C—静电感应过电压抑制电容 RC_1—阀侧浪涌过电压抑制用 RC 电路 RC_2—阀侧浪涌过电压抑制用反向阻断式 RC 电路 RV—压敏电阻过电压抑制器 RC_3—阀器件换相过电压抑制用 RC 电路 RC_4—直流侧 RC 抑制电路 RCD—阀器件关断过电压抑制用 RCD 电路

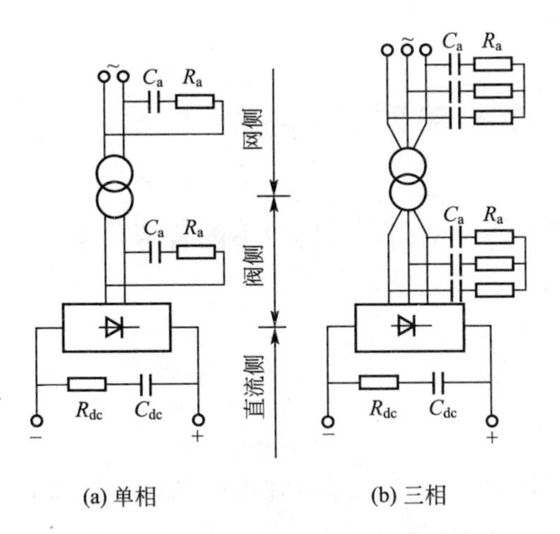

图 1.54 RC 过电压抑制电路联结方式

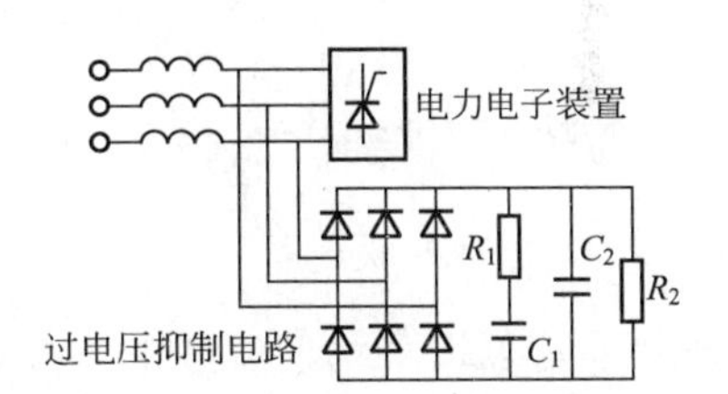

图 1.55 反向阻断式过电压抑制用 RC 电路

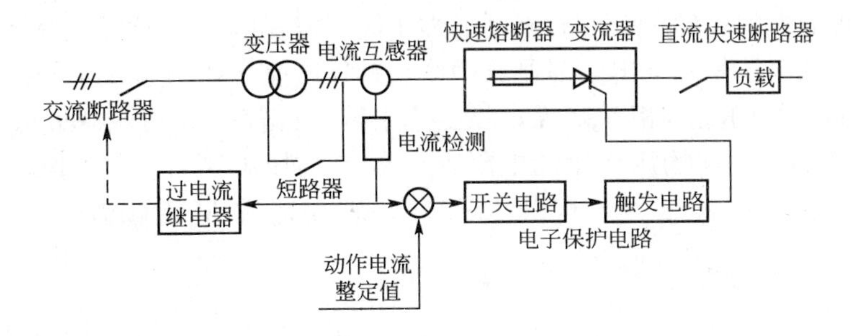

图 1.56 过电流保护措施及其配置位置

采用快速熔断器(简称快熔)是电力电子装置中最有效、应用最广的一种过电流保护措施。在选择快熔时应考虑以下几方面。

（1）电压等级应根据熔断后快熔实际承受的电压来确定。

（2）电流容量应按其在主电路中的接入方式和主电路联结形式确定。快熔一般与电力半导体器件串联连接，在小容量装置中也可串接于阀侧交流母线或直流母线中。

（3）快熔的 I^2t 值应小于被保护器件的允许 I^2t 值。

（4）为保证熔体在正常过载情况下不熔化，应考虑其时间—电流特性。

快熔对器件的保护方式可分为全保护和短路保护两种。全保护是指不论过载还是短路均由快熔进行保护，此方式只适用于小功率装置或器件使用裕度较大的场合。短路保护方式是指快熔只在短路电流较大的区域内起保护作用，此方式需与其他过电流保护措施相配合。快熔电流容量的具体选择方法可参考有关的工程手册。

对一些重要的且易发生短路的晶闸管设备，或者工作频率较高、很难用快速熔断器保护的全控型器件，需要采用电子电路进行过电流保护。除了对电动机启动的冲击电流等变化较慢的过电流可以利用控制系统本身调节器对电流的限制作用之外，其他情况需设置专门的过电流保护电子电路，当检测到过流之后直接调节触发或驱动电路，或者关断被保护器件。

此外，常在全控型器件的驱动电路中设置的过电流保护环节对器件过电流的响应是最快的。

1.7　电力电子器件的串联与并联

尽管电力电子器件的电流容量和电压等级在不断提高，但仍然不能满足大容量整机应用的要求，需要串联或并联使用，以提高它们的电压等级和电流容量。

1.7.1　晶闸管的串、并联

1. 晶闸管的串联连接

晶闸管串联时，为使串联的各个晶闸管可靠工作，必须解决其均压问题。均压包括静态均压和动态均压两种。

1）静态均压

由于串联各器件的正向(或反向)阻断特性不同，但在电路中却流过相等的漏电流，因而各器件所承受的电压是不同的，晶闸管串联后的反向电压如图 1.57 所示。

为了使各晶闸管的电压相互接近，除了选用特性比较一致的器件进行串联外，还要在每个晶闸管两端并联起均压作用的电阻 R_j。如果均压电阻 R_j 大大小于晶闸管的漏电阻，则电压分配主要决定于 R_j，但如 R_j 过小，则会造成 R_j 上损耗增大，因此要综合考虑。

2）动态均压

晶闸管串联工作时的动态电压分配不均匀，是指在开通和关断的过程中，由于各器件的开通时间和关断时间等参数不一致而造成的过电压问题。

晶闸管串联均压电路如图 1.58 所示，晶闸管在开关过程中，瞬时电压的分配决定于各晶闸管的结电容、导通时间和关断时间等。为了减小电容 C 对晶闸管放电造成过大的

di/dt，还应在电容 C 支路中串联电阻 R。

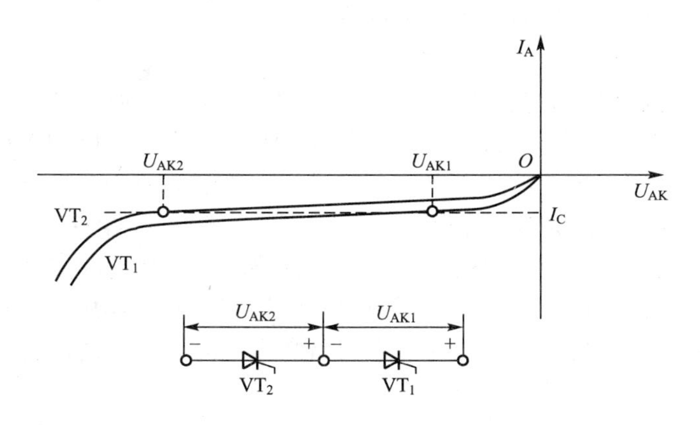

图 1.57　晶闸管串联后的反向电压

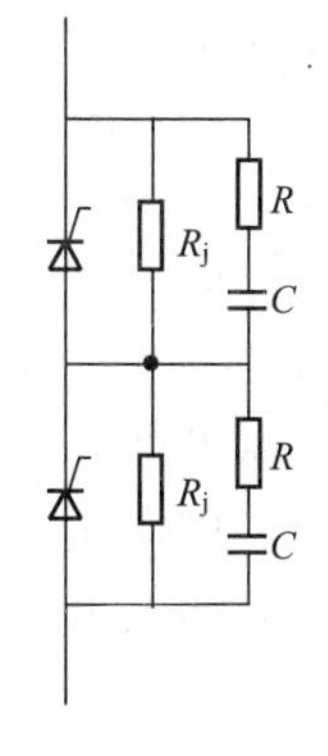

图 1.58　晶闸管串联均压电路

晶闸管串联连接时，要求串联的各晶闸管开通时间之差要小，对门极触发脉冲的要求比较高，即触发脉冲的前沿要陡，触发脉冲的电流要大，使晶闸管的开通时间很短，并应尽可能选择参数比较接近的晶闸管进行串联。

器件串联后，必须降低晶闸管电压的额定值，串联后选择晶闸管的额定电压为

$$U_{TN}=(2.2\sim3.8)\frac{U_m}{n_s}$$

式中：U_m 为作用于串联器件上的峰值电压；n_s 为串联器件个数。

由于晶闸管制造工艺的改进，器件的电压等级不断提高，因此要求晶闸管串联连接的情况会逐步减少。

2. 晶闸管的并联连接

由于并联的各个晶闸管在导通状态时的伏安特性各不相同，但却有相等的器件端电压，因而通过并联器件的电流是不等的。晶闸管并联时的电流分配如图 1.59 所示。

为了使并联器件的电流均匀分配，除了选用特性比较一致的器件进行并联外，还可采用串联电阻和串联电感等均流措施。晶闸管并联均流电路如图 1.60 所示。

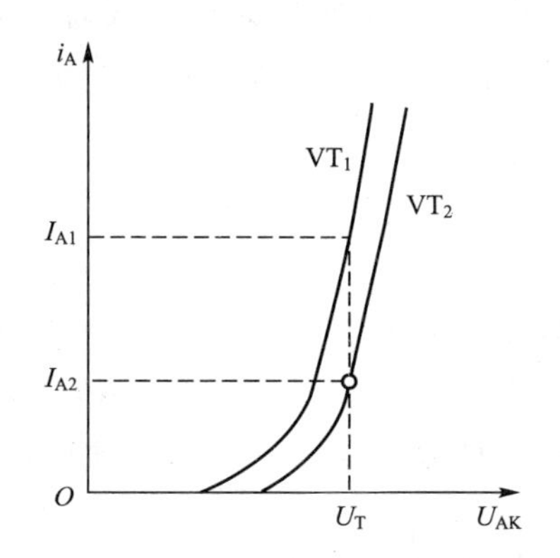

图 1.59　晶闸管并联时的电流分配

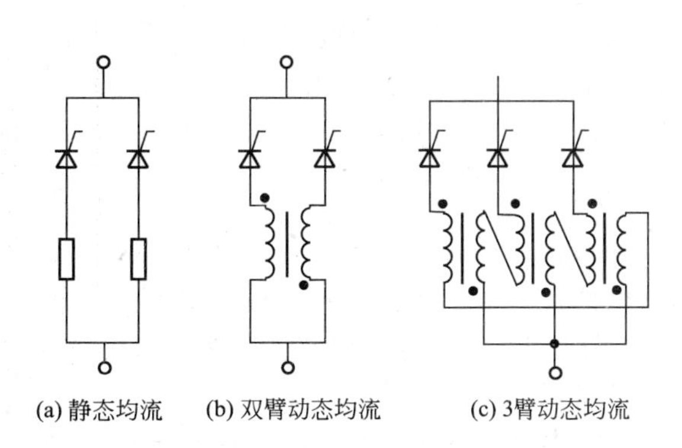

图 1.60　晶闸管并联均流电路

1）串联电阻法

由于串联电阻增大损耗，对电力电子器件而言无实用价值。

2）串联电抗法

用一个均流电抗器(铁芯上带有两个相同的线圈)接在两个并联的晶闸管电路中，当两个线圈内电流相等时，铁芯内励磁磁势相互抵消；如电流不等时，就会产生一个电动势造成环流，此环流恰好使电流小的器件支路电流增大，电流大的器件支路电流减小，达到了均流的目的。在并联器件较多的情况下，应采用和晶闸管数目相同的均流电抗器，其相邻支路中串联极性相反、匝数相等的线圈，当发生电流不均时，产生感应电动势使支路间保持均流。采用均流电抗器均流的优点是损耗小，且电感还有限制电流上升率的作用，能起到动态均流的效果，但因铁芯笨重，线圈绕制不便，在并联支路数很多时，线路的配置就比较复杂。

采用两个耦合较好的空心电感，也可起到一定的均流效果。空心电抗器均流是目前普遍采用的均流方法。它的优点是接线简单，还有限制 di/dt 和 du/dt 的作用。由于空心电抗器的线圈都有电阻，因此实际上它是电阻串电感均流。

器件并联后，必须降低晶闸管电流的额定值，并联后选择晶闸管的额定电流为

$$I_{TN}=(1.7\sim2.5)\frac{I}{n_s}$$

式中：I 为允许过载时流过的总电流平均值；n_s 为并联器件个数。

晶闸管并联连接时，要求并联的各晶闸管开通时间之差要小，所以触发脉冲的前沿要陡，触发脉冲的电流要大，并应尽可能选择参数比较接近的晶闸管进行并联。此外，适当增大电感，从而在开通时间差值一定的条件下，可以减少各并联支路中动态电流的偏差。在安装时应注意使各并联支路铜线长短相同，使各支路的分布电感和导线电阻相近，布线尽可能对称，以减小磁场的影响。在需要同时采取串联和并联晶闸管时，通常采用先串后并的方法。

1.7.2　可关断晶闸管的串、并联

1. GTO 的串联连接

GTO 串联时，采用与晶闸管相似的方法解决均压问题，包括静态均压和动态均压。由于 GTO 存在开通时间与关断时间的差异、门极控制条件技术参数的差异和通态电流、电压参数的差异，动态不均压的过电压产生于器件开通瞬间电压的后沿和关断瞬间电压的前沿。GTO 串联均压电路如图 1.61 所示。

同时，精心设计门极控制电路，采用强触发脉冲驱动，以消除动态不均压的影响。

2. GTO 的并联连接

一个 GTO 内部就是由几百个小 GTO 单元并联工作的。从某种意义上说，这就给多个 GTO 之间的并联工作创造了先天的有利条件。为了使并联工作的 GTO 电流均匀分配，与普通晶闸管一样，也可以采用串联电阻或电抗器等均流措施。晶闸管并联均流电路如图 1.62 所示。

GTO 并联工作除了上述通态时的均流问题外，更重要的是在开通和关断过程中产生的动态不均流问题，如果 GTO_1 比 GTO_2 容易开通而不易关断(当两个 GTO 的维持电流不

一样时，往往就会产生这个问题），则在开通过程中，GTO 通态电流的前沿和后沿处就可能产生很大的过电流。尤其在高频状态工作时，此过电流将产生更大的开通和关断损耗，使 GTO 的结温升高。前面已讨论过，随着结温的上升，开通时间将缩短，而关断时间却有延长的趋势，这就更加大了并联工作的 GTO_1 与 GTO_2 之间的开关时间差异，从而导致 GTO 的开关损耗进一步增大，在此基础上，温度再增高。这样继续下去，恶性循环的结果使热的不平衡很快扩大，如 GTO 的结温超过极限，就会烧坏器件。

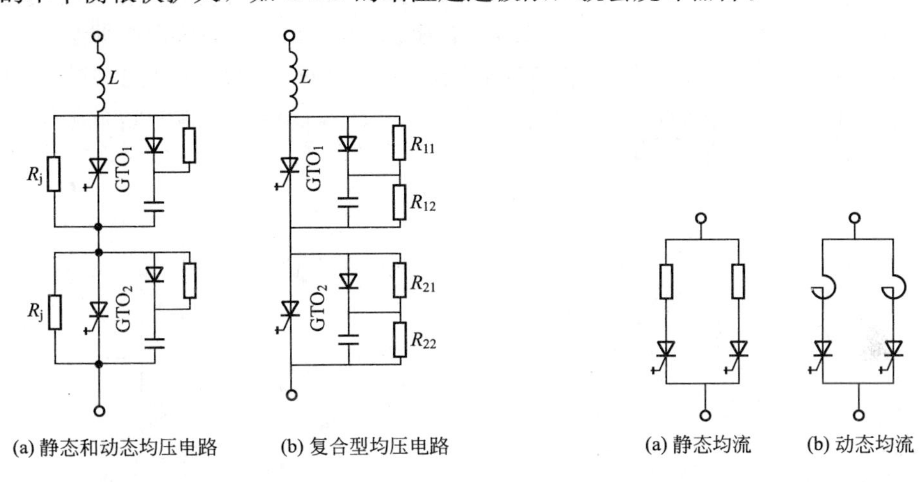

(a) 静态和动态均压电路　(b) 复合型均压电路　　(a) 静态均流　(b) 动态均流

图 1.61　GTO 串联均压电路　　**图 1.62　GTO 并联均流电路**

除了严格挑选并联工作的 GTO 通态电压相等外，也应当和串联工作时的要求一样，精心设计门极控制电路，采用强触发脉冲驱动，力争做到并联的 GTO 同时开通和同时关断。

1.7.3　双极型功率晶体管的串、并联

1. BJT 的串联连接

由于 BJT 对过电压很敏感，通常 BJT 是不进行串联运行的。

2. BJT 的并联连接

大电流 BJT 的管芯中已经采用了若干小电流的 BJT 并联，因此用并联来增大 BJT 电源的容量是比较常用的。在开关状态下工作的 BJT，其规律和线性放大时大不相同，应当放弃 BJT 线性工作时的那些法则。

BJT 的同名端子直接并联在一起，当负载电流比较小时，两个管子的集电极电流分配是极不均匀的，但是随着负载电流的增大，两个管子中的电流分配将大为改善。使用同一个厂家、同一型号的管子即使不经选配，多管并联时负载分配也是比较均匀的，可以不采用负载均衡措施。开关过程中，BJT 的负载分配是极不均匀的，必须设计一种合适的电路，使它能够在动态下自动保持并联的管子具有均衡负载能力。

1）单管的自适应驱动电路

如图 1.63 所示，利用二极管 VD_1 和 VD_{AS} 构成一个桥式电路，当负载电流 I_L 等于零时，由于集电极电流 $I_1—I_{B1}$ 的存在，故基射极上还有一个电压 U_{CE1} 存在，从而防止管子由于 I_L 的减小而进入高饱和状态。通过二极管 VD_{AS} 的自适应作用，BJT 总是从输入的电

流 I_1 中取用由放大系数所规定的那部分基极电流 I_{B1}，从而使基极电流自动和集电极电流相适应。

2）多管并联时的自适应驱动电路

多管并联时的自适应驱动电路如图 1.64 所示。由于二极管的钳位作用，不管负载电流多大，只要二极管还处于正向偏置，大功率开关管的 U_{CE} 总和它的 U_C 相差无几，即不会进入高饱和。多于 3 级的复合晶体管，由于所有晶体管的集电极都具有相同的电位，当管子导通时，除了最末一级管子外，其余级都满足 $U_{CE}=U_{BE}$ 的条件，亦即都具有自适应驱动的作用。因此对多级复合管，采用自适应驱动级只对末一级管子的关断时间发生作用，效果是不明显的。这种驱动级的一大特点是，对于驱动级的电源可以放松对电压稳定性的要求，但增大了驱动电源的容量。

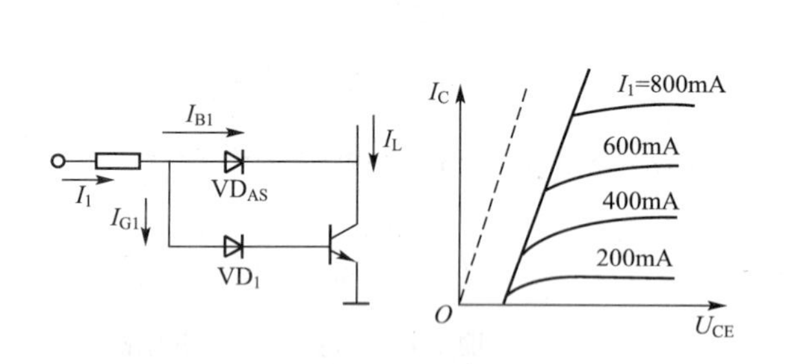

图 1.63　单管的自适应驱动电路

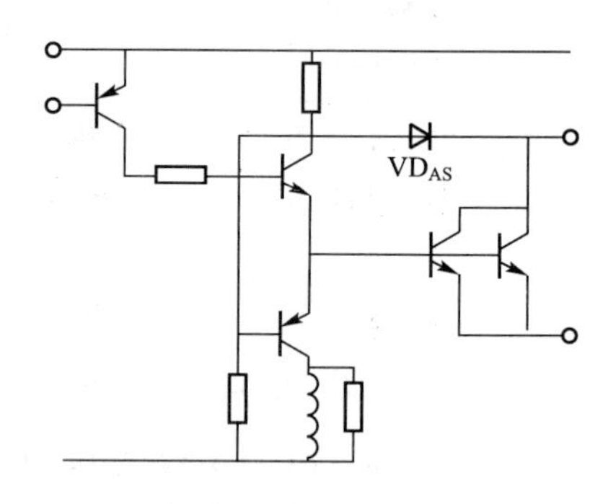

图 1.64　多管并联时的自适应驱动电路

1.7.4　电力场效应晶体管的串、并联

1. 电力 MOSFET 的串联连接

一般来说，因电力 MOSFET 经常工作在高频开关电路中，常用的电阻与电容串联，在解决动态均压时，由于分布参数的影响，难以做到十分满意，所以除非必要，通常不将它们串联工作。

2. 电力 MOSFET 的并联连接

由于电力 MOSFET 的导通电阻是单极载流子承载的，具有正的电阻温度系数。当电流意外增大时，附加发热使导通电阻自行增大，对电流的正增量有抑制作用，所以电力 MOSFET 对电流有一定的自限流能力，比较适合于并联使用而不必采用并联均流措施。

电力 MOSFET 不会出现电流集中而引起器件损坏，因为电力 MOSFET 的转移特性具有负的温度系数。当某一部分的漏极电流增加时，由于损耗增大，会引起该区域的温度升高，漏极电流又降下来，这种特性消除了因电流集中而出现局部热点的可能性。

1.7.5　绝缘栅双极型晶体管的串、并联

1. IGBT 的串联连接

与 MOSFET 一样，通常 IGBT 不串联使用。

2. IGBT 的并联连接

在大功率的电力电子设备中，单个 IGBT 的容量不满足功率要求时，可选用几个或多个 IGBT 并联使用。

1）并联时的注意事项

（1）当需要并联使用时，使用同一等级 U_{CES} 的模块。

（2）并联时各 IGBT 之间的 I_C 不平衡率≤18%。

（3）并联时各 IGBT 的开启电压应一致，如开启电压不同，则会产生严重的电流分配不均匀。

2）并联时的接线方法

在各模块的栅极上分别接上各模块推荐值的 R_G，并尽可能使 R_G 值误差小。栅极到各模块驱动级的配线长度及引线电感要相等，如 R_G 及引线有差异，则会引起各模块电流的分配不均匀，并会造成工作过程中开关损耗的不均匀。主电源到各模块之间的接线长度要均匀，引线的电感要相等。控制回路中的接线应使用双芯线或屏蔽线。主电路需采用低电感接线，使接线尽量靠近各模块的引出端，使用铜排或扁条线，以尽可能降低接线的电感量。

1.8 本章小结

本章主要分析了各种电力电子器件的基本结构、工作原理、主要参数和基本特性，并集中讨论了电力电子器件的驱动、保护和串、并联使用等问题。

按照器件内部电子和空穴两种载流子参与导电的情况，属于单极型电力电子器件的有电力 MOSFET 和 SIT；属于双极型电力电子器件的有电力二极管、晶闸管、GTO、GTR 和 SITH；属于复合型电力电子器件的有 IGBT 和 MCT。

单极型器件和复合型器件基本都是电压驱动型器件，而双极型器件中除 SITH 为电压驱动型外，其余均为电流驱动型器件。电压驱动型器件的共同特点是：输入阻抗高，所需驱动功率小，驱动电路简单，工作频率高。电流驱动型器件的共同特点是：具有电导调制效应，因而通态压降低，导通损耗小，但工作频率较低，所需驱动功率大，驱动电路也比较复杂。

到目前为止，在兆瓦以下功率的电力电子器件的市场中，全控型电力电子器件 IGBT 已成为首选器件。在兆瓦以上的大功率场合，GTO 仍然是首选器件，其制造水平达到了 6kV/6kA；在功率更大的场合，光控晶闸管的地位依然无法替代，其容量已达到了 8kV/3.5kA，构成的装置容量最高达 300MVA，是目前容量最大的电力电子装置。

在中小功率领域，特别是低压场合，电力 MOSFET 与 IGBT 占有重要的地位。

合理的驱动电路、缓冲电路和保护电路，可以保证器件可靠工作。在应用中，应注意不同器件的工作参数的意义，使器件工作在安全工作区内。

根据装置要求的器件的容量、开关频率选用电力电子器件，要注意器件的容量从高到低的顺序是 SCR、GTO、IGBT、MCT、SIT、BJT 和电力 MOSFET，器件的频率从高到低的顺序是电力 MOSFET、SIT、SITH、IGBT、BJT、MCT、GTO 和 SCR。

对较大型的电力电子装置，当单个电力电子器件的电压或电流定额不能满足要求时，往往需要将电力电子器件串联或并联起来工作，或者将电力电子装置串联或并联起来工作。电力电子器件串联应用时应注意均压问题，并联应用时应注意均流问题。当需要同时串联和并联使用元件时，通常应采取先串后并的连接方法。

1.9　习题及思考题

1. 晶闸管由关断变为导通的条件是什么？由导通变为关断的条件是什么？

2. 额定电流为100A的晶闸管流过单相全波电流时，允许其最大平均电流是多少？

3. GTO和普通晶闸管同为PNPN结构，为什么GTO能够自关断，而普通晶闸管不能？

4. GTO为何要设置缓冲电路？并说明其作用。

5. 简要说明大功率晶体管BJT与小功率晶体管的作用有何不同。

6. 导致BJT二次击穿的因素有哪些？可采取何种措施避免二次击穿出现？

7. 如何防止电力MOSFET因静电感应引起损坏？

8. IGBT、GTR、GTO和电力MOSFET的驱动电路各有什么特点？

9. 全控型器件的缓冲电路的主要作用是什么？试分析RCD缓冲电路中各元件的作用。

10. 试说明IGBT、GTR、GTO和电力MOSFET各自的优缺点。

11. 晶闸管串、并联使用时应注意哪些问题？采取什么措施？

12. 晶闸管并联时，有几种引起电流不平衡的原因？如何抑制？

第2章　相控型整流和有源逆变电路

教学提示：在实际生产中，直流电动机调速、同步电动机的励磁、电镀、电焊等需要电压可调的直流电源。利用晶闸管组成的可控整流电路，通过整流，可以方便地将交流电能变换成大小可调的直流电能。而在另外一些场合，如可逆直流调速系统要求快速回馈制动，高压电的远距离输送等又需要将直流电能变换为交流电能，通过逆变可将直流电能变换为交流电能。既可以工作在整流状态也可以工作在逆变状态的晶闸管电路，称为变流装置。

整流电路按元件的不同可分为不可控、半控、全控3种电路；按电路结构可分为桥式电路和零式电路；按交流输入相数可分为单相电路和多相电路等。

本章针对几种最常用整流电路的原理进行分析与计算各种负载对整流电路工作情况的影响；电容滤波的不可控整流电路的工作情况，重点了解其工作特点；与整流电路相关的一些问题；可控整流电路的有源逆变工作状态以及有源逆变的条件、三相可控整流电路有源逆变工作状态的分析计算、逆变失败及最小逆变角的限制等；晶闸管直流电动机系统的工作情况以及各种状态时系统的特性、单结晶体管触发电路、锯齿波触发电路工作原理及特点，触发电路与主电路的同步问题；集成触发芯片器的结构特点、各引脚的定义作用及使用；集成触发的基本实现方法等。

2.1　单相可控整流电路

单相可控整流电路的交流侧接单相电源。本节讲述几种典型的单相可控整流电路，包括其工作原理、定量计算等，并重点讲述不同负载对电路工作的影响。

2.1.1　单相半波可控整流电路

1. 带电阻负载的工作情况

图2.1为单相半波可控整流电路的原理图及带电阻负载时的工作波形。图2.1(a)中，变压器T起变换电压和隔离的作用，其一次侧和二次侧电压瞬时值分别用u_1和u_2表示，有效值分别用U_1和U_2表示，其中U_2的大小根据需要的直流输出电压u_d的平均值U_d确定。

在生产实际中，一些负载基本是电阻负载，如电阻加热炉、电解、电镀等。电阻负载的特点是电压与电流成正比，两者波形相同。

在晶闸管VT处于断态时，电路中无电流，负载电阻两端电压为零，u_2全部施加于VT两端，如在u_2正半周，VT承受正向阳极电压。ωt_1时刻给VT门极加触发脉冲，如图2.1(c)所示，则VT开通，忽略晶闸管通态压降，则直流输出电压瞬时值u_d与u_2相等，至$\omega t=\pi$即u_2降为零时，电路中电流亦降至零，VT关断，之后u_d、i_d均为零。

图 2.1(d)、(e)分别给出了 u_d 和晶闸管两端电压 u_{VT} 的波形，i_d 的波形与 u_d 波形相同。

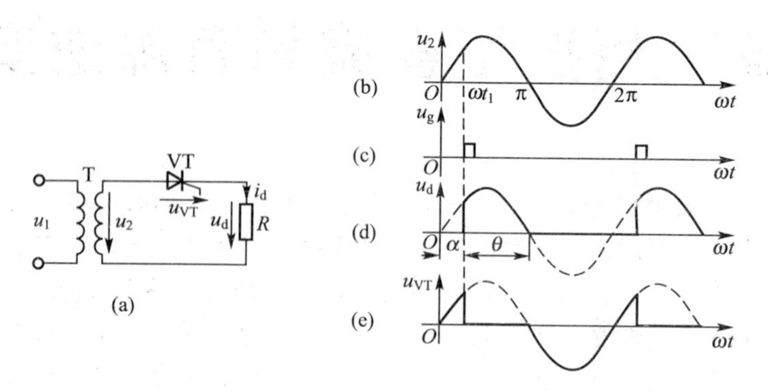

图 2.1　单相半波可控整流电路原理及波形

改变触发时刻，u_d 和 i_d 波形随之改变，整流输出电压 u_d 为极性不变但瞬时值变化的脉动直流，其波形只在 u_2 正半周内出现，故称“半波”整流，加之电路中采用了可控器件晶闸管且交流输入为单相，故该电路称为单相半波可控整流电路。由于整流电压 u_d 波形在一个电源周期中只脉动 1 次，故该电路又被称为单脉波整流电路。

从晶闸管开始承受正向阳极电压起到施加触发脉冲止的电角度称为触发延迟角，用 α 表示，也称触发角或控制角。晶闸管在一个电源周期中处于通态的电角度称为导通角，用 θ 表示，$\theta=\pi-\alpha$。直流输出电压平均值为

$$U_d=\frac{1}{2\pi}\int_{\alpha}^{\pi}\sqrt{2}U_2\sin\omega t\,\mathrm{d}(\omega t)=\frac{\sqrt{2}U_2}{2\pi}(1+\cos\alpha)=0.45U_2\,\frac{1+\cos\alpha}{2}\qquad(2-1)$$

$\alpha=0$ 时，整流输出电压平均值为最大，用 U_{d0} 表示，$U_d=U_{d0}=0.45U_2$。随着 α 增大，U_d 减小，当 $\alpha=\pi$ 时，$U_d=0$，该电路中 VT 的 α 移相范围为 180°。可见，调节 α 角即可控制 U_d 的大小，这种通过控制触发脉冲的相位来控制直流输出电压大小的方式称为相位控制方式，简称相控方式。

2. 带阻感负载的工作情况

生产实际中，更常见的负载是既有电阻也有电感的，当负载中感抗 ωL 与电阻 R 相比不可忽略时即为阻感负载。若 $\omega L\gg R$，则负载主要呈现为电感，称为电感负载。例如电动机的励磁绕组。

电感对电流变化有抗拒作用。流过电感器件的电流变化时，在其两端产生感应电动势 $L\frac{\mathrm{d}i}{\mathrm{d}t}$，它的极性是阻止电流变化的，当电流增加时，它的极性阻止电流增加；当电流减小时，它的极性反过来阻止电流减小。这使得流过电感的电流不会发生突变，这是阻感负载的特点，也是理解整流电路带阻感负载工作情况的关键之一。图 2.2 为带阻感负载的单相半波可控整流电路及其波形。

当晶闸管 VT 处于断态时，电路中电流 $i_d=0$，负载上电压为 0，u_2 全部加在 VT 两端。在 ωt_1 时刻，即触发角 α 处，触发 VT 使其开通，u_2 加于负载两端，因电感 L 的存在使 i_d 不能突变，i_d 从 0 开始增加，如图 2.2(e)所示，同时 L 的感应电动势试图阻止 i_d 增加。这时，交流电源一方面供给电阻 R 消耗的能量，另一方面供给电感 L 吸收的磁场能量。到 u_2 处于由正变负的过零点处的时候，i_d 已经处于减小的过程中，但尚未降到零，

因此VT仍处于通态。此后，L中储存的能量逐渐释放，一方面供给图2.2中带阻感负载的单相半波可控整流电路及其波形给电阻消耗的能量，另一方面供给变压器二次侧绕组吸收的能量，从而维持i_d流动。至ωt_2时刻，电感能量释放完毕，i_d降至零，VT关断并立即承受反压，如图2.2(f)晶闸管VT两端电压u_{VT}波形所示。由图2.2(b)的u_d波形还可看出，由于电感的存在延迟了VT的关断时刻，使u_d波形出现负的部分，与带电阻负载时相比其平均值U_d下降。

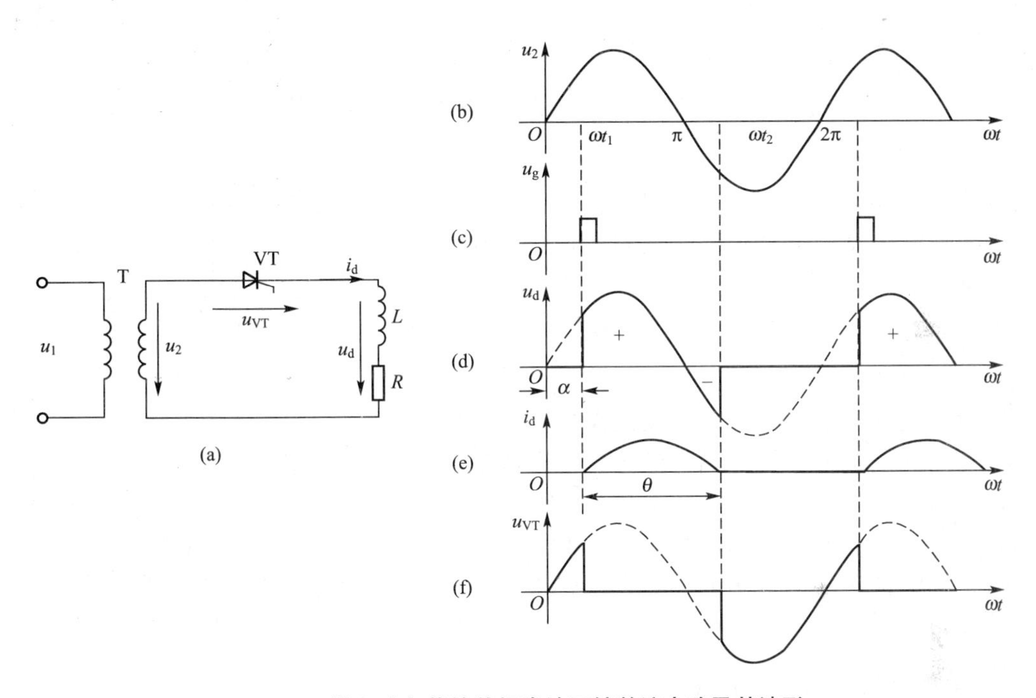

图2.2 带阻感负载的单相半波可控整流电路及其波形

当负载阻抗角$\varphi=\arctan\dfrac{\omega L}{R}$或触发角$\alpha$不同时，晶闸管的导通角也不同。若$\varphi$为定值，$\alpha$角越大，在$u_2$正半周电感$L$储能越少，维持导电的能力就越弱，$\theta$越小。若$\alpha$为定值，$\varphi$越大，则$L$储能越多，$\theta$越大且$\varphi$越大，在$u_2$负半周$L$维持晶闸管导通的时间就越接近晶闸管在$u_2$正半周导通的时间，$u_d$中负的部分越接近正的部分，其平均值$U_d$越接近零，输出的直流电流平均值也越小。

为解决上述矛盾，在整流电路的负载两端并联一个二极管，称为续流二极管，用VD_R表示，如图2.3(a)所示。图2.3(b)～(g)是该电路的典型工作波形。

与没有续流二极管时的情况相比，在u_2正半周时两者工作情况是一样的。当u_2过零变负时，VD_R导通，u_d为零。此时为负的u_2通过VD_R向VT施加反压使其关断，L储存的能量保证了电流i_d在$L-R-VD_R$回路中流通，此过程通常称为续流。u_d波形如图2.3(c)所示，如忽略二极管的通态电压，则在续流期间u_d为0，u_d中不再出现负的部分，这与电阻负载时基本相同。但与电阻负载时相比，i_d的波形是不一样的。若L足够大，$\omega L\gg R$，即负载为电感负载，在VT关断期间，VD_R可持续导通，使i_d连续，且i_d波形接近一条水平线，如图2.3(d)所示。在一周期内，$\omega t=\alpha\sim\pi$期间，VT导通，其导通角为$\pi-\alpha$，i_d流过VT，晶闸管电流i_{VT}的波形如图2.3(e)所示，其余时间i_d流过VD_R，续流

二极管电流 i_{VD_R} 波形如图 2.3(f)所示，VD_R 的导通角为 $\pi+\alpha$。若近似认为 i_d 为一条水平线，恒为 I_d，则流过晶闸管的电流平均值 I_{dVT} 和有效值 I_{VT} 分别为

$$I_{dVT}=\frac{\pi-\alpha}{2\pi}I_d \tag{2-2}$$

$$I_{VT}=\sqrt{\frac{1}{2\pi}\int_{\alpha}^{\pi}I_d^2\,d(\omega t)}=\sqrt{\frac{\pi-\alpha}{2\pi}}I_d \tag{2-3}$$

续流二极管的电流平均值 I_{dVD_R} 和有效值 I_{VD_R} 分别为

$$I_{dVD_R}=\frac{\pi+\alpha}{2\pi}I_d \tag{2-4}$$

$$I_{VD_R}=\sqrt{\frac{1}{2\pi}\int_{\pi}^{2\pi+\alpha}I_d^2\,d(\omega t)}=\sqrt{\frac{\pi+\alpha}{2\pi}}I_d \tag{2-5}$$

晶闸管两端电压波形 u_{VT} 如图 2.3(g)所示，其移相范围为 180°，其承受的最大正反向电压均为 u_2 的峰值，即$\sqrt{2}U_2$。续流二极管承受的电压为 $-u_d$，其最大反向电压为$\sqrt{2}U_2$，亦为 u_2 的峰值。

单相半波可控整流电路的特点是简单，但输出脉动大，变压器二次侧电流中含直流分量，造成变压器铁芯直流磁化。为使变压器铁芯不饱和，需增大铁芯截面积，增大设备的容量，因此在实际中很少应用此种电路。这里仅以该电路为例建立可控制整流电路的基本概念。

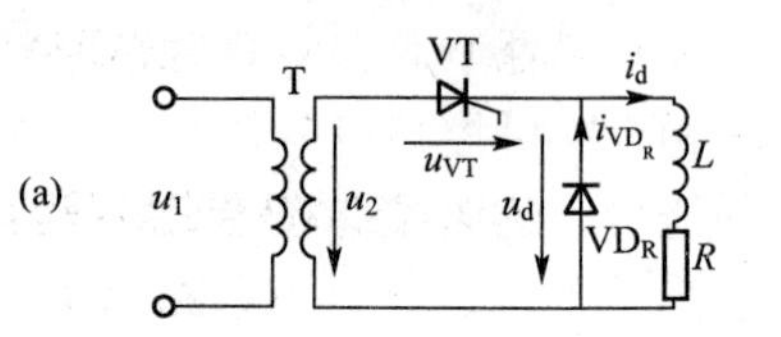

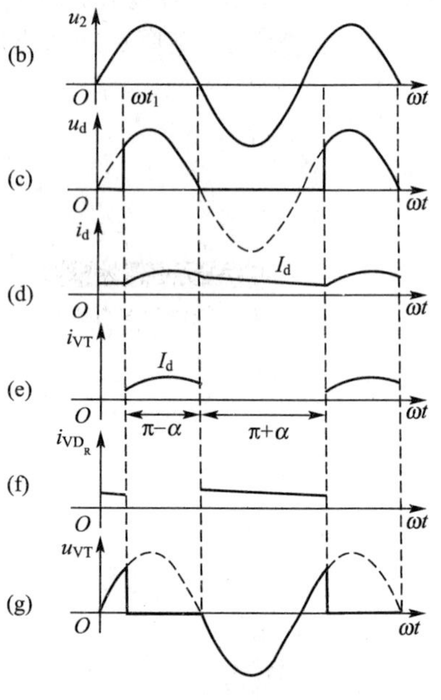

图 2.3　单相半波带阻感负载有续流二极管的电路及波形

2.1.2　单相桥式全控整流电路

单相可控整流电路中应用较多的是单相桥式全控整流电路，如图 2.4(a)所示。

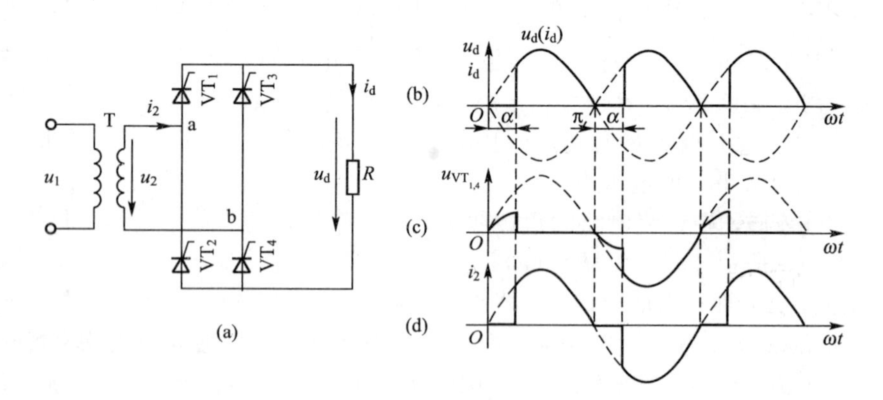

图 2.4　单相桥式全控整流电路带电阻负载时的电路及波形

1. 带电阻负载的工作情况

在单相桥式全控整流电路中，晶闸管 VT_1 和 VT_4 组成一对桥臂，VT_2 和 VT_3 组成另一对桥臂。在 u_2 正半周(即 a 点电位高于 b 点电位)，若 4 个晶闸管均不导通，负载电流 i_d

为零，u_d 也为零，VT_1、VT_4 串联承受电压 u_2，设 VT_1 和 VT_4 的漏电阻相等，则各承受 u_2 的一半。若在触发角 α 处给 VT_1 和 VT_4 加触发脉冲，VT_1 和 VT_4 导通，电流从电源 a 端经 VT_1、R、VT_4 流回电源 b 端。当 u_2 过零时，流经晶闸管的电流也降到零，VT_1 和 VT_4 关断。

在 u_2 负半周，仍在触发角 α 处触发 VT_2 和 VT_3（VT_2 和 VT_3 的 $\alpha=0°$ 位于 $\omega t=\pi$ 处），VT_2 和 VT_3 导通，电流从电源 b 端流出，经 VT_3、R、VT_2 流回电源 a 端。当 u_2 过零时，电流又降为零，VT_2 和 VT_3 关断。此后又是 VT_1 和 VT_4 导通，如此循环地工作下去，整流电压 u_d 和晶闸管 VT_1、VT_4 两端电压波形分别如图 2.4(b)和图 2.4(c)所示。晶闸管承受的最大正向电压和反向电压分别为 $\frac{\sqrt{2}}{2}U_2$ 和 $\sqrt{2}U_2$。

由于在交流电源的正负半周都有整流输出电流流过负载，故该电路为全波整流电路。在 u_2 一个周期内，整流电压波形脉动 2 次，脉动次数多于半波整流电路，该电路属于双脉波整流电路。变压器二次绕组中，正负两个半周电流方向相反且波形对称，平均值为零，即直流分量为零，如图 2.4(d)所示，不存在变压器直流磁化问题，变压器绕组的利用率也高。

整流电压平均值为

$$U_d=\frac{1}{\pi}\int_{\alpha}^{\pi}\sqrt{2}U_2\sin\omega t\,d(\omega t)=\frac{2\sqrt{2}U_2}{\pi}\frac{1+\cos\alpha}{2}=0.9U_2\frac{1+\cos\alpha}{2} \tag{2-6}$$

$\alpha=0°$ 时，$U_d=U_{d0}=0.9U_2$。$\alpha=180°$ 时，$U_d=0$。可见，α 角的移相范围为 180°。

向负载输出的直流电流平均值为

$$I_d=\frac{U_d}{R}=\frac{2\sqrt{2}U_2}{\pi}\frac{1+\cos\alpha}{2}=0.9\frac{U_2}{R}\frac{1+\cos\alpha}{2} \tag{2-7}$$

晶闸管 VT_1、VT_4 和 VT_2、VT_3 轮流导电，流过晶闸管的电流平均值只有输出直流电流平均值的一半，即

$$I_{dVT}=\frac{1}{2}I_d=0.45\frac{U_2}{R}\frac{1+\cos\alpha}{2} \tag{2-8}$$

为选择晶闸管、变压器容量、导线截面积等定额，需考虑发热问题，为此需计算电流有效值。流过晶闸管的电流有效值为

$$I_{VT}=\sqrt{\frac{1}{2\pi}\int_{\alpha}^{\pi}\left(\frac{\sqrt{2}U_2}{R}\sin\omega t\right)^2 d(\omega t)}=\frac{U_2}{\sqrt{2}R}\sqrt{\frac{1}{2\pi}\sin 2\alpha+\frac{\pi-\alpha}{\pi}} \tag{2-9}$$

变压器二次电流有效值 I_2 与输出直流电流有效值 I 相等，为

$$I=I_2=\sqrt{\frac{1}{\pi}\int_{\alpha}^{\pi}\left(\frac{\sqrt{2}U_2}{R}\sin\omega t\right)^2 d(\omega t)}=\frac{U_2}{R}\sqrt{\frac{1}{2\pi}\sin 2\alpha+\frac{\pi-\alpha}{\pi}} \tag{2-10}$$

由式(2-9)和式(2-10)可见

$$I_{VT}=\frac{1}{\sqrt{2}}I \tag{2-11}$$

不考虑变压器的损耗时，要求变压器的容量为 $S=U_2I_2$。

2. 带阻感负载的工作情况

电路如图 2.5(a)所示。为便于讨论，假设电路已工作于稳态。

在 u_2 正半周期、触发角 α 处，给晶闸管 VT_1 和 VT_4 加触发脉冲使其开通，$u_d=u_2$。负载中有电感存在使负载电流不能突变，电感对负载电流起平波作用，假设负载电感很大，负载电流 i_d 连续且波形近似为一水平线，其波形如图 2.5(b)所示。u_2 过零变负时，由于电感的作用，晶闸管 VT_1 和 VT_4 中仍流过电流 i_d，并不关断。至 $\omega t=\pi+\alpha$ 时刻，给 VT_2 和 VT_3 加触发脉冲，因 VT_2 和 VT_3 已承受正电压，故两管导通。VT_2 和 VT_3 导通后，u_2 通过 VT_2 和 VT_3 分别向 VT_1 和 VT_4 施加反压使 VT_1 和 VT_4 关断，流过 VT_1 和 VT_4 的电流迅速转移到 VT_2 和 VT_3 上，此过程称为换相，亦称换流。至下一周期重复上述过程，如此循环下去，u_d 波形如图 2.5(b)所示，其平均值为

$$U_d=\frac{1}{\pi}\int_{\alpha}^{\pi+\alpha}\sqrt{2}U_2\sin\omega t\,d(\omega t)=\frac{2\sqrt{2}}{\pi}U_2\cos\alpha=0.9U_2\cos\alpha \tag{2-12}$$

当 $\alpha=0°$时，$U_{d0}=0.9U_2$。$\alpha=90°$时，$U_d=0$。α 角的移相范围为 90°。

单相桥式全控整流电路带阻感负载时，晶闸管 VT_1、VT_4 两端的电压波形如图 2.5(b)所示，晶闸管承受的最大正、反向电压均为$\sqrt{2}U_2$。

晶闸管导通角 θ 与 α 无关，均为 180°，其电流波形如图 2.5(b)所示，平均值和有效值分别为：$I_{dVT}=\frac{1}{2}I_d$ 和 $I_{VT}=\frac{1}{\sqrt{2}}I_d=0.707I_d$。

变压器二次电流 i_2 中的波形为正负各 180°的矩形波，其相位由 α 角决定，有效值$I_2=I_d$。

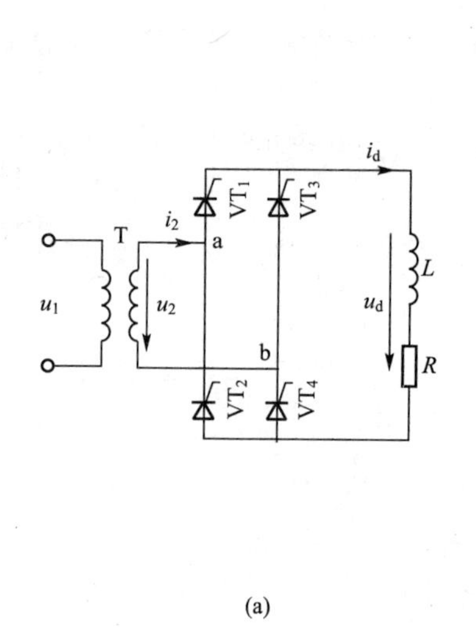

(a)

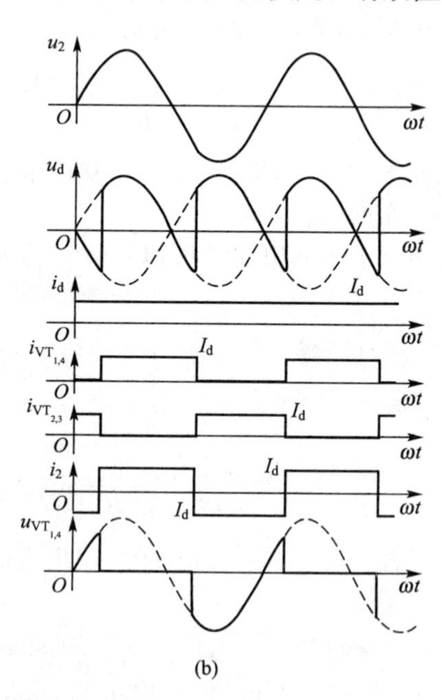

(b)

图 2.5　单相桥式全控整流电流带阻感负载时的电路及波形

3. 带反电动势负载时的工作情况

当负载为蓄电池、直流电动机的电枢(忽略其中的电感)时，负载可看成一个直流电压

源，对于整流电路，它们就是反电动势负载。如图 2.6(a)所示，下面着重分析反电动势-电阻负载时的情况。

当忽略主电路各部分的电感时，只有在 u_2 瞬时值的绝对值大于反电动势，即 $|u_2|>E$ 时，才有晶闸管承受正电压，有导通的可能。晶闸管导通之后，$u_d=u_2$，$i_d=\frac{u_d-E}{R}$，直至 $|u_2|=E$，i_d 即降至 0，使得晶闸管关断，此后 $u_d=E$。与电阻负载时相比，晶闸管提前了电角度 δ 停止导电的相位，u_d 和 i_d 的波形如图 2.6(b)所示，δ 称为停止导电角。

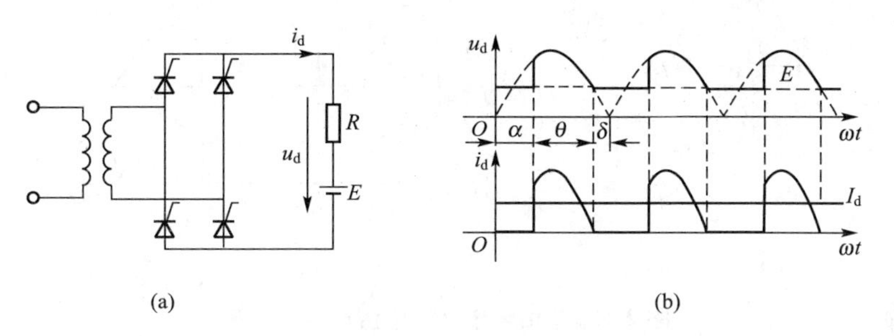

图 2.6　单相桥式全控整流电路接反电动势—电阻负载时的电路及波形

$$\delta=\arcsin\frac{E}{\sqrt{2}U_2} \tag{2-13}$$

当 α 角相同时，整流时输出电压比电阻负载时大。如图 2.6(b)所示，i_d 波形在一周期内有部分时间为 0 的情况，称为电流断续。与此对应，若 i_d 波形不出现为 0 的情况，则称为电流连续。当 $\alpha<\delta$、触发脉冲到来时，晶闸管承受负电压，不可能导通。为了使晶闸管可靠导通，要求触发脉冲有足够的宽度，保证当 $\omega t=\delta$、晶闸管开始承受正电压时，触发脉冲仍然存在。这样，相当于触发角被推迟为 δ，即 $\alpha=\delta$。

负载为直流电动机时，如果出现电流断续则说明电动机的机械特性很软。从图2.6(b)可看出，导通角 θ 越小，电流波形的底部就越窄。电流平均值是与电流波形的面积成比例的，因而为了增大电流平均值，必须增大电流峰值，这要求较多地降低反电动势。因此，当电流断续时，随着 I_d 的增大，转速 n(与反电动势成比例)降落较大，机械特性较软，相当于整流电源的内阻增大。较大的电流峰值在电动机换向时容易产生火花。同时，对于相等的电流平均值，电流波形底部越窄，其有效值越大，要求电源的容量也越大。

为了克服以上缺点，一般在主电路中直流输出侧串联一个平波电抗器，用来减少电流的脉动和延长晶闸管导通的时间。有了电感，当 u_2 小于 E 时，甚至 u_2 值变负时，晶闸管仍可导通。只要电感量足够大就能使电流连续，晶闸管每次导通 180°，这时整流电压 u_d 的波形和负载电流 i_d 的波形与电感负载电流连续时的波形相同，u_d 的计算公式也一样。针对电动机在低速轻载运行时电流连续的临界情况，给出 u_d 和 i_d 波形，如图 2.7 所示。

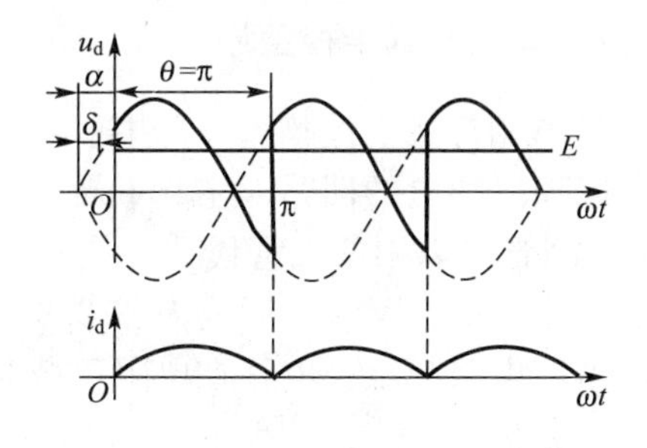

图 2.7　单相桥式全控整流电路带反电动势负载串平波电抗器，电流连续的临界情况

为保证电流连续所需的电感量 L 可由下式求出

$$L=\frac{2\sqrt{2}U_2}{\pi\omega I_{\mathrm{dmin}}}=2.87\times10^{-3}\frac{U_2}{I_{\mathrm{dmin}}} \tag{2-14}$$

式中：U_2 单位为 V；I_{dmin}单位为 A；π 是工频角速度；L 为主电路总电感量，其单位为 H。

2.1.3　单相全波可控整流电路

单相全波可控整流电路也是一种实用的单相可控整流电路，又称单相双半波可控整流电路，其带电阻负载时的电路如图 2.8(a)所示。

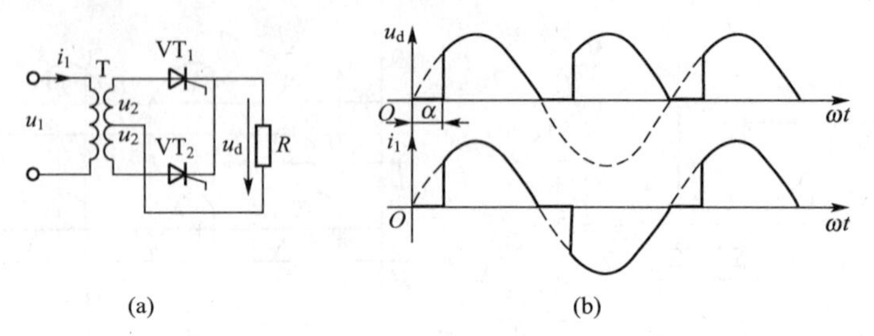

图 2.8　单相全波可控整流电路及波形

单相全波可控整流电路中，变压器 T 带中心抽头。在 u_2 正半周，VT_1 工作，变压器二次绕组上半部分流过电流；u_2 负半周，VT_2 工作，变压器二次绕组下半部分流过反方向的电流。图 2.8(b)给出了和变压器一次侧的电流 i_1 的波形。由波形可知，单相全波可控整流电路的 i_d 波形与单相全控桥的交流输入端电流波形一样，变压器也不存在直流磁化的问题。当接其他负载时，也有相同的结论。因此，单相全波与单相全控桥从直流输出端或从交流输入端看是基本一致的。两者的区别在于以下几点。

(1) 单相全波可控整流电路中变压器的二次绕组带中心抽头，结构较复杂。绕组及铁芯对铜、铁等材料的消耗比单相全控桥多，在当今世界上有色金属资源有限的背景下，这是需要考虑的。

(2) 单相全波可控整流电路中只用两个晶闸管，比单相全控桥式可控整流电路的少两个，相应的，晶闸管的门极驱动电路也少两个；但是在单相全波可控整流电路中，晶闸管承受的最大电压为 $2\sqrt{2}U_2$，是单相全控桥式整流电路的 2 倍。

(3) 单相全波可控整流电路中，导电回路只含 1 个晶闸管，比单相桥少 1 个，因而也少了 1 个管压降。

从上述(2)、(3)考虑，单相全波电路适宜应用在低输出电压的场合。

2.1.4　单相桥式半控整流电路

在单相桥式全控整流电路中，每一个导电回路中有 2 个晶闸管，即用 2 个晶闸管同时导通以控制导电的回路。实际上对每个导电回路进行控制，只需 1 个晶闸管就可以了，另 1 个晶闸管可以用二极管代替，从而简化整个电路。把图 2.5(a)中的晶闸管 VT_2、VT_4 换成二极管 VD_2、VD_4，即成为图 2.9(a)的单相桥式半控整流电路(先不考虑 VD_R)。

半控电路与全控电路在电阻负载时的工作情况相同，这里无需讨论，以下针对电感负载进行分析。

与全控桥时相似，假设负载中电感很大，且电路已工作于稳态。在 u_2 正半周，触发角 α 处给晶闸管 VT_1 加触发脉冲，u_2 经 VT 和 VD 向负载供电。u_2 过零变负时，因电感作用使电流连续，VT_1 继续导通。但因 a 点电位低于 b 点电位，使得电流从 VD_4 转移至 VD_2，VD_4 关断，电流不再流经变压器二次绕组，而是由 VT_1 和 VD_2 续流。此阶段，忽略器件的通态压降，则 $u_d=0$，不像全控桥电路那样出现 u_d 为负的情况。

在 u_2 负半周触发角 α 时刻，触发 VT_3，VT_3 导通，则向 VT_1 加反压使之关断，u_2 经 VT_3 和 VD_2 向负载供电。u_2 过零变正时，VD_4 导通，VD_2 关断。VT_3 和 VD_4 续流，u_d 又为零。此后重复以上过程。

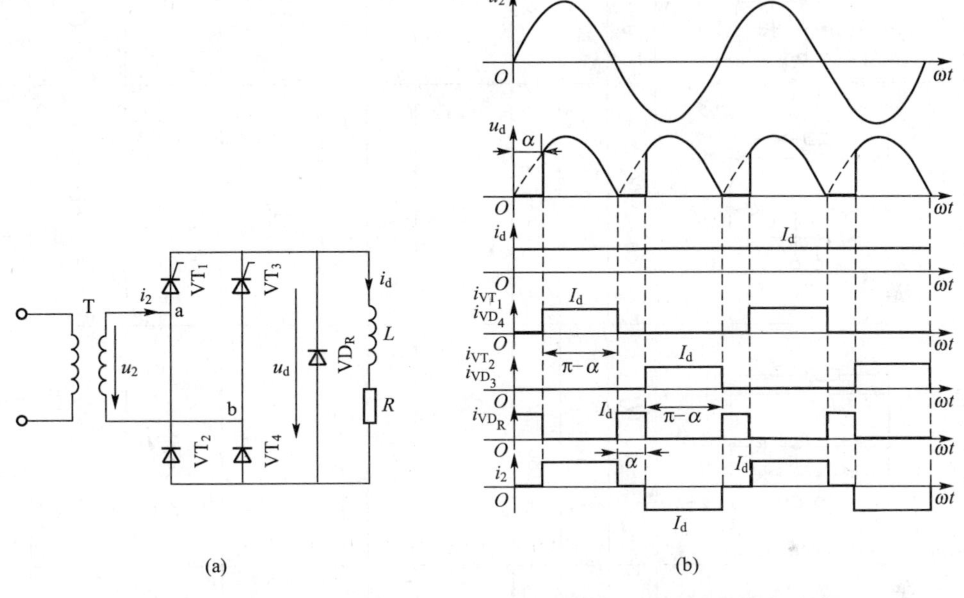

图 2.9　单相桥式半控整流电路，有续流二极管、阻感性时的电路波形

该电路实用中需加设续流二极管 VD_R，以避免可能发生的失控现象。实际运行中，若无续流二极管，则当 α 突然增大至 180°或触发脉冲丢失时，由于电感储能不经变压器二次绕组释放，只是消耗在负载电阻上，会发生一个晶闸管持续导通而两个二极管轮流导通的情况，这使 u_d 成为正弦半波，即半周期 u_d 为正弦，另外半周期 u_d 为零，其平均值保持恒定，相当于单相半波不可控整流电路时的波形，称为失控。例如，当 VT_1 导通时切断触发电路，则当 u_2 变负时，由于电感的作用，负载电流由 VT_1 和 VD_2 续流；当 u_2 又为正时，因 VT_1 是导通的，u_2 又经 VT_1 和 VD_2 负载供电，出现失控现象。

有续流二极管 VD_R 时，续流过程由 VD_R 完成，在续流阶段晶闸管关断，这就避免了某一个晶闸管持续导通从而导致失控的现象发生。同时，续流期间导电回路中只有一个管压降，少了一个管压降，有利于降低损耗。

有续流二极管时，电路中各部分的波形如图 2.9(b)所示。

单相桥式半控整流电路的另一种接法如图 2.10 所示，相当于把图 2.5(a)中的 VT_3 和 VT_4 换为二极管 VD_3 和 VD_4，这样可以省去续流二极管 VD_R，续流由 VD_3 和 VD_4 来实现。这种接法的两个晶闸管阴极电位不同，二者的触发电路需要隔离。

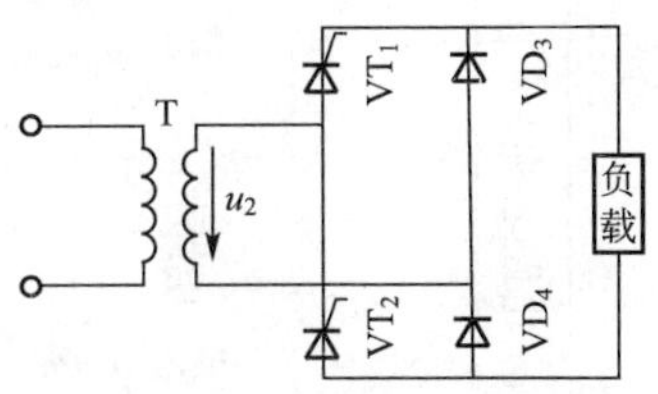

图 2.10　单相桥式半控整流电路的另一接法

部分常见的单相整流器及其在不同负载时的数量关系见表 2－1 所示。

表 2-1　部分常见的单相整流器及其在不同负载时的数量关系

电路名称		单相半波	单相双半波	单相桥式全控	单相桥式半控	单相桥式半控	单相桥式半控
电路图		(a)	(b)	(c)	(d)	(e)	(f)
输出平均电压 U_d		$0\sim0.45U_2$	$0\sim0.9U_2$	$0\sim0.9U_2$	$0\sim0.9U_2$	$0\sim0.9U_2$	$0\sim0.9U_2$
电阻性负载	最大移相范围	180°	180°	180°	180°	180°	180°
	晶闸管导通角 θ	$180°-\alpha$	$180°-\alpha$	$180°-\alpha$	$180°-\alpha$	$180°-\alpha$	$2(180°-\alpha)$
	晶闸管最大正向电压	$\sqrt{2}U_2$	$\sqrt{2}U_2$	$\frac{1}{2}\sqrt{2}U_2$	$\sqrt{2}U_2$	$\sqrt{2}U_2$	$\sqrt{2}U_2$
	晶闸管最大反向电压	$\sqrt{2}U_2$	$2\sqrt{2}U_2$	$\sqrt{2}U_2$	$\sqrt{2}U_2$	$\sqrt{2}U_2$	
	整流管最大反向电压				$\sqrt{2}U_2$	$\sqrt{2}U_2$	$\sqrt{2}U_2$
	晶闸管平均电流	I_d	$\frac{1}{2}I_d$	$\frac{1}{2}I_d$	$\frac{1}{2}I_d$	$\frac{1}{2}I_d$	I_d
	整流管平均电流			$\frac{1}{2}I_d$	$\frac{1}{2}I_d$	$\frac{1}{2}I_d$	$\frac{1}{2}I_d$
	$\alpha\neq0$ 时，输出平均电压	$0.225U_2(1+\cos\alpha)$	$0.45U_2(1+\cos\alpha)$	$0.45U_2(1+\cos\alpha)$	$0.45U_2(1+\cos\alpha)$	$0.45U_2(1+\cos\alpha)$	$0.45U_2(1+\cos\alpha)$
	变压器功率（$\alpha=0$）时 一次侧	$2.68P_d$	$1.24P_d$	$1.24P_d$	$1.24P_d$	$1.24P_d$	$1.24P_d$
	变压器功率（$\alpha=0$）时 二次侧	$3.49P_d$	$1.75P_d$	$1.24P_d$	$1.24P_d$	$1.24P_d$	$1.24P_d$

（续）

电路名称		单相半波	单相双半波		单相桥式全控		单相桥式半控		单相桥式半控	单相桥式半控
大电感性负载	是否需要续流二极管	要	要	不要	要	不要	要	不要	不要	要
	最大移相范围	180°	180°	90°	180°	90°	180°	90°	180°	180°
	晶闸管导通角	$180°-\alpha$	$180°-\alpha$	180°	$180°-\alpha$	180°	$180°-\alpha$	180°	$2(180°-\alpha)$	180°
	晶闸管电流有效值/输出直流平均值	$\sqrt{\frac{180°-\alpha}{360°}}$	$\sqrt{\frac{180°-\alpha}{360°}}$	0.707	$\sqrt{\frac{180°-\alpha}{360°}}$	0.707	$\sqrt{\frac{180°-\alpha}{360°}}$	0.707	$\sqrt{\frac{180°-\alpha}{360°}}$	$\sqrt{\frac{180°-\alpha}{360°}}$
	整流管电流有效值/输出直流平均值						$\sqrt{\frac{180°-\alpha}{360°}}$	0.707	$\sqrt{\frac{180°+\alpha}{360°}}$	$\sqrt{\frac{180°-\alpha}{360°}}$
	续流管电流有效值/输出直流平均值	$\sqrt{\frac{180°+\alpha}{360°}}$	$\sqrt{\frac{\alpha}{360°}}$		$\sqrt{\frac{\alpha}{360°}}$		$\sqrt{\frac{\alpha}{180°}}$			$\sqrt{\frac{\alpha}{360°}}$
	续流管最大反向电压	$\sqrt{2}U_2$	$\sqrt{2}U_2$		$\sqrt{2}U_2$		$\sqrt{2}U_2$			$\sqrt{2}U_2$
	$\alpha\neq0$ 时直流输出电压	$0.255U_2\times(1+\cos\alpha)$	$0.45U_2\times(1+\cos\alpha)$	$0.9U_2\times\cos\alpha$	$0.45U_2\times(1+\cos\alpha)$	$0.9U_2\times\cos\alpha$	$0.45U_2\times(1+\cos\alpha)$	$0.45U_2\times(1+\cos\alpha)$	$0.25U_2\times(1+\cos\alpha)$	$0.45U_2\times(1+\cos\alpha)$
变压器功率（$\alpha=0$ 时）	一次侧	$1.11P_d$	$1.11P_d$		$1.11P_d$		$1.11P_d$		$1.11P_d$	$1.11P_d$
	二次侧	$1.57P_d$	$1.57P_d$		$1.11P_d$		$1.11P_d$		$1.11P_d$	$1.11P_d$
脉动电压情况（$\alpha=0$）	纹波因数	1.21	0.48		0.48		0.48		0.48	0.48
	最低肪动频率	f	$2f$		$2f$		$2f$		$2f$	$2f$

2.2　三相可控整流电路

当整流负载容量较大或要求直流电压脉动较小时，应采用三相整流电路，其交流侧由三相电源供电。三相可控整流电路中，最基本的是三相半波可控整流电路，应用最为广泛的是三相桥式全控整流电路以及双反星形可控整流电路、十二脉波可控整流电路等，它们均可在三相半波的基础上进行分析。本节首先分析三相半波可控整流电路，然后分析三相桥式全控整流电路。双反星形、十二脉波整流电路等内容将在 2.6 节中讲述。

2.2.1　三相可控整流电路

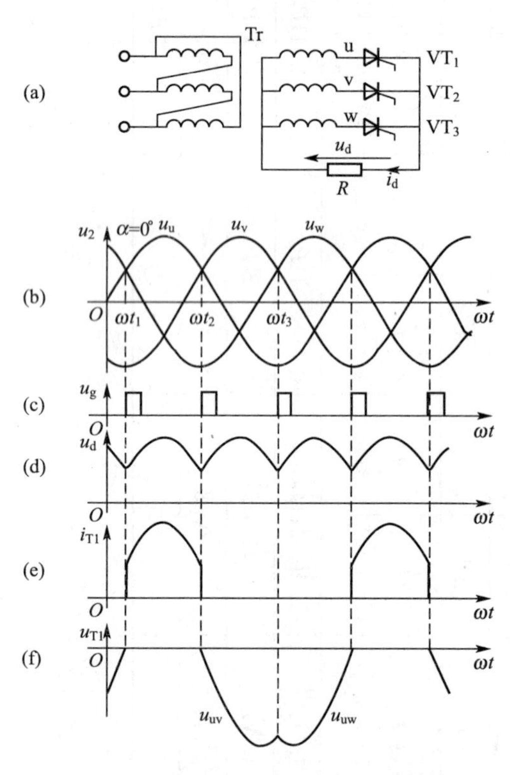

图 2.11　三相半波可控整流电路共阴极接法电阻负载时的电路及 $\alpha=0°$ 时的波形

1. 电阻负载

三相半波可控整流电路如图 2.11(a)所示。为得到零线，变压器二次侧必须接成星形，而一次侧接成三角形，避免 3 次谐波电流流入电网。3 个晶闸管分别接入 u、v、w 三相电源，它们的阴极连接在一起，称为共阴极接法，这种接法触发电路有公共端，连线方便。

如果将电路中的晶闸管换作二极管，并用 VD 表示，该电路就成为三相半波不可控整流电路，以下首先分析其工作情况。此时，3 个二极管对应的相电压中哪一个的值最大，则该相所对应的二极管导通，并使另两相的二极管承受反压关断，输出整流电压即为该相的相电压，波形如图 2.11(d)所示。在一个周期中，器件工作情况如下：在 $\omega t_1 \sim \omega t_2$ 期间，u 相电压最高，VD_1 导通，$u_d=u_u$；在 $\omega t_2 \sim \omega t_3$ 期间，v 相电压最高，VD_2 导通，$u_d=u_v$；在 $\omega t_3 \sim \omega t_4$ 期间，w 相电压最高，VD_3 导通，$u_d=u_w$。此后，在下一周期相当于 ωt_1 的位置即 ωt_4 时刻，VD_1 又导通，重复前一周期的工作情况。如此，一周期中 VD_1、VD_2、VD_3 轮流导通，每管各导通 120°。u_d波形为 3 个相电压在正半周期的包络线。

在相电压的交点 ωt_1、ωt_2、ωt_3 处，均出现了二极管换相，即电流由一个二极管向另一个二极管转移，称这些交点为自然换相点。对三相半波可控整流电路而言，自然换相点是各相晶闸管能触发导通的最早时刻，将其作为计算各晶闸管触发角 α 的起点，即 $\alpha=0°$，要改变触发角只能在此基础上增大，即沿时间坐标轴向右移。若在自然换相点处触发相应的晶闸管导通，则电路的工作情况与以上分析的二极管整流工作情况一样。由单相可控整流电路可知，各种单相可控整流电路的自然换相点是变压器二次电压 u_2 的过零点。

当$\alpha=0°$时，变压器二次侧u相绕组和晶闸管VT的电流波形如图2.11(e)所示，另两相电流波形形状相同，相位依次滞后120°，可见变压器二次绕组电流有直流分量。

图2.11(f)是VT_1两端的电压波形，由3段组成：第1段，VT_1导通期间，为一管压降，可近似为$u_{T1}=0$；第2段，在VT_1关断后，VT_2导通期间，$u_{T1}=u_u-u_v=u_{uv}$，为一段线电压；第3段，在VT_3导通期间，$u_{T1}=u_u-u_c=u_{uc}$为另一段线电压，即晶闸管电压由一段管压降和两段线电压组成。由图可见，$\alpha=0°$时，晶闸管承受的两段线电压均为负值，随着α增大，晶闸管承受的电压中正的部分逐渐增多。其他两管上的电压波形形状相同，相位依次差120°。

增大α值，将脉冲后移，整流电路的工作情况相应地发生变化。

图2.12是$\alpha=30°$时的波形。从输出电压、电流的波形可看出，这时负载电流处于连续和断续的临界状态，各相仍导电120°。

如果$\alpha>30°$，例如$\alpha=60°$时，整流电压的波形如图2.13所示，当导通一相的相电压过零变负时，该相晶闸管关断。此时下一相晶闸管虽承受正电压，但它的触发脉冲还未到，不会导通，因此输出电压电流均为零，直到触发脉冲出现为止。这种情况下，负载电流断续，各晶闸管导通角为90°，小于120°。

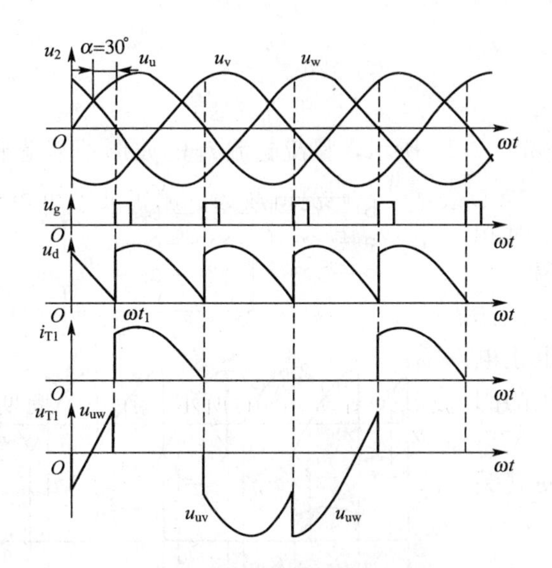

图2.12 三相半波可控整流电路，电阻负载，$\alpha=30°$时的波形

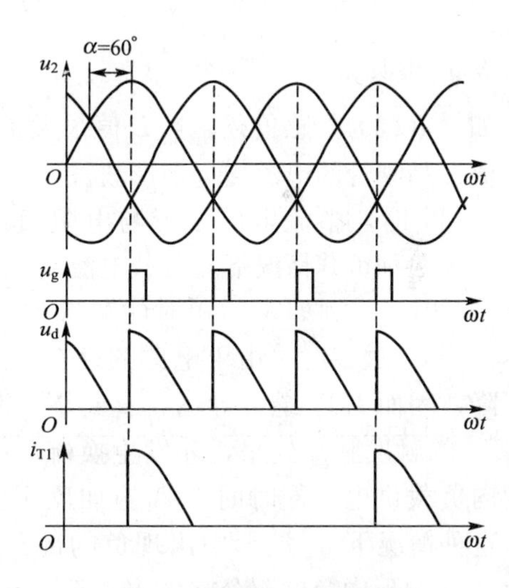

图2.13 三相半波可控整流电路，电阻负载，$\alpha=60°$时的波形

若α角继续增大，整流电压将越来越小，$\alpha=150°$时，整流输出电压为零。故电阻负载时α角的移相范围为0°～150°。

整流电压平均值的计算分两种情况。

(1) $\alpha<30°$时，负载电流连续，有

$$U_d=\frac{1}{\frac{2\pi}{3}}\int_{\frac{\pi}{6}+\alpha}^{\frac{5\pi}{6}+\alpha}\sqrt{2}U_2\sin\omega t\,d(\omega t)=\frac{3\sqrt{6}}{2\pi}U_2\cos\alpha=1.17U_2\cos\alpha \tag{2-15}$$

当$\alpha=0$时，U_d最大，$U_d=U_{d0}=1.17U_2$。

(2) $\alpha>30°$时，负载电流断续，晶闸管导通角减小，此时有

$$U_d=\frac{1}{\frac{2\pi}{3}}\int_{\frac{\pi}{6}+\alpha}^{\pi}\sqrt{2}U_2\sin\omega t\,d(\omega t)=\frac{3\sqrt{2}}{2\pi}U_2\left[1+\cos\left(\frac{\pi}{6}+\alpha\right)\right]=0.675U_2\left[1+\cos\left(\frac{\pi}{6}+\alpha\right)\right] \tag{2-16}$$

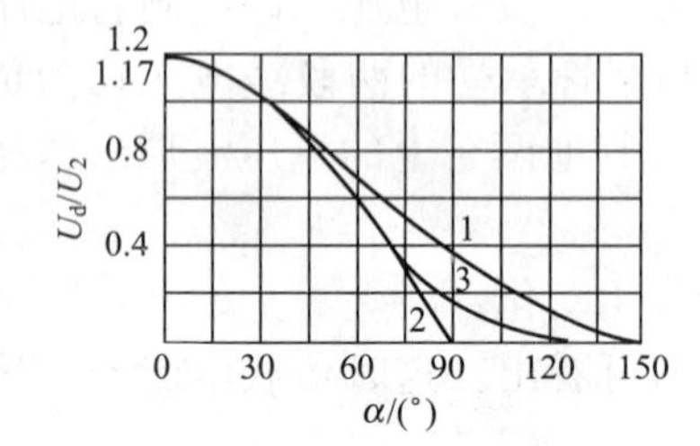

图 2.14　三相半波可控整流电路 U_d/U_2 与 α 的关系

1—电阻负载　2—电感负载　3—电阻电感负载

U_d/U_2 随 α 变化的规律如图 2.14 中的曲线 1 所示。负载电流平均值为

$$I_d=\frac{U_d}{R} \tag{2-17}$$

晶闸管承受的最大反向电压，由图 2.12(e)不难看出为变压器二次线电压峰值，即

$$U_{RM}=\sqrt{2}\times\sqrt{3}U_2=\sqrt{6}U_2=2.45U_2 \tag{2-18}$$

由于晶闸管阴极与零线间的电压即为整流输出电压 u_d，其最小值为零，而晶闸管阳极与零线间的最高电压等于变压器二次相电压的峰值，因此晶闸管阳极与阴极间的最大正向电压等于变压器二次相电压的峰值，即

$$U_{FM}=\sqrt{2}U_2 \tag{2-19}$$

2. 阻感负载

如果负载为阻感负载，且 L 值很大，如图 2.15 所示，整流电流 i_d 的波形基本是平直的，流过晶闸管的电流接近矩形波。

$\alpha\leqslant30°$时，整流电压波形与电阻负载时相同，因为两种负载情况下，负载电流均连续。

$\alpha>30°$时，例如 $\alpha=60°$时的波形如图 2.15 所示。当 u_2 过零时，由于电感的存在，阻止电流下降，因而 VT_1 继续导通，直到下一相晶闸管 VT_2 的触发脉冲到来，才发生换流，由 VT_2 导通向负载供电，同时向 VT_1 施加反压使其关断。这种情况下 u_d 波形中出现负的部分，若 α 增大，u_d 波形中负的部分将增多，至 $\alpha=90°$时，u_d 波形中正负面积相等，u_d 的平均值为零。可见阻感负载时 α 的移相范围为 90°。由于负载电流连续，则

$$U_d=1.17U_2\cos\alpha$$

U_d/U_2 与 α 成余弦关系，如图 2.14 中的曲线 2 所示。如果负载中的电感量不是很大，则当 $\alpha>30°$后，与电感量足够大的情况相比较，u_d 中负的部分将会减少，整流电压平均值 U_d 略微增加，U_d/U_2 与 α 的关系将介于图 2.14 中的曲线 1 和 2 之间，曲线 3 给出了这种情况的一个例子。

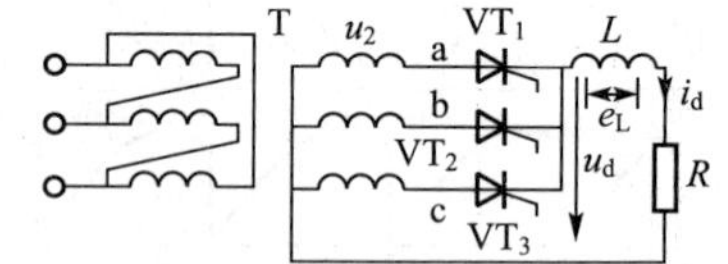

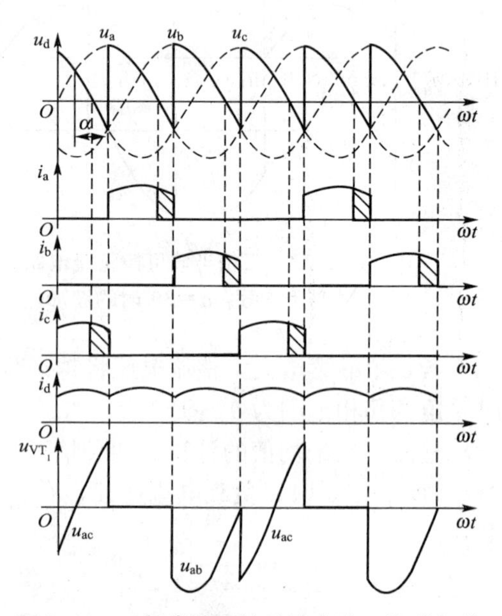

图 2.15　三相半波可控整流电路，阻感负载时的电路及 $\alpha=60°$时的波形

变压器二次侧电流即晶闸管电流的有效值为

$$I_2=I_{VT}=\frac{1}{\sqrt{3}}I_d=0.577I_d \tag{2-20}$$

由此可求出晶闸管的额定电流为

$$I_{VT(AV)}=\frac{I_{VT}}{1.57}=0.368I_d \tag{2-21}$$

晶闸管两端电压波形如图 2.15 所示。由于负载电流连续，因此晶闸管最大正反向电压峰值均为变压器二次侧电压峰值，即

$$U_{FM}=U_{RM}=2.45U_2 \tag{2-22}$$

图 2.15 中所给 i_d 波形有一定的脉动，与分析单相整流电路阻感负载时图 2.5 所示的 i_d 波形有所不同，这是电路工作的实际情况。因为负载中电感量不可能也不必非常大，往往只要能保证负载电流连续即可，这样 i_d 实际上是有波动的，不是完全平直的水平线。通常，为简化分析及定量计算，可以将 i_d 近似为一条水平线，这样的近似对分析和计算的准确性并不会产生很大影响。

三相半波可控整流电路的主要缺点在于其变压器二次电流中含有直流分量，为此其应用较少。

2.2.2　三相桥式全控整流电路

目前在各种整流电路中，应用最为广泛的是三相桥式全控整流电路，其原理图如图 2.16 所示，习惯将其中阴极连接在一起的 3 个晶闸管(VT_1、VT_3、VT_5)称为共阴极组；阳极连接在一起的 3 个晶闸管(VT_2、VT_4、VT_6)称为共阳极组。将晶闸管按图示的顺序编号，即共阴极组中与 u、v、w 三相电源相接的 3 个晶闸管分别为 VT_1、VT_3、VT_5，共阳极组中与 u、v、w 三相电源相接的 3 个晶闸管分别为 VT_4、VT_6、VT_2。从后面的分析可知，按此编号，晶闸管的导通顺序为 VT_1—VT_2—VT_3—VT_4—VT_5—VT_6。以下首先分析带电阻负载时的工作情况。

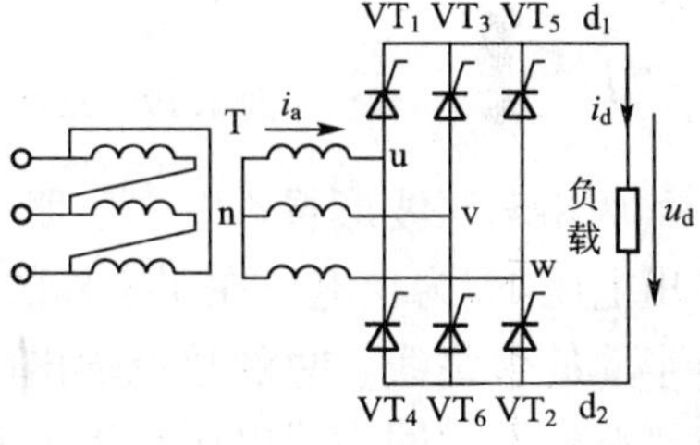

图 2.16　三相桥式全控整流电路原理图

1. 带电阻负载时的工作情况

可以采用与分析三相半波可控整流电路时类似的方法，假设将电路中的晶闸管换作二极管，这种情况也就相当于晶闸管触发角 $\alpha=0°$时的情况。此时，对于共阴极组的 3 个晶闸管，阳极所接交流电压值最高的一个导通。而对于共阳极组的 3 个晶闸管，则是阴极所接交流电压值最低(或者说负得最多)的一个导通。这样，任意时刻共阳极组和共阴极组中各有一个晶闸管处于导通状态，施加于负载上的电压为某一线电压。此时电路工作波形如图 2.17 所示。

$\alpha=0°$时，各晶闸管均在自然换相点处换相。由图中变压器二次绕组相电压与线电压波形的对应关系看出，各自然换相点既是相电压的交点同时也是线电压的交点。在分析 u_d 的波形时，既可从相电压波形分析也可以从线电压波形分析。

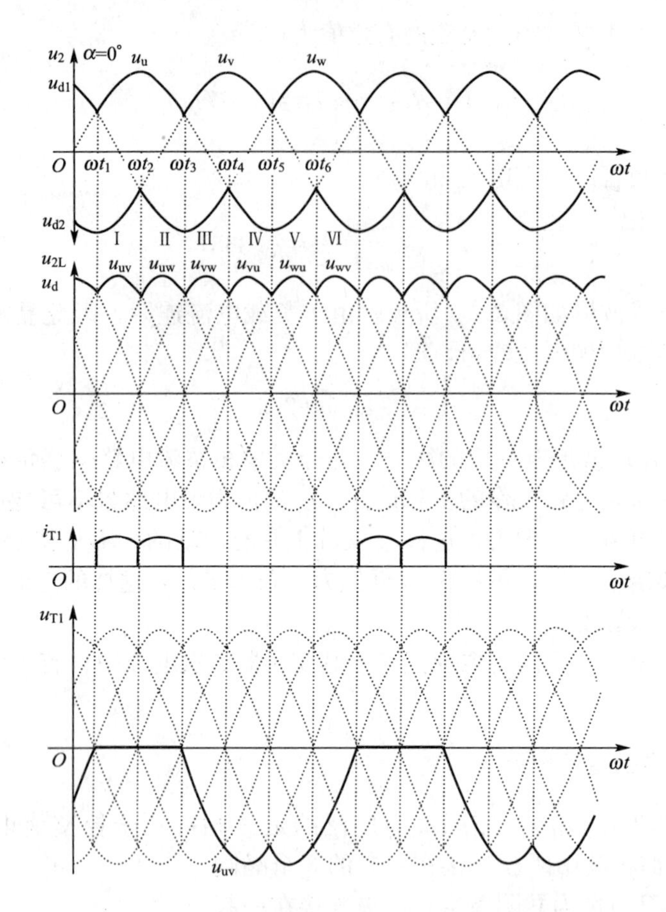

图 2.17　三相桥式全控整电路带电阻负载 $\alpha=0°$时的波形

从相电压波形看，以变压器二次侧的中点 n 为参考点，共阴极组晶闸管导通时，整流输出电压 u_{d1} 为相电压在正半周的包络线；共阳极组导通时，整流输出电压 u_{d2} 为相电压在负半周的包络线，总的整流输出电压 $u_d=u_{d1}-u_{d2}$ 是两条包络线间的差值，将其对应到线电压波形上，即为线电压在正半周的包络线。

直接从线电压波形看，由于共阴极组中处于通态的晶闸管对应的是最大(正得最多)的相电压，而共阳极组中处于通态的晶闸管对应的是最小(负得最多)的相电压，输出整流电压 u_d 为这两个相电压相减，是线电压中最大的一个，因此输出整流电压 u_d 波形为线电压在正半周期的包络线。

为了说明各晶闸管的工作情况，将波形中的一个周期等分为 6 段，每段为 60°，如图 2.17 所示，每一段中导通的晶闸管及输出整流电压的情况见表 2-2。由该表可见，6 个晶闸管的导通顺序为 VT_1—VT_2—VT_3—VT_4—VT_5—VT_6。

表 2-2　三相桥式全控整流电路电阻负载 $\alpha=0°$时晶闸管工作情况

时　段	Ⅰ	Ⅱ	Ⅲ	Ⅳ	Ⅴ	Ⅵ
输出电压	u_{uv}	u_{uw}	u_{vw}	u_{vu}	u_{wu}	u_{wv}
导通晶闸管	VT_6，VT_1	VT_1，VT_2	VT_2，VT_3	VT_3，VT_4	VT_4，VT_5	VT_5，VT_6

从触发角 $\alpha=0°$ 时的情况可以总结出三相桥式全控整流电路的一些特点。

(1) 每个时刻均需两个晶闸管同时导通，形成向负载供电的回路，其中一个晶闸管是共阴极组的，一个是共阳极组的，且不能为同一相的晶闸管。

(2) 对触发脉冲的要求：6 个晶闸管的脉冲按 VT_1—VT_2—VT_3—VT_4—VT_5—VT_6 的顺序，相位依次差 60°；共阴极组 VT_1、VT_3、VT_5 的脉冲依次差 120°，共阳极组 VT_4、VT_6、VT_2 也依次差 120°；同一相的上下两个桥臂，即 VT_1 与 VT_4，VT_3 与 VT_6，VT_5 与 VT_2，脉冲相差 180°。

(3) 整流输出电压 u_d 一周期脉动 6 次，每次脉动的波形都一样，故该电路为 6 脉波整流电路。

(4) 在整流电路合闸启动过程中或电流断续时，为确保电路的正常工作，需保证同时导通的两个晶闸管均有触发脉冲。为此，可采用两种方法：一种是使脉冲宽度大于 60°，脉宽一般取 80°～100°，称为宽脉冲触发。另一种方法是在触发某个晶闸管的同时，给前一个序号的晶闸管补发一个脉冲。即用两个窄脉冲代替宽脉冲，两个窄脉冲的前沿相差 60°，脉宽一般为 20°～30°，称为双脉冲触发。双脉冲电路较复杂，但要求的触发电路输出功率小；宽脉冲触发电路虽可少输出一半脉冲，但为了不使脉冲变压器饱和，需将铁芯体积做得较大，绕组匝数较多，导致漏感增大，脉冲前沿不够陡，对于晶闸管串联使用不利。虽可用去磁绕组改善这种情况，但又使触发电路复杂化，因此，常用的是双脉冲触发。

(5) $\alpha=0°$ 时，晶闸管承受的电压波形如图 2.17 所示。图中仅给出 VT_1 的电压波形，将此波形与三相半波时图 2.11 中的 VT_1 电压波形比较可见，两者是相同的，晶闸管承受最大正、反向电压的关系也与三相半波时一样。

图 2.17 还给出了晶闸管 VT_1 流过电流 i_{VT} 的波形，由此波形可以看出，晶闸管一周期中有 120°处于通态，240°处于断态，由于负载为电阻，故晶闸管处于通态时的电流波形与相应时段的 u_d 波形相同。

当触发角 α 改变时，电路的工作情况将发生变化。图 2.18 给出了 $\alpha=60°$ 时的波形，从 ωt_1 开始把一个周期等分为 6 段，每段为 60°。与 $\alpha=0°$ 时的情况相比，一周期中 u_d 波形仍由 6 段线电压构成，每一段导通晶闸管的编号等仍符合表 2－2 的规律。区别在于，晶闸管起始导通角度推迟了 30°，组成 u_d 的每一段线电压因此推迟 30°，u_d 平均值降低。晶闸管电压波形也相应发生变化如图 2.18 所示。图中同时给出了变压器二次侧 u 相电流 i_u 的波形，该波形的特点是，在 VT_1 处于通态的 120°期间，i_u 为正，i_u 波形的形状与同时段的 u_d 波形相同；在 VT_4 处于通态的 120°期间，i_u 波形的形状也与同时段的 u_d 波形相同，但为负值。

由图 2.18 可见 $\alpha=60°$ 时，u_d 出现了为零的点。由以上分析可见，当 $\alpha \leqslant 60°$ 时，u_d 波形均连续，对于电阻负载，i_d 波形与 u_d 波形的形状是一样的，也连续。

当 $\alpha>60°$ 时，如 $\alpha=90°$ 时电阻负载情况下的工作波形如图 2.19 所示，此时 u_d 波形每 60°中有 30°为零，这是因为电阻负载时 i_d 波形与 u_d 波形一致，一旦 u_d 降至零，i_d 也降至零，流过晶闸管的电流即降至零，晶闸管关断，输出整流电压 u_d 为零，因此 u_d 波形不能出现负值。图 2.20 中还给出了晶闸管电流和变压器二次电流的波形。

如果继续增大至 120°，整流输出电压 u_d 波形将全为零，其平均值也为零，可见带电阻负载时三相桥式全控整流电路 α 角的移相范围是 120°。

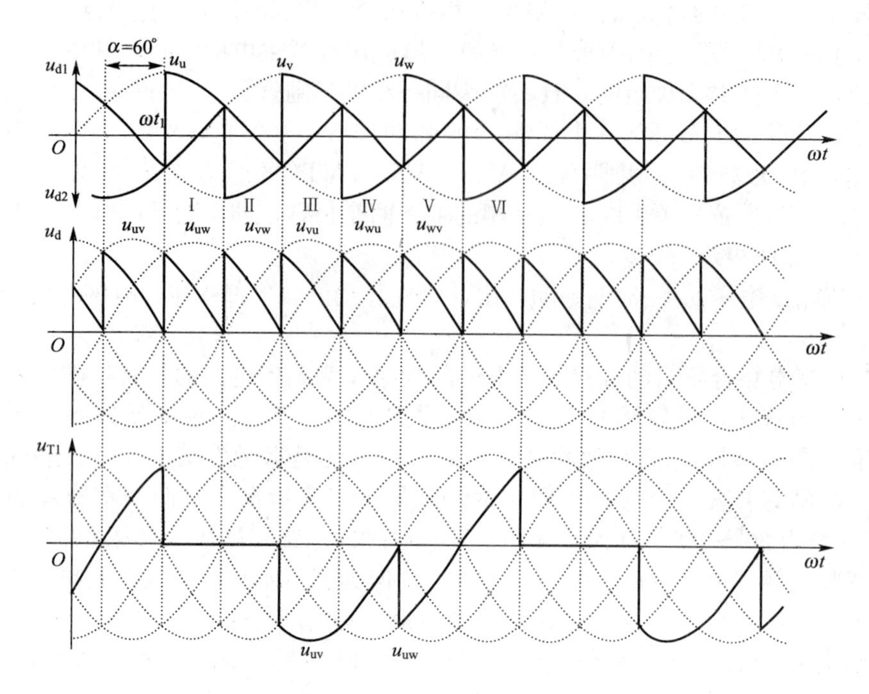

图 2.18　三相桥式全控整流电路带电阻负载 $\alpha=60^\circ$时的波形

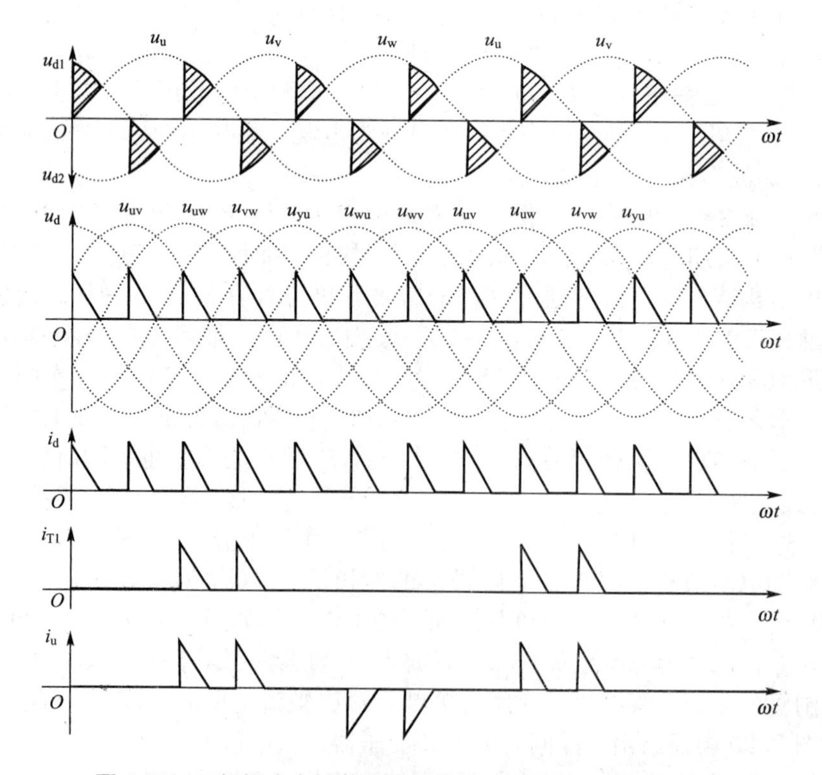

图 2.19　三相桥式全控整流电路带电阻负载 $\alpha=90^\circ$时的波形

2. 阻感负载时的工作情况

三相桥式全控整流电路大多用于向阻感负载和反电动势阻感负载供电(即用于直流电动机传动)。下面主要分析阻感负载时的情况，对于带反电动势阻感负载的情况，只需在阻感负载的基础上掌握其特点，即可把握其工作情况。

当 $\alpha \leqslant 60°$ 时，u_d 波形连续，电路的工作情况与带电阻负载时十分相似，各晶闸管的通断情况、输出整流电压 u_d 波形、晶闸管承受的电压波形等都一样。区别在于负载不同时，同样的整流输出电压加到负载上，得到的负载电流 i_d 波形不同。电阻负载时，i_d 波形与 u_d 的波形形状一样；而阻感负载时，由于电感的作用，使得负载电流波形变得平直，当电感足够大的时候，负载电流的波形可近似为一条水平线。图 2.20 给出了三相桥式全控整流电路带阻感负载 $\alpha=0°$ 时的波形。

图 2.20 中除给出 u_d 波形和 i_d 波形外，还给出了晶闸管 VT_1 电流 i_{T1} 的波形，可与图 2.17 带电阻负载时的情况进行比较。由波形图 2.20 可知，在晶闸管 VT_1 导通段，i_{T1} 波形由负载电流 i_d 波形决定，和 u_d 波形不同。

当 $\alpha \leqslant 60°$ 时，阻感负载时的工作情况与电阻负载时不同，电阻负载时，u_d 波形不会出现负的部分；而阻感负载时，由于电感 L 的作用 u_d 波形会出现负的部分。图 2.21 给出了 $\alpha=90°$ 时的波形。若电感 L 值足够大，u_d 中正负面积将基本相等，u_d 平均值近似为零。这表明，带阻感负载时，三相桥式全控整流电路的 α 角移相范围为 90°。

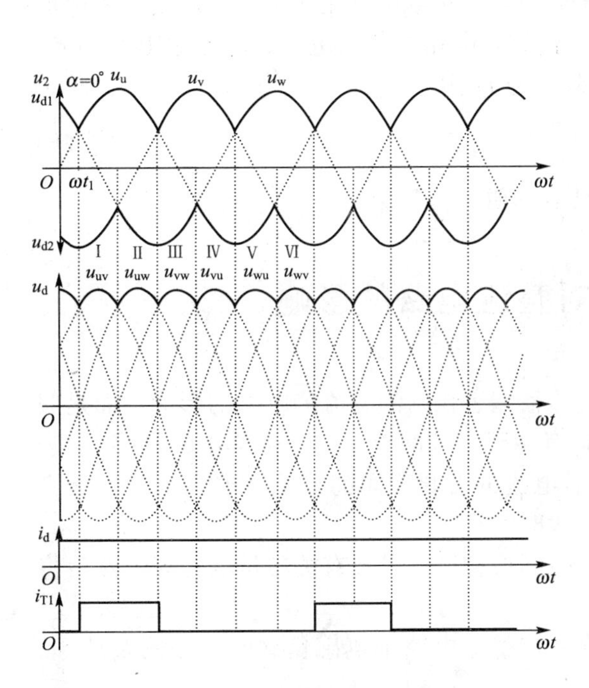

图 2.20 三相桥式全控整流电路带阻感负载 $\alpha=0°$ 时的波形

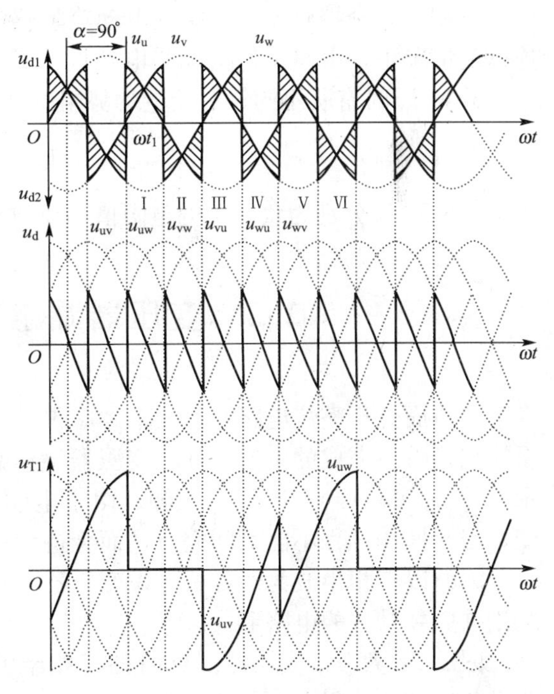

图 2.21 三相桥式全控整流电路带阻感负载 $\alpha=90°$ 时的波形

3. 定量分析

在以上的分析中已经说明，整流输出电压 u_d 的波形在一周期内脉动 6 次，且每次脉动的波形相同，因此在计算其平均值时，只需对一个脉波(即 1/6 周期)进行计算。此外，以线电压的过零点为时间坐标的零点，可得当整流输出电压连续时(即带阻感负载时或带电阻负载 $\alpha \leqslant 60°$时)的平均值为

$$U_d = \frac{1}{\frac{\pi}{3}}\int_{\frac{\pi}{3}+\alpha}^{\frac{2\pi}{3}} \sqrt{6}U_2 \sin\omega t \, d(\omega t) = 2.34U_2\cos\alpha \tag{2-23}$$

带电阻负载且 $\alpha > 60°$时，整流电压平均值为

$$U_d = \frac{1}{\frac{\pi}{3}}\int_{\frac{\pi}{3}+\alpha}^{\pi} \sqrt{6}U_2 \sin\omega t \, d(\omega t) = 2.34U_2\left[1+\cos\left(\frac{\pi}{3}+\alpha\right)\right] \tag{2-24}$$

输出电流平均值为 $I_d = U_d/R$。

当整流变压器为图 2.16 中所示采用星形联结、带阻感负载时，变压器二次侧电流波形为正负半周各宽 120°、前沿相差 180°的矩形波，其有效值为

$$I_2 = \sqrt{\frac{2}{3}}I_d = 0.816I_d \tag{2-25}$$

晶闸管电压、电流等的定量分析与三相半波时一致。

三相桥式全控整流电路接反电动势阻感负载时，在负载电感足够大，足以使负载电流连续的情况下，电路工作情况与电感性负载时相似，电路中各处电压、电流波形均相同，仅在计算 I_d 时有所不同，接反电动势阻感负载时的 I_d 为

$$I_d = \frac{U_d - E}{R} \tag{2-26}$$

式中：R 和 E 分别为负载中的电阻值和反电动势的值。

2.3 变压器漏感对整流电路的影响

在前面分析整流电路时，均未考虑包括变压器漏感在内的交流侧电感的影响，而是假设换相是瞬时完成的。但实际上变压器绕组总有漏感，该漏感可用一个集中的电感 L_B 表示，并将其折算到变压器二次侧。由于电感对电流的变化起阻碍作用，电感电流不能突变，因此换相过程不能瞬间完成，而会持续一段时间。

下面以三相半波为例分析考虑变压器漏感时的换相过程以及有关参量的计算，然后将结论推广到其他的电路形式。

图 2.22 为考虑变压器漏感时的三相半波可控整流电路带电感负载的电路图及波形。假设负载中电感很大，负载电流为水平线。

该电路在交流电源的一周期内有 3 次晶闸管换相过程，因各次换相情况一样，这里只分析从 VT_1 换相至 VT_2 的过程。在 ωt_1 时刻之前 VT_1 导通，ωt_1 时刻触发 VT_2，VT_2 导通，此时因 u、v 两相均有漏感。故 i_u、i_v 均不能突变，于是 VT_1 和 VT_2 同时导通，这相当于将 u、v 两相短路，两相间电压差为 $u_v - u_u$，它在两相组成的回路中产生环流 i_k 如

图 2.22 所示。由于回路中含有两个漏感，故有 $2L_B(di_k/dt)=u_v-u_u$。这时，$i_v=i_k$ 是逐渐增大的，而 $i_u=I_d-i_k$ 是逐渐减小的。当 i_k 增大到等于 I_d 时，$i_u=0$，VT_1 关断，换相过程结束。换相过程持续的时间用电角度 γ 表示，称为换相重叠角。

在上述换相过程中，整流输出电压瞬时值为

$$u_d=u_u+L_B\frac{di_k}{dt}=u_v-L_B\frac{di_k}{dt}=\frac{u_u+u_v}{2} \tag{2-27}$$

由此式知，在换相过程中，整流电压 u_d 为同时导通的两个晶闸管所对应的两个相电压的平均值，由此可得 u_d 波形如图 2.22 所示。

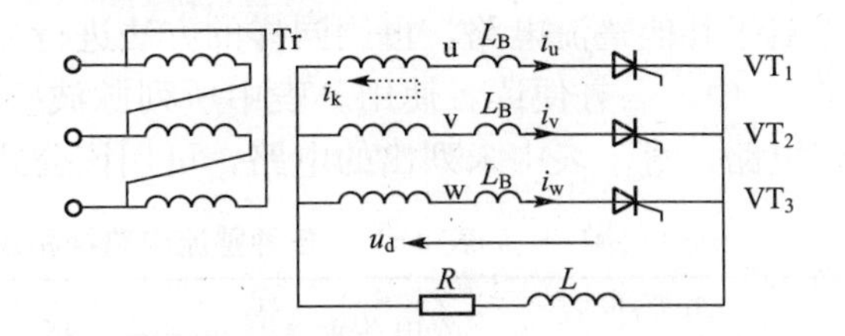

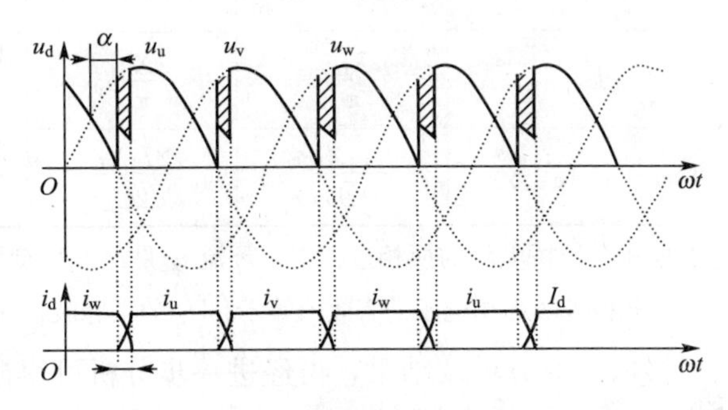

图 2.22　变压器漏感对整流电路的影响

与不考虑变压器漏感时相比，每次换相 u_d 波形均少了阴影标出的一块，导致 u_d 平均值降低，降低的多少用 ΔU_d 表示，称为换相压降。

$$\Delta U_d=\frac{1}{2\pi/3}\int_{\frac{5\pi}{6}+\alpha}^{\frac{5\pi}{6}+\alpha+\gamma}(u_v-u_d)d(\omega t)=\frac{3}{2\pi}\int_{\frac{5\pi}{6}+\alpha}^{\frac{5\pi}{6}+\alpha+\gamma}\left[u_v-\left(u_v-L_B\frac{di_k}{dt}\right)\right]d(\omega t)$$

$$=\frac{3}{2\pi}\int_{\frac{5\pi}{6}+\alpha}^{\frac{5\pi}{6}}L_B\frac{di_k}{dt}d(\omega t)=\frac{3}{2\pi}\int_0^{I_d}\omega L_B di_k=\frac{3}{2\pi}X_B I_d \tag{2-28}$$

式中：$X_B=\omega L_B$，X_B 是漏感为 L_B 的变压器每相折算到二次侧的漏电抗。

换相重叠角 γ 的计算，可从下式(由式(2-27)得出)开始

$$\frac{di_k}{dt}=(u_v-u_u)/(2L_B)=\frac{\sqrt{6}U_2\sin\left(\omega t-\frac{5\pi}{6}\right)}{2L_B} \tag{2-29}$$

由式(2-29)得

$$\frac{di_k}{dt}=\frac{\sqrt{6}U_2}{2X_B}\sin\left(\omega t-\frac{5\pi}{6}\right) \tag{2-30}$$

进而得出

$$i_k=\frac{\sqrt{6}U_2}{2X_B}\left[\cos\alpha-\cos\left(\omega t-\frac{5\pi}{6}\right)\right] \tag{2-31}$$

当 $\omega t=5\pi/6+\alpha+\gamma$ 时，$i_k=I_d$，于是

$$I_d=\frac{\sqrt{6}U_2}{2X_B}\ [\cos\alpha-\cos(\alpha+\gamma)] \tag{2-32}$$

$$\cos\alpha-\cos(\alpha+\gamma)=\frac{2X_B I_d}{\sqrt{6}U_2} \tag{2-33}$$

由此式即可计算出换相重叠角 γ。对上式进行分析得出 γ 随其他参数变化的规律。

(1) I_d 越大则 γ 越大。

(2) X_B 越大则 γ 越大。

(3) 当 $\alpha<90°$ 时，α 越小则 γ 越大。

对于其他整流电路，可用同样的方法进行分析，本书中不再一一叙述，但将结果列于表 2-3 中，以方便读者使用。表中所列脉波整流电路的公式为通用公式，可适用于各种整流电路，对于表中未列出的电路，可用该公式导出。

表 2-3 各种整流电路换相压降和换相重叠角的计算

电路形式	单相全波	单相全控桥	三相半波	三相全控桥	m 脉波整流电路
ΔU_d	$\frac{X_B}{\pi}I_d$	$\frac{2X_B}{\pi}I_d$	$\frac{3X_B}{2\pi}I_d$	$\frac{3X_B}{\pi}I_d$	$\frac{mX_B}{2\pi}I_d$①
$\cos\alpha-\cos(\alpha+\gamma)$	$\frac{I_dX_B}{\sqrt{2}U_2}$	$\frac{2I_dX_B}{\sqrt{2}U_2}$	$\frac{2X_BI_d}{\sqrt{6}U_2}$	$\frac{2X_BI_d}{\sqrt{6}U_2}$	$\frac{I_dX_B}{\sqrt{2}U_2\sin\frac{\pi}{m}}$②

① 单相全控桥电路的换相过程中，环流 i_k 是从 $-I_d$ 变为 I_d，本表所列通用公式不适用；

② 三相桥等效为相电压的有效值等于$\sqrt{3}U_2$ 的 6 脉波整流电路，故其 $m=6$，相电压有效值按$\sqrt{3}U_2$ 代入。

根据以上分析及结果，再经进一步分析可得出以下变压器漏感对整流电路影响的一些结论。

(1) 出现换相重叠角 γ，整流输出电压平均值 U_d 降低。

(2) 整流电路的工作状态增多，例如三相桥的工作状态由 6 种增加至 12 种：(VT_1、VT_2)—(VT_1、VT_2、VT_3)—(VT_2、VT_3)—(VT_2、VT_3、VT_4)—(VT_3、VT_4)—(VT_3、VT_4、VT_5)—(VT_4、VT_5)—(VT_4、VT_5、VT_6)—(VT_5、VT_6)—(VT_5、VT_6、VT_1)—(VT_6、VT_1)—(VT_6、VT_1、VT_2)—…。

(3) 晶闸管的 di/dt 减小，有利于晶闸管的安全开通，有时人为串入进线电抗器以抑制晶闸管的 di/dt。

(4) 换相时晶闸管电压出现缺口，产生正的 du/dt，可能使晶闸管误导通，为此必须加吸收电路。

(5) 换相使电网电压出现缺口，成为干扰源。

2.4 电容滤波的不可控整流电路

前面各节介绍的都是以阻感负载为重点的可控整流电路。近年来，在交-直-交变频器、不间断电源、开关电源等的应用场合中，大多采用不可控整流电路经电容滤波后提供的直流电源，供后级的逆变器、斩波器等使用。目前最常用的是单相桥式和三相桥式两种电路。

2.4.1 电容滤波的单相不可控整流电路

本电路常用于小功率单相交流输入的场合。目前大量普及的计算机、电视机等家电产品所采用的开关电源中，其整流部分就是如图 2.23(a)所示的单相桥式不可控整流电路。以下就对该电路的工作原理进行分析，总结其特点。

1. 工作原理及波形分析

图 2.23(b)为电路工作波形。假设该电路已工作于稳态，同时由于实际中作为负载的后级电路稳态时消耗的直流平均电流是一定的，所以分析中以电阻 R 作为负载。

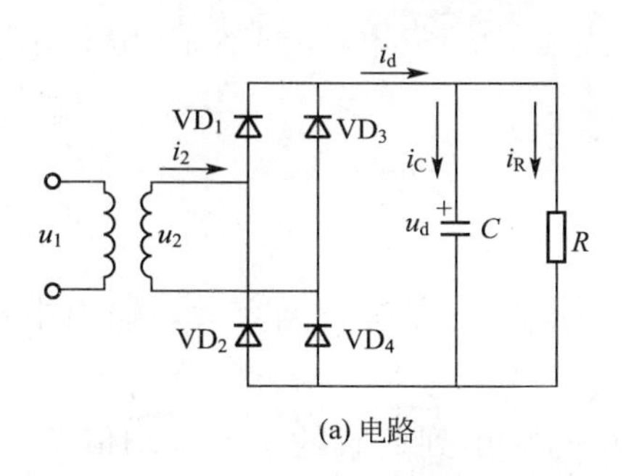

(a) 电路

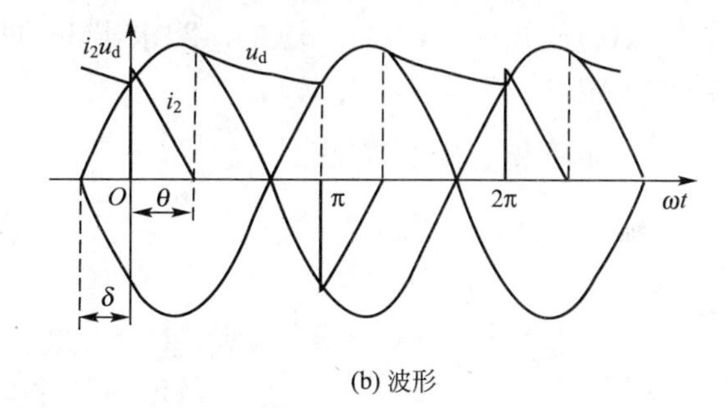

(b) 波形

图 2.23 电容滤波的单相桥式不可控整流电路及其工作波形

该电路的基本工作过程是，在 u_2 正半周过零点至 $\omega t=0$ 期间，因 $u_2<u_d$，故二极管均不导通，此阶段电容 C 向 R 放电，提供负载所需电流，同时 u_d 下降；至 $\omega t=0$ 之后，u_2 将要超过 u_d，使得 VD_1 和 VD_4 导通，$u_d=u_2$，交流电源向电容充电，同时向负载 R 供电。

设 VD_1 和 VD_4 导通的时刻与 u_2 过零点相距 δ 角，则

$$u_2=\sqrt{2}U_2\sin(\omega t+\delta) \tag{2-34}$$

在 VD_1 和 VD_4 导通期间

$$\begin{aligned} u_d(0)&=\sqrt{2}U_2\sin\delta \\ u_d(0)+\frac{1}{C}\int_0^t i_C\,dt&=u_2 \end{aligned} \tag{2-35}$$

式中：$u_d(0)$为 VD_1 和 VD_4 开始导通时刻直流侧电压值。

将 u_2 代入并求解得

$$i_C=\sqrt{2}\omega CU_2\cos(\omega t+\delta) \tag{2-36}$$

而负载电流为

$$i_R=\frac{u_2}{R}=\frac{\sqrt{2}U_2}{R}\sin(\omega t+\delta) \tag{2-37}$$

于是

$$i_d=i_C+i_R=\sqrt{2}\omega CU_2\cos(\omega t+\delta)+\frac{\sqrt{2}U_2}{R}\sin(\omega t+\delta) \tag{2-38}$$

设 VD_1 和 VD_4 的导通角为 θ，则当 $\omega t=\theta$ 时，VD_1 和 VD_4 关断。将 $i_d(\theta)=0$ 代入式(2-38)，得

$$\tan(\theta+0)=-\omega RC \tag{2-39}$$

电容被充电到 $\omega t=\theta$ 时，$u_d=u_2=\sqrt{2}U_2\sin(\theta+\delta)$，$VD_1$ 和 VD_4 关断，电容开始以时间常数 RC 按指数规律放电，当 $\omega t=\pi$，即放电经过 $\pi-\theta$ 角时，u_d 降至开始充电时的初值$\sqrt{2}U_2\sin\delta$，另一对二极管 VD_2 和 VD_3 导通，此后 u_2 又向 C 充电，与 u_2 正半周的情况一样。由于二极管导通后，u_2 开始向 C 充电时的 u_d 与二极管关断后 C 放电结束时的 u_d 相等，故有

$$\sqrt{2}U_2\sin(\theta+\delta)\cdot e^{-\frac{\pi-\theta}{\omega RC}}=\sqrt{2}\,U_2\sin\delta \tag{2-40}$$

注意到$(\theta+\delta)$为第二象限的角，由式(2-39)和式(2-40)得

$$\pi-\theta=\delta+\arctan(\omega RC) \tag{2-41}$$

$$\sin\delta=\frac{\omega RC}{\sqrt{(\omega RC)^2+1}}e^{\frac{\arctan(\omega RC)}{\omega RC}}e^{-\frac{\delta}{\omega RC}} \tag{2-42}$$

在 ωRC 已知后，即可由式(2-42)求出 δ，进而由式(2-41)求出 θ，显然 δ 和 θ 仅由乘积 ωRC 决定。

2. 主要的数量关系

1）输出电压平均值

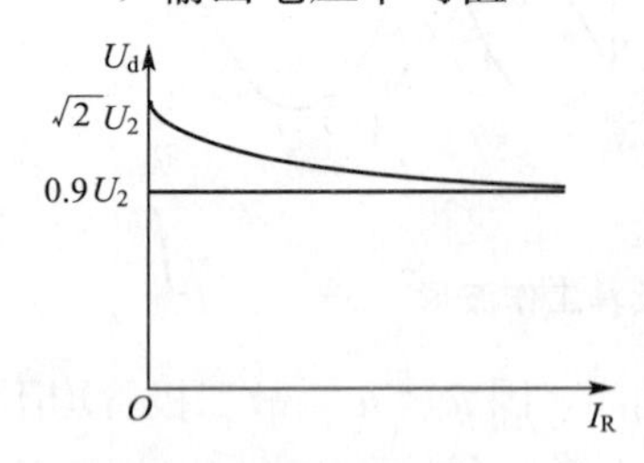

图 2.24 电容滤波的单相不可控整流电路输出电压与输出电流的关系

空载时，$R=\infty$，放电时间常数为无穷大，输出电压最大，$U_d=\sqrt{2}U_2$。

整流电压平均值 U_d 与输出到负载的电流平均值 I_R 之间的关系如图 2.24 所示。空载时，$U_d=\sqrt{2}U_2$；重载时，R 很小，电容放电很快，几乎失去储能作用。随负载加重，U_d 逐渐趋近于 $0.9U_2$，即趋近于电阻负载时的特性。

通常在设计时根据负载的情况选择电容 C 值，使 $RC\geqslant\frac{3\sim5}{2}T$，$T$ 为交流电源的周期。此时输出电压为

$$U_d\approx1.2U_2 \tag{2-43}$$

2）电流平均值

输出电流平均值 I_R 为

$$I_R=U_d/R \tag{2-44}$$

稳态时，电容 C 在一个电源周期内吸收的能量和释放的能量相等，其电压平均值保持不变，相应地流经电容的电流在一周期内的平均值为零，又由 $i_d=i_C+i_R$ 得出

$$I_d=I_R \tag{2-45}$$

在一个电源周期中，i_d 有两个波头，分别轮流流过 VD_1、VD_4 和 VD_2、VD_3，即流过每个二极管的电流 i_{VD} 只是两个波头中的一个，故其平均值为

$$I_{VD}=I_d/2=I_R/2 \tag{2-46}$$

3）二极管承受的电压

二极管承受反向电压最大值为变压器二次电压最大值，即 $\sqrt{2}U_2$。

在以上的讨论过程中，忽略了电路中诸如变压器漏抗、线路电感等的影响。另外，实际应用中为了抑制电流冲击，常在直流侧串入较小的电感，成为感容滤波的电路，如图 2.25(a)所示。此时输出电压和输入电流的波形如图 2.25(b)所示，由图可见，u_d 波形更平直，而电流 i_2 的上升段平缓了许多，这对于电路的工作是有利的。当 L 与 C 的取值变化时，电路的工作情况会有很大的变化，这里不再详细介绍。

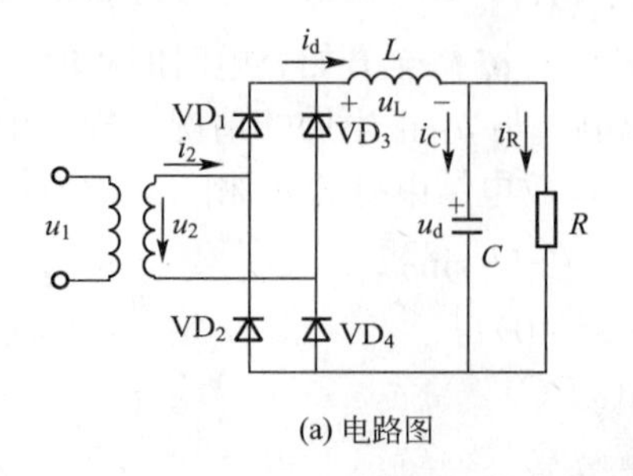

(a) 电路图

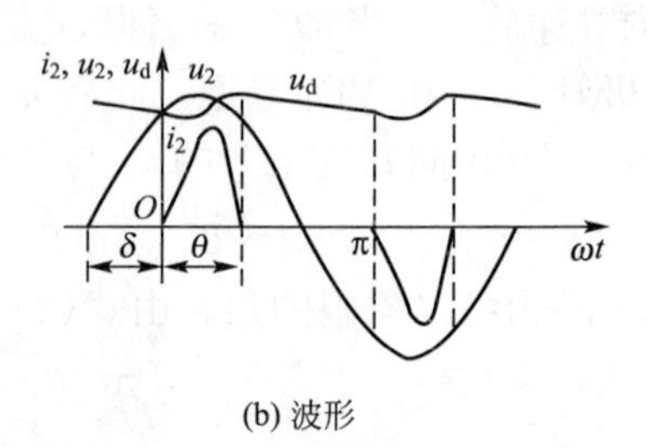

(b) 波形

图 2.25 感容滤波的单相桥式不可控整流电路及其工作波形

2.4.2　电容滤波的三相不可控整流电路

在电容滤波的三相不可控整流电路中，最常用的是三相桥式结构，如图2.26(a)所示。

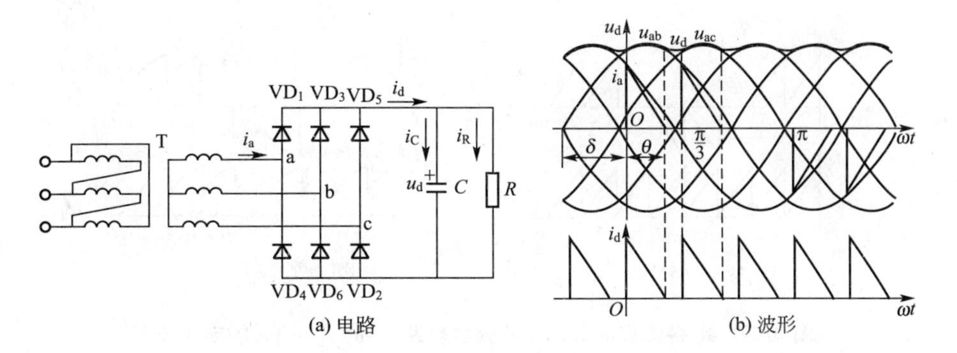

图2.26　电容滤波的三相桥式不可控整流电路及其波形

1. 基本原理

该电路中，当某一对二极管导通时，输出直流电压等于交流侧线电压中最大的一个，该线电压既向电容供电，也向负载供电。当没有二极管导通时，由电容向负载放电，u_d 按指数规律下降。

设二极管在距线电压过零点 δ 角处开始导通，并以二极管 VD_6 和 VD_1 开始同时导通的时刻为时间零点，则线电压为

$$u_{ab}=\sqrt{6}U_2\sin(\omega t+\delta)$$

而相电压为

$$u_a=\sqrt{6}U_2\sin\left(\omega t+\delta-\frac{\pi}{6}\right)$$

在 $\omega t=0$ 时，二极管 VD_6 和 VD_1 开始同时导通，直流侧电压等 u_{ab}；下一次同时导通的一对管子是 VD_1 和 VD_2，直流侧电压等于 u_{ac}。这两段导通过程之间的交替有两种情况，一种是在 VD_1 和 VD_2 同时导通之前 VD_6 和 VD_1 是关断的，交流侧向直流侧的充电电流 i_d 是断续的，如图2.26(b)所示；另一种是 VD_1 一直导通，交替时由 VD_6 导通换相至 VD_2 导通，i_d 是连续的。介于二者之间的临界情况是，VD_6 和 VD_1 同时导通的阶段与 VD_1 和 VD_2 同时导通的阶段在 $\omega t+\delta=2\pi/3$ 处恰好衔接了起来，i_d 恰好连续。由前面所述“电压下降速度相等”的原则，可以确定临界条件。假设在 $\omega t+\delta=2\pi/3$ 的时刻“电压下降速度相等”恰好发生，则有

$$\left|\frac{\mathrm{d}[\sqrt{6}U_2\sin(\omega t+\delta)]}{\mathrm{d}(\omega t)}\right|_{\omega t+\delta=\frac{2\pi}{3}}=\left|\frac{\mathrm{d}\left\{\sqrt{6}U_2\sin\frac{2\pi}{3}\mathrm{e}^{-\frac{1}{\omega RC}\left[\omega t-\left(\frac{2\pi}{3}-\delta\right)\right]}\right\}}{\mathrm{d}(\omega t)}\right|_{\omega t+\delta=\frac{2\pi}{3}}\tag{2-47}$$

可得

$$\omega RC=\sqrt{3}$$

这就是临界条件。$\omega RC>\sqrt{3}$ 和 $\omega RC\leqslant\sqrt{3}$ 分别是电流 i_d 断续和连续的条件。图2.27给

出了 $\omega RC \leqslant \sqrt{3}$ 时的电流波形。对一个确定的装置来讲，通常只有 R 是可变的，它的大小反映了负载的轻重，因此可以说，在轻载时直流侧获得的充电电流是断续的，重载时是连续的，分界点就是 $R=\sqrt{3}/\omega C$。

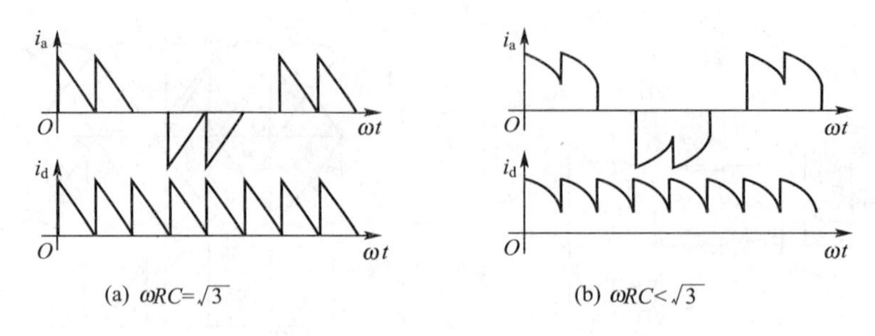

图 2.27　电容滤波的三相桥式整流电路当 $\omega RC \leqslant \sqrt{3}$ 时的电流波形

$\omega RC > \sqrt{3}$ 时，交流侧电流和电压波形如图 2.26(b)所示，其中 δ 和 θ 的求取可仿照单相电路的方法。θ 和 δ 确定之后，即可推导出交流侧线电流 i_a 的表达式，在此基础上可对交流侧电流进行谐波分析。由于推导过程十分繁琐，这里不再详述。

以上分析的是理想的情况，未考虑实际电路中存在的交流侧电感以及为抑制冲击电流而串联的电感。当考虑上述电感时，电路的工作情况发生变化，其电路图和交流侧电流波形如图 2.28 所示，其中图 2.28(a)为电路原理图，图 2.28(b)、(c)分别为轻载和重载时的交流侧电流波形。将电流波形与不考虑电感时的波形比较可知：有电感时，电流波形的前沿平缓了许多，有利于电路的正常工作；随着负载的加重，电流波形与电阻负载时的交流侧电流波形逐渐接近。

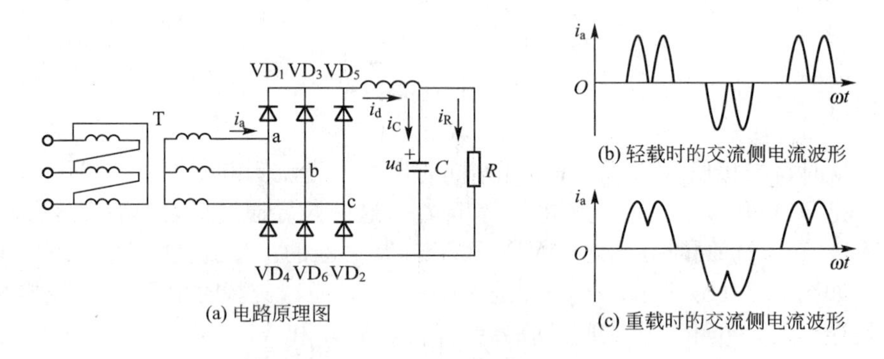

图 2.28　考虑电感时电容滤波的三相桥式整流电路及其波形

2. 主要数量关系

1）输出电压平均值

空载时，输出电压平均值最大，为 $U_d=\sqrt{6}U_2=2.45U_2$。随着负载加重，输出电压平均值减小，至 $\omega RC=\sqrt{3}$ 进入 i_d 连续情况后，输出电压波形成为线电压的包络线，其平均值为 $U_d=2.34U_2$。可见，U_d 在 $2.34U_2 \sim 2.45U_2$ 之间变化。

与电容滤波的单相桥式不可控整流电路相比，U_d 的变化范围小得多，当负载加重到一定程度时，U_d 就稳定在 $2.34U_2$ 不变了。

2）电流平均值

输出电流平均值 I_R 为

$$I_R=U_d/R$$

与单相电路情况一样，电容电流 i_C 平均值为零，因此

$$I_d=I_R$$

在一个电源周期中，i_d 有 6 个波头，流过每一个二极管的是其中的两个波头，因此二极管电流平均值为 I_d 的 1/3，即

$$I_{VD}=I_d/3=I_R/3$$

3）二极管承受的电压

二极管承受的最大反向电压为线电压的峰值，为 $2.45U_2$。

2.5　大功率可控整流电路

大功率可控整流电路与前面介绍的三相桥式全控整流电路相比较：带平衡电抗器的双反星形可控整流电路的特点是，适用于低电压、大电流的场合；多重化整流电路的特点是，一方面在采用相同器件时可达到更大的功率，更重要的方面是它可减少交流侧输入电流的谐波或提高功率因数，从而减小对供电电网的干扰。

2.5.1　带平衡电抗器的双反星形可控整流电路

在电解电镀等工业应用中，经常需要低电压大电流（例如几十伏、几千至几万安）的可调直流电源。如果采用三相桥式电路，整流器件的数量很多，还有两个管压降损耗，降低了效率，在这种情况下，可采用带平衡电抗器的双反星形可控整流电路，如图 2.29 所示。

整流变压器的二次侧每相有两个匝数相同极性相反的绕阻，分别接成两组三相半波电路，即 a、b、c 一组，a′、b′、c′一组。a 与 a′绕在同一相铁芯上，如图 2.29 中“•”表示同名端。同样 b 与 b′，c 与 c′都绕在同一相铁芯上，故得名双反星形电路。变压器二次侧两绕组的极性相反可消除铁芯的直流磁化，设置电感量为 L_p 的平衡电抗器是为保证两组三相半波整流电路能同时导电，每组承担一半负载。因此，与三相桥式电路相比，在采用相同晶闸管的条件下，双反星形电路的输出电流可增大一倍。

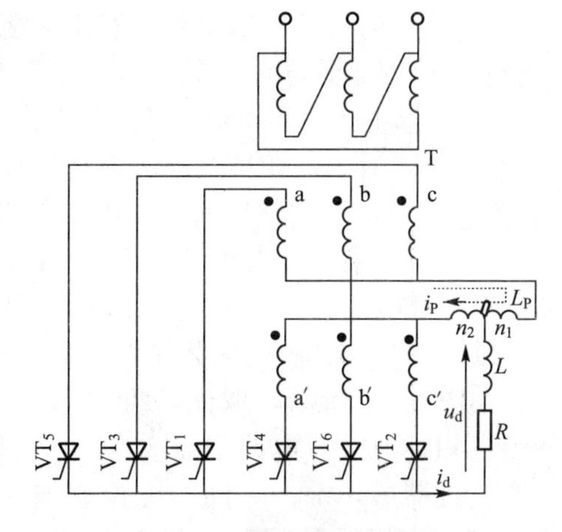

图 2.29　带平衡电抗器的双反星形可控整流电路

当两组三相半波电路的控制角 $\alpha=0°$时，两组整流电压、电流的波形如图 2.30 所示。

在图 2.30 中，两组的相电压互差 180°，因而相电流亦互差 180°，其幅值相等，都是 $I_d/2$。

以 a 相而言，相电流 i_a 与 i'_a 出现的时刻虽不同，但它们的平均值都是 $I_d/6$，因为平均电流相等而绕组的极性相反，所以直流安匝互相抵消。因此本电路是利用绕组的极性相反来消除直流磁通势的。

在这种并联电路中，在两个星形的中点间接有带中间抽头的平衡电抗器，这是因为两个直流电源并联运行时，只有当两个电源的电压平均值和瞬时值均相等时，负载电流才能平均分配。在双反星形电路中，虽然两组整流电压的平均值 U_{d1} 和 U_{d2} 是相等的，但是它们的脉动波相差 60°，它们的瞬时值是不同的，如图 2.31(a)所示。现在把 6 个晶闸管的阴极连接在一起，因而两个星形的中点 n_1 和 n_2 间的电压差等于 u_{d1} 和 u_{d2} 之差。其波形是三倍频的近似三角波，如图 2.31(b)所示。这个电压加在平衡电抗器 L_p 上，产生电流 i_p，它通过两组星形自成回路，不流到负载中去，称为环流或平衡电流。考虑到 i_p 后，每组三相半波承担的电流分别为 $I_d/2 \pm i_p$。为了使两组电流尽可能平均分配，一般使 L_p 足够大，以便限制环流在其负载额定电流的 1%～2%内。

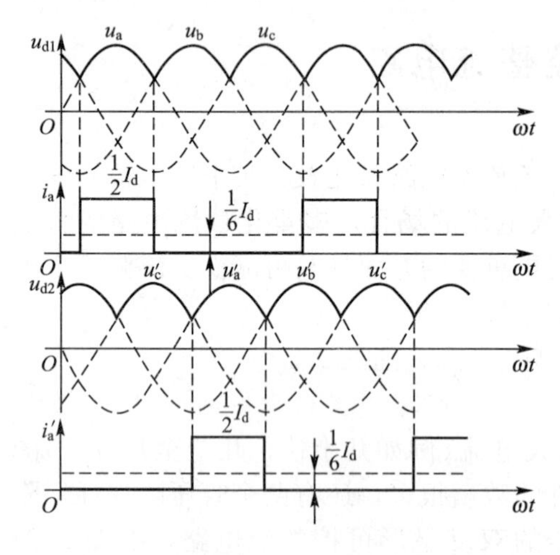

图 2.30　双反星形电路，α=0°时两组整流电压、电流波形

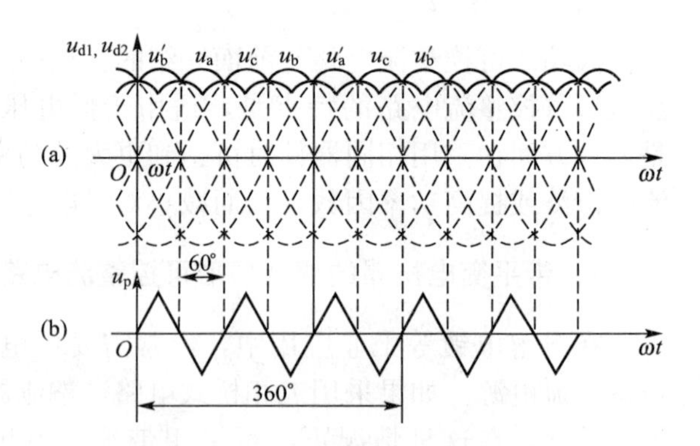

图 2.31　平衡电抗器作用下输出电压的波形和平衡电抗器上电压的波形

图 2.29 的双反星形电路如不接平衡电抗器，即成为六相半波整流电路，在任一瞬间只能有一个晶闸管导电，其余 5 个晶闸管均承受反压而阻断，每只管子最大的导通角为 60°，每只管子的平均电流为 $I_d/6$。

当 $\alpha=0°$时，六相半波整流电路的 U_d 为 $1.35U_2$，比三相半波时的 $1.17U_2$ 略大，其波形如图 2.31(a)的包络线所示。由于六相半波整流电路中晶闸管导电时间短，变压器利用率低，故极少采用。由此可见，双反星形电路与六相半波电路的区别就在于有无平衡电抗器，对平衡电抗器作用的理解是掌握双反星形电路原理的关键。

以下就分析平衡电抗器使得两组三相半波整流电路同时导电的原理。

如图 2.32 所示，取任一瞬间 ωt_1，这时 u'_b 及 u_a 均为正值，然而 u'_b 大于 u_a，如果两组三相半波整流电路中点 n_1 和 n_2 直接相连，则必然只有 b′相的晶闸管能导电。接了平衡电抗器后，n_1、n_2 间的电位差加在 L_p 的两端，它补偿了 u'_b 和 u_a 的电动势差，使得 u'_b 和 u_a 相的晶闸管能同时导电，如图 2.32 所示。由于在 ωt_1 时 u'_b比 u_a 电压高，VT_6 导通，此电流在流经 L_p 时，L_p 上要产生一感应电动势 u_p，它的方向是向着要阻止电流增大的方向的(如图 2.32 标出的极性)。由此可以导出平衡电抗器两端电压和整流输出电压的数学表达式如下：

$$u_p = u_{d1} - u_{d2} \tag{2-48}$$

$$u_d = u_{d2} - \frac{1}{2}u_p = u_{d1} + \frac{1}{2}u_p = \frac{1}{2}(u_{d1} + u_{d2}) \tag{2-49}$$

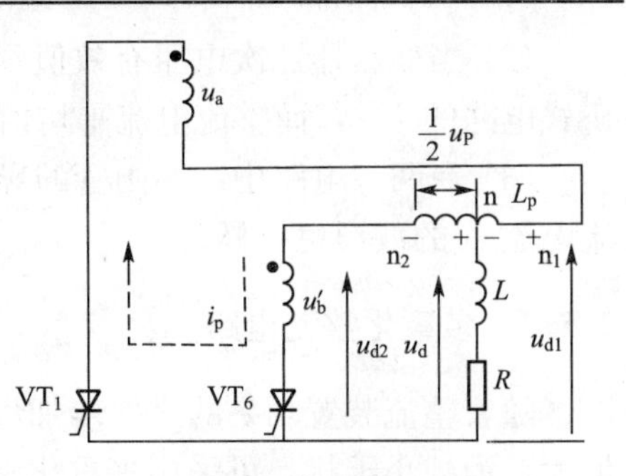

图 2.32　平衡电抗器作用下两个晶闸管同时导电的情况

虽然 $u'_b > u_a$，导致 $u_{d1} < u_{d2}$，但由于 L_p 的平衡作用，使得晶闸管 VT_6 和 VT_1 都承受正向电压而同时导通。随着时间推迟至 u'_b 与 u_a 的交点时，由于 $u'_b = u_a$，两管继续导电，此时 $u_p = 0$。之后 $u'_b < u_a$，则流经 b′相的电流要减小，但 L_p 有阻止此电流减小的作用，u_p 的极性则与图 2.32 示出的相反，L_p 仍起平衡的作用，使 VT_6 继续导电，直到 $u'_c > u'_b$，电流才从 VT_6 换至 VT_2，此时变成 VT_1、VT_2 同时导电。每隔 60°有一个晶闸管换相，每一组中的每一个晶闸管仍按三相半波的导电规律而各轮流导电 120°。这样以平衡电抗器中点作为整流电压输出的负端，其输出的整流电压瞬时值为两组三相半波整流电压瞬时值的平均值，见式(2-49)，波形如图 2.31(a)中粗黑线所示。

当需要分析各种控制角的输出波形时，可根据式(2-49)先作出两组三相半波电路的 u_{d1} 和 u_{d2} 波形，然后作出波形 $(u_{d1} + u_{d2})/2$。

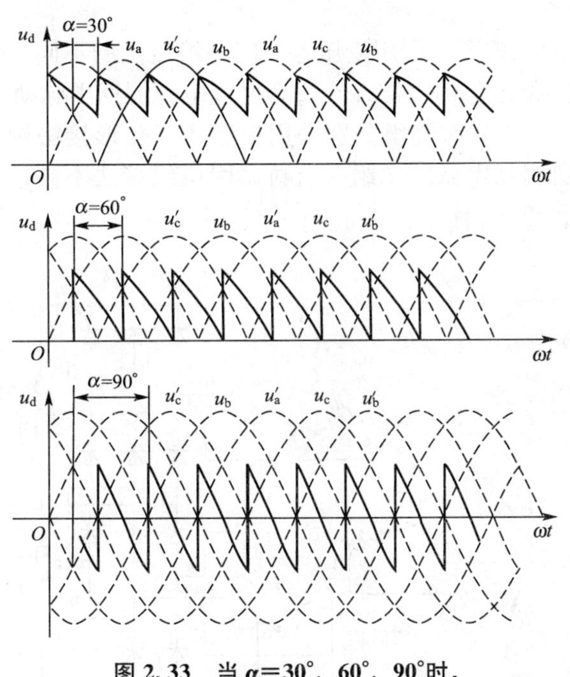

图 2.33　当 α=30°、60°、90°时，双反星形电路的输出电压波形

图 2.33 画出了 $\alpha = 30°$、$\alpha = 60°$ 和 $\alpha = 90°$ 时输出电压的波形。从图中可以看出，双反星形电路的输出电压波形与三相半波电路比较，脉动程度减小了，脉动频率增大一倍，$f = 300\text{Hz}$。在电感负载情况下，当 $\alpha = 90°$ 时，输出电压波形正负面积相等，$U_d = 0$，因而要求的移相范围是 90°。如果是电阻负载，则 u_d 波形不应出现负值，仅保留波形中正的部分。同样可以得出，当 $\alpha = 120°$ 时，$U_d = 0$，因而电阻负载要求的移相范围为 120°。

双反星形电路是两组三相半波电路的并联，所以整流电压平均值与三相半波整流电路的整流电压平均值相等，在不同控制角 α 时，有

$$U_d = 1.17U_2\cos\alpha$$

通过以上分析，将双反星形电路与三相桥式电路进行比较可得出以下结论。

(1) 三相桥式电路是两组三相半波电路的串联，而双反星形电路是两组三相半波电路的并联，且后者需用平衡电抗器。

(2) 当变压器二次电压有效值 U_2 相等时，双反星形电路的整流电压平均值 U_d 是三相桥式电路的1/2，而整流电流平均值 I_d 是三相桥式电路的2倍。

(3) 在两种电路中，晶闸管的导通及触发脉冲的分配关系是一样的，整流电压 u_d 和整流电流 i_d 的波形也一样。

2.5.2　多重化整流电路

随着整流装置功率的进一步加大，它所产生的谐波、无功功率等对电网的干扰也随之加大，为减小干扰，可采用多重化整流电路，即按一定的规律将两个或更多个相同结构的整流电路(如三相桥)进行组合而得。将整流电路进行多重联结可以减少交流侧输入电流谐波，而对串联多重整流电路采用顺序控制的方法可提高功率因数。

1. 移相多重联结

整流电路的多重联结有并联多重联结和串联多重联结。图2.34给出了将两个三相全控桥式整流电路并联联结而成的12脉波整流电路原理图，该电路使用了平衡电抗器来平衡各组整流器的电流，其原理与双反星形电路中采用平衡电抗器的是一样的。

对于交流输入电流来说，采用并联多重联结和串联多重联结的效果是相同的。以下着重讲述串联多重联结的情况。采用多重联结不仅可以减少交流输入电流的谐波同时也可减小直流输出电压中的谐波幅值并提高纹波频率，因而可减小平波电抗器。为了简化分析，下面分析均不考虑变压器漏抗引起的重叠角，并假设整流变压器各绕组的线电压之比为1∶1。

图2.35是移相30°串联2重联结电路的原理图。利用变压器二次绕组接法的不同，使两组三相交流电源间相位错开30°，从而使输出整流电压 u_d 在每个交流电源周期中脉动12次，故该电路为12脉波整流电路。整流变压器二次绕组分别采用星形和三角形接法构成相位相差30°。大小相等的两组电压，接到相互串联的2组整流桥。因绕组接法不同，变压器一次绕组和两组二次绕组的匝数比如图2.35所示，为 $1∶1∶\sqrt{3}$。

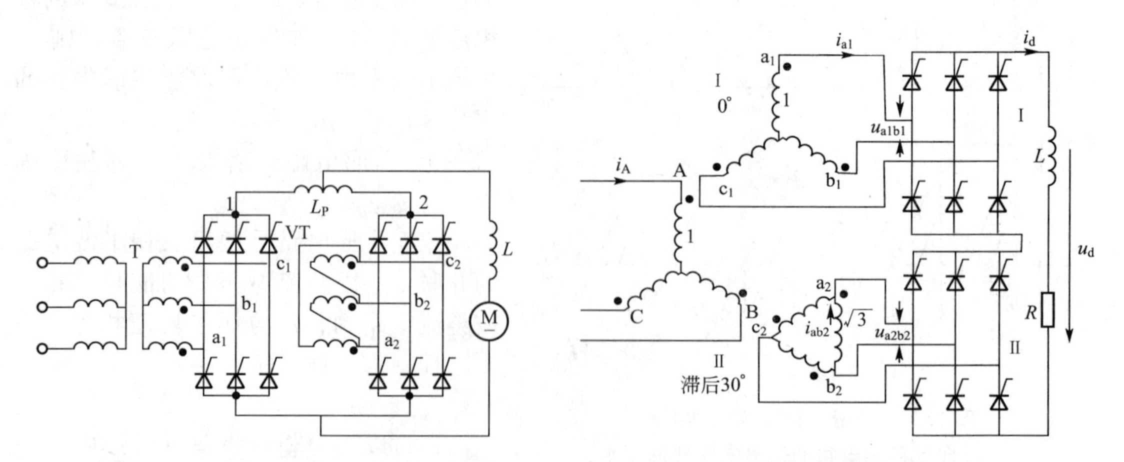

图2.34　并联多重联结的12脉波整流电路　　　图2.35　移相30°串联2重联结电路

根据同样的道理，利用变压器二次绕阻接法的不同，互相错开20°，可将三组桥构成串联3重联结。此时，对于整流变压器来说，采用星形三角形组合无法移相20°，需采用曲折接法。串联 3 重连接电路的整流电压 u_d 在每个电源周期内脉动 18 次，故此电路为 18 脉波整流电路。其交流侧输入电流中所含谐波更少，其次数为 $18k\pm1(k=1,2,3\cdots)$，整流电压 u_d 的脉动也更小。

若将整流变压器的二次绕组移相 15°，即可构成串联 4 重联结电路，此电路为 24 脉波整流电路。其交流侧输入电流谐波次为 $24k\pm1(k=1,2,3,\cdots)$。

从以上论述可以看出，采用多重联结的方法可以使输入电流谐波大幅减小，从而在一定程度上提高功率因数。

2. 多重联结电路的顺序控制

前面介绍的多重联结电路中，各整流桥交流二次输入电压错开一定相位，但工作时各桥的控制角 α 是相同的，这样可以使输入电流谐波含量大为降低。这里介绍的顺序控制则是另一种思路。这种控制方法只对串联多重联结的各整流桥中一个桥的 α 角进行控制，其余各桥的工作状态则根据需要输出的整流电压而定，或者不工作而使该桥输出直流电压为零，或者 $\alpha=0°$ 而使该桥输出电压最大。根据所需总直流输出电压从低到高的变化，按顺序依次对各桥进行控制，因而被称为顺序控制。采用这种方法虽然并不能降低输入电流中的谐波，但是各组桥中只有一组在进行相位控制，其余各组或不工作或 $\cos\alpha=1$，因此总的功率因数得以提高。我国电气机车的整流器大多根据这种方式设计。

图 2.36 给出了用于电气机车的 3 重晶闸管单相整流桥顺序控制的一个例子，通过这个例子来说明多重联结电路顺序控制的原理。图(a)为电路图，图(b)、(c)分别为整流输出电压和交流输入电流的波形。当需要输出的直流电压低于 1/3 最高电压时，只对第Ⅰ组桥的 α 角进行控制，连续触发 VT_{23}、VT_{24}、VT_{33}、VT_{34} 使其保持导通，这样第Ⅱ、Ⅲ组桥的直流输出电压就为零。当需要输出的直流电压达到 1/3 最高电压时，第Ⅰ组桥的 α 角为 0°；需要输出电压为 1/3 到 2/3 最高电压时，第Ⅰ组桥的 α 角固定为 0°，第Ⅲ组桥的 VT_{33} 和 VT_{34} 维持导通，使其输出电压为零，仅对第Ⅱ组桥的 α 角进行控制；需要输出电压为 2/3 最高电压以上时，第Ⅰ、Ⅱ组桥的 α 角固定为 0°，仅对第Ⅲ组桥的 α 角进行控制。

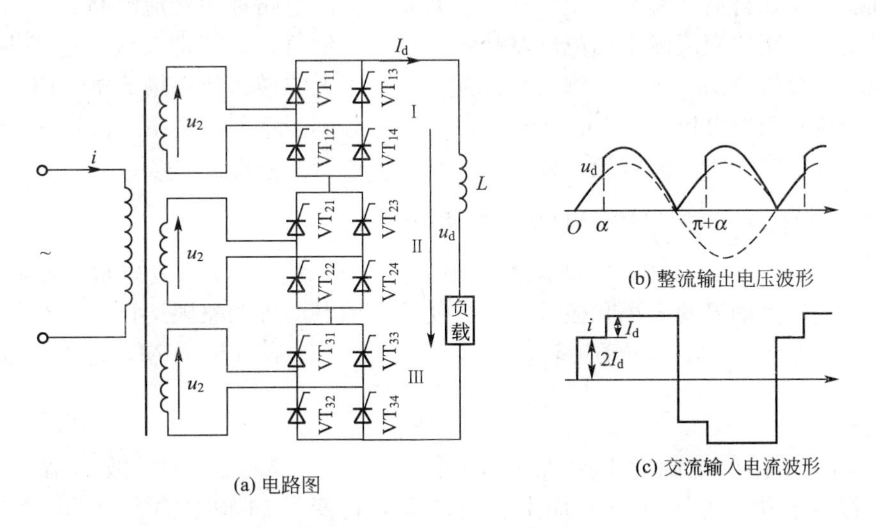

图 2.36　单相串联 3 重联结电路及顺序控制

在对上述电路中一个单元桥的 α 角进行控制时，为使直流输出电压波形不含负的部分，可采取如下控制方法。以第Ⅰ组桥为例，当电压相位为 α 时，触发 VT_{11}、VT_{14} 使其导通并流过直流电流 I_d，在电压相位为 π 时，触发 VT_{13}，则 VT_{11} 关断，I_d 通过 VT_{13}、VT_{14} 续流，桥的输出电压为零而不出现负的部分；电压相位为 $\pi+\alpha$ 时，触发 VT_{12}，则 VT_{14} 关断，由 VT_{12}、VT_{14} 导通而输出直流电压；电压相位为 2π 时，触发 VT_{11}，则 VT_{13} 关断，由 VT_{11} 和 VT_{12} 续流，桥的输出电压为零；直至电压相位为 $2\pi+\alpha$ 时下一周期开始，重复上述过程。

图 2.36(b)、(c)的波形是直流输出电压大于 2/3 最高电压时的总直流输出电压 u_d 和总交流输入电流 i 的波形。这时第Ⅰ、Ⅱ两组桥的 α 角均固定在 0°，第Ⅲ组桥控制角为 α。从电流 i 的波形可以看出，虽然波形并未改善，仍与单相全控桥时一样含有奇次谐波，但其基波分量比电压的滞后少，因而提高了总的功率因数。

2.6 整流电路的有源逆变工作状态

2.6.1 逆变的概念

1. 逆变的定义以及需要逆变的原因

在生产实践中，常要求把直流电转变成交流电。例如：当电力机车下坡行驶时，使直流电动机作为发电机制动运行，机车的势能转变为电能，反送到交流电网中去。这种对应于整流的逆向过程称之为逆变。把直流电逆变成交流电的电路称为逆变电路。当交流侧和电网联结时，这种逆变电路称为有源逆变电路。有源逆变电路常用于直流可逆调速系统、交流绕线式异步电动机串级调速以及高压直流输电等方面。对于可控整流电路，只要满足一定的条件，就可以工作于有源逆变状态，此时，电路形式并未发生变化，只是电路工作条件转变，因此将有源逆变作为整流电路的一种工作状态进行分析。为了叙述方便，下面将这种既能工作在整流状态又能工作在逆变状态的整流电路称为变流电路。

如果变流电路的交流侧不与电网联接，而直接接到负载，即把直流电逆变为某一频率或可调频率的交流电供给负载，称为无源逆变，关于无源逆变将在第 5 章介绍。

以下先从直流发电机-电动机系统入手，研究其电能转换的关系，再进一步分析变流器交流和直流电之间电能的转换，以掌握实现有源逆变的条件。

2. 直流发电机-电动机(G－M)系统电能的转换

图 2.37 所示直流发电机-电动机系统中，M 为电动机，G 为发电机，励磁回路未画出。控制发电机电动势的大小和极性，可方便地实现电动机四象限运行。

在图 2.37(a)中，M 作电动运转，$E_G>E_M$，电流 I_d 从 G 流向 M，I_d 的值为

$$I_d=\frac{E_G-E_M}{R_\Sigma}$$

式中：R_Σ 为主回路的电阻。由于 I_d 和 E_G 同方向，与 E_M 反方向，故 G 输出电功率为 E_GI_d，M 吸收电功率为 E_MI_d，电能由 G 流向 M，转变为 M 轴上输出的机械能，R_Σ 上是热耗。

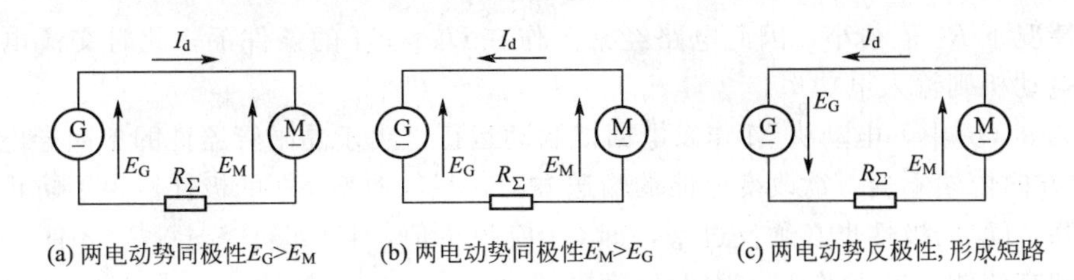

(a) 两电动势同极性 $E_G>E_M$　(b) 两电动势同极性 $E_M>E_G$　(c) 两电动势反极性，形成短路

图 2.37　G－M 系统电能的转换

在图 2.37(b)中是回馈制动状态，M 作发电运转，此时，$E_M>E_G$，电流反向，从 M 流向 G，其值为

$$I_d=\frac{E_M-E_G}{R_\Sigma}$$

此时 I_d 和 E_M 同方向，与 E_G 反方向，故 M 输出电功率，G 则吸收电功率，R_Σ 上总是热耗，M 轴上输入的机械能转变为电能反送给 G。

图 2.37(c)所示为两电动势顺向串联，向电阻 R_Σ 供电，G 和 M 均输出功率，由于 R_Σ 一般都很小，实际上形成短路，在工作中必须严防这类事故发生。

由此可见两个电动势同极性相接时，电流总是从电动势高的流向电动势低的，由于回路电阻很小，即使很小的电动势差值也能产生大的电流，使两个电动势之间交换很大的功率，这对分析有源逆变电路是十分有用的。

3. 逆变产生的条件

以单相全波电路代替上述发电机，给电动机供电，如图 2.38 所示。下面分析此时电路内电能的流向。设电动机 M 作电动机运行，全波电路应工作在整流状态，α 的范围在 $0\sim\pi/2$ 间，直流侧输出 U_d 为正值，并且 $U_d>E_M$，如图 2.38(a)所示，才能输出 I_d，其值为

$$I_d=\frac{U_d-E_M}{R_\Sigma}$$

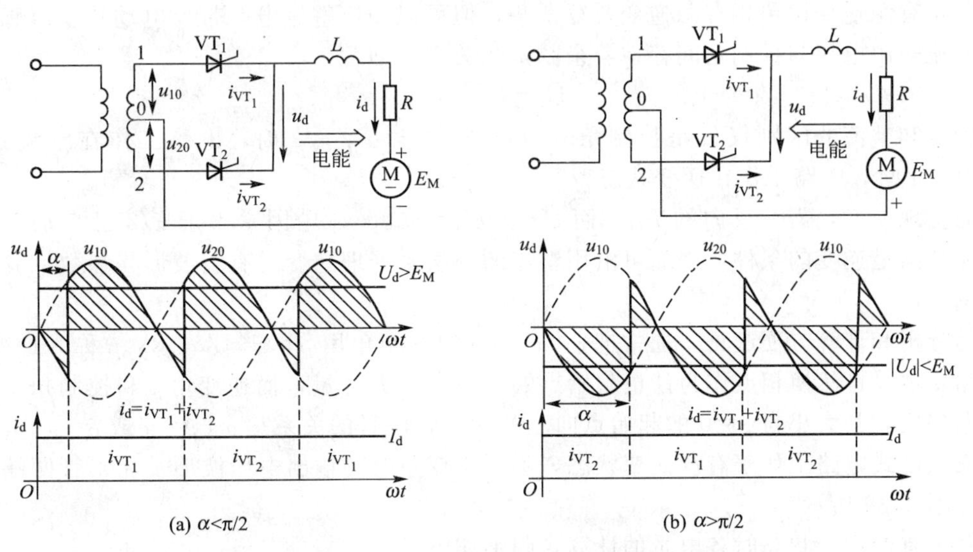

(a) $\alpha<\pi/2$　(b) $\alpha>\pi/2$

图 2.38　单相全波电路的整流和逆变

一般情况下 R_{Σ} 值很小，因此电路经常工作在 $U_d \approx E_M$ 的条件下，此时交流电网输出电功率，电动机则输入电功率。

在图 2.38(b)中，电动机 M 作发电回馈制动运行，由于晶闸管器件的单向导电性，电路内 I_d 的方向依然不变，欲改变电能的输送方向，只能改变 E_M 的极性。为了防止两电动势顺向串联，U_d 的极性也必须反过来，即 U_d 应为负值，且 $|E_M|>|U_d|$，才能把电能从直流侧送到交流侧，实现逆变。这时 I_d 为

$$I_d=\frac{E_M-U_d}{R_{\Sigma}}$$

电路内电能的流向与整流时相反，电动机输出电功率，电网吸收电功率。电动机轴上输入的机械功率愈大，逆变的功率也愈大，为了防止过电流，同样应满足 $E_M \approx U_d$ 条件。E_M 的大小取决于电动机转速的高低，而 U_d 可通过改变 α 来进行调节，由于逆变状态时 U_d 为负值，故 α 在逆变时的范围应在 $\pi/2 \sim \pi$ 间。

在逆变工作状态下，虽然晶闸管的阳极电位大部分处于交流电压为负的半周期，但由于有外接直流电动势 E_M 的存在，晶闸管仍能承受正向电压而导通。

从上述分析中可归纳出产生逆变的条件有以下两个。

(1) 要有直流电动势，其极性须和晶闸管的导通方向一致，其值应大于交流电路直流侧的平均电压。

(2) 要求晶闸管的控制角 $\alpha>\pi/2$，使 U_d 为负值。

两者必须同时具备才能实现有源逆变。

必须指出，半控桥或有续流二极管的电路，因其整流电压 u_d 不能出现负值，也不允许直流侧出现负极性的电动势，故不能实现有源逆变。欲实现有源逆变，只能采用全控电路。

2.6.2 三相桥式整流电路的有源逆变工作状态

三相有源逆变比单相有源逆变要复杂些，但可以知道整流电路带反电动势、阻感负载时，整流输出电压与控制角间存在着余弦函数关系，即

$$U_d=U_{d0}\cos\alpha$$

逆变和整流的区别仅仅是控制角 α 的不同。$0<\alpha<\pi/2$ 时，电路工作在整流状态，$\pi/2<\alpha<\pi$ 时，电路工作在逆变状态。

为实现逆变，需一反向的 E_M，而 U_d 在 $U_d=U_{d0}\cos\alpha$ 中因 α 大于 $\pi/2$ 已自动变为负值，完全满足逆变的条件，因而可沿用整流的办法来处理逆变时有关波形与参数计算等各项问题。

为分析和计算方便起见，通常把 $\alpha>\pi/2$ 时的控制角用 $\beta=\pi-\alpha$ 表示，β 称为逆变角。控制角 α 是以自然换相点作为计量起始点的，由向右方计量，而逆变角 β 和控制角 α 的计量方向相反，其大小自 $\beta=0$ 的起始点向左方计量，两者的关系是 $\alpha+\beta=\pi$ 或 $\beta=\pi-\alpha$。

三相桥式电路工作于有源逆变状态，不同逆变角时的输出电压波形及晶闸管两端电压波形如图 2.39 所示。

关于有源逆变状态时各电量的计算，归纳如下。

$$U_d=2.34U_2\cos\beta=-1.35U_{2L}\cos\beta \tag{2-50}$$

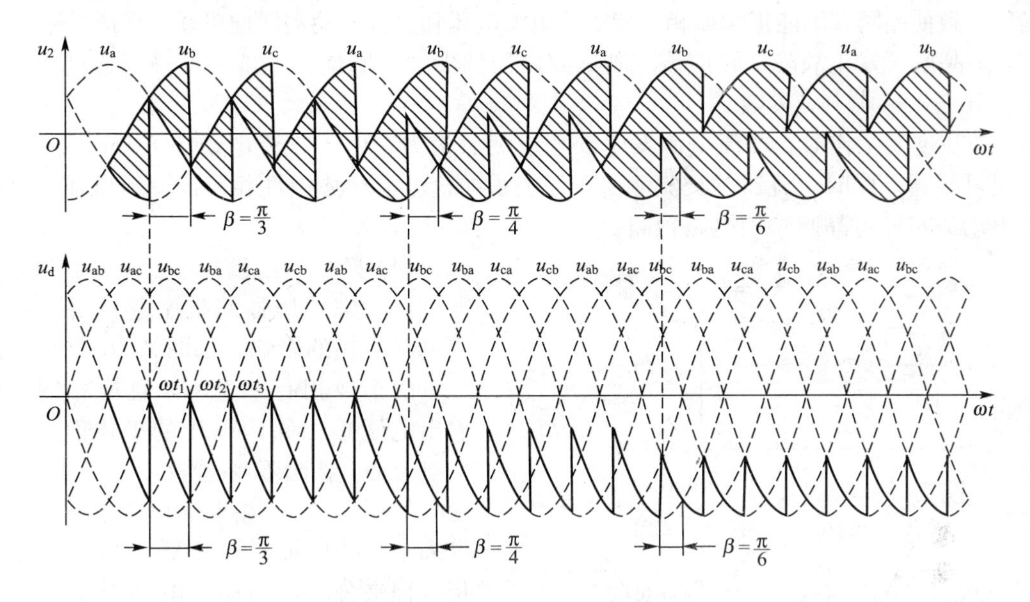

图 2.39　三相桥式整流电路工作于有源逆变时的电压波形

输出直流电流的平均值亦可用整流的公式，即

$$I_d=\frac{U_d-E_M}{R_\Sigma}$$

在逆变状态时，U_d 和 E_M 的极性都与整流状态时相反，均为负值。

每个晶闸管导通 $2\pi/3$，故流过晶闸管的电流有效值为(忽略直流电流 i_d 的脉动)

$$I_{VT}=\frac{I_d}{\sqrt{3}}=0.577I_d \tag{2-51}$$

从交流电源送到直流侧负载的有功功率为

$$P_d=R_\Sigma I_d^2+E_M I_d \tag{2-52}$$

当逆变工作时，由于 E_M 为负值，故 P_d 为负值，表示功率由直流电源输送到交流电源。

在三相桥式电路中，每个周期内流经电源的线电流的导通角为 $4\pi/3$，是每个晶闸管导通角 $2\pi/3$ 的两倍，因此变压器二次线电流的有效值为

$$I_2=\sqrt{2}I_{VT}=\sqrt{\frac{2}{3}}I_d=0.816I_d \tag{2-53}$$

2.6.3　逆变失败与最小逆变角的限制

逆变运行时，一旦发生换相失败，外接的直流电源就会通过晶闸管电路形成短路，或者使变流器的输出平均电压和直流电动势变成顺向串联。由于逆变电路的内阻很小，电路会形成很大的短路电流，这种情况称为逆变失败或逆变颠覆。

1. 逆变失败的原因

造成逆变失败的原因很多，主要有下列几种情况。

(1) 触发电路工作不可靠，不能适时、准确地给各晶闸管分配脉冲，如脉冲丢失、脉冲

延时等，致使晶闸管不能正常换相，使交流电源电压和直流电动势顺向串联，形成短路。

(2) 晶闸管发生故障，在应该阻断期间内器件失去阻断能力，或在应该导通期间内器件不能导通，造成逆变失败。

(3) 在逆变工作时，交流电源发生缺相或突然消失，由于直流电动势 E_M 的存在，晶闸管仍可导通，此时变流器的交流侧由于失去了同直流电动势极性相反的交流电压，因此直流电动势将通过晶闸管使电路短路。

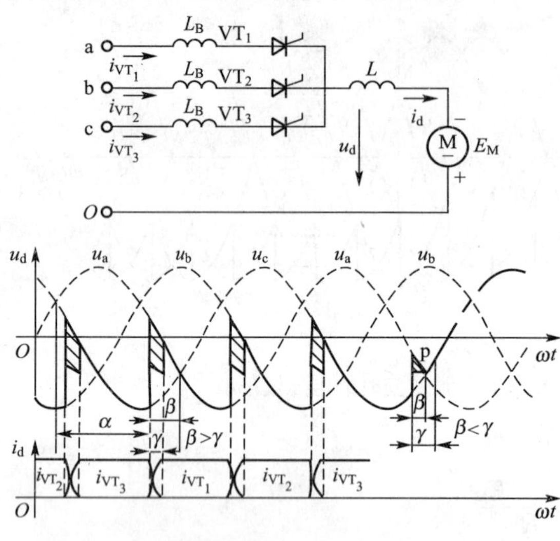

图 2.40　交流侧电抗对逆变换相过程的影响

(4) 换相的裕量角不足，引起换相失败，应考虑变压器漏抗引起重叠角对逆变电路换相的影响，如图 2.40 所示。

由于换相有一过程，且换相期间的输出电压是相邻两电压的平均值，故逆变电压 U_d 要比不考虑漏抗时的更低(负的幅值更大)。存在重叠角会给逆变工作带来不利的后果，如以 VT_3 和 VT_1 的换相过程来分析，当逆变电路工作在 $\beta>\alpha$ 时，经过换相过程后，a 相电压 u_a 仍高于 c 相电压 u_c，所以换相结束时，能使 VT_3 承受反压而关断。如果换相的裕量角不足，即当 $\beta<\alpha$ 时，从图 2.40 右下角的波形中可清楚地看到换相尚未结束，电路的工作状态到达自然换相点 p 点之后，u_c 将高于 u_a，晶闸管 VT_1 承受反压而重新关断，使得应该关断的 VT_3 不能关断却继续导通，且 c 相电压随着时间的推迟愈来愈高，电动势顺向串联导致逆变失败。

综上所述，为了防止逆变失败，不仅逆变角 β 不能等于零，而且不能太小，必须限制在某一允许的角度内。

2. 确定最小逆变角 β_{min} 的依据

逆变时允许采用的最小逆变角 β_{min} 应等于

$$\beta_{min}=\delta+\gamma+\theta' \tag{2-54}$$

式中：δ 为晶闸管的关断时间 t_q 折合的电角度；γ 为换相重叠角；θ' 为安全裕量角。

晶闸管的关断时间 t_q，最长可达 200～300μs，折算到电角度 δ 约 4°～5°。而重叠角 γ，它随直流平均电流和换相电抗的增加而增大。设计变流器时，重叠角可查阅有关手册，也可根据表 2-3 计算，即

$$\cos\alpha-\cos(\alpha+\gamma)=\frac{I_d X_B}{\sqrt{2}U_2\sin\frac{\pi}{m}} \tag{2-55}$$

根据逆变工作时 $\alpha=\pi-\beta$，并设 $\beta=\gamma$，式(2-55)可改写成

$$\cos\gamma=1-\frac{I_d X_B}{\sqrt{2}U_2\sin\frac{\pi}{m}} \tag{2-56}$$

重叠角 γ 与 I_d 和 X_B 有关，当电路参数确定后，就可求得重叠角 γ。

安全裕量角 θ'，当变流器工作在逆变状态时，由于种种原因，会影响逆变角。如不考虑安全裕量，有可能破坏 $\beta > \beta_{min}$ 的关系，导致逆变失败。在三相桥式逆变电路中，触发器输出的 6 个脉冲，它们的相位角间隔不可能完全相等，这种脉冲的偏差度一般可达 5°，若不设安全裕量角，滞后的那些脉冲相当于 β 变小，就可能小于 β_{min}，导致逆变失败。根据一般中小型可逆直流拖动的运行经验，θ' 值约取 10°，这样最小 β 一般取 30°～35°。设计逆变电路时，必须保证 $\beta \geqslant \beta_{min}$，因此常在触发电路中附加一保护环节，保证触发脉冲不进入小于 β_{min} 的区域内。

2.7 晶闸管-直流电动机(V－M)系统

晶闸管可控整流装置带直流电动机负载组成的系统，习惯称为晶闸管直流电动机系统，简称 V－M 系统。V－M 系统是电力拖动系统中主要的一种，也是可控整流装置的主要用途之一。由于整流电路工作于整流状态和工作于逆变状态时，电动机的工作情况有较大的区别，因此，本节主要从整流电路供电时电动机的工作情况进行分析。

2.7.1 整流电路工作于整流状态

直流电动机负载除本身有电阻、电感外，还有一个反电动势 E。如果暂不考虑电动机的电枢电感，则只有当晶闸管导通相的变压器二次侧电压瞬时值大于反电动势时才有电流输出。这种情况在单相全控桥式整流电路带反电动势负载的工作情况时作过介绍，此时负载电流是断续的，这对整流电路和电动机负载的工作都是不利的，实际应用中要尽量避免出现负载电流断续的工作情况。

为了平稳负载电流的脉动，通常在电枢回路串联一平波电抗器，以保证整流电流在较大范围内连续，图 2.41 为三相半波带电动机负载且加平波电抗器时的电压电流波形。

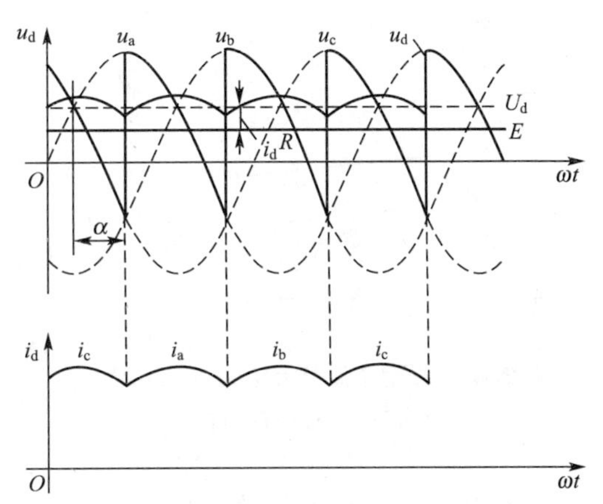

图 2.41 三相半波带电动机负载且加平波电抗器时的电压电流波形

触发晶闸管，待电动机启动达稳态后，虽然整流电压的波形脉动较大，但由于电动机有较大的机械惯量，故其转速和反电动势都基本无脉动。此时整流电压的平均值由电动机的反电动势及电路中负载平均电流 I_d 所引起的各种电压降所平衡，整流电压的交流分量则全部落在电抗器上。由 I_d 引起的压降有下列 4 部分：变压器的电阻压降 I_dR_B，其中 R_B 为变压器的等效电阻，它包括变压器二次绕组本身的电阻以及一次绕组电阻折算到二次侧的等效电阻；晶闸管本身的管压降 ΔU，它基本上是一恒值；电枢电阻压降 I_dR_M；由重叠角引起的电压降 $3X_BI_d/(2\pi)$。

此时，整流电路直流电压的平衡方程为

$$U_d = E_M + R_\Sigma I_d + \Delta U \tag{2-57}$$

式中：$R_{\Sigma}=R_{B}+R_{M}+\frac{3X_{B}}{2\pi}$。

在电动机负载电路中，电流 I_{d} 由负载转矩所决定。当电动机的负载较轻时，对应的负载电流也小。在小电流情况下，特别在低速时，由于电感的储能减小，往往不足以维持电流连续，从而出现电流断续现象。这时整流电路输出的电压和电流波形与电流连续时有差别，因此晶闸管-电动机系统有两种工作状态：一种是工作在电流较大时的电流连续工作状态；另一种是工作在电流较小时的电流断续工作状态。

1. 电流连续时电动机的机械特性

从电力拖动的角度看，电动机的机械特性是表示其性能的一个重要方面，由生产工艺要求的转速静差度即由机械特性决定。

在电动机学中，已知直流电动机的反电动势为

$$E_{M}=C_{e}n \tag{2-58}$$

式中：$C_{e}=K_{e}\Phi_{n}$，为电动机在额定磁通下的电动势转速比，K_{e} 为由电动机结构决定的电动势常数，Φ_{n} 为电动机磁场每对磁极下的额定磁通量，单位为 Wb；n 为电动机的转速，单位为 r/min。

根据整流电路电压平衡方程式(2-57)，可知道不同控制角 α 时 E_{M} 与 I_{d} 的关系。因为 $U_{d}=1.17U_{2}\cos\alpha$，所以反电动势特性方程为

$$E_{M}=1.17U_{2}\cos\alpha-R_{\Sigma}I_{d}-\Delta U \tag{2-59}$$

由于 Φ_{n} 为常数，故电动机的机械特性可用转速与电流关系式表示为

$$n=\frac{1.17U_{2}\cos\alpha}{C_{e}}-\frac{R_{\Sigma}I_{d}+\Delta U}{C_{e}} \tag{2-60}$$

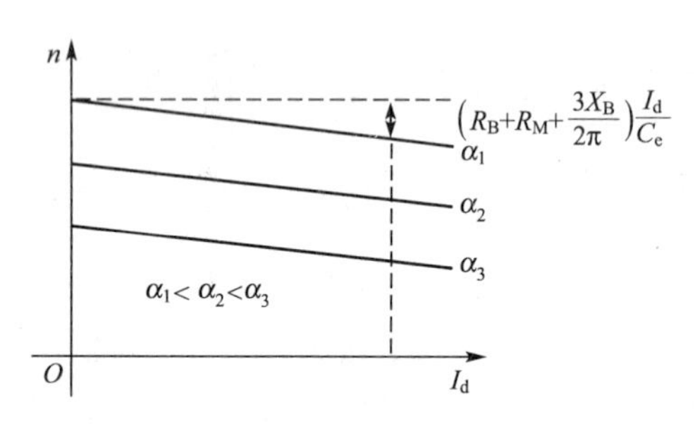

图 2.42　三相半波整流电路电流连续时的电动机机械特性

根据式(2-60)做出不同 α 时 n 与 I_{d} 的关系，如图 2.42 所示。图中 ΔU 的值一般为 1V 左右，通常可忽略。可见其机械特性与由直流发电机供电时的机械特性是相似的，是一组平行的直线，其斜率由于内阻的不同而稍有差异。调节 α 角，即可调节电动机的转速。

同理，可列出三相桥式全控整流电路电动机负载时的机械特性方程为

$$n=\frac{2.34U_{2}\cos\alpha}{C_{e}}-\frac{R_{\Sigma}}{C_{e}}I_{d} \tag{2-61}$$

2. 电流断续时电动机的机械特性

由于整流电压是一个脉动的直流电压，当电动机的负载减小时，平波电抗器中的电感储能减小，致使电流不再连续，此时电动机的机械特性也就呈现出非线性。

根据电流连续时反电动势的公式(2-59)，当 $\alpha=60°$ 时，设 $I_{d}=0$，忽略 ΔU，此时的反电动势为 $E'_{0}=1.17U_{2}\cos60°=0.585U_{2}$，这是电流连续时的理想空载反电动势，如图 2.43中反电动势特性的虚线与纵轴的相交点。实际上，当 I_{d} 减小至某一定值 I_{min} 以后，电流变为断续，这时 E'_{0} 是不存在的，真正的理想空载点 E_{0} 远大于此值，因为 $\alpha>60°$时，晶

闸管触发导通时的相电压瞬时值为$\sqrt{2}U_2$，它大于E'_0，因此必然产生电流，这说明E'_0并不是空载点。只有当反电动势E等于触发导通后相电压的最大值$\sqrt{2}U_2$时，电流才等于零，因此图 2.43 中$\sqrt{2}U_2$才是理想空载点。同样可分析得出，在电流断续情况下，只要$\alpha \leqslant 60°$，电动机的理想空载反电动势都是$\sqrt{2}U_2$。当$\alpha > 60°$以后，空载反电动势将由$\sqrt{2}U_2\cos\left(\alpha-\frac{\pi}{3}\right)$决定。可见，当电流断续时，电动机的理想空载转速将抬高，这是电流断续时电动机机械特性的第一个特点。观察图 2.43 可得知此时机械特性的第二个特点是：在电流断续区内电动机的机械特性变软，很小的负载电流变化也可引起很大的转速变化。

根据上述分析，可得不同α时的电动机特性曲线如图 2.44 所示。α大的电动机，其电流断续区的范围(以虚线表示)要比α小时的电流断续区大，这是由于α愈大，变压器加给晶闸管阳极上的负电压时间愈长，电流要维持导通，必须要求平波电抗器储存较大的磁能，而在电抗器的L为一定值的情况下，要有较大的电流I_d才行。故随着α的增加，进入断续区的电流值加大，这是电流断续时电动机机械特性的第三个特点。

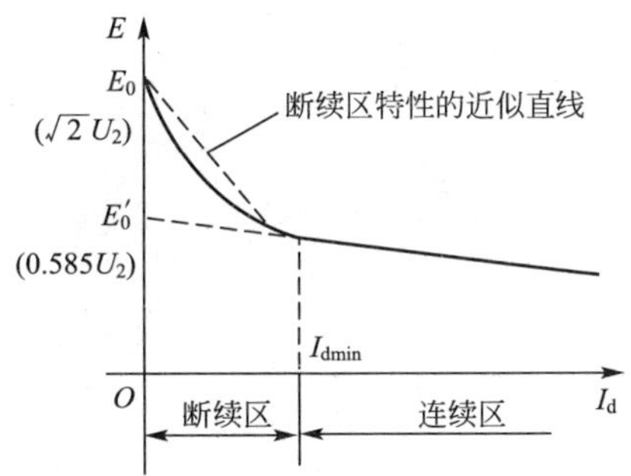

图 2.43　电流断续时电动机的特性曲线

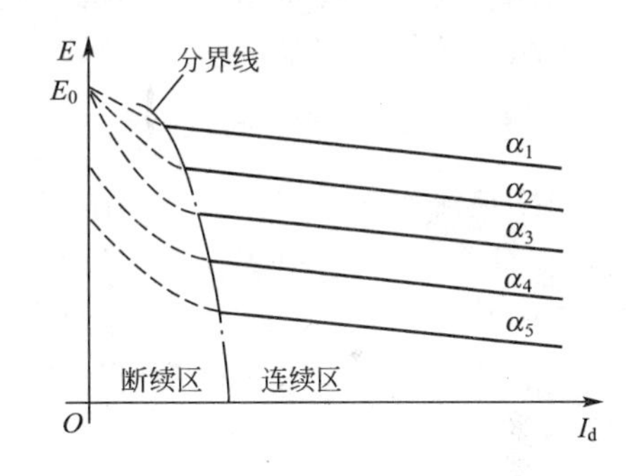

图 2.44　电流断续时不同α时电动机的特性曲线

$\alpha_1<\alpha_2<\alpha_3<60°$，$\alpha_5>\alpha_4>60°$

电流断续时电动机机械特性可由下面 3 个式子得出，限于篇幅，推导过程从略。

$$E_M=\sqrt{2}U_2\cos\varphi\frac{\sin\left(\frac{\pi}{6}+\alpha+\theta-\varphi\right)-\sin\left(\frac{\pi}{6}+\alpha-\varphi\right)e^{-\theta\cot\varphi}}{1-e^{-\theta\cot\varphi}}$$

$$n=\frac{E_M}{C'_e}=\frac{\sqrt{3}U_2\cos\varphi}{C'_e}\times\frac{\sin\left(\frac{\pi}{6}+\alpha+\theta-\varphi\right)-\sin\left(\frac{\pi}{6}+\alpha-\varphi\right)e^{-\theta\cot\varphi}}{1-e^{-\theta\cot\varphi}} \tag{2-62}$$

$$I_d=\frac{3\sqrt{2}U_2}{2\pi Z\cos\varphi}\left[\cos\left(\frac{\pi}{6}+\alpha\right)-\cos\left(\frac{\pi}{6}+\alpha+\theta\right)-\frac{C_e}{\sqrt{2}U_2}\theta n\right]$$

式中：$\varphi=\arctan\frac{\omega L}{R_\Sigma}$；$Z=\sqrt{R_\Sigma^2+(\omega L)^2}$；$L$为回路总电感；$\theta$为晶闸管导通角。以上 3 式均为超越方程，需采用迭代的方法求解，在导通角θ从 0 到 $2\pi/3$ 的范围内，根据给出的θ值以及R_Σ、L值，求出相应的n和I_d，从而作出断续区的机械特性曲线如图 2.44 所示。对于不同的R_Σ、L和α值，特性也将不同。

一般只要主电路电感足够大，就可以只考虑电流连续段，完全按线性处理。当低速轻载时，断续作用明显，可改用另一段较陡的特性来近似处理(图 2.44)，其等效电阻比实际

的电阻 R 要大一个数量级。

整流电路为三相半波，当最小负载电流为 I_{dmin} 时，为保证电流连续所需的主回路电感量 L(单位为 mH)为

$$L=1.46\frac{U_2}{I_{dmin}} \tag{2-63}$$

对于三相桥式全控整流电路带电动机负载的系统，有

$$L=0.693\frac{U_2}{I_{dmin}} \tag{2-64}$$

其中电感包括整流变压器的漏电感、电枢电感和平波电抗器的电感。漏电感和电枢电感数值都较小，有时可忽略。I_{dmin} 一般取电动机额定电流的 5%～10%。

因为三相桥式全控整流电压的脉动频率比三相半波的高一倍，所以所需平波电抗器的电感量也可相应减小约一半，这也是三相桥式整流电路的一大优点。

2.7.2 整流电路工作于有源逆变状态

对工作于有源逆变状态时电动机机械特性的分析，和整流状态时的完全相同，可按电流连续和断续两种情况来进行。

1. 电流连续时电动机的机械特性

主回路电流连续时的机械特性由电压平衡方程式 $U_d-E_M=I_dR_\Sigma$ 决定。

逆变时由于 $U_d=-U_{d0}\cos\beta$，E_M 反接，得

$$E_M=-(U_{d0}\cos\beta+I_dR_\Sigma) \tag{2-65}$$

因为 $E_M=C_en$，可求得电动机的机械特性方程式为

$$n=\frac{1}{C_e}(U_{d0}\cos\beta+I_dR_\Sigma) \tag{2-66}$$

式中：负号表示逆变时电动机的转向与整流时相反。对应不同的逆变角，可获得一组彼此平行的机械特性族，如图 2.45 中第四象限的虚线以右所示。可见调节 β 角就可改变电动机的运行转速，β 值愈小，相应的转速愈高；反之则转速愈低。图中还画出了当负载电流 I_d 降低到临界连续电流以下时的特性，如图 2.45 中第四象限的虚线以左，即逆变状态下电流断续时的机械特性。

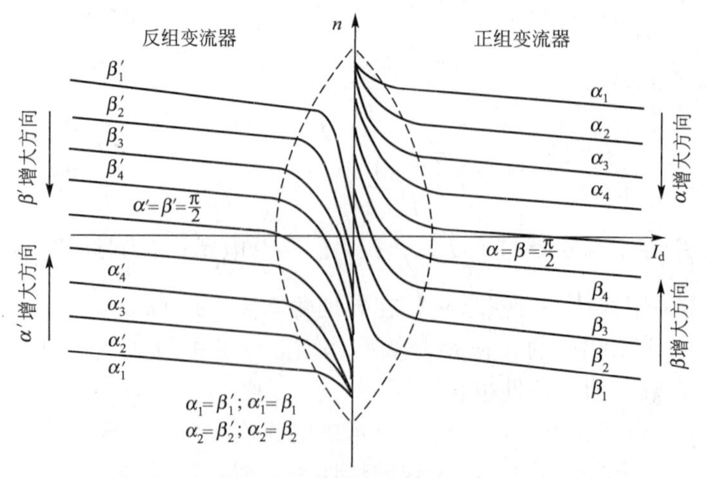

图 2.45 电动机四象限运行时的机械特性

2. 电流断续时电动机的机械特性

电流断续时电动机的机械特性方程可沿用整流时电流断续的机械特性表达式，只要把 $\alpha=\pi-\beta$ 代入式(2-62)三式中，便可得 E_M、n 与 I_d 的表达式，求出三相半波电路工作于逆变状态且电流断续时的机械特性，即

$$E_M=\sqrt{2}U_2\cos\varphi\frac{\sin\left(\frac{7\pi}{6}-\beta+\theta-\varphi\right)-\sin\left(\frac{7\pi}{6}-\beta-\varphi\right)e^{-\theta\cot\varphi}}{1-e^{-\theta\cot\varphi}}$$

$$n=\frac{E_M}{C'_e}=\frac{\sqrt{2}U_2\cos\varphi}{C'_e}\times\frac{\sin\left(\frac{7\pi}{6}-\beta+\theta-\varphi\right)-\sin\left(\frac{7\pi}{6}-\beta-\varphi\right)e^{-\theta\cot\varphi}}{1-e^{-\theta\cot\varphi}} \tag{2-67}$$

$$I_d=\frac{3\sqrt{2}U_2}{2\pi Z\cos\varphi}\left[\cos\left(\frac{7\pi}{6}-\beta\right)-\cos\left(\frac{7\pi}{6}-\beta+\theta\right)-\frac{C_e}{\sqrt{2}U_2}\theta n\right]$$

分析结果表明，当电流断续时电动机的机械特性不仅和逆变角有关，而且和电路参数、导通角等有关系。根据公式（2-67），取定某一 β 值，根据不同的导通角 θ，如 $\pi/6$、$\pi/3$ 和 $\pi/2$，就可求得对应的转速和电流，绘出逆变状态下电流断续时电动机的机械特性，即图 2.45 中右下的虚线以左的部分。可以看出，它与整流时的机械特性十分相似：理想空载转速上翘很多，机械特性变软，且呈现非线性。这充分说明逆变状态的机械特性是整流状态的延续，纵观控制角 α 由小变大(如 $\pi/6$～$5\pi/6$)，电动机的机械特性则逐渐由第一象限往下移，进而到达第四象限。逆变状态的机械特性同样还可表示在第二象限里，与它对应的整流状态的机械特性则表示在第三象限里，如图 2.45 所示。

应该指出，图 2.45 中第一、第四象限中的特性和第三、第二象限中的特性是分别属于两组变流器的，它们输出整流电压的极性相反，故分别标以正组和反组变流器。电动机的运行工作点由第一(第三)象限的特性转到第二(第四)象限的特性，表明电动机由电动运行转入发电制动运行。相应的变流器的工况由整流转为逆变，使电动机轴上储存的机械能逆变为交流电能送回电网。电动机在四个象限中的机械特性，对分析直流可逆拖动系统是十分有用的。

2.7.3　直流可逆电力拖动系统

图 2.46(a)与图 2.46(b)所示为两套变流装置反并联连接的可逆电路：图 2.46(a)是以三相半波有环流接线为例、图 2.46(b)是以三相全控桥的无环流接线为例阐明其工作原理的。与双反星形电路时相似，环流是指只在两组变流器之间流动而不经过负载的电流。电动机正向运行时都是由正组变流器供电的；反向运行时，则由反组变流器供电。根据对环流的不同处理方法，反并联可逆电路又可分为几种不同的控制方案，如配合控制有环流($\alpha=\beta$ 工作制)、可控环流、逻辑控制无环流和错位控制无环流等。不论采用哪一种反并联供电线路，都可使电动机在四个象限内运行。如果在任何时间内，两组变流器中只有一组投入工作，则可根据电动机所需的运转状态来决定哪一组变流器工作及其相应的工作状态——整流或逆变。图 2.46(c)绘出了对应电动机四象限运行时的两组变流器(简称正组桥、反组桥)的工作情况。

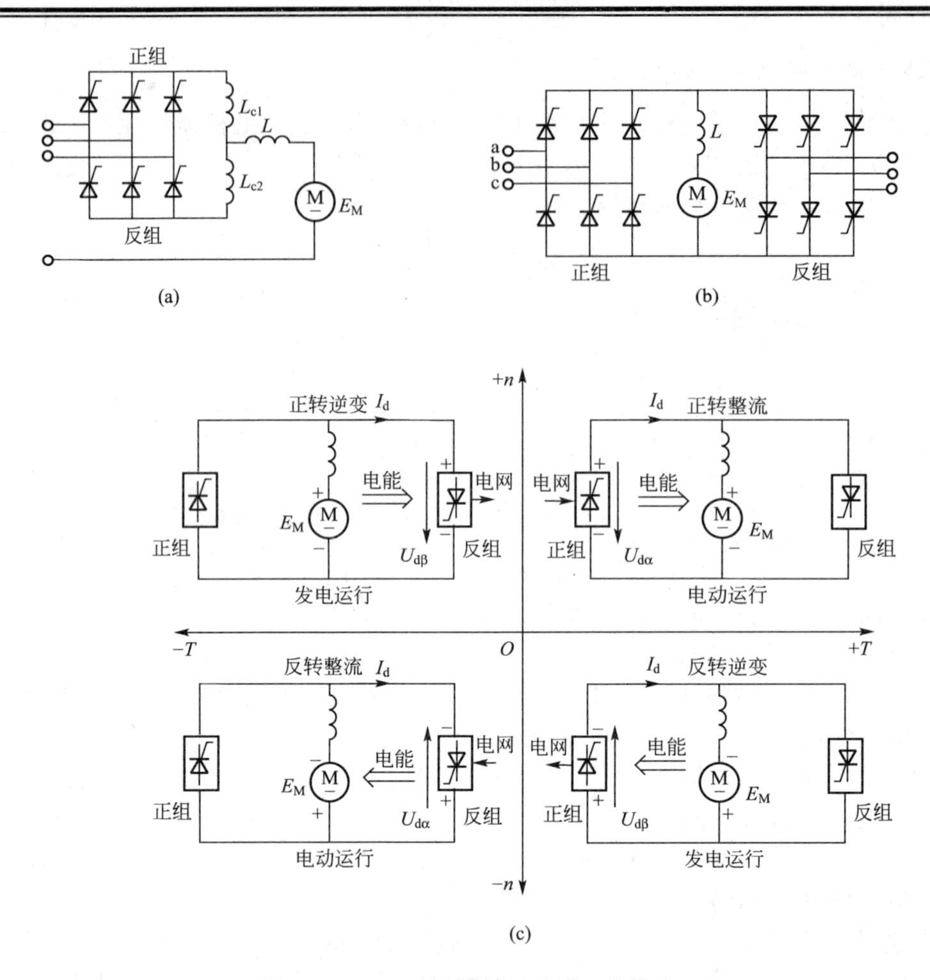

图 2.46　两组变流器的反并联可逆线路

第一象限：正转，电动机作电动运行，正组桥工作在整流状态，$\alpha_P<\pi/2$，$E_M<U_{d\alpha}$(下标中 α 表示整流，P 表示正组)。

第二象限：正转，电动机作发电运行，反组桥工作在逆变状态，$\beta_N<\pi/2(\alpha_N>\pi/2)$，$E_M>U_{oP}$(下标中 β 表示逆变，N 表示反组)。

第三象限：反转，电动机作电动运行，反组桥工作在整流状态，$\alpha_N<\pi/2$，$E_M<U_{d\alpha}$。

第四象限：反转，电动机作发电运行，正组桥工作在逆变状态，$\beta_P<\pi/2(\alpha_P>\pi/2)$，$E_M>U_{d\beta}$。

直流可逆拖动系统，除了能方便地实现正反向运转外，还能实现回馈制动，把电动机轴上的机械能(包括惯性能、位势能)变为电能回送到电网中去，此时电动机的电磁转矩变成制动转矩。图 2.46(c)所示电动机在第二象限正转时，电动机从正组桥取得电能。如果需要反转，应先使电动机迅速制动，就必须改变电枢电流的方向，但对正组桥来说，电流不能反向，需要切换到反组桥工作，并要求反组桥在逆变状态下工作，保证与 E_M 同极性相接，使得电动机的制动电流 $I_d=(E_M-U_{d\beta})/R_\Sigma$ 在容许范围内。此时电动机进入第二象限作正转发电运行，电磁转矩变成制动转矩，电动机轴上的机械能经反组桥逆变为交流电能回馈电网。改变反组桥的逆变角 β，就可改变电动机制动转矩。为了保持电动机在制动过程中有足够的转矩，一般应随着电动机转速的下降，不断地调节 β，使之由小变大直至 $\beta=\pi/2(n=0)$，如继续增大 β，即 $\alpha<\pi/2$，反组桥将转入整流状态下工作，电动机开始反转进入第三象限电动运行。以上就是电动机由正转到反转的全过程。同样，电动机从反转到正转，其过程则由第三象限经第四象限最终运行在第一象限上。

对于 $\alpha=\beta$ 配合控制的有环流可逆系统，当系统工作时，对正、反两组变流器同时输入触发脉冲，并严格保证 $\alpha=\beta$ 的配合控制关系，假设正组为整流，反组为逆变，即有 $\alpha_P=\beta_N$、$U_{d\alpha P}=U_{d\beta N}$，且极性相抵，两组变流器之间没有直流环流。但两组变流器的输出电压瞬时值不等，会产生脉动环流，为防止环流只经晶闸管流过而使电源短路，必须串入环流电抗器 L_C 限制环流。

工程上使用较广泛的逻辑无环流可逆系统不设置环流电抗器，如图 2.46(b)所示。这种无环流可逆系统采用的控制原则是：两组桥在任何时刻只有一组投入工作(另一组关断)，所以在两组桥之间就不存在环流；但当两组桥之间需要切换时，不能简单地把原来工作着的一组桥的触发脉冲立即封锁而同时把原来封锁着的另一组桥立即开通，因为已导通的晶闸管并不能在触发脉冲取消的那一瞬间立即被关断，必须待晶闸管承受反压后才能关断；如果对两组桥触发脉冲的封锁和开放同时进行，原先导通的那组桥不能立即关断，而原先封锁着的那组桥已经开通，就会出现两组桥同时导通的情况，由于没有设置环流电抗器，将会产生很大的短路电流，把晶闸管烧毁。为此首先应使已导通桥的晶闸管断流，要妥善处理主回路内电感储存的电磁能量，使其以续流的方式释放，通过原工作桥本身处于逆变状态，把电感储存的一部分能量回馈给电网，其余部分消耗在电动机上，直到储存的能量释放完，主回路电流变为零，使原导通晶闸管恢复阻断能力。随后再开通原封锁着的那组桥的晶闸管，使其触发导通。在这种无环流可逆系统中，变流器之间的切换是由逻辑单元控制的，称为逻辑控制无环流系统。

关于晶闸管变流器供电的各种有环流和无环流的直流可逆调速系统，将在有关课程中进一步分析和讨论。

2.8　晶闸管相控电路的驱动控制

本章讲述的晶闸管可控整流电路是通过控制触发角 α 的大小，即控制触发脉冲起始相位来控制输出电压大小，称为相控电路。此外，在交流电力控制电路和交-交变频电路，当采用晶闸管相位控制方式时，也为相控电路。

为保证相控电路的正常工作，很重要的一点是应保证按触发角 α 的大小在正确的时刻向电路中的晶闸管施加有效的触发脉冲，这就是本节要讲述的相控电路的驱动控制。在相控电路这样使用于晶闸管的场合，也习惯称之为触发控制，相应的电路习惯称为触发电路。

大、中功率的变流器，对触发电路的精度要求较高，对输出的触发功率要求较大，故广泛应用的是晶体管触发电路，其中以同步信号为锯齿波的触发电路应用最多。同步信号为正弦波的触发电路也有较多应用，但限于篇幅，不作介绍。

2.8.1　同步信号为锯齿波的触发电路

图 2.47 是同步信号为锯齿波的触发电路。此电路输出的可为单窄脉冲，也可为双窄

脉冲，以适用于有两个晶闸管同时导通的电路，例如三相全控桥电路。同步信号为锯齿波的触发电路可分为 3 个基本环节：脉冲的形成与放大、锯齿波的形成与脉冲移相和同步。此外，电路中还有强触发和双窄脉冲形成环节。其中，脉冲放大环节已在第 1 章讲述，这里重点讲述脉冲形成、脉冲移相、同步等环节。

1. 脉冲形成环节

脉冲形成环节由晶体管 V_4、V_5 组成，V_7、V_8 起脉冲放大作用。控制电压 u_{co} 加在 V_4 基极上，电路的触发脉冲由脉冲变压器 TP 二次侧输出，其一次绕组接在 V_8 集电极电路中。当控制电压 $u_{co}=0$ 时，V_4 截止。$+E_1$（+15V）电源通过 R_{11} 供给 V_5 一个足够大的基极电流，使 V_5 饱和导通，所以 V_5 的集电极电压 u_{c5} 接近于 $-E_1$（−15V），V_7、V_8 处于截止状态，无脉冲输出。另外，电源的 $+E_1$（+15V）经 R_9、V_5 发射集到 $-E_1$（−15V），对电容 C_3 充电，充满后电容两端电压接近 $+2E_1$（+30V），极性如图 2.47 所示。

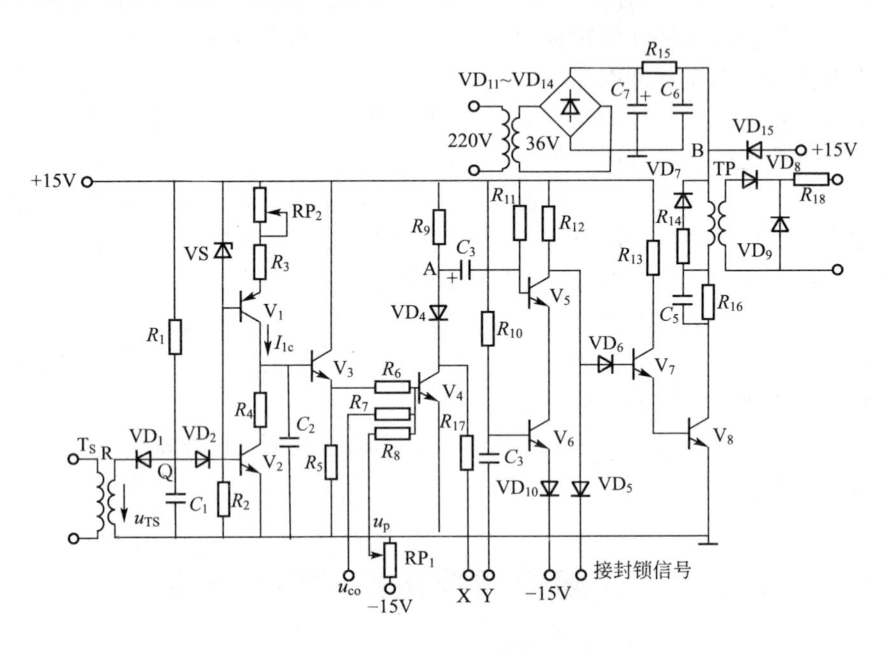

图 2.47　同步信号为锯齿波的触发电路

当控制电压 $u_{co}\approx0.7$V 时，V_4 导通，A 点电位由 $+E_1$（+15V）迅速降低至 +1.0V 左右，由于电容 C_3 两端电压不能突变，所以 V_5 基极电位迅速降至约 $-2E_1$（−30V），由于 V_5 发射集反偏置，V_5 立即截止。它的集电极电压由 $-E_1$（−15V）迅速上升到钳位电压 +2.1V（VD_6、V_7、V_8 3 个 PN 结正向压降之和），于是 V_7、V_8 导通，输出触发脉冲。同时，电容 C_3 经电源 $+E_1$、R_{11}、VD_4、V_4 放电和反向充电，使 V_5 基极电位又逐渐上升，直到 $u_{b5}>-E_1$（−15V），V_5 又重新导通。这时 u_{c5} 又立即降到 $-E_1$，使 V_7、V_8 截止，输出脉冲终止。可见，脉冲前沿由 V_4 导通时刻确定，V_5（或 V_6）截止持续时间即为脉冲宽度，所以脉冲宽度与反向充电回路时间常数 $R_{11}C_3$ 有关。

2. 锯齿波的形成和脉冲移相环节

锯齿波电压形成的方案较多，如采用自举式电路、恒流源电路等。图 2.47 所示恒流源电路方案，由 V_1、V_2、V_3 和 C_2 等元件组成，其中 V_1、VS、RP_2 和 R_3 为一恒流源电路。

当 V_2 截止时，恒流源电流 I_{1c}对电容 C_2 充电，所以 C_2 两端电压 u_c 为

$$u_c=\frac{1}{C}\int I_{1c}\mathrm{d}t=\frac{1}{C}I_{1c}t \tag{2-68}$$

u_c 按线性增长，即 V_3 的基极电位 u_{b3}按线性增长。调节电位器 RP_2，即改变 C_2 的恒定充电电流 I_{1c}，可见 RP_2是用来调节锯齿波斜率的。

当 V_2 导通时，由于 R_4 阻值很小，所以 C_2 迅速放电，使 u_{b3}电位迅速降到零伏附近。当 V_2 周期性地导通和关断时，u_{b3}便形成一锯齿波，同样 u_{e3}也是一个锯齿波电压，如图 2.48 所示。射极跟随器 V_3 的作用是减小控制回路的电流对锯齿波电压 u_{b3}的影响。

V_4 管的基极电位由锯齿波电压、直流控制电压 u_{co}、直流偏移电压 u_P 3 个电压作用的叠加值所确定，它们分别通过电阻 R_6、R_7 和 R_8 与基极相接。

设 u_h 为锯齿波电压 u_{e3}单独作用在 V_4 基极 b_4 时的电压，其值为

$$u_h=u_{e3}\frac{R_7/\!/R_8}{R_6+(R_7/\!/R_8)} \tag{2-69}$$

可见 u_h 仍为一锯齿波，但斜率比 u_{e3} 低。同理，偏移电压 u_P 单独作用时，b_4 的电压 u'_P。为

$$u'_P=u_P\frac{R_6/\!/R_7}{R_8+(R_6/\!/R_7)} \tag{2-70}$$

可见 u'_P 仍为一条与 u_P 平行的直线，但绝对值比 u_P小。

直流控制电压 u_{co}单独作用时 b_4 的电压 u'_{co}为

$$u'_{co}=u_{co}\frac{R_6/\!/R_8}{R_7+(R_6/\!/R_8)} \tag{2-71}$$

可见 u'_{co}仍为与 u_{co}平行的直线，但绝对值比 u_{co}小。

当 $u_{co}=0$、u_P 为负值时，b_4 点的波形由 $u_h+u'_P$ 确定，如图 2.48 所示；当 u_{co}为正值时，b_4 点的波形由 $u_h+u'_P+u'_{co}$确定。由于 V_4 的存在，上述电压波形与实际波形有出入，当 b_4 点电压等于 0.7V 后，V_4 导通，之后 u_{b4}一直被钳位在 0.7V，所以实际波形如图 2.48 所示，图 2.48 中 M 点是 V_4 由截止到导通的转折点。由前面分析可知 V_4 经过 M 点时使电路输出脉冲。因此

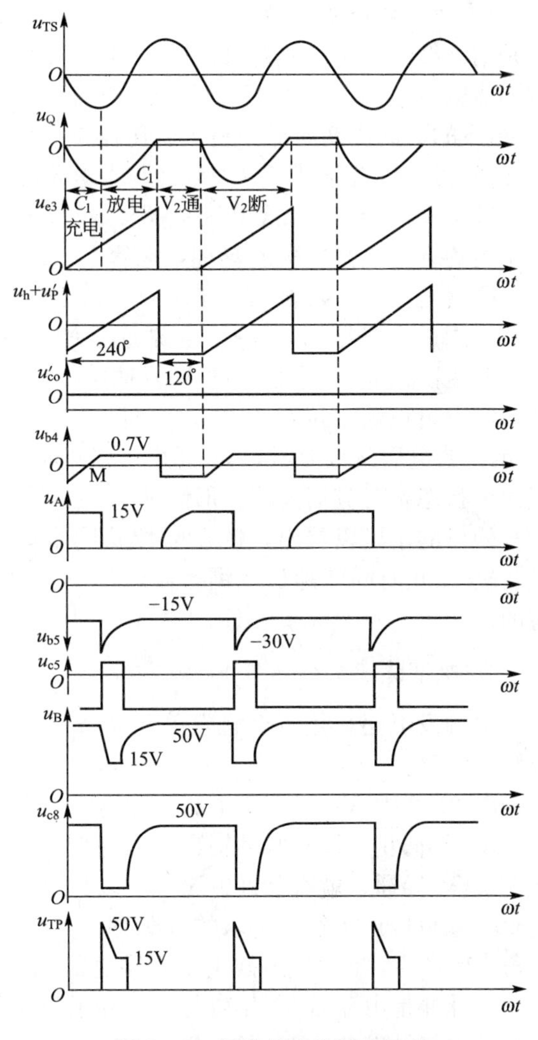

图 2.48　同步信号为锯齿波的角发电路的工作波形

当 u_P 为某固定值时，改变 u_{co} 便可改变 M 点的时间坐标，即改变了脉冲产生的时刻，脉冲被移相。可见，加 u_P 的目的是为了确定控制电压 $u_{co}=0$ 时脉冲的初始相位。当接阻感负载电流连续时，三相全控桥的脉冲初始相位应定在 $\alpha=90°$；如果是可逆系统，需要在整流和逆变状态下工作，这时要求脉冲的移相范围理论上为 180°(由于考虑 α_{min} 和 β_{min}，实际一般为 120°)，由于锯齿波波形两端的非线性，因而要求锯齿波的宽度大于 180°，例如 240°。此时，令 $u_{co}=0$，调节 u_P 的大小使产生脉冲的 M 点移至锯齿波 240°的中央(120°处)，对应于 $\alpha=90°$ 的位置。这时，如 u_{co} 为正值，M 点就向前移，控制角 $\alpha<90°$，晶闸管电路处于整流工作状态；如 u_{co} 为负值，M 点就向后移，控制角 $\alpha>90°$，晶闸管电路处于逆变状态。

3. 同步环节

在锯齿波同步的触发电路中，触发电路与主电路的同步是指要求锯齿波的频率与主电路电源的频率相同且相位关系确定的。从图 2.47 可知，锯齿波是由开关 V_2 来控制的。V_2 由导通变截止期间产生锯齿波，截止状态持续的时间就是锯齿波的宽度，开关的频率就是锯齿波的频率。要使触发脉冲与主电路电源同步，使 V_2 开关的频率与主电路电源频率同步就可达到。图 2.47 中的同步环节，是由同步变压器 TS 和作同步开关用的晶体管 V_2 组成的。同步变压器和整流变压器接在同一电源上，用同步变压器的二次电压来控制 V_2 的通断，这就保证了触发脉冲与主电路电源同步。

同步变压器 TS 二次电压 u_{TS} 经二极管 VD_1 间接加在 V_2 的基极上。当二次电压波形在负半周的下降段时，VD_1 导通，电容 C_1 被迅速充电。因 O 点接地为零电位，R 点为负电位，Q 点电位与 R 点相近，故在这一阶段 V_2 基极为反向偏置，V_2 截止。当二次电压波形在负半周的上升段时，$+E_1$ 电源通过 R_1 给电容 C_1 反向充电，u_Q 为电容反向充电波形，其上升速度比 u_{TS} 波形慢，故 VD_1 截止，如图 2.48 所示。当 Q 点电位到 1.4V 时，V_2 导通，Q 点电位被钳位在 1.4V。直到 TS 二次电压的下一个负半周到来，VD_1 重新导通，C_1 迅速放电后又被充电，V_2 截止，如此周而复始。在一个正弦波周期内，包括截止与导通两个状态，对应锯齿波波形恰好是一个周期，与主电路电源频率和相位完全同步，达到同步的目的。可以看出，Q 点电位从同步电压负半周上升段开始到到达 1.4V 的时间越长，V_2 截止时间就越长，锯齿波就越宽。可知锯齿波的宽度是由充电时间常数 R_1C_1 决定的。

4. 双窄脉冲形成环节

本触发电路采用每个触发单元的一个周期内输出两个间隔 60°的脉冲的电路，称为内双脉冲电路。

图 2.47 中 V_5、V_6 两个晶体管构成一个或门。当 V_5、V_6 都导通时，u_{C5} 约为 −15V，V_7、V_8 都截止，没有脉冲输出。但只要 V_5、V_6 中有一个截止，都会使 u_{C5} 变为正电压，使 V_7、V_8 导通，就有脉冲输出。所以只要用适当的信号来控制 V_5 或 V_6 的截止(前后间隔 60°)就可以产生符合要求的双脉冲。其中，第一个脉冲由本相触发单元的 u_{co} 对应的控制角 α 所产生，使 V_4 由截止变为导通造成 V_5 瞬时截止，于是 V_8 输出脉冲。相隔 60°的第二个脉冲是由滞后 60°相位的后一相触发单元产生的，在其生成第一个脉冲时刻将其信号引至本相触发单元 V_6 的基极，使 V_6 瞬时截止。于是本相触发单元的 V_8 管又导通，第二次输出一个脉冲，因而得到间隔 60°的双脉冲。其中 VD_4 和 R_{17} 的主要作用是防止双脉

冲信号互相干扰。

在三相桥式全控整流电路中，元件的导通依次为 VT_1—VT_2—VT_3—VT_4—VT_5—VT_6，彼此间隔 60°，相邻元件成对接通。因此触发电路中双脉冲环节的接线方式为：以 VT_1 的触发单元而言，图 2.47 电路中的 Y 端应该接 VT_2 触发单元的 X 端，因为 VT_2 的第一个脉冲比 VT_1 的第一个脉冲滞后 60°。所以当 VT_2 触发单元的 V_4 由截止变导通时，电路本身输出一个脉冲，同时使 VT_1 触发单元的 V_6 管截止，给 VT_1 补送一个脉冲。同理，VT_1 触发单元的 X 端应当接 VT_6 触发单元的 Y 端。以此类推，可以确定 6 个晶闸管元件相应触发单元电路的双脉冲环节间的相互接线。

2.8.2　集成触发器

集成电路可靠性高、技术性能好、体积小、功耗低、调试方便。随着集成电路制造技术的提高，晶闸管触发电路的集成化技术已逐渐普及，现已逐步取代分立式电路。目前国内常用的有 KJ 系列和 KC 系列，两者的生产厂家不同，但结构很相似。下面以 KJ 系列为例简介三相全控桥的集成触发器组成。

图 2.49 为 KJ004 电路原理图，其中点划线框内为集成电路部分。从图中可以看出，它与分立元件的锯齿波移相触发电路相似，可分为同步、锯齿波形成、移相、脉冲形成、脉冲分选及脉冲放大几个环节。由 1 个 KJ004 构成的触发单元可输出两个相位间隔 180°的触发脉冲。其工作原理可参照锯齿波同步的触发电路进行分析，或查阅有关的产品手册，此处不再详述。

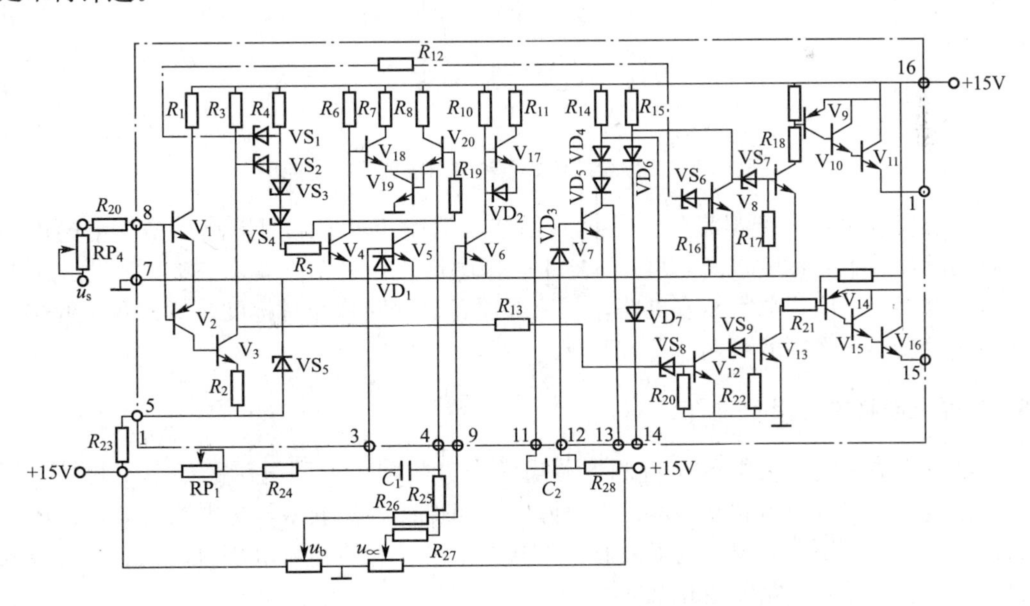

图 2.49　KJ004 电路原理图

只需用 3 个 KJ004 集成块和 1 个 KJ041 集成块，即可形成六路双脉冲，再由 6 个晶体管进行脉冲放大，即构成完整的三相全控桥触发电路，如图 2.50 所示。

其中，KJ041 内部实际是由 12 个二极管构成的 6 个或门，其作用是将 6 路单脉冲输入转换为 6 路双脉冲输出。也有厂家生产了将图 2.50 全部电路集成的集成块，但目前应用还不多。

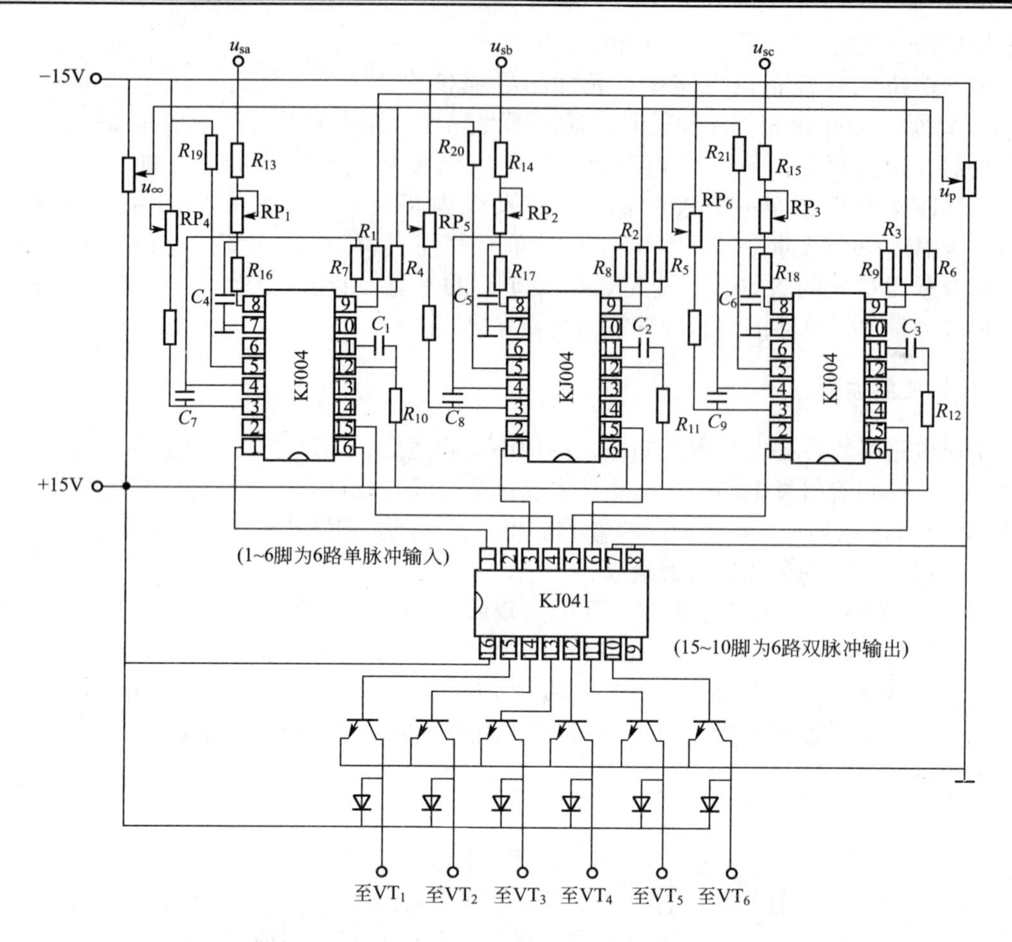

图 2.50　三相全控桥式整流电路的集成触发电路

以上触发电路均为模拟量的，其优点是结构简单、可靠；但缺点是易受电网电压影响，触发脉冲的不对称度较高，可达 3°～4°，精度低。在对精度要求高的大容量交流装置中，越来越多地采用了数字触发电路，可获得很好的触发脉冲对称度。例如基于 8 位单片机的数字触发器，其精度可达 0.7°～1.5°。

2.8.3　触发电路的定相

向晶闸管整流电路供电的交流侧电源通常来自电网，电网电压的频率不是固定不变的，而是会在允许范围内波动。触发电路除了应当保证工作频率与主电路交流电源的频率一致外，还应保证每个晶闸管的触发脉冲与施加于晶闸管的交流电压保持固定、正确的相位关系，这就是触发电路的定相。

为保证触发电路和主电路频率一致，利用一个同步变压器将其一次侧接入为主电路供电的电网，由其二次侧提供同步电压信号，这样由同步电压决定的触发脉冲频率与主电路晶闸管电压频率始终是一致的。接下来的问题是触发电路的定相，即选择同步电压信号的相位，以保证触发脉冲相位正确。触发电路的定相由多方面的因素确定，主要包括相控电路的主电路结构、触发电路结构等。下面以主电路为三相桥式全控整流电路、采用锯齿波同步的触发电路的情况为例，讲述触发电路的定相。

触发电路定相的关键是确定同步信号与晶闸管阳极电压的关系。图 2.51 给出了主电路电压与同步电压的关系示意图。

对于晶闸管 VT_1，其阳极与交流侧电压 u_a 相接，可简单表示为 VT_1 所接主电路电压为 $+u_a$，VT_1 的触发脉冲从 0°到 180°的范围为 $\omega t_1 \sim \omega t_2$。

采用锯齿波同步的触发电路时，同步信号负半周的起点对应于锯齿波的起点，通常使锯齿波的上升段为 240°，上升段起始的 30°和终了的 30°线性度不好，舍去不用，使用中间的 180°，锯齿波的中点与同步信号的 300°位置对应。

三相桥整流器大量用于直流电动机调速系统，且通常要求可实现再生制动，使 $U_d=0$ 的触发角 α 为 90°。当 $\alpha<90°$时为整流工作，$\alpha>90°$时为逆变工作。将 $\alpha=90°$点定为锯齿波的中点，锯齿波向前向后各有 90°的移相范围。于是 $\alpha=0°$与同步电压的 300°对应，也就是 $\alpha=0°$与同步电压的 210°对应。由图 2.51 可知，α=对应于 VT_1 阳极电压 u_a 的 30°的位置，则其同步信号的 180°应与 u_a 的 0°对应，说明 VT_1 的同步电压应滞后于 u_a180°。

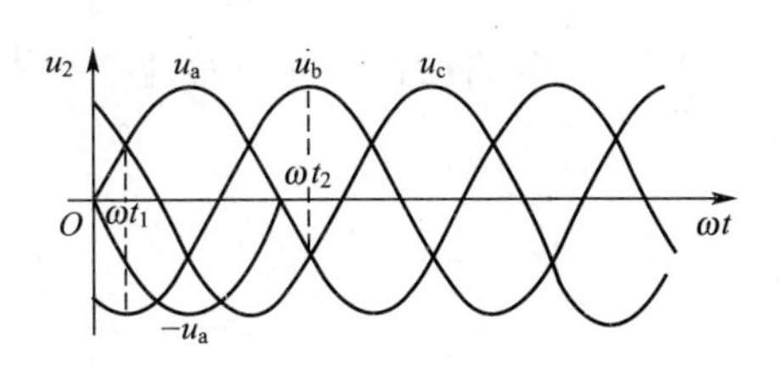

图 2.51　三相全控桥电路主电路电压与同步电压的关系示意图

对于其他 5 个晶闸管，也存在同样的对应关系，即同步电压应滞后于主电路电压 180°。对于共阴极组的 VT_4、VT_6 和 VT_2，它们的阴极分别与 u_a、u_b 和 u_c 相连，可简单表示它们的主电路电压分别为 $-u_a$、$-u_b$ 和 $-u_c$。

以上内容分析了同步电压与主电路电压的关系，一旦确定了整流变压器和同步变压器的接法，就可选定每一个晶闸管的同步电压信号。

图 2.52 给出了变压器接法的一种情况及相应的矢量图，其中主电路整流变压器为 D，y-11 联结，同步变压器为 D，y-11，y-5 联结。这时，同步电压选取的结果见表 2-4。

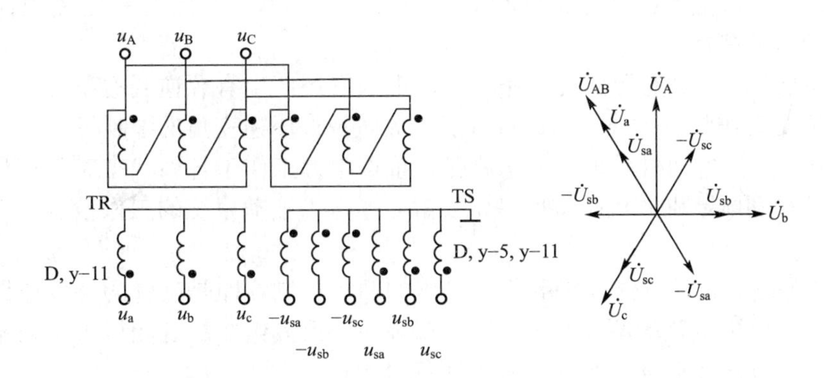

图 2.52　同步变压器和整流变压器的接法及矢量图

表 2-4　三相全控桥各晶闸管的同步电压(采用图 2.52 变压器接法时)

晶闸管	VT_1	VT_2	VT_3	VT_4	VT_5	VT_6
主电路电压	$+u_a$	$-u_c$	$+u_b$	$-u_a$	$+u_c$	$-u_b$
同步电压	$-u_{sa}$	$+u_{sc}$	$-u_{sb}$	$+u_{sa}$	$-u_{sc}$	$+u_{sb}$

为防止电网电压波形畸变对触发电路产生干扰，可对同步电压进行 R－C 滤波，当R－C 滤波器滞后角为 60°时，同步电压选取结果见表 2－5。

表 2－5　三相全控桥各晶闸管的同步电压(有 R－C 滤波滞后 60°)

晶闸管	VT_1	VT_2	VT_3	VT_4	VT_5	VT_6
主电路电压	$+u_a$	$-u_c$	$+u_b$	$-u_a$	$+u_c$	$-u_b$
同步电压	$+u_{sb}$	$-u_{sa}$	$+u_{sc}$	$-u_{sb}$	$+u_{sa}$	$-u_{sc}$

当变流电路形式不同或整流变压器、同步变压器接法不同时，可参照上述例子确定同步电压信号。

2.9　本章小结

整流电路是电力电子电路中出现和应用最早的电路之一。本章讲述的整流电路及其相关的一些问题，是本书的一个重要组成部分，也是学习后面各章的重要基础。

本章的主要内容及要求包括如下几点。

(1) 可控整流电路，重点掌握：电力电子电路作为分段线性电路进行分析的基本思想、单相全控桥式整流电路的原理与计算、三相全控桥式整流电路的原理分析与计算、各种负载对整流电路工作情况的影响。

(2) 电容滤波的不可控整流电路的工作情况，重点了解其工作特点。

(3) 变压器漏抗对整流电路的影响，重点建立换相压降、重叠角等概念，并掌握相关的计算，熟悉漏抗对整流电路工作情况的影响。

(4) 大功率可控整流电路的接线形式及特点，熟悉双反星形可控整流电路的工作情况，建立整流电路多重化的概念。

(5) 可控整流电路的有源逆变工作状态，重点掌握产生有源逆变的条件、三相可控整流电路有源逆变工作状态的分析和计算、逆变失败及最小逆变角的限制等。

(6) 晶闸管直流电动机系统的工作情况，重点掌握工作于各种状态时系统的特性，包括变流器的特性和电动机的机械特性等，了解可逆电力拖动系统的工作情况，建立环流的概念。

(7) 用于晶闸管可控整流电路等相控电路的驱动控制，即晶闸管的触发电路。重点熟悉锯齿波移相的触发电路的原理，了解集成触发芯片及其组成的三相桥式全效整流电路的触发电路，建立同步的概念，掌握同步电压信号的选取方法。

2.10　习题及思考题

1. 单相半波可控整流电路对电感负载供电，$L=20mH$，$U_2=100V$，求当 $\alpha=0°$和 60°时的负载电流 I_d，并画出 u_d 与 i_d 波形。

2. 图 2.8 为具有变压器中心抽头的单相全波可控整流电路，该变压器还有直流磁化问题吗？试说明：①晶闸管承受的最大正反向电压为 $2\sqrt{2}U_2$；②当负载为电阻或电感时，其输出电压和电流的波形与单相全控桥时相同。

3. 单相桥式全控整流电路，$U_2=100V$，负载中 $R=2\Omega$，L 值极大，当 $\alpha=30°$时，要求：

① 作出 u_d、i_d 和 i_2 的波形；

② 求整流输出平均电压 U_d、电流 I_d，变压器二次电流有效值 I_2；

③ 考虑安全裕量，确定晶闸管的额定电压和额定电流。

4. 单相桥式半控整流电路，电阻性负载，画出整流二极管在一周期内承受的电压波形。

5. 单相桥式全控整流电路，$U_2=100V$，负载中 $R=2\Omega$，L 值极大，反电动势 $E=60V$，当 $\alpha=30°$时，要求：

① 画出 u_d、i_d 和 i_2 的波形；

② 求整流输出平均电压 U_d、电流 I_d，变压器二次电流有效值 I_2；

③ 考虑安全裕量，确定晶闸管的额定电压和额定电流。

6. 晶闸管串联的单相半控桥(桥中 VT_1、VT_2 为晶闸管)，电路如图 2.10 所示，$U_2=100V$，负载中 $R=2\Omega$，L 值极大，当 $\alpha=60°$时求流过器件电流的有效值，并画出 u_d、i_d、i_{VT}、i_{VD}的波形。

7. 在三相半波整流电路中，如果 a 相的触发脉冲消失，试绘出在电阻负载和阻感负载下整流电压 u_d 的波形。

8. 三相半波整流电路的共阴极接法与共阳极接法，a、b 两相的自然换相点是同一点吗？如果不是，它们在相位上差多少度？

9. 有两组三相半波可控整流电路，一组是共阴极接法，一组是共阳极接法，如果它们的触发角都是 α，那么共阴极组的触发脉冲与共阳极组的触发脉冲对同一相来说，例如都是 α 相，在相位上差多少度？

10. 三相半波可控整流电路，$U_2=100V$，带电阻电感负载，$R=5\Omega$，L 值极大，当 $\alpha=60°$时，要求：

① 画出 u_d、i_d 和 i_{VT}的波形；

② 计算 U_d、I_d、I_{dVT}和 I_{VT}。

11. 在三相桥式全控整流电路中，电阻负载，如果有一个晶闸管不能导通，此时的整流电压 u_d 波形如何？如果有一个晶闸管被击穿而短路，其他晶闸管受什么影响？

12. 三相桥式全控整流电路，$U_2=100V$，带电阻电感负载，$R=5\Omega$，L 值极大，当 $\alpha=60°$时，要求：

① 画出 u_d、i_d 和 i_{VT}的波形；

② 计算 U_d、I_d、I_{dVT}和 I_{VT}。

13. 单相全控桥，反电动势阻感负载，$R=1\Omega$，$L=\infty$，$E=40V$，$U_2=100V$，$L_B=0.5mH$，当 $\alpha=60°$时，求 U_d、I_d 与 γ 的数值，并画出整流电压 u_d 波形。

14. 三相桥式不可控整流电路，阻感负载，$R=5\Omega$，$L=\infty$，$U_2=220V$，$X_B=0.3\Omega$，求 U_d、I_d、I_{VD}、I_2 和 γ 的值并画出 u_d、i_{VD}和 i_2 的波形。

15. 平衡电抗器的双反星形可控整流电路与三相桥式全控整流电路相比有何主要异同？

16. 整流电路多重化的主要目的是什么？

17. 使变流器工作于有源逆变状态的条件是什么？

18. 单相全控桥变流器，反电动势阻感负载，$R=1\Omega$，$L=\infty$，$U_2=100\text{V}$，$L_B=0.5\text{mH}$，当$E=99\text{V}$，$\beta=60°$时，求U_d、I_d和γ的值。

19. 什么是逆变失败？如何防止逆变失败？

20. 单相桥式全控整流电路、三相桥式全控整流电路中，当负载分别为电阻负载和电感负载时，晶闸管的α角移相范围分别是多少？

21. 三相全控桥，电动机负载，要求可逆运行，整流变压器的接法是D，y－5，采用NPN锯齿波触发器，并附有滞后30°的R－C滤波器，决定晶闸管的同步电压和同步变压器的联结形式。

第3章　直流电压变换电路

教学提示：将直流电压变成另一固定或大小可调的直流电压的变换电路称为直流电压变换电路，也称为直流斩波电路或直流-直流变换器(DC-DC变换器)。它的基本原理是利用电力电子的开关作用来改变输出电压的大小。直流变换技术被广泛应用于直流牵引变速拖动系统，多用于可调整直流开关电源、无轨电车、地铁列车中，它以体积小、重量轻、效率高等优点而在工业、通信等领域得到广泛的应用。

3.1　直流电压变换电路的基本原理及控制方式

3.1.1　直流电压变换电路的基本原理

最基本的直流电压变换如图3.1(a)所示，图中开关S可以是各种全控型电力电子器件，U_D是恒定直流电压电源，R为负载。

当开关S闭合时，$U_O=U_R=U_D$，并持续t_{on}时间；当开关切断时，$U_O=U_R=0$，并持续t_{off}时间。由图3.1(b)可得，直流变换电路输出电压的平均值为

$$U_O=U_D\frac{t_{on}}{t_{off}+t_{on}}=U_D\frac{t_{on}}{T}=\alpha U_D \tag{3-1}$$

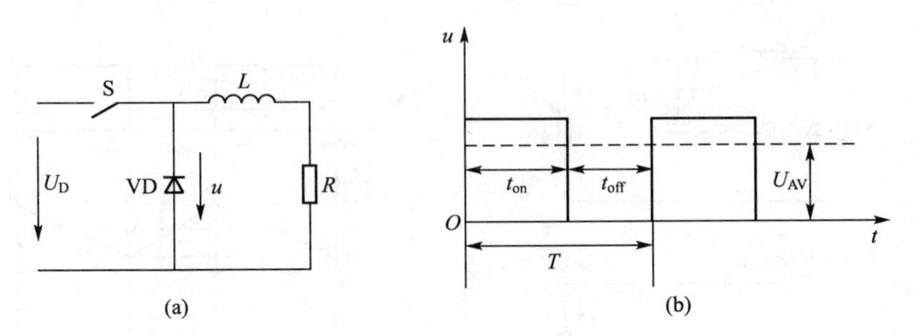

图3.1　直流电压变换电路原理图及输出波形图

式中：t_{on}为开关S的导通时间；t_{off}为开关S的关断时间；$T=t_{on}+t_{off}$为变换电路周期；α为变换电路的工作频率或占空比。

开关的导通时间与开关周期之比定义为直流电压变换电路的占空比，即

$$\alpha=\frac{t_{on}}{T} \tag{3-2}$$

若认为开关S无损耗，则输出功率为

$$P_O=\frac{1}{T}\int_0^{\alpha T}u_o i_o \mathrm{d}t=\alpha\frac{U_D^2}{R} \tag{3-3}$$

式中：U_D 为输入直流电压；α 是 0～1 之间变化的系数。在 α 的变化范围内，输出电压平均值 U_O 总是小于输入直流电压 U_D，改变 α 值就可改变输出电压平均值的大小，而占空比的改变可以通过改变 t_{on} 或 T 来实现。

3.1.2 直流电压变换电路的控制方式

直流电压变换电路的控制方式通常有 3 种。

(1) 脉宽调制控制方式：保持电路频率 $f=1/T$ 不变，即工作周期 T 恒定，只改变开关 S 的导通时间 t_{on}。

(2) 脉频调制控制方式：保持开关 S 的导通时间 t_{on} 不变，改变电路周期 T(即改变电路的频率)。

(3) 混合调制控制方式：t_{on} 和 T 都可调，使占空比改变。

普遍采用的是脉宽调制控制方式，因为频率调制控制方式容易产生谐波干扰，而且滤波器设计也比较困难。

3.2 降压直流电压变换电路

降压直流电压变换电路是一种输出电压的平均值低于直流输入电压的变换电路，又称 Buck 型变换器或降压斩波电路。它主要用在直流稳压电源和直流电动机调速中。

降压直流变换电路的基本形式如图 3.2(a)所示。图中开关 S 可以是各种全控型电力器件，VD 为续流二极管。L、C 分别为滤波电感和电容，组成低通滤波器，R 为负载。

假设 S、VD 均为理想开关元件，输入直流电源 U_D 是恒压源，其内阻为零，L、C 中的损耗可忽略，R 为理想负载。

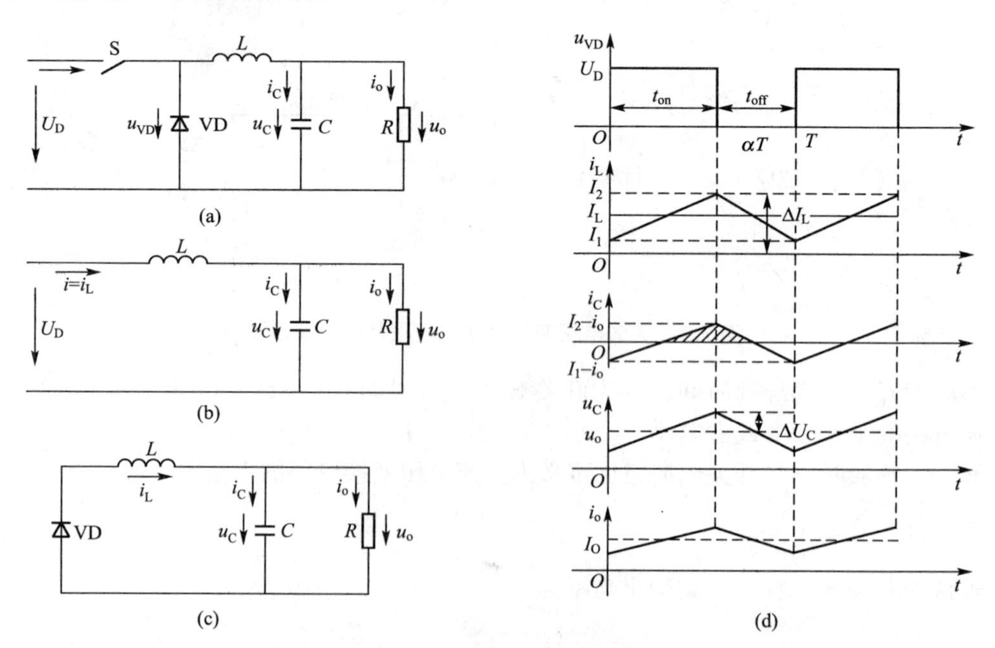

图 3.2 降压变换电路及其波形图

触发脉冲在 $t=0$ 时，使开关 S 导通。在 t_{on} 导通期间电感 L 中有电流流过，电流按指数曲线缓慢上升，其等效电路如图 3.2(b)所示，负载电压等于电源电压 U_D。当触发脉冲在 $t=\alpha T$ 时刻使开关 S 断开而处于 t_{off} 期间，负载电流经续流二极管 VD 释能，输出电压近似为零，负载电流呈指数曲线下降，其等效电路如图 3.2(c)所示。图 3.2(d)是各电量的工作波形图。在 t_{on} 期间，开关 S 导通，根据等效电路图 3.2(b)，电感上的电压为

$$U_L=L\frac{di_t}{dt}$$

在这期间由于电感 L 和电容 C 无损耗，i_L 从 I_1 线性增长至 I_2，则电感上电压的平均值可写成

$$U_D-U_O=L\frac{I_1-I_2}{t_{on}}=L\frac{\Delta I_L}{t_{on}}$$

$$t_{on}=\frac{(\Delta I_L)L}{U_D-U_O} \tag{3-4}$$

式中：ΔI_L 为电感上电流在 t_{on} 期间的变化量；U_O 为输出电压的平均值。

在 t_{off} 期间，S 关断，VD 导通续流，电感上的电压平均值与输出电压平均值相同。依据假设条件，电感中的电流 i_L 从 I_L 线性下降至 I_1，则有

$$\left.\begin{aligned}U_O&=L\frac{\Delta I_L}{t_{off}}\\ t_{off}&=L\frac{\Delta I_L}{U_O}\end{aligned}\right. \tag{3-5}$$

同时考虑式(3-4)和式(3-5)可得

$$(U_D-U_O)t_{on}=U_O t_{off}$$

$$U_O=\frac{t_{on}}{t_{on}+t_{off}}U_D=\frac{t_{on}}{T}U_D=\alpha U_D \tag{3-6}$$

式中：U_D 为输入直流电压；α 是 0～1 之间变化的系数。在 α 的变化范围内，输出电压平均值 U_O 总是小于输入直流电压 U_D，改变 α 值就可以改变输出电压平均值的大小，得到从 0 到 U_D 之间连续可调的输出电压。

若忽略所有元器件的损耗，则输入功率等于输出功率，即

$$P_O=P_D \quad \text{或} \quad U_O I_O=U_D I_D \tag{3-7}$$

因此，输入电流平均值 I_D 与负载电流平均值 I_O 的关系为

$$I_O=\frac{U_D}{U_O}I_D=\frac{1}{\alpha}I_D \tag{3-8}$$

电感 L 中的电流 i_L 是否连续，取决于开关频率、滤波电感 L 和电容 C 的数值大小。下面讨论电感 L 中的电流 i_L 连续时的情况。

根据式(3-4)、式(3-5)可求出开关周期 T 为

$$T=\frac{1}{f}=t_{on}+t_{off}=\frac{\Delta I_L L U_D}{U_O(U_D-U_O)} \tag{3-9}$$

由式(3-9)可求出

$$\Delta I_L=\frac{U_O(U_D-U_O)}{fLU_D}=\frac{U_O\alpha(1-\alpha)}{fL} \tag{3-10}$$

式中：ΔI_L 为流过电感电流的峰-峰值，最大为 I_2，最小为 I_1。电感电流在一个周期内的平均值与负载电流 I_O 相等，即

$$I_O=\frac{I_2+I_1}{2} \tag{3-11}$$

将式(3－10)、式(3－11)同时代入关系式 $\Delta I_L=I_2-I_1$，可得

$$I_1=I_O-\frac{U_D T}{2L}\alpha(1-\alpha) \tag{3-12}$$

当电感电流处于临界连续状态时，应有 $I_1=0$，将此关系代入式(3－12)可求出维持电流临界连续的电感值 L_O 为

$$L_O=\frac{U_D T}{2I_O}\alpha(1-\alpha) \tag{3-13}$$

电感处于临界连续状态时的负载电流平均值为

$$I_{OK}=\frac{U_D T}{2L_O}\alpha(1-\alpha) \tag{3-14}$$

很明显，临界负载电流 I_{OK} 与输入电压 U_D、电感 L、开关频率 f 以及开关管 S 的占空比 α 都有关。开关频率 f 越高、电感 L 越大、I_O 越小，越容易实现电感电流连续工作情况。

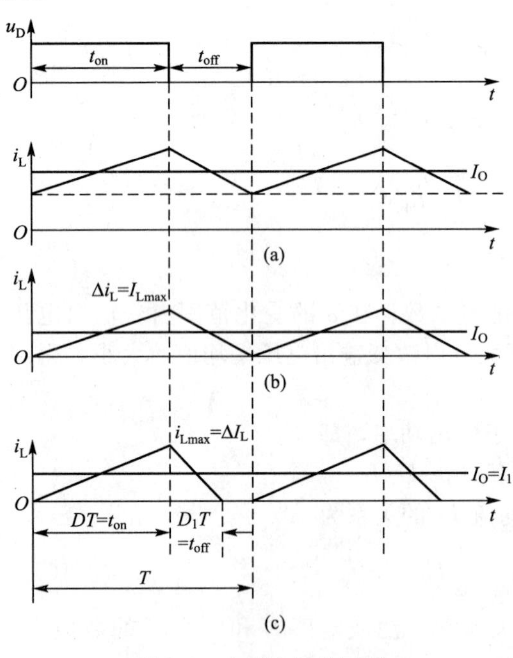

图 3.3　电感电流波形图

当实际负载电流 $I_O>I_{OK}$ 时，电感电流连续，如图 3.3(a)所示。

当实际负载电流 $I_O=I_{OK}$ 时，电感电流处于临界连续，如图 3.3(b)所示。

当实际负载电流 $I_O<I_{OK}$ 时，电感电流断续，如图 3.3(c)所示。

在 Buck 电路中，如果滤波电容 C 的容量足够大，则输出电压 U_O 为常数，然而在电容 C 为有限值的情况下，直流输出电压将会有纹波形成分。假定 i_L 中所有纹波分量都流过电容器，而其平均分量流过负载电阻。如图 3.2(d)所示的电感电流 i_L 的波形中，当 $i_L<I_L$ 时，C 对负载放电，当 $i_L>I_L$ 时，C 被充电。因为流过电容的电流在一周期内的平均值为 0，所以在 $T/2$ 时间内电容充电或放电的电荷可用波形图中阴影面积来表示，即

$$\Delta Q=\frac{1}{2}\left(\frac{\alpha T}{2}+\frac{T-\alpha T}{2}\right)\frac{\Delta I_2}{2}=\frac{T}{8}\Delta I_2 \tag{3-15}$$

纹波电压的峰-峰值 ΔU_O 为

$$\Delta U_O=\frac{\Delta Q}{C}$$

代入式(3－15)得

$$\Delta U_O=\frac{\Delta I_L}{8C}T=\frac{\Delta I_L}{8fC} \tag{3-16}$$

所以电流连续时的输出电压纹波为

$$\Delta U_{\mathrm{O}}=\frac{U_{\mathrm{O}}(U_{\mathrm{D}}-U_{\mathrm{O}})}{8LCf^2U_{\mathrm{O}}}=\frac{U_{\mathrm{D}}\alpha(1-\alpha)}{8LCf^2}=\frac{U_{\mathrm{O}}(1-\alpha)}{8LCf^2} \tag{3-17}$$

式中：$f=\frac{1}{T}$是 Buck 电路的开关频率；$f_{\mathrm{C}}=\frac{1}{2\pi\sqrt{LC}}$是电路的截止频率，它表明通过选择合适的 L、C 值，为满足 $f_{\mathrm{C}}\ll f$ 时，可以限制输出纹波电压的大小，而且波纹电压的大小与负载无关。

3.3 升压直流电压变换电路

升压型直流电压变换电路用于将直流电源电压变换为高于其值的直流电压，实现能量从低压向高压侧负载的传递，又称 Boost 电路或升压斩波电路。它可用于直流稳压电源和直流电机的再生制动。

升压直流电压变换电路的基本形式如图 3.4(a)所示，图中 S 为全控型电力器件组成的开关，VD 是快恢复二极管。

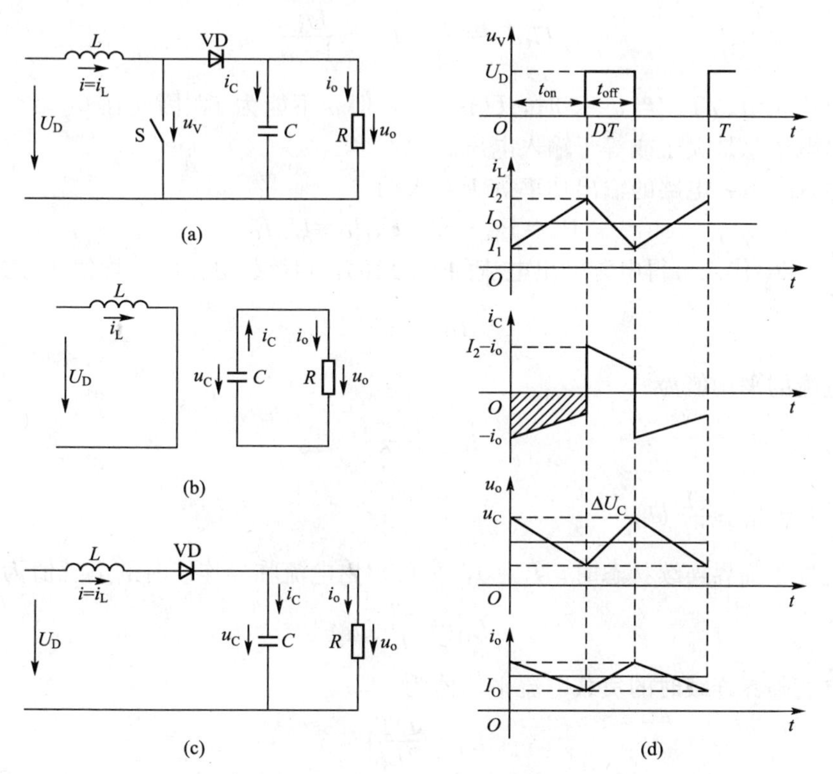

图 3.4 升压变换电路及波形

当开关 S 导通时，二极管承受反压而截止。此时可将电路分为两部分：第一部分由 L、U_{D}、S 组成，电感 L 储存能量，流经 L、S 的电流逐渐增大，U_{D} 的能量转化为电感 L 中的磁场能量；第二部分由 C、R 组成，C 放电供给负载能量，负载两端逐渐降低，当 S 断开时，二极管正偏导通，电感储能和 U_{D} 一起经二极管给电容充电，同时也向负载提供能量，电感电流 i 逐渐减小。

电流连续时升压型直流电压变换电路的工作波形如图 3.4(d)所示。当 S 导通时，电感电流 i_L 从 I_1 线性增加至 I_2；另一方面，负载 R 由电容 C 提供能量，等效电路如图 3.4(b)所示。很明显，L 中的感应电动势与 U_D 相等。

$$U_D = L\frac{I_2 - I_1}{t_{on}} = L\frac{\Delta I_L}{t_{on}}$$

$$t_{on} = \frac{L}{U_D}\Delta I_L \tag{3-18}$$

式中：$\Delta I_L = I_2 - I_1$ 为电感 L 中电流的变化量。

当 S 被控制信号关断时，二极管 VD 导通，由于电感 L 中的电流不能突变，产生感应电动势阻止电流减小，此时电感中储存的能量经二极管 VD 给电容充电，同时它向负载 R 提供能量。在无损耗的前提下，电感电流 i_L 从 I_2 线性下降到 I_1，等效电路如图 3.4(c)所示。由于电感上的电压等于 $U_O - U_D$，因此容易得出下列关系

$$U_O - U_D = L\frac{\Delta I_L}{t_{off}} \tag{3-19}$$

$$U_O = \frac{t_{on} + t_{off}}{t_{off}}U_D = \frac{U_D}{1-\alpha} \tag{3-20}$$

式中：占空比 $\alpha = t_{on}/T$。当 $\alpha = 0$ 时，$U_O = U_D$，但 α 不能为 1，因此在 $0 \leqslant \alpha < 1$ 的变化范围内，输出电压总是大于或等于输入电压。

在理想状态下，电路的输出功率等于输入功率，即

$$P_O = P_D \quad 或 \quad U_O I_O = U_D I_D$$

将式(3-20)代入可得电源输出电流的平均值 I_D 和负载电流的平均值 I_O 的关系为

$$I_D = \frac{I_O}{1-\alpha} \tag{3-21}$$

输出电流的平均值为

$$I_O = \frac{I_2 - I_1}{2} \tag{3-22}$$

式中：$I_1 = I_O - \frac{\alpha T_1}{2L}U_D$

当电流处于临界连续状态时，$I_1 = 0$，则可求出电流临界连续时的电感值为

$$L_O = \frac{\alpha T}{2I_{OK}}U_D \tag{3-23}$$

电感电流临界连续时的负载电流平均值为

$$I_{OK} = \frac{DT}{2L_O}U_D \tag{3-24}$$

综上可以看出，开关频率 f 越高、电感 L 越大、I_{OK} 越小，越容易实现电感电流连续工作情况。

当实际负载电流 $I_O > I_{OK}$ 时，电感电流连续。

当实际负载电流 $I_O = I_{OK}$ 时，电感电流处于临界连续(有断流临界点)。

当实际负载电感电流 $I_O < I_{OK}$ 时，电感电流断流。

电感电流连续时斩波电路分为两个阶段。S 导通时，为电感 L 储能阶段，此时电源不向负载提供能量，负载靠储存与电容 C 的能量维持工作。S 阻断时，电源和电感共同向负载供电，同时还给电容 C 充电。Boost 直流变换电路的频率利用率很高，一般可达 92%以上。

3.4　直流变换降压-升压复合型直流变换电路

升降压直流变换电路的输出电压平均值可以大于或小于输入直流电压值，输出电压与输入电压极性相反。它可以灵活改变电压的高低，还能改变电压极性，常用于电池供电设备中产生负电源的设备和开关稳压器等。

电路原理图如图 3.5(a)所示，升降压直流变换电路是将降压与升压电路串接而成。当斩波开关 S 导通时，输入端向电感提供能量，二极管 VD 反偏，电容 C 向负载提供能量。当斩波开关 S 断开时，储存在电感中的能量传递给输出短接负载。在稳态分析中，假定输出电容足够大，可形成恒定的输出电压。

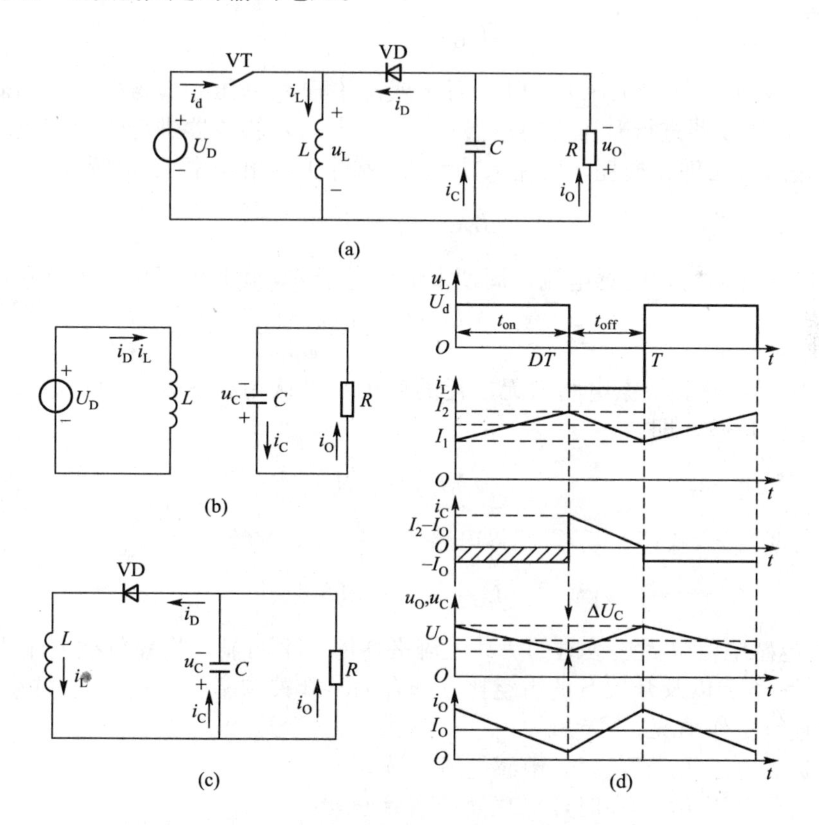

图 3.5　升降压直流变换电路及工作图

当电感电流 i_L 连续时，电路的工作波形如图 3.5(d)所示。在 t_{on} 期间，开关 S 导通，二极管 VD 反偏而关断，滤波电容 C 向负载提供能量，其等效电路如图 3.5(b)所示。在上述过程中，流入电感的电流 i_L 从 I_1 线性增大至 I_2，则

$$U_D = L\frac{I_2 - I_1}{t_{on}} = L\frac{\Delta I_L}{t_{on}} \tag{3-25}$$

$$t_{on}=\frac{L}{U_D}\Delta I_L \tag{3-26}$$

在 t_{off} 期间，开关S关断。由于电感 L 中的电流不能突变，L 上产生上负下正的感应电动势，当感应电动势值超过输出电压 U_O 时，二极管VD导通，电感经VD向 C 和 R 反向放电，使输出电压的极性与输入电压相反，其等效电路如图3.5(c)所示。若不考虑损耗，电感中的电流 i_L 从 I_2 线性下降至 I_1，则

$$U_O=-L\frac{\Delta I_L}{t_{off}} \tag{3-27}$$

$$t_{off}=-\frac{L}{U_O}\Delta I_L \tag{3-28}$$

根据上述分析可知，在 t_{on} 期间电感电流的增加量应等于 t_{off} 期间的减少量，由式(3-25)、式(3-27)可得

$$\frac{U_D}{L}t_{on}=-\frac{U_O}{L}t_{off}$$

将 $t_{on}=\alpha T$、$t_{off}=(1-\alpha)T$ 代入上式，可求出输出电压的平均值为

$$U_O=\frac{\alpha}{1-\alpha}U_D \tag{3-29}$$

式(3-29)表明，输出电压 U_O 可以高于或低于输入电压 U_D，这取决于占空比 α。当 $0.5<\alpha<1$ 时，斩波器进行升压变换；当 $0\leqslant\alpha<0.5$ 时，斩波器进行降压变换。

假设电路所有元件无损耗，则输入功率 P_1 就等于输出功率 P_O，所以

$$I_D=-\frac{\alpha}{1-\alpha}I_O \tag{3-30}$$

当电路临界导通时，电感电流在周期末恰好等于0，此时电感中的电流平均值为

$$I_2=\Delta I_L=\frac{U_D D}{fL_O}=\frac{U_O(1-D)T}{L_0} \tag{3-31}$$

式中：L_0 为临界电感。根据电路内无损耗的假定，可认为在S断开时，原先储存在 L 中的磁能全部送给负载，即

$$\frac{1}{2}L_O I_2^2 f=I_{OK}U_O \tag{3-32}$$

将式(3-30)代入式(3-32)得临界电感值为

$$L_O=\frac{\alpha(1-\alpha)}{2fI_{OK}}U_D \tag{3-33}$$

式中：I_{OK} 为电感电流临界连续时的负载电流平均值。很明显，临界负载电流 I_{OK} 与输入电压 U_D、开关频率 f 以及开关S的占空比 α 都有关。开关频率 f 越高、I_{OK} 越小，越容易实现电感电流连续工作情况。

当实际负载电流 $I_O>I_{OK}$ 时，电感电流连续。

当实际负载电流 $I_O=I_{OK}$ 时，电感处于临界连续。

当实际负载电流 $I_O<I_{OK}$ 时，电感电流断续。

3.5　库克直流电压变换电路

前面讲述的直流变换电路都具有直流电压变换功能，但输出与输入端都含有较大的交

流波纹，尤其是在电流不能连续的情况下，电路输出端的电流是脉动的。谐波会使电路的变换效率降低，大电力的高次谐波还会产生辐射，干扰周围电子设备的正常工作。

库克(Cuk)电路的特点与升降压电路相似。该电路一个突出的优点是输入和输出回路中都有电感，输出电压波纹较小，从输入电源吸取的电流波纹也较小。就是说该电路输出电压的平均值既高于输出电压，又能低于输入电压。电路形式如图 3.6(a)所示，该图中 L_1 和 L_2 为储能电感，VD 是快速恢复续流二极管，C_1 是传送能量的耦合电容，C_2 为滤波电容。这种电路的特点是：输出电压极性与输入电压相反，输出端电流的交流纹波小，输出直流电压平稳，降低了对外部滤波器的要求。在忽略所有元器件损耗的前提下，电路的工作波形如图 3.6(b)所示。

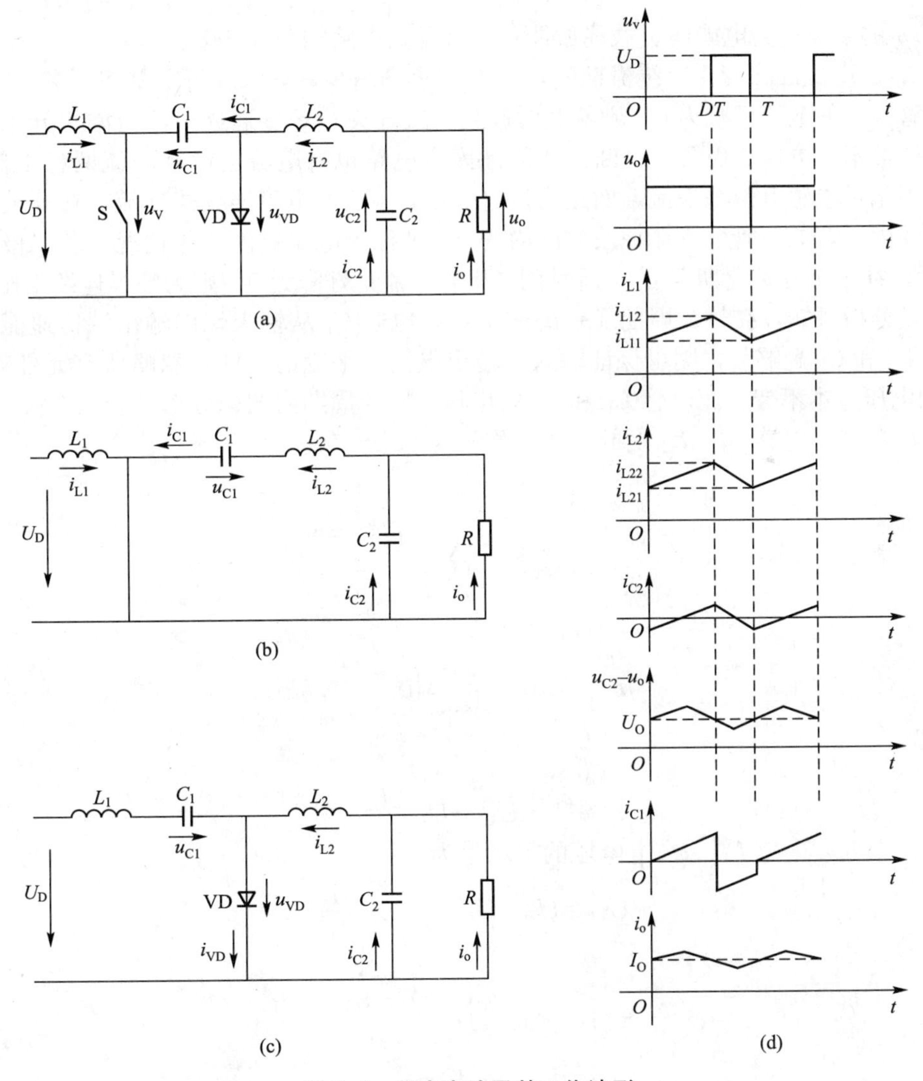

图 3.6 库克电路及其工作波形

在 t_{on}期间，开关 S 导通，由于电容 C_1 上的电压 U_{C1} 使二极管 VD 反偏而截止，输入直流电压 U_D 向电感 L_1 输送能量，电感 L_1 中的电流 i_L 线性增大。与此同时，原来存储在 C_1 中的能量通过开关 S(电流 i_{L2})向负载和 C_2、L_2 释放，负载获得反极性电压。在此期间流过开关管S的电流 $i_{L1}+i_{L2}$，其等效电路如图3.6(b)所示，此时电感 L_2 上的电流为 i_{L2}，负载电流线性增长，电容 C_2 中的电流 $i_{C2}=i_{L2}-i_o$，S接通初始阶段，由于 $i_{L2}<i_o$，$i_{L2}<0$，电容 C_2 通过负载放电，放电电流 i_{C2} 的实际方向与图3.6(b)所示方向相反为负值，其绝对值线性减小。当 $i_{L2}=i_o$ 时，$i_{L2}=0$，之后 $i_{L2}>i_o$，电感 L_2 既对负载提供电流，又重新对电容 C_2 充电，因此负载电流线性减少，而输出电压 U_O、电容 C_2、电压 U_{C2} 的绝对值随之线性减少。

随后在 t_{off} 期间，开关S关断，L_1 中的感应电动势 U_{L1} 改变方向，这使二极管VD正偏而导通。电感 L_1 中的电流 i_{L1} 经电容 C_1 和二极管VD续流，电源 U_D 与 L_1 的感应电动势 $U_{L1}-L\dfrac{di_{L1}}{dt}$ 串联相加，对 C_1 充电储能并经二极管VD续流，与此同时 i_{L2} 也经二极管VD续流，L_2 的磁能转为电能向负载释放能量。其等效电路如图3.6(c)所示。

在 i_{L1}、i_{L2} 经二极管VD续流期间，$i_{L1}+i_{L2}$ 逐渐减少，如果在开关管S关断的 t_{off} 结束前二极管VD的电流已减为0，则从此时起到下次开关管S导通这一段时间里开关管和二级管VD都不导电，二极管VD断流。因此库克电路也有电流连续和断流两种工作情况，但这里不是指电感电流的断流，而是指流过二极管VD的电流连续式断流。在开关管S的关断时间内，若二极管电流在一段时间内为0，则称为电流断流工作情况；若二极管电流经 t_{off} 后，在下个开关周期 T 的导通时刻二极管电流正好降为0，则为临界连续工作情况。

通过分析可知，在整个周期 $T=t_{on}+t_{off}$ 中，电容 C_1 从输入端向输出端传递能量，只要 L_1、L_2 和 C_1 足够大，则可保证输入、输出电流是平稳的，即在忽略所有元件耗损时，C_1 上的电压基本不变，而电感 L_1 和 L_2 的电压在一个周期内的积分都等于0。

在 t_{on} 期间，电感 L_1、L_2 上的电压平均值为

$$U_{L1}=U_D=L_1\frac{\Delta I_{L1}}{t_{on}}$$

$$U_{L2}=U_{C1}-U_O=L_2\frac{\Delta I_{L2}}{t_{off}}$$

所以有

$$t_{on}=\frac{L_1}{U_D}\Delta I_{L1} \tag{3-34}$$

和

$$t_{on}=\frac{L_2}{U_{C1}-U_O}\Delta I_{L2} \tag{3-35}$$

在 t_{off} 期间，电感 L_1、L_2 上电压的平均值为

$$U_{L1}=U_D-U_{C1}=-L_1\frac{\Delta I_{L1}}{t_{off}}$$

$$U_{L2}=-U_O=-L_2\frac{\Delta I_{L2}}{t_{off}}$$

因此有

$$t_{off}=-\frac{L_1}{U_D-U_{C1}}\Delta I_{L1} \tag{3-36}$$

和

$$t_{off}=\frac{L_2}{U_O}\Delta I_{L2} \tag{3-37}$$

以上各式中的 $t_{on}=\alpha T$，$t_{off}=(1-\alpha)T$，代入上式整理得

$$U_{C1}=\frac{1}{1-\alpha}U_D \tag{3-38}$$

$$U_{C1}=\frac{1}{\alpha}U_O \tag{3-39}$$

由式(3－38)、式(3－39)，考虑到输出电压与输入电压的极性相反可得出

$$U_O=-\frac{\alpha}{1-\alpha}U_D \tag{3-40}$$

式中：负号表示输出电压与输入电压反向；当 $\alpha=0.5$ 时，$U_O=U_D$；当 $0.5<\alpha<1$ 时，$U_O>U_D$，为升压变换；当 $0\leqslant\alpha<0.5$ 时，$U_O<U_D$，为降压变换。

在不计器件损耗时，输出功率等于输入功率，即

$$P=P_O$$

则

$$I_DU_D=I_OU_O$$

得出

$$I_D=\frac{\alpha}{1-\alpha}I_O \tag{3-41}$$

由式(3－40)可知，通过改变 α 值，既可以使输出电压高于输入值，也可以使其低于输入电压值。在此电路中，只要电容 C 足够大，输入、输出电流就都是连续平滑的，就能有效地降低交流纹波，降低对滤波电路的要求，使其得到了广泛的应用。

3.6　直流变换电路的PWM控制技术

本节介绍用途极为广泛的全桥型直流电压变换电路。它可以实现由电源向负载传送电能的功能，又可以实现由负载向电源传送电能的功能。它可以实现DC－DC变换，用于直流电动机的驱动；也可以实现DC变换，用于单相交流不间断电源和变压器隔离式直流开关电源。

如图3.7所示，图中开关 S_1、S_2、S_3、S_4 两端分别反并联开关二极管，R、L 是感性负载。U_D 为幅值不变的输入电压，在不同的控制方式下，输出是幅度和极性均可变的直流电压 U_O。当然输出电压的极性是相对的，与输入电压相比，可以反相也可以同相。

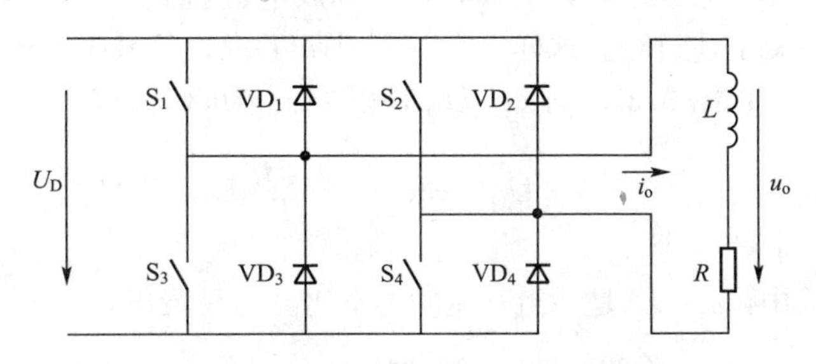

图3.7　全桥式直流-直流变换器

根据输出电压波形的极性特点，控制方式可以分成双极性PWM控制方式和单极性PWM控制方式。

1. 双极性PWM控制方式

在双极性电压PWM控制方式中，S_1、S_4 和 S_2、S_3 分为两组，各组都具有相同的驱动脉冲。在理想条件下，同一桥臂上的开关互相导通，即 S_1、S_4 导通时，S_2、S_3 关断。在控制电路中产生1个控制电压 U_c 和1个三角波电压 U_{tri}，控制电压 U_c 和与三角形电压 U_{tri} 比较就可以产生两组开关的PWM驱动信号，波形如图3.8(a)所示。当控制电压大于三角波电压，即 $U_c>U_{tri}$ 时，S_1、S_4 导通，S_2、S_3 关断，输出电压 U_O 与电源电压 U_D 相

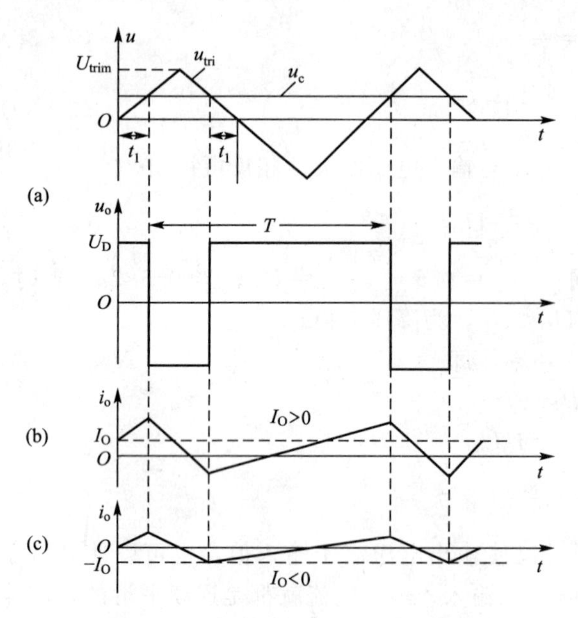

图 3.8　双极性电压 PWM 控制方式

等且极性相同，即$U_O=U_D$；当控制电压小于三角形电压，即$U_c<U_{tri}$时，开关S_1、S_4关断，S_2、S_3导通，输出电压与输入电压极性相反，但大小相等，即$U_O=-U_D$。

当输出电压$U_O>0$时，电源为负载提供电能，电感L开始储能，负载电流线性增加，i_o的实际方向从电源流向负载，$i_o>0$，所以电路工作在第一象限。

当$U_O<0$时，由于电感L要产生电动势阻止电流i_o的变化，i_o不能突变，只能线性减小，在电感释放电能未结束前，i_o的方向是不改变的，即$i_o>0$，此时电路电压$U_O<0$，所以此时电路工作在第二象限，负载将电能送回给电源。

如果电感L足够大或$U_O<0$的时间较短，则电感L上的能量在$U_O<0$的整段时间内是不会释放完全的，保持$i_o>0$，波形如图 3.8 所示。可以看出，在一个周期T内，负载电流的平均值$I_O>0$。

但如果电感L较小或$U_O<0$的时间较长，则电感L上的能量会在较短的时间内释放完，即出现$I_O=0$，此后电源又向负载提供反向电能，电感L重新开始储能，负载电流反向，即$i_o<0$，且线性增加，如图 3.8(c)所示。这样，当输出电压又为正值，即$U_O>0$时，电感L先要释放其储存的能量，即i_o线性减小，但方向不变，$i_o<0$，所以此时电路工作在第二象限，负载向电源释放电能直到$i_o=0$后结束。此后电源再向负载提供电能，重复上述过程。这样，在一个周期T内，负载电流的平均值$i_o<0$。

由图 3.8(a)可知，U_O是以$\pm U_D$为幅值的方波。因此，输出电压的平均值为

$$U_O=\frac{t_{on}}{T}U_D-\frac{T-t_{on}}{T}U_D=\left(2\frac{t_{on}}{T}-1\right)U_D=(2\alpha_1-1)U_D \tag{3-42}$$

式中：$\alpha_1=\frac{t_{on}}{T}$是一组开关的占空比。容易看出，当$t_{on}=\frac{T}{2}$时，变换器的输出电压为零；当$t_{on}<\frac{T}{2}$时，$U_O$为负；$t_{on}>\frac{T}{2}$时，$U_O$为正。也就是说这种变换电路的输出电压可在$+U_O$和$-U_O$之间变化。

在理想条件下，U_O的大小和极性只受占空比α_1控制，而与输出电流无关。在直流电动机的驱动中，可方便地实现可逆调速，另一方面，根据图 3.8 可写出三角波的表达方式。

$$U_{tri}=U_{trim}\cdot\frac{t}{T/4}\quad(0<t<t/4) \tag{3-43}$$

当$t=t_1$时，$U_{tri}=U_c$，故式(3-43)可写成

$$U_c=U_{trim}\cdot\frac{t_1}{T/4} \tag{3-44}$$

观察图 3.8 的波形图可知，第一组开关 S_1、S_4 开通的时间 t_{on} 为

$$t_{on}=2t_1+\frac{T}{2} \tag{3-45}$$

考虑到式(3-44)和式(3-45)可得第一组开关的占空比为

$$\alpha_1=\frac{t_{on}}{T}=\frac{1}{2}\left(1+\frac{U_c}{U_{trim}}\right) \tag{3-46}$$

将式(3-46)代入式(3-42)可得

$$U_O=\frac{U_O}{U_{trim}}\cdot U_c=kU_c \tag{3-47}$$

式中：$k=\frac{U_O}{U_{trim}}$=常数。

式(3-47)表明，在这种控制方式中，输出电压的平均值 U_O 随控制信号 U_c 线性变化。事实上，当考虑同一桥臂的两个开关管有导通延迟时间时，输出电压 U_O 与控制电压 U_c 的关系是轻微非线性的。

当控制电压 U_c 的大小和极性变化时，式(3-46)中的占空比 α_1 在 0～1 之间变化，输出电压平均值 U_O 在 $-U_D$～$+U_D$ 之间变化。

输出电流平均值 I_O 可以为正或者为负。当 I_O 不大时，在一个周期内，I_O 在正、负间变化。当 $I_O>0$ 时，平均功率从输入 U_D 向输出 U_O 传递能量；当 $I_O<0$ 时，平均功率从输出 U_O 向输入 U_D 传递能量。

2. 单极性电压开关 PWM 控制方式

图 3.7 为全桥 DC/DC 变换电路，如果改变控制方法，使输出电压平均值具有单极性，这种控制方法被称为单极性电压开关 PWM 控制。

由分析可知，如果控制信号使开关管 S_1、S_2 同时接通或者 S_3、S_4 同时接通，则不管输出电流 I_O 的方向如何，输出电压始终为零。利用这一特点，可以将三角波电压 U_{tri} 与控制电压 U_c 和$-U_c$ 做比较，以确定桥臂 S_1、S_3 和 S_2、S_4 的驱动信号，如图 3.9 所示。

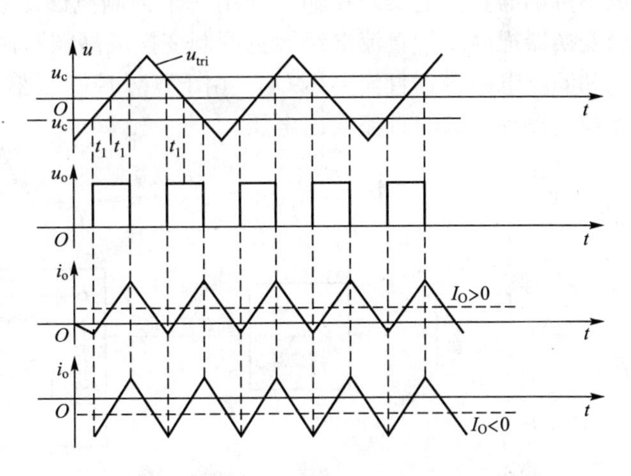

图 3.9　单极性电压 PWM 控制方式的波形图

电路工作过程中，保持 S_1 导通，S_3 关断。若 $U_c>U_{tri}$，S_2 导通，S_4 关断，$U_O=U_D$；若 $U_c<U_{tri}$，S_2 导通，S_4 关断，$U_O=0$；于是得到单极型电压开关 PWM 控制方法的电压电流波形。采用与双极型电压开关 PWM 控制同样的分析方法，可以得到输出电压平均值 U_O 的表达式为

$$U_O=(2\alpha_1-1)U_D=\frac{U_D}{U_{trim}}\cdot U_c=kU_c \tag{3-48}$$

式中：α_1 是开关 S_1 的占空比，U_{trim}是三角波的峰值，$k=U_D/U_{trim}$是比例系数。式(3-48)表明，在单极性电压开关 PWM 控制方式中，输出电压平均值 U_O 随控制电压 U_c 线性变

化，不管输出电流 $I_O>0$ 或 $I_O<0$，U_O 始终为正值。

必须注意的是，在单极性、双极性电压开关控制两种方法中，若开关频率相同，则单极性控制方法中输出电压的谐波频率是双极性控制方式开关频率的两倍，因此其频率响应好，交流纹波幅值小。

3.7　直流开关电源的应用

直流-直流变换器主要应用在可调的直流电源和电动机驱动系统中。在直流电动机驱动系统中，一般不加隔离变压器，基本的 Buck、Boost 以及 Cuk 等直流变换器可以直接用在电动机驱动系统中；而开关模式直流电源通常需要加入隔离变压器，可以使变换器的输入电源与负载之间实现电气隔离，并提高变换器运行的安全可靠性和电磁兼容性。

直流开关电源常常需要满足下面的要求。

(1) 当输入电压和负载变化时，输出电压必须能在兼容范围内保持不变或输出电压可调。

(2) 输出与输入之间需要电气隔离。

(3) 某些场合可能要求有多路输出电压，有些场合要求各输出间也要电气隔离。

带隔离变压器的直流变换器主要应用于电子仪器的电源、电力电子系统或装置的控制电源、计算机电源、通信电源与电力操作电源等领域。

3.7.1　带有电气隔离的直流-直流变换器

图 3.10 给出了带电气隔离的开关电源的组成框图。输入交流电经二极管整流器整流成不可调的直流电压。在输入处用一个抑制电磁干扰的滤波器来避免电磁干扰。直流-直流变换器把固定的直流电经脉宽调制变换成高频脉冲电压，然后通过隔离变换器副边的整流和滤波电路得到直流电压 U_O。由 PWM 控制器驱动直流-直流变换器的开关管，通过反馈控制得到要求的直流输出电压。

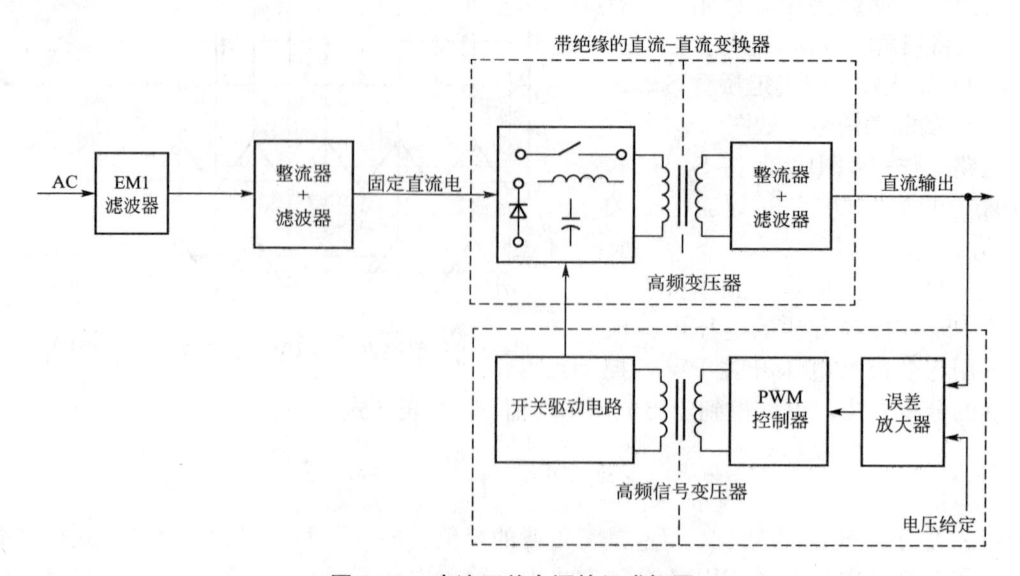

图 3.10　直流开关电源的组成框图

1. 反励式变换器

反励式变换器是由降压-升压复合型变换器推演得到的，电路如图 3.11(a)所示。图中 VT 为开关管，Tr 是隔离变压器，VD 为高频二极管。当开关管 VT 导通，输入电压 U_D 加到变压器 Tr 一次侧上，变压器储存能量，根据变压器同名端的极性，可得二次侧中的感应电动势为下正上负，二极管反偏，二次侧中没有电流流过。当开关管关断，储存在铁芯中的能量通过变压器二次侧的二极管 VD 流过二次侧绕组。在工作过程中变压器起储能电感的作用。图 3.11(b)为工作过程中输出电压和电流的波形图。

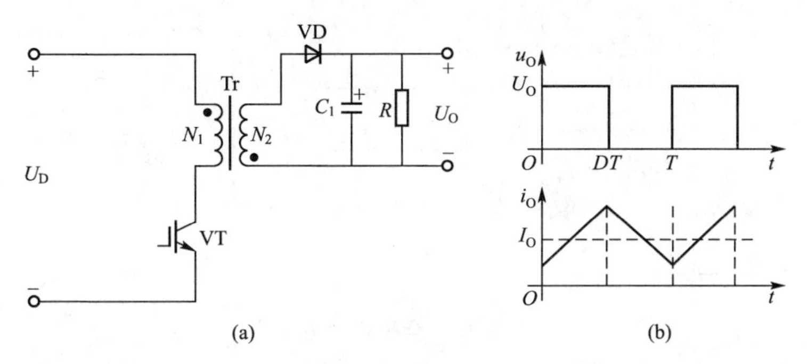

图 3.11 反励式变换器电路与工作波形

输出电压的表达方式为

$$\frac{U_O}{U_D}=\frac{N_2}{N_1}\cdot\frac{\alpha}{1-\alpha} \tag{3-49}$$

一般情况下，反励式变换器的工作占空比 α 要小于 0.5。

反励式变换器已经广泛应用于几百瓦以下的计算机电源和控制电源等小功率 DC/DC 变换电路。

2. 正励式变换器

正励式变换器是由降压变换器推演得到的，电路如图 3.12(a)所示，图中 VT 是开关管，VD_1、VD_2 是高频二极管，VD_3 是续流二极管，Tr 是隔离变压器。该变换器的工作过程与降压变换器的工作过程基本相同，其输出电压的表达式为

$$\frac{U_O}{U_D}=\frac{N_2}{N_1}\cdot\alpha \tag{3-50}$$

即输出电压仅决定于电源电压、变压器的变比和占空比，而和负载电阻无关。

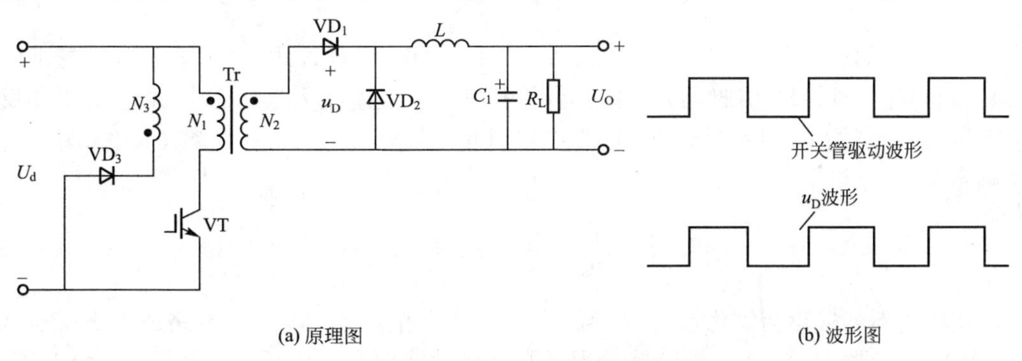

图 3.12 正励式变换器电路

正励式变换器适用的输出功率范围较大，广泛应用在通信电源电路中。

3. 全桥式变换电路

全桥式变换电路如图 3.13 所示，其中开关管 VT_1、VT_4、VT_2、VT_3 是作为分别导通和断开的。二极管与开关管反并联，是为了给一次侧绕组的漏感储存的能量提供电流通道。4 个驱动信号需要 3 组隔离的电源，其工作原理如下。

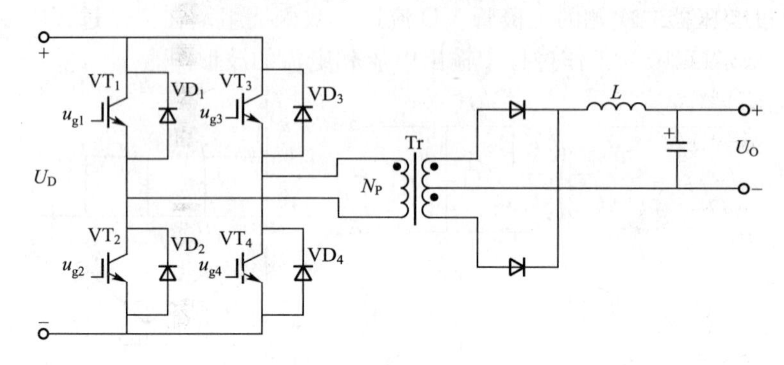

图 3.13 全桥变换电路

当 U_{g1} 和 U_{g4} 为高电平，U_{g2} 和 U_{g3} 为低电平，开关管 VT_1 和 VT_4 导通，VT_2 和 VT_3 关断时，变压器建立磁化电流并向负载传递能量；当 U_{g1} 和 U_{g4} 为低电平，U_{g2} 和 U_{g3} 为高电平，开关管 VT_2 和 VT_3 导通，VT_1 和 VT_4 关断，在此期间变压器产生反向磁化电流，也向负载传递能量，这时磁芯工作在 B—H 回线的另一侧。在开关管导通期间，施加在一次侧绕组 N_P 上的电压约等于输入电压 U_D。显然，当一对开关管导通时，处于截止状态的另一对开关管上承受的电压为电源电压 U_D。开关管 VT_1、VT_2、VT_3 和 VT_4 的集电极与发射极之间反接有钳位二极管 VD_1、VD_2、VD_3 和 VD_4，由于这些钳位二极管的作用，当开关管从导通到截止时，变压器一次侧磁化电流的能量以及漏感储能引起的尖峰电压的最高值不会超过电源电压 U_D，同时还可将磁化电流的能量反馈给电源，从而提高整机的效率。全桥变换电路适用于数百瓦至数千瓦的开关电源。

3.7.2 直流电源的保护

控制器不仅提供要求的稳态和瞬态性能指标，而且当电源工作异常时，要实现对电源的保护。在电源中被大量使用 PWM 集成电路(IC)1524 系列控制器就具有上述特点。

UC1524A 的方框图如图 3.14 所示。该 IC 的电源输入电压在 8～40V 之间(引脚⑮)，提供了一个 5V(引脚⑯)的精密参考电压源。误差放大器可以构成电压闭环反馈调解系统，保证输出电压恒定。在引脚⑥和引脚⑦接入电阻 R_t 和电容 C_t，振荡器的锯齿波频率为

$$f=\frac{1.15}{R(\mathrm{k\Omega})\times C_t(\mu\mathrm{F})}\quad(\mathrm{kHz}) \tag{3-51}$$

误差放大器的输出与锯齿波经比较器决定开关的占空比。该集成电路适用于推挽式和桥式 PWM 变换器，PWM 互锁电路确保了在任何时期只有一个开关管被触发，并且 C_t 决

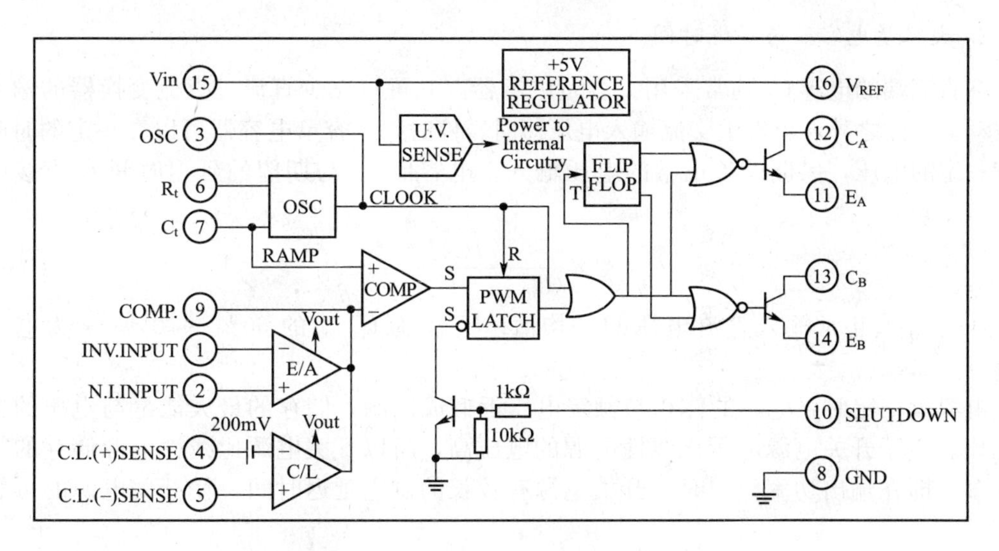

图 3.14 UC1524A 集成电路方框图

定了 0.5～4μs 的逻辑延迟时间，防止两个开关管同时触发。

1. 软启动

软启动对直流电源自身和负载都是非常重要的，缓缓增加开关占空比 α，就可以使输出电压缓慢上升。在引脚⑨接入积分环节，使误差放大器的输入缓慢上升，就可以实现直流电源的软启动。

2. 电压保护

将输出电压检测信号连接引脚⑩就可以实现过电压保护和欠电压保护。当发生过电压或欠电压时，使引脚⑩电平变高，则 UC1524A 的内部晶体管导通，封锁内部的 PWM 电路，封锁输出触发信号，从而实现电源或欠电压保护。

3. 电流的限定

为了防止过电流，在电源输出串联检测电阻，当电阻的端电压超过 200mV 时，电源过流。该电压接在引脚④和引脚⑤上，误差放大器的输出被降低，可以直接降低输出的脉冲宽度，实现过流限定的功能。

3.7.3 直流电源设计中的一些问题

1. 输入滤波器

在开关电源的输入端加入一个低通滤波器，如图 3.10 所示的是由电感 L 和电容 C 组成的最简单的滤波器。在开关电源的输入端的滤波器的作用是提高功率因数、降低 EMI。在设计滤波器中应注意如下几个方面。

（1）从能源效率的观点上看，滤波器应该尽可能地减少功耗。

（2）一定的阻尼系数，防止存在振荡现象，一般要求输入滤波器的谐振频率为输出滤波器的谐振频率的 1/10。

（3）可以采用有源滤波器，使开关电源具有无谐波电流且具有单位功率因数。

2. 大容量电容器与延迟时间

在直流端的电容 C_d 通常采用大容量电容器，它可以减少直流—直流变换器的输入电压波动。除此之外，当发生交流输入电压短时暂停时，大容量电容器可以在一定的时间内保持一定的电压，保证设备正常的电压输入。电容值 C_d 与期望的延迟时间 t_h 直接的关系是

$$C_d \approx 2 \times \frac{P \times t_h}{(U_{d,nom}^2 - U_{d,min}^2) \times \eta} \tag{3-52}$$

式中：$U_{d,nom}$为正常输入直流电压的平均值；$U_{d,min}$为 $U_{d,nom}$的 60%～70%；η 为电源的效率。

电容量一定时，电容的体积与额定电压近似成比例，储存的最大能量与电压的平方成正比。由于开关电源电压比线性电源的电压高，所以开关电源比线性电源储存的能量高得多，即在输出功率相同时，开关电源有较长的供电延迟时间，使开关电源的可靠性更高。

3. 开机时的冲击电流

当闭合电源开关时，大容量电容器在电路中实际处于短路状态，因而会导致初始时存在着大的冲击电流，造成电源的损坏和对电网的冲击。为了限制冲击电流，在整流桥和电容 C_d 之间应该安装必要的元件。

方法之一就是加入热敏电阻，其在冷态下有很大的电阻，因此可以限定开机时的冲击电流。随着热敏电阻逐渐升温，它的电阻值也会逐渐降到一个相对较低的数值，以确保合理的效率。但是，由于它的热时间常数较大，如果出现了暂时的能源中断，那电容器的能量会很快释放完，可是热敏电阻还没有冷却，一旦电源恢复，还是存在大的冲击电流。

另一个方法是采用限流电阻和与之并联的晶闸管。初始时晶闸管是断开的，限流电阻限制初始时的冲击电流。当电容的电压上升到一定值时，晶闸管导通，旁路限流电阻。该方法可以克服前一种方法的不足，有效地限制开机时的冲击电流。

4. 考虑电磁干扰 EMI

应该采取相关的措施使开关电源满足传导和辐射的 EMI 标准。

3.8 本章小结

本章介绍了直流电压变换电路的基本原理及控制方式、4 种直流电压变换电路、直流变换电路的 PWM 控制技术和直流开关电源，其中最基本的是降压直流电压变换电路和升压直流电压变换电路两种。因此，对这两种电路的理解和掌握是学习本章的关键和核心，也是学习其他直流电压变换电路的基础，也是本章的学习重点。同学们应掌握这两种电路的工作原理、输入输出关系、电路解析方法、工作特点。PWM 控制技术和开关电源技术是电力电子技术应用的新领域。

3.9　习题及思考题

1. 什么是组合交流电路？什么是电压型和电流型组合变流电路？

2. 试比较 Buck 电路和 Boost 电路的异同。

3. 试简述 Buck、Boost 电路同 Cuk 电路的异同。

4. 试说明直流交换电路主要有哪几种电路结构，试分析它们各有什么特点。

5. 试分析反励式和正励式变换器的工作原理。

6. 试分析全桥式变换器的工作原理。

7. 如果保持直流变换器电路的频率不变，只改变开关器件的导通时间 t_{on}，试画出当占空比 α 分别为 25%、75%时，变换电路输出的理想电压波形。

8. 有一开关频率为 50Hz 的 Buck 变换电路，工作在电感电流连续的情况下，$L=0.05mH$，输入电压 $U_D=15V$，输出电压 $U_O=10V$。

(1) 求占空比 α 的大小。

(2) 求电感中电流的峰值 I_2。

(3) 若允许输出电压纹波 $\Delta V_O/V_O=5\%$，求滤波电容 C 的最小值。

9. 有一开关频率为 50kHz 的库克电路，其中 $L_1=L_2=1mH$，$C=5\mu F$。假设输出端电容足够大，使输出电压保持恒定，并且元件的功率损耗可忽略。若输入电压 $U_D=10V$，输出电压 U_O 调节为 5V 不变，输出功率等于 5W，试求电容器 C_1 两端的电压 U_{C1} 和电感电流 i_{L1}、i_{L2} 为恒定值时的百分比误差。

第 4 章　交流电压变换电路

教学提示： 交流电压变换是将交流电能的幅值或频率加以转换的交流-交流变换。其中，交流电压幅值的变换称为交流电压控制。它包括交流调压、交流调功和交流开关 3 种交流电压控制类型。通常是在交流电源与负载之间接入变换器，以实现负载电压有效值调节、功率调节或开关控制功能，它们采用相位控制或通断控制方式，相应的装置也称为交流调压器、交流调功器和交流开关。它们广泛应用于交流电动机的调压、调速、调温、调光、电气设备的开关控制等。而将 50Hz 频率交流电直接转换成其他频率的交流电，则称为交-交变频，所用装置称做交-交变频器或周波变换器(Cydoconverter)。它们主要用于交流电动机的变频调速。

4.1　交流调压电路

交流调压电路通常由晶闸管组成，它可以方便地调节输出电压的有效值。与常规的调压变压器相比，晶闸管交流调压器具有体积小、重量轻的特点。其输出是交流电压，但不是正弦波形，故其谐波分量较大，功率因数也较低。

晶闸管交流调压器中晶闸管的控制通常有两种方法。

1) 通断控制

即把晶闸管作为开关，将负载与交流电源接通几个周期(工频 1 周期为 20ms)，然后再断开一定的周期，通过改变通断时间比值达到调压的目的。这里晶闸管起到一个通断频率可调的快速开关的作用。这种控制方式优点是电路简单、功率因数高，适用于有较大时间常数的负载；缺点是输出电压或功率调节不平滑。

2) 相位控制

它使晶闸管在电源电压每一周期中，在选定的时刻将负载与电源接通，通过改变选定的时刻可达到调压的目的。

在晶闸管交流调压器中，相位控制应用较多。下面主要分析相位控制的交流调压器，先讲述作为基础的单相交流调压器。

4.1.1　相位控制的单相交流调压电路

单相交流调压器的工作情况与其所带的负载性质有关，现分别予以讨论。

1. 电阻性负载的工作情况

电路如图 4.1(a)所示，它用两只反并联的普通晶闸管或一只双向晶闸管与电阻负载 R_L 串联组成主电路。以反并联电路为例进行分析，正半周 α 时刻触发 VT_1 管，负半周 α 时刻触发 VT_2 管，输出电压波形为正负半周缺角相同的正弦波，如图 4.1(b)所示。

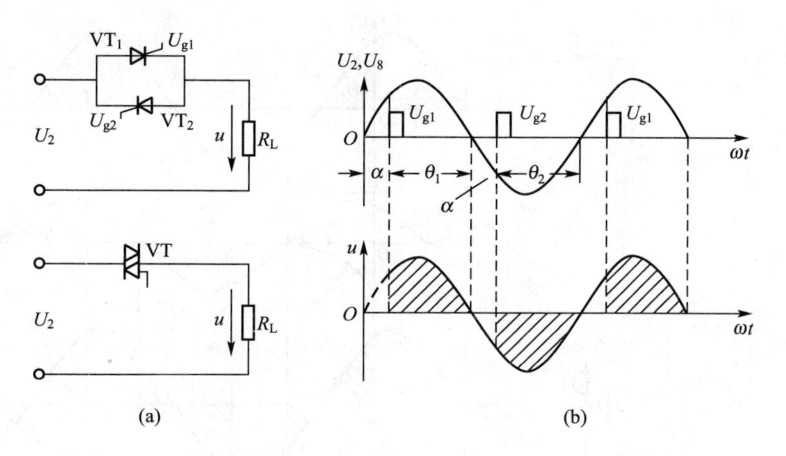

图 4.1　单相交流调压器电阻性负载时的主电路和输出波形

负载上交流电压有效值U与控制角α的关系为

$$U=\sqrt{\frac{1}{\pi}\int_{\alpha}^{\pi}(\sqrt{2}U_2\sin\omega t)^2\ \mathrm{d}(\omega t)}=U_2\sqrt{\frac{1}{2\pi}\sin 2\alpha+\frac{\pi-\alpha}{\pi}} \tag{4-1}$$

电流有效值

$$I=\frac{U}{R_{\mathrm{L}}}$$

电路功率因数

$$\cos\varphi=\frac{P}{S}=\frac{UI}{U_2 I}=\sqrt{\frac{1}{2\pi}\sin 2\alpha+\frac{\pi-\alpha}{\pi}} \tag{4-2}$$

电路的移相范围为0～π。

2. 电感性负载的工作情况

当负载为电感线圈、交流电动机或变压器绕组时，这时负载称为电感性负载，电路如图4.2(a)所示。工作情况与单相半波整流电路带电感性负载时相似。当电源电压反向过零时，由于负载电感产生感应电动势阻止电流变化，故电流不能立即为零，此时晶闸管导通角θ的大小不但与控制角α有关，而且与负载阻抗角$\varphi\left(\arctan\dfrac{\omega L}{R}\right)$有关。两只晶闸管门极的起始控制点分别定在电源电压每个半周的起始点，α的范围是$\varphi\leqslant\alpha\leqslant\pi$，正负半周有相同的$\alpha$角。

当控制角为α时，U_{g1}触发$\mathrm{VT_1}$导通，这时流过$\mathrm{VT_1}$管的电流i_2有两个分量，即稳定分量i_{B}与自由分量i_{S}，经过有关推导(略)，其值分别为

稳定分量

$$i_{\mathrm{B}}=\frac{\sqrt{2}U_2}{Z}\sin(\omega t+\alpha-\varphi) \tag{4-3}$$

式中：$Z=\sqrt{R^2+(\omega L)^2}$；$\varphi=\arctan\dfrac{\omega L}{R}$。

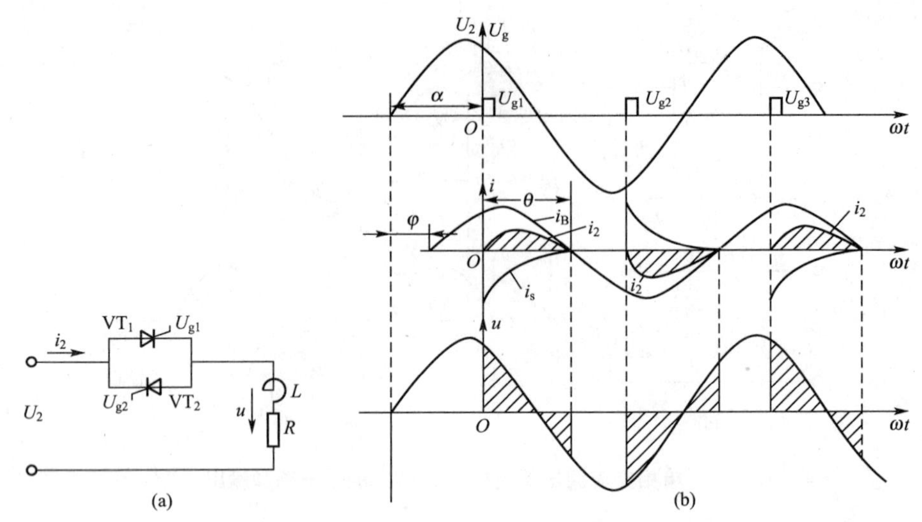

图 4.2　单相交流调压器械电感性负载时的主电路和输出电压、电流波形图

自由分量

$$i_S=\frac{\sqrt{2}U_2}{Z}\sin(\alpha-\varphi)e^{-\frac{t}{\tau}}=-\frac{\sqrt{2}U_2}{Z}\sin(\alpha-\varphi)e^{-\frac{\omega t}{\tan\varphi}} \tag{4-4}$$

式中：τ 为自由分量衰减时间常数，$\tau=L/R$。

流过晶闸管的电流，即负载电流为

$$i_2=i_S+i_B=\frac{\sqrt{2}U_2}{Z}[\sin(\omega t+\alpha-\varphi)-\sin(\alpha-\varphi)e^{-\frac{\omega t}{\tan\varphi}}] \tag{4-5}$$

当 $\alpha>\varphi$ 时，电压、电流波形如图 4.2(b)所示。随着电源电流下降过零进入负半周，电路中的电感储存的能量释放完毕，电流到零，VT_1 管才关断。

在 $\omega t=0$ 时触发管子，$\omega t=\theta$ 时管子关断，将 $\omega t=\theta$ 代入式(4-5)可得

$$\sin(\omega t+\alpha-\varphi)=\sin(\alpha-\varphi)e^{-\frac{\theta}{\tan\varphi}} \tag{4-6}$$

当取不同的 φ 角时，$\theta=f(\mathrm{a})$的曲线如图 4.3 所示。由图可见：当 $\alpha>\varphi$ 时，$\theta<180°$，其负载电路处于电流断续状态；当 $\alpha=\varphi$ 时，$\theta=180°$，电流处于临界连续状态；当 $\alpha<\varphi$ 时，θ 仍维持 180°，电路已不起调压作用。

(1) 当 $\alpha>\varphi$ 时。

稳定分量 i_B 与自由分量 i_S 如图 4.2(b)所示，叠加后电流波形 i_2 的导通角 $\theta<180°$，正负半波电流断续，α 愈大，θ 愈小，波形断续愈严重。

(2) 当 $\alpha=\varphi$ 时。

由式(4-4)可知，电流自由分量 $i_S=0$，$i_2=i_B$；由式(4-6)可知，$\theta=180°$。如图 4.2(b)所示，正负半周电流处于临界连续状态，相当于晶闸管失去控制，负载上获得最大功率，此时电流波形滞后电压 $\varphi(=\alpha)$角。

(3) 当 $\alpha<\varphi$ 时。

稳定分量 i_B 与自由分量 i_S 波形如图 4.4 所示，VT_1 管的导通角 $\theta>180°$，如果触发脉冲为图 4.4 所示的窄脉冲，则当 U_{g2} 出现时，VT_1 的电流还未到零，VT_2 管受反压不能触发导通；待 VT_1 中电流变到零关断，VT_2 开始承受正压时，U_{g2} 脉冲已消失，所以 VT_2 无法导通。第三个半周 U_{g1} 又触发 VT_1 管，这样使负载只有正半波，电流出现很大的直流

分量，电路不能正常工作。

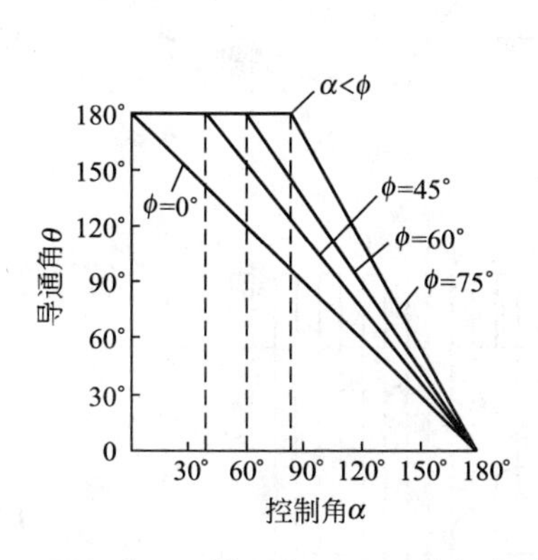

图 4.3　导通角 θ、控制角 α 及阻抗角 φ 的关系

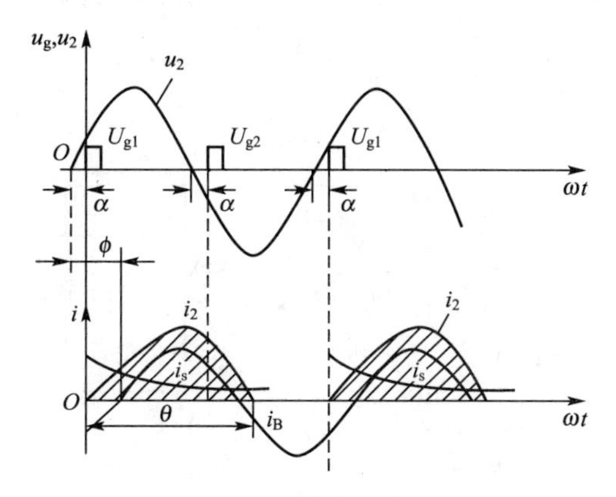

图 4.4　$\alpha<\varphi$ 窄脉冲时的电流波形

所以带电感性负载时，晶闸管不能用窄脉冲触发，应当采用宽脉冲列，这样在 $\alpha<\varphi$ 时，虽然在刚开始触发晶闸管的几个周期内，两管的电流波形是不对称的，但当负载电流中的自由分量衰减后，负载电流即能得到完全对称、连续的波形，电流滞后电源电压 φ 角。

综上所述，单相交流调压可归纳为以下 3 点。

① 带电阻性负载时，负载电流波形与单相桥式可控整流交流侧电流波形一致，改变控制角 α，可以改变负载电压有效值，达到交流调压的目的。单相交流调压的触发电路完全可以套用整流触发电路。

② 带电感性负载时，不能用窄脉冲触发，否则，当 $\alpha<\varphi$ 时会出现有一个晶闸管无法导通的现象，电流出现很大的直流分量。

③ 带电感性负载时，最小控制角为 $\alpha_{min}=\varphi$(负载阻抗角)，所以 α 的移相范围为 φ～180°；而带电阻性负载时，移相范围为 0°～180°。

4.1.2　交流斩波调压电路

1. 交流斩波调压原理

随着直流斩波器的广泛应用，交流斩波器出现了。交流斩波调压电路的基本原理同直流斩波器不同，它是将交流开关同负载串联和并联构成的，如图 4.5(a)所示。

利用 S 交流开关的斩波作用，在负载 R 上获得可调的交流电压 u。图中开关 S，是续流器件，为负载提供续流回路，交流开关 S_1 受控制信号 G 的控制。其中，G 取值为：

S_1 闭合，S_2 打开时，$G=1$；

S_1 打开，S_2 闭合时，$G=0$。

G 随时间变化的波形如图 4.5(b)所示，设交流开关 S_1 接通时间为 t_{on}，关断时间为 t_{off}，则交流斩波器的导通比 ρ 为

$$\rho=\frac{t_{on}}{t_{on}+t_{off}}=\frac{t_{on}}{T_C} \tag{4-7}$$

改变脉冲宽度 t_{on}或者改变斩波周期 T_C 就可改变导通比，从而实现交流调压。

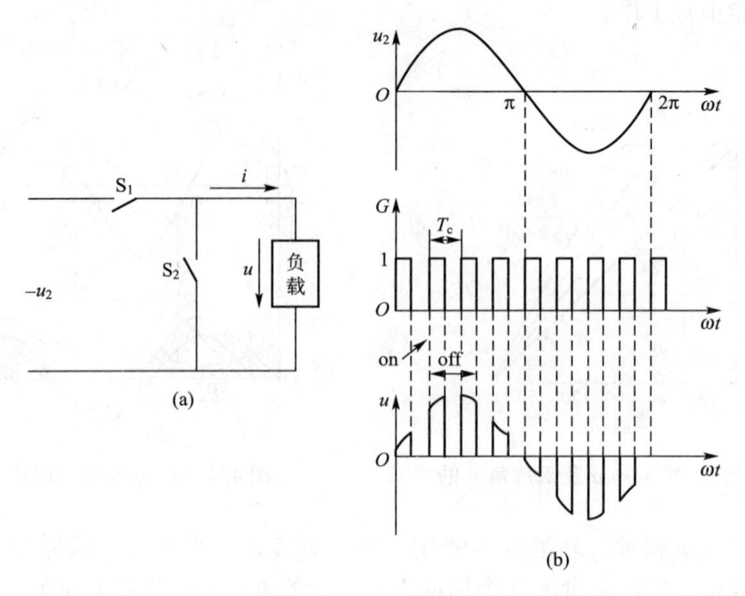

图 4.5　交流斩波调压电路原理及其波形图

2. 交流斩波控制

交流斩波器早期用晶闸管元件作为交流开关，其缺点是需要换流电路来关断晶闸管，控制电路较复杂。目前通常采用 GTO、GTR、IGBT 等全控型电力电子开关元件来构成交流斩波调压电路。电力电子开关必须能通过双向电流且可关断，如图 4.6 所示为 GTR 及快速二极管组成的交流斩波调压电路。

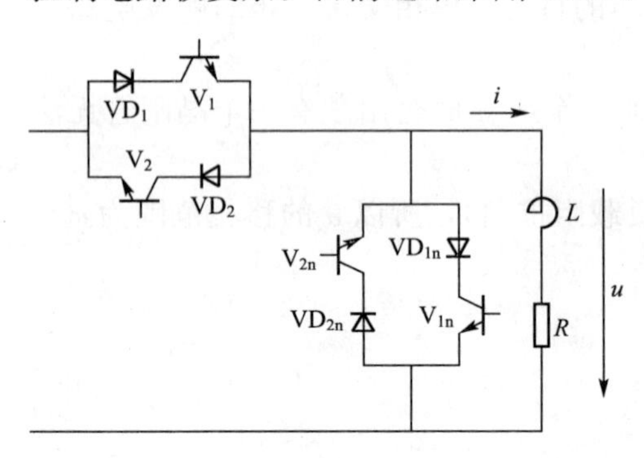

图 4.6　交流斩波调压电路

若负载为纯电阻，负载电流 i 的基波波形与负载电压波形同相。且有电压脉冲时，电流产生，当电压脉冲为零时，电流也为零，波形如图 4.7(a)所示。若为电感性负载，负载电流 i 滞后电源电压，且有电压脉冲时，电流缓慢上升，当电压脉冲为零时，电流缓慢下降，形成锯齿，波形如图 4.7(b)所示。

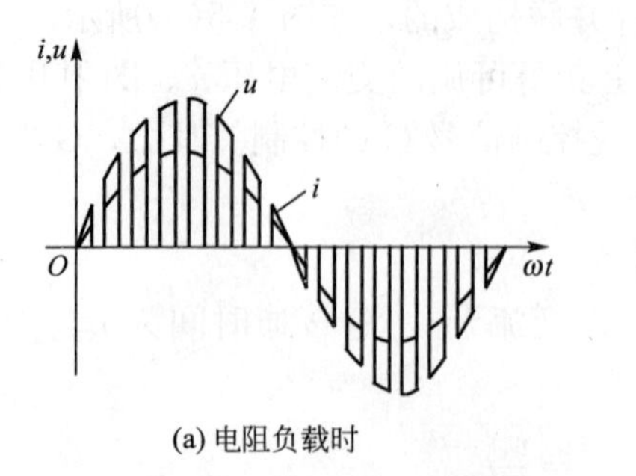

(a) 电阻负载时

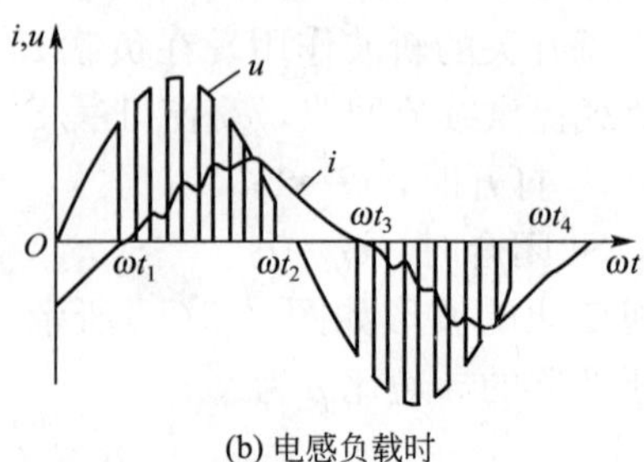

(b) 电感负载时

图 4.7　交流斩波时的输出电压、电流波形

在正半周期内，晶体管 V_1 按斩波方式工作，V_{1n}关断，V_2 和 V_{2n}给予导通信号；在负半周期，V_2 进行斩波工作，V_{2n}关断，V_1 和 V_{1n}给予信号。在 $0\sim\omega t_1$ 期间，负载电流 $i<0$，通过 V_2 将负载功率送回电源侧，这时 V_1 并不需要再按斩波方式工作；在 $\omega t_1\sim\omega t_2$ 期间，负载电流 $i>0$，像直流斩波一样，V_1 斩波，V_{1n}起续流作用。电压下半周的动作过程参见表 4-1。

表 4-1　交流斩波器对电感性负载的控制方法

电　压	正　半　周		负　半　周	
ωt / 开关	$0\sim\omega t_1$	$\omega t_1\sim\omega t_2$	$\omega t_2\sim\omega t_3$	$\omega t_3\sim\omega t_4$
V_1	斩波工作		通	断
V_2	通	断	斩波工作	
V_{1n}	断		断	通
V_{2n}	断	通	断	

交流斩波调压与相控调压相比，克服了输出电压谐波分量大、控制角 α 较大时功率因数低及电源侧电流谐波分量高等缺点。在一定的导通比下，斩波频率越高，感性负载的畸变越小，波形越接近正弦波，电路功率因数也就越高，但电路中开关管的开关次数增加，换流损耗也相应增加。相反在一定的斩波频率下，把脉冲宽度 t_{on}变得很窄，则输出电压变低，谐波分量增加。

4.1.3　相位控制的三相交流调压电路

三相晶闸管交流调压器主电路有几种不同的接线形式，对于不同接线方式的电路而言，其工作过程也不相同。

1. 负载 Y 形连接带中性线的三相交流调压电路

如图 4.8 所示为 Y 形带中性线的晶闸管三相交流调压电路。

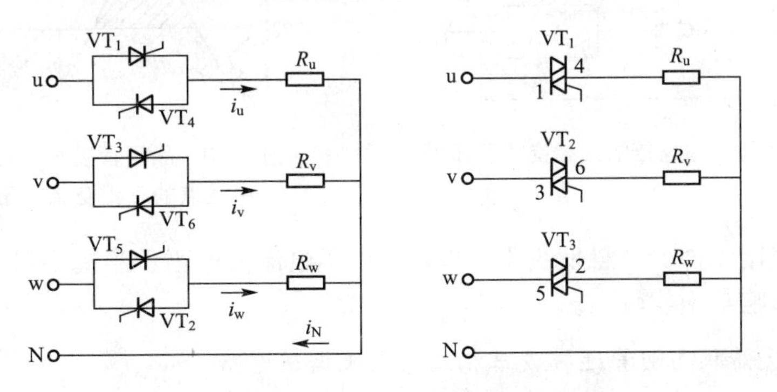

图 4.8　Y 形带中线的晶闸管三相交流调压电路

它由 3 个单相晶闸管交流调压器组合而成，三相负载接成 Y 形，其公共点为三相调压器中线，其工作原理和波形与单相交流调压相同。图中晶闸管触发导通的顺序为 VT_1—VT_2—…—VT_6。由于存在中性线，每一相可以作为一个单相调压器单独分析，各相负载电压和电流仅与本相的电源电压、负载参数及控制角有关。

在三相正弦交流电路中，由于各相电流 i_u、i_v、i_w 相位互差 120°，中性线电流 $i_N=0$。而在晶闸管交流调压电路中，每相负载电流为正负对称的缺角正弦波，它包含有较大的奇次谐波电流，主要是 3 次谐波电流。而三相电路中，各相 3 次谐波电流的相位是相同的，中性线的电流 i_N 为一相 3 次谐波电流的 3 倍。该电路的缺点是电路中性线内存在 3 次谐波电流且数值较大，这种电路的应用有一定的局限性。

2. 晶闸管与负载连接成内△的三相交流调压电路

如图 4.9 所示为内△连接的三相交流调压器，是 3 个单相调压器的又一种组合，每相负载与一对反并联的晶闸管串联组成一个单相交流调压器。可以采用单相交流调压器的分析方法分别对各相进行分析。

该电路的优点是：由于晶闸管串接在△内部，流过的是相电流；在同样线电流情况下，管子的容量可降低；另外线电流中无 3 的倍数次谐波分量。缺点是：只适用于负载是 3 个分得开的单元的情况，因而其应用范围也有一定的局限性。

3. 三相晶闸管接于 Y 形负载中性点的三相交流调压电路

电路如图 4.10 所示，它要求负载是 3 个分得开的单元，用△连接的 3 个晶闸管来代替 Y 形连接负载的中性点。由于构成中性的 3 个晶闸管只能单向导电，因此导电情况比较特殊。从图 4.10 中电流 i_u 波形可见，输出电流出现正负半周波形不对称，但其面积是相等的，所以没有直流分量。

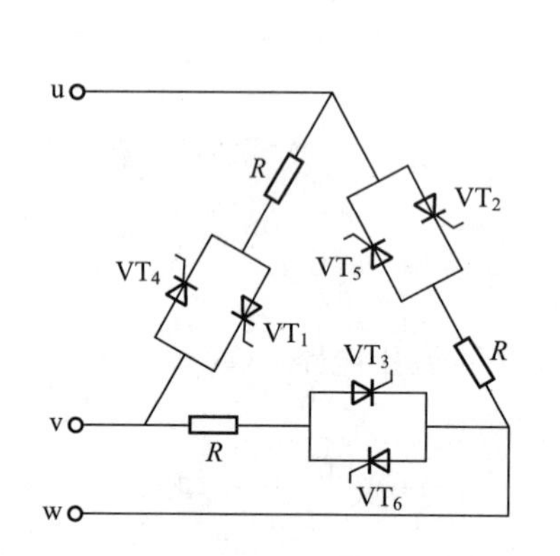

图 4.9　内△连接的三相交流调压器

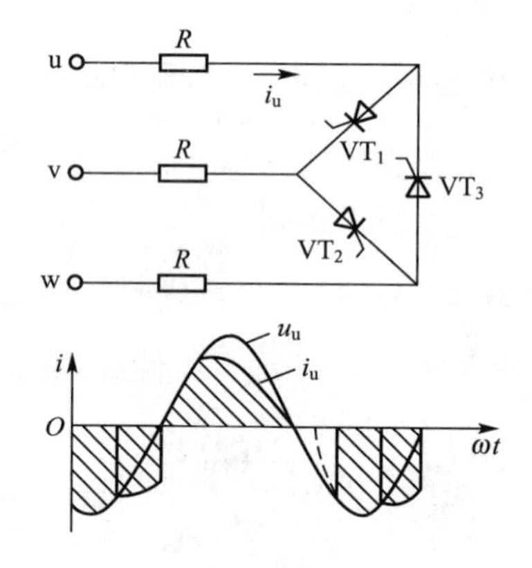

图 4.10　晶闸管接于 Y 形负载中性点的三相交流调压器

此种电路使用元件少，触发线路简单，但由于电流波形正负半周不对称，故存在偶次谐波，对电源影响与干扰较大。

4. 用 3 对反并联晶闸管连接成三相三线交流调压电路

电路如图 4.11 所示，用 3 对反并联晶闸管作为开关元件，分别接至负载就构成了三相全波 Y 形连接的调压电路。通过改变触发脉冲的相位控制角 α，便可以控制加在负载上的电压的大小。负载可连接成 Y 形也可连接成△，对于这种不带零线的调压电路，为使三相电流构成通路，任意时刻至少要有两个晶闸管同时导通。这对触发脉冲电路的要求是：①三相正(或负)触发脉冲依次间隔 120°，而每一相正、负触发脉冲间隔 180°；②为了保证电路起始工作时能两相同时导通，以及在感性负载和控制角较大时仍能保持两相同时导通，与三相全控整流桥一样，要求采用双脉冲或宽脉冲触发(大于 60°)。为了保证输出电压对称可调，应保持触发脉冲与电源电压同步。

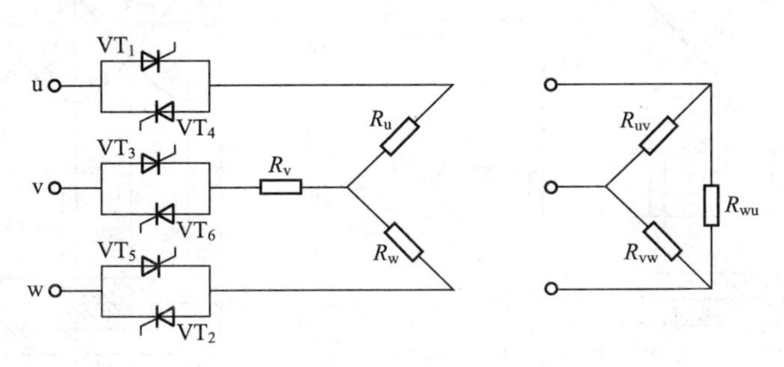

图 4.11　全波 Y 形连接的无中线三相调压电路

该种连接方式是典型的三相调压电路连接方式，下面以 Y 形负载为例，结合图 4.8 所示电路，具体分析触发脉冲相位与调压电路输出电压的关系。

1) 三相调压电路在纯电阻性负载时的工作情况

(1) 触发角 $\alpha=0°$时。

$\alpha=0°$即是在相应每相电压的过零处给晶闸管加触发脉冲，即过零变正时触发正向晶闸管，过零变负时触发反向晶闸管。这时的晶闸管相当于二极管，三相正反方向电流都畅通，电路相当于一般的三相交流电路。如图 4.12(b)所示为触发脉冲分配图，脉冲间隔为 60°，相应的触发脉冲分配可以确定各管的导通区间。例如，VT_1 在 u 相电压过零变正时导通，变负时受反向电压而自然关断；而 VT_4 在 u 相电压过零变负时导通，变正时受反向电压而自然关断。这样 VT_1 在 u 相电压正半周导通，VT_4 在 u 相电压负半周导通。v，w 两相导通情况与此相同。管子导通顺序为 VT_1—VT_2—VT_3—VT_4—VT_5—VT_6，每管导通角 $\theta=180°$，除换流点外，任何时刻都有 3 个晶闸管导通。晶闸管 $VT_1 \sim VT_6$ 的导通区间如图 4.12(c)所示。

由导通区间可以判断各相负载所获得的电压。因为各相在整个正半周正向晶闸管导通，而负半周反向晶闸管导通，所以负载上获得的调压电压仍为完整的正弦波。$\alpha=0°$时，如果忽略晶闸管的管压降，此时调压电路相当于一般的三相交流电路，加到其负载上的电压是额定电源电压。如图 4.12(d)所示为 u 相负载电压波形。

归纳 $\alpha=0°$时的导通特点如下：每管持续导通 180°；每 60°区间有 3 个晶闸管同时导通。

(2) 触发角 $\alpha=30°$时。

$\alpha=30°$意味着各相电压过零后 30°触发相应晶闸管。以 u 相为例，u_u 过零变正后 30°发出 VT_1 的触发脉冲 U_{g1}，u_u 过零变负后 30°发出 VT_4 的触发脉冲 U_{g4}。v、w 两相类似。

如图 4.13(b)所示为触发脉冲分配图。

相应的触发脉冲也可确定各管导通区间。VT_1 从 U_{g1} 发出触发脉冲开始导通，u_u 过零变负时关断；VT_4 从 U_{g4} 发出触发脉冲时导通，则 u_u 过零变正时关断，v、w 两相类似。如图 4.13(c)所示为晶闸管的导通区间图。

同样由导通区间可计算各相负载所获得的调压电压。以 u 相正半周为例，各区间晶闸管的导通情况、负载电压见表 4-2。

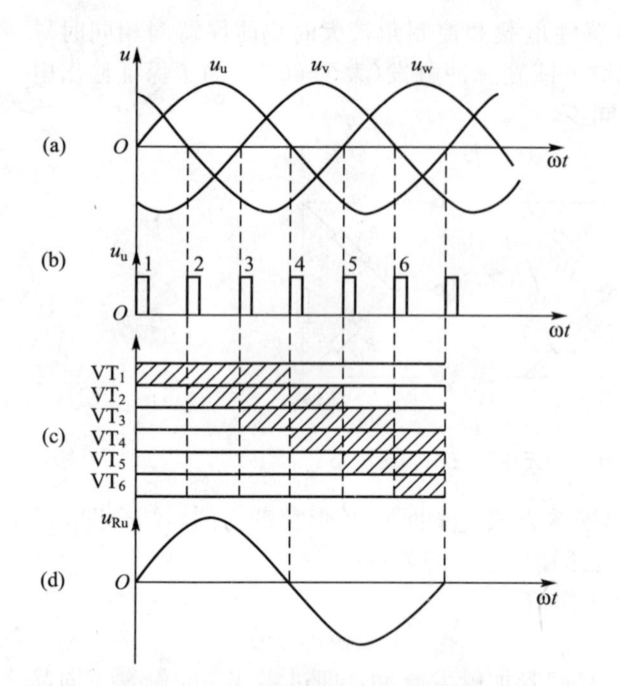

图 4.12 三相全波 Y 形无中线调压电路 $\alpha=0°$时的波形

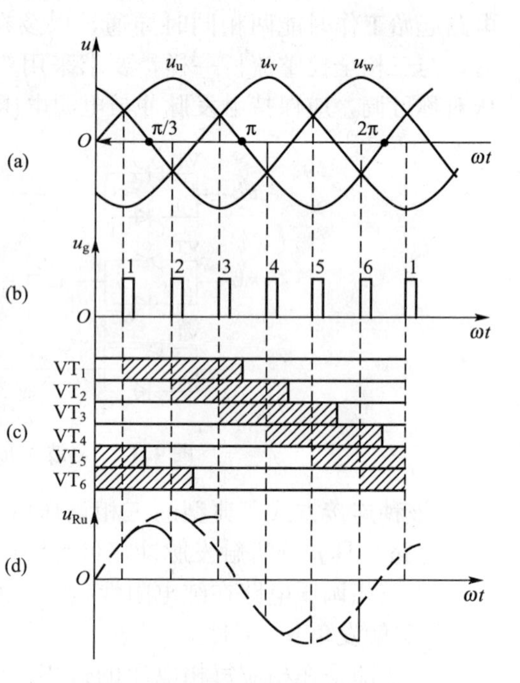

图 4.13 三相全波 Y 形无中线调压电路 $\alpha=30°$时的波形

表 4-2 各区间晶闸管的导通、负载电压情况

ωt	0°～30°	30°～60°	60°～90°	90°～120°	120°～150°	150°～180°
晶闸管导通情况	VT_5、VT_6 导通	VT_1、VT_5、VT_6 导通	VT_1、VT_6 导通	VT_1、VT_2、VT_6 导通	VT_1、VT_2 导通	VT_1、VT_2、VT_3 导通
u_{Ru}	0	u_u	(1/2) u_{uv}	u_u	(1/2) u_{uw}	u_u

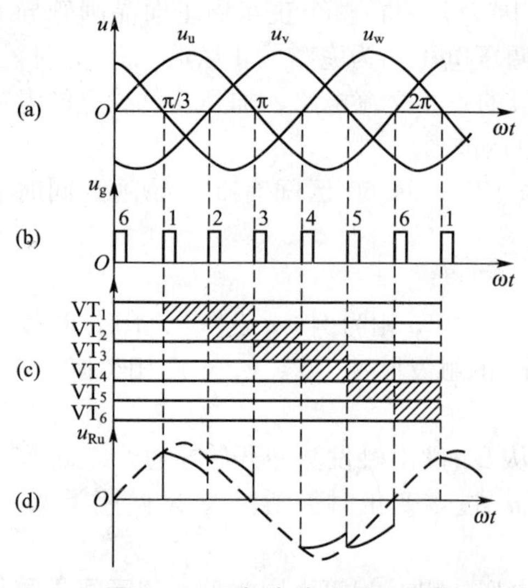

图 4.14 三相全波 Y 形无中线调压电路 $\alpha=60°$时的波形

u 相负半周各时域输出电压与正半周反向对称，v、w 两相各时域电压分析方法同上。如图 4.13(d)所示为 u 相输出电压波形。

归纳 $\alpha=30°$时的导通特点如下：每管持续导通 150°；有的区间由两个晶闸管同时导通构成两相流通回路，也有的区间由 3 个晶闸管同时导通构成三相流通回路。

(3) 触发角 $\alpha=60°$时。

$\alpha=60°$情况下的具体分析与 $\alpha=30°$相似。这里仅给出 $\alpha=60°$时的脉冲分配图、导通区间和 u 相负载电压波形如图 4.14 所示，读者可自行分析。

归纳 $\alpha=60°$时的导通特点如下：每个晶闸管导通 120°；每个区间由两个晶闸管构成回路。

(4) 触发角 $\alpha=90°$时。

如图 4.15(b)所示为 $\alpha=90°$时各晶闸管的脉冲分配图，利用这个脉冲分配图，如果仍用 $\alpha=30°$，$\alpha=60°$时的导通区间分析，认为正半周或负半周结束就意味着相应晶闸管的关断，那么，就得到如图 4.15(c)所示的导通区间图。

事实上，如图 4.15(c)所示的导通区间是错误的，因为它出现了这样一种情况：有的区间只有一个管子导通，如 ωt 属于 0°～30°只有 VT_5 导通，ωt 属于 60°～90°只有 VT_6 导通……，显然，这是不可能的，因为一只晶闸管不能构成回路。下面分析 $\alpha=90°$时的正确导通区间，以 VT_1 的通断为例。

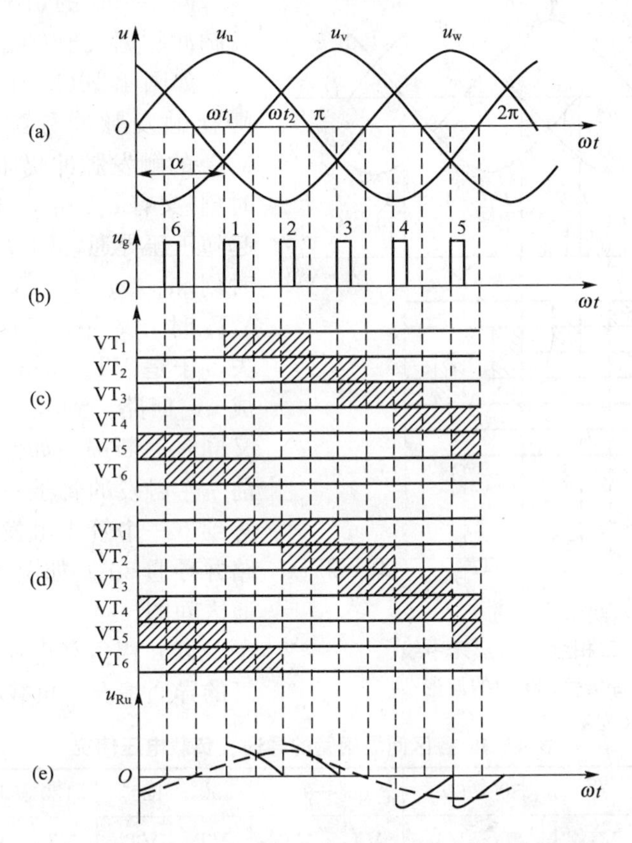

图 4.15　三相全波 Y 形无中线调压电路 $\alpha=90°$时的波形

首先假设触发脉冲 U_g 有足够的宽度：大于 60°。则在触发 VT_1 时，VT_6 还有触发脉冲，由于此时(ωt_1 时刻)$u_u>u_v$，VT_6 可以和 VT_1 一起导通，由 u，v 两相构成回路，电流流向为：VT_1－u 相负载－v 相负载－VT_6，这种状态维持到什么时候呢？只要 $u_u>u_v$，VT_1、VT_6 就能随正压导通下去。一直到开始 $u_u<u_v$(ωt_2 时刻)，VT_1、VT_6 才能同时关断。同样，当 U_{g2}到来时，VT_1 的触发脉冲 U_{g1}还存在，又由于 $u_u>u_w$，使得 VT_2 和 VT_1 能随正压一起触发导通，构成 uw 相回路……如此下去，可以知道每个管子导通后，与前一个触发的管子一起构成回路，导通 60°后关断，然后又与新触发的下一个管子一起构成回路，再导通 60°后关断。如图 4.15(d)所示为其正确的导通区间图。

因此，由负载电压 u_{Ru}可以看出，正、负半周波形是反向对称的，如图 4.15(e)所示。各区间晶闸管的导通情况、负载电压见表 4－3。

表 4-3 各区间晶闸管的导通、负载电压情况

ωt	0°～30°	30°～90°	90°～150°	150°～180°
晶闸管导通情况	VT_4、VT_5 导通	VT_5、VT_6 导通	VT_1、VT_6 导通	VT_1、VT_2 导通
u_{Ru}	(1/2) u_{uw}	0	(1/2) u_{uv}	(1/2) u_{uw}

归纳起来，$\alpha=90°$时的导通特点如下：每管导通 120°；每个区间有两个晶闸管导通。

(5) 触发角 $\alpha=120°$时。

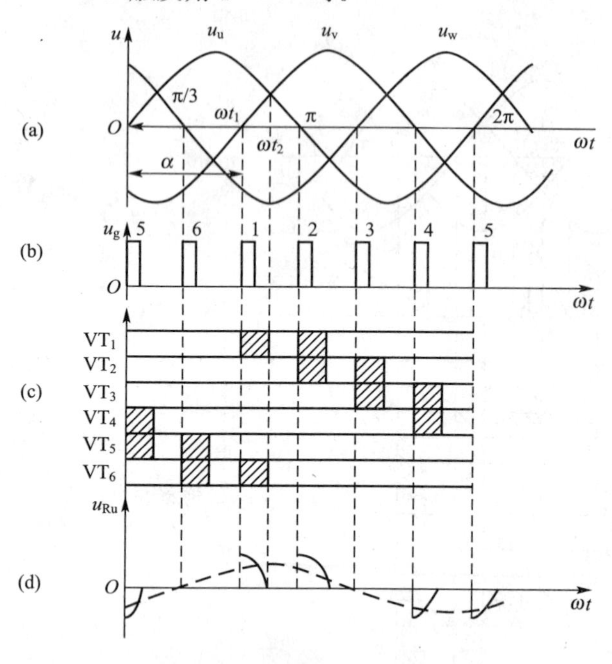

图 4.16 三相全波 Y 形无中线调压电路 $\alpha=120°$时的波形

同 $\alpha=90°$的情况一样，仍然假设触发脉冲脉宽大于 60°。

如图 4.16(b)所示为 $\alpha=120°$时各晶闸管触发脉冲分配图。触发 VT_1 时，VT_6 的触发脉冲仍未消失，而这时(ωt_1 时刻)又有 $u_u>u_v$，于是 VT_1 与 VT_6 一起随正压导通，构成 uv 相回路，到(ωt_2 时刻)$u_u<u_v$ 时，又同时关断。而触发 VT_2 时，又由于 VT_1 的触发脉冲还未消失，于是 VT_2 与 VT_1 一起导通，又构成 uw 回路，到 $u_u<u_w$ 时，VT_1，VT_2 又同时关断……如此下去，每个管子与前一个触发的管子一起导通 30°后关断，等到下一个管子触发再与之一起构成回路并导通 30°。如图 4.16(c)所示为其导通区间图。

以 u 相负载电压为例，各区间晶闸管的导通情况、负载电压见表 4-4。

表 4-4 各区间晶闸管的导通、负载电压情况

ωt	0°～30°	30°～60°	60°～90°	90°～120°	120°～150°	150°～180°
晶闸管导通情况	VT_4、VT_5 导通	VT_1～VT_6 导通	VT_5、VT_6 导通	VT_1～VT_6 均不导通	VT_1、VT_6 导通	VT_1～VT_6 均不导通
u_{Ru}	(1/2) u_{uv}	0	0	0	(1/2) u_{uw}	0

如图 4.16(d)所示为 u 相负载电压 u_{Ru} 波形。

归纳 $\alpha=120°$时的导通特点如下：每个晶闸管触发后导通 30°，关断 30°，再触发导通 30°；各区间要么由两个管子导通构成回路，要么没有管子导通。

(6) 触发角 $\alpha\geqslant 150°$时。

$\alpha\geqslant 150°$以后，负载上没有交流电压输出。以 VT_1 的触发为例，当 U_{g1} 发出时，尽管 VT_6 的触发脉冲仍存在，但电压已过了 $u_u>u_v$ 区间，这样，VT_1、VT_6 即使有脉冲也没有正向电压，其他的管子没有触发脉冲，更不可能导通，因此从电源到负载构不成通路，输出电压为零。

从图 4.12 至图 4.16 可以看出，$\alpha=0°$时调压电路输出全电压，α 增大则输出电压减

小，$\alpha=150°$时输出电压为零。触发角 α 由 0°至 150°变化，则输出电压从最大到零连续变化，此外，随着 α 的增大，电流的不连续程度增加，每相负载上的电压已不是正弦波，但正、负半周对称。因此，调压电路输出电压中只有奇次谐波，以 3 次谐波所占比重最大。但由于这种线路没有零线，故无 3 次谐波通路，减少了 3 次谐波对电源的影响。

2）三相调压电路在电感性负载时的工作情况

单相交流调压电路在电阻-电感性负载下的工作情况，前面已做了较详细的分析。三相交流调压电路在电感性负载下的情况要比前者复杂得多，所以很难用数学表达式进行描述。从实验可知，当三相交流调压电路带电感性负载时，同样要求触发脉冲为宽脉冲，而脉冲移相范围为：$\varphi\leqslant\alpha\leqslant150°$。

4.2　交流调功电路和交流电力电子开关

4.2.1　交流调功电路

前面介绍的各种交流调压电路都采用移相触发控制，这种触发方式会使电路中的正弦波形出现缺角，包含较大的高次谐波。为了克服这个缺点，通常可采用另一类触发方式，即过零触发或称为零触发。交流零触发开关使电路在电压为零或零附近瞬间接通，利用管子电流小于维持电流使管子自行关断，这种开关对外界的电磁干扰最小。功率的调节方法如下：在设定的周期 T 内，用零电压开关接通几个周波，然后断开几个周波，改变晶闸管在设定周期内的通断时间比例，调节负载上的交流平均电压，即可达到调节负载功率的目的。因此，这种装置也称为调功器或周波控制器。

如图 4.17 所示为设定周期 T_C 内零触发输出电压波形的两种工作方式，如在设定周期 T 内导通的周波数为 n，每个周波的周期为 T($f=50$Hz，$T=20$ms)，则调功器的输出功率是

$$P=\frac{nT}{T_C}P_n \tag{4-8}$$

输出电压有效值是

$$U=\sqrt{\frac{nT}{T_C}}U_n \tag{4-9}$$

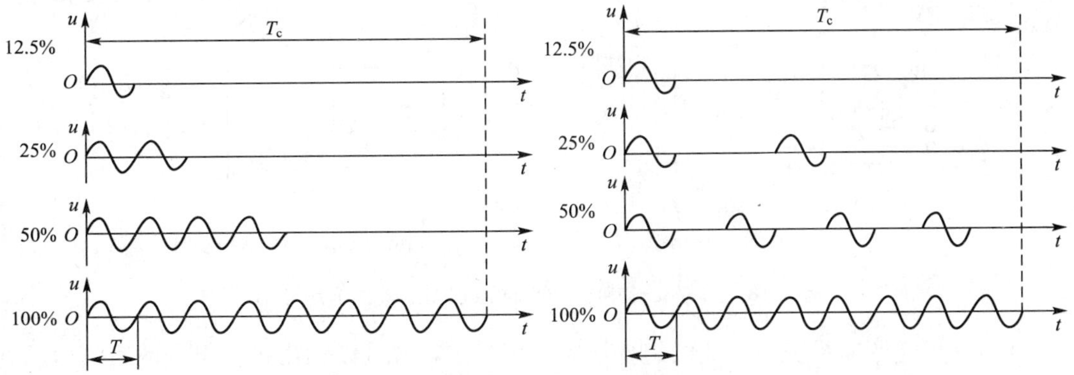

图 4.17　过零触发输出电压波形

式中：P_n 为设定周期 T_C 内全部周波导通时，装置输出的功率；U_n 为设定周期 T 内全部周波导通时，装置输出的电压有效值；n 为在设定周期 T_C 内导通的周波数。

因此改变导通周波数 n 即可改变电压和功率。

4.2.2　交流电力电子开关

把晶闸管反并联后串入交流电路中代替电路中的机械开关，起接通和断开电路的作用，这就是交流电力电子开关。和机械开关相比，这种开关响应速度快，没有触点，寿命长，可以频繁控制通断。交流调功电路也是控制电路的接通和断开，但它是以控制电路的平均输出功率为目的的，其控制手段是改变控制周期内电路导通周波数和断开周波数的比。而交流电力电子开关并不去控制电路的平均功率，通常也没有明确的控制周期，只是根据需要控制电路的接通和断开。因此，交流电力电子开关是一种快速、理想的交流开关。晶闸管交流开关总是在电流过零时关断，在关断时不会因负载或线路电感储存能量而造成暂态过电压和电磁干扰，因此特别适用于操作频繁、可逆运行及有易燃气体、多粉尘的场合。

4.3　交-交变频电路

交-交变频电路是不通过中间直流环节而把工频交流电直接变换成不同频率交流电的变流电路。交-交变频电路也称周波变换器。因为没有中间直流环节，仅用一次变换就实现了变频，所以它的效率较高。大功率交流电动机调速系统所用的变频器主要是交-交变频器。

生产中所用的交-交变频器大多是三相交-交变频电路，但单相输出的交-交变频电路是其基础。为此，首先介绍单相输出交-交变频电路的构成、工作原理和控制方法，然后介绍实用的三相输出交-交变频电路。

4.3.1　单相交-交变频电路

1. 基本结构和工作原理

如图 4.18 所示是单相交-交变频电路的原理图。电路由两组反并联的晶闸管可逆变换器构成，和直流可逆调速系统用的四象限变换器完全一样，两者的工作原理也非常相似。

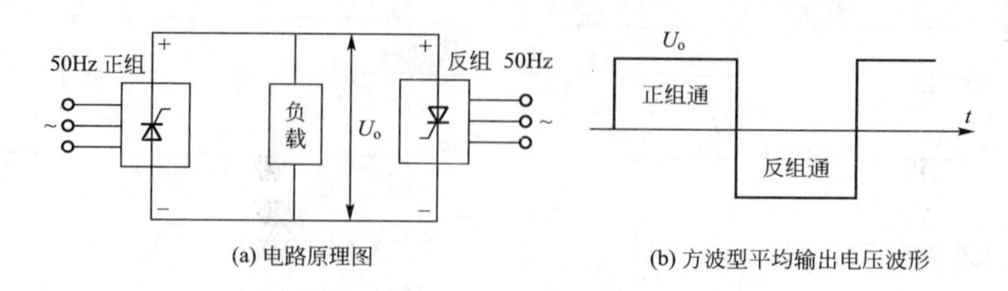

(a) 电路原理图　　(b) 方波型平均输出电压波形

图 4.18　单相交-交变频电路的原理图及输出电压波形

在直流可逆调速系统中，让两组变换器分别工作，就可以输出极性可变的直流电。在交-交变频电路中，让两组变换器按一定频率交替工作，就可以给负载输出该频率的交流电。改变两组变换器的切换频率，就可以改变输出频率。改变变换器工作时的控制角 α，就可以改变变换器输出电压的幅值。根据控制角 α 的变化方式的不同，变频器有方波型交-交变频器、正弦波型交-交变频器之分。

1）方波型交-交变频器

单相交-交变频器的主电路如图 4.18(a)所示，图中负载 R 由正组与反组晶闸管整流电路轮流供电。各组所供电压的高低由移相控制角 α 控制，当正组供电时，R 上获得正向电压；当反组供电时，R 上获得负向电压。

如果在各组工作期间 α 不变，则输出电压 U_o 为矩形波交流电压，如图 4.18(b)所示。改变正反组切换频率，可以调节输出交流电的频率，而改变 α 的大小即可调节矩形波的幅值，从而调节输出交流电压 U_o 的大小。

2）正弦波型交-交变频器

正弦波型交-交变频器的主电路与方波型的主电路相同，但正弦波型交-交变频器可以输出平均值按正弦规律变化的电压，克服了方波型交-交变频器输出波形高次谐波成分大的缺点，故作为变频器它比前一种更为实用。

(1) 输出正弦波形的获得方法。

在正组桥整流工作时，设法使控制角 α 由大到小再变大，如从 $\pi/2\rightarrow0\rightarrow\pi/2$，必然引起输出的平均电压由低到高再到低的变化，如图 4.19(a)所示。而在正组桥逆变工作时，使控制角由小变大再变小，如从 $\pi/2\rightarrow\pi\rightarrow\pi/2$，就可以获得如图 4.19(b)所示的平均值可变的负向逆变电压。但 α 按什么规律去控制，才能使输出电压平均值的变化规律成为正弦波形呢?通常采用的方法是余弦交点法：其移相控制角 α 的变化规律应使得整流输出电压的瞬时值最接近于理想正弦电压的瞬时值，即整流输出电压瞬时值与理想正弦电压瞬时值相等。

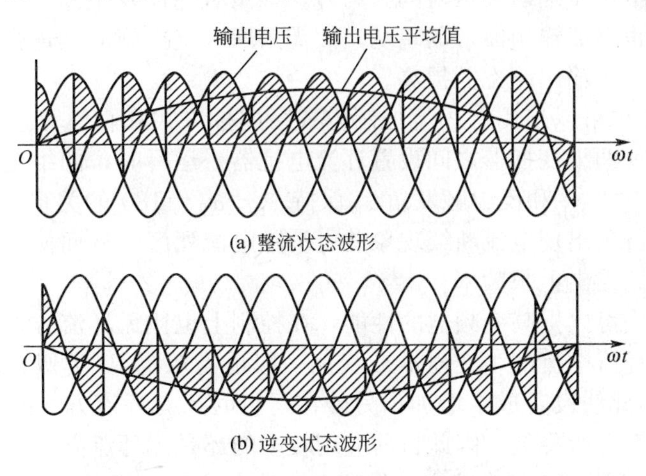

图 4.19　正弦型交-交变频器的输出电压波形

设希望的理想正弦电压瞬时值为：$u=U_m\sin\omega t$；整流输出电压瞬时值由整流组Ⅰ与整流组Ⅱ切换提供，各整流组输出电压瞬时值为

$$u_{\mathrm{I}}=U_{dm}\cos\alpha_{\mathrm{I}}；\ u_{\mathrm{II}}=-U_{dm}\cos\alpha_{\mathrm{II}} \qquad (4-10)$$

式中：U_{dm} 为整流组所能输出的最高直流电压。

当Ⅰ组开放时，$u=u_{\mathrm{I}}$，即 $U_m\sin\omega t=U_{dm}\cos\alpha_{\mathrm{I}}$；

当Ⅱ组开放时，$u=u_{\mathrm{II}}$，即 $U_m\sin\omega t=-U_{dm}\cos\alpha_{\mathrm{II}}$。

于是有

$$\alpha_{\mathrm{I}}=\arccos\left(\frac{U_{\mathrm{m}}}{U_{\mathrm{dm}}}\sin\omega t\right)=\arccos(K_{\mathrm{u}}\sin\omega t) \tag{4-11}$$

$$\alpha_{\mathrm{II}}=\arccos\left(-\frac{U_{\mathrm{m}}}{U_{\mathrm{dm}}}\sin\omega t\right)=\arccos(-K_{\mathrm{u}}\sin\omega t)=\pi-\alpha_{\mathrm{I}} \tag{4-12}$$

式中：K_{u} 为输出电压比，$K_{\mathrm{u}}=U_{\mathrm{m}}/U_{\mathrm{dm}}$，为整流组输出的峰值直流电压与整流组所能输出的最大直流电压之比。

式(4-10)、式(4-11)、式(4-12)就是用余弦交点法求变流电路控制角 α 的基本公式。

(2) 输出电压有效值和频率的调节。

改变给定正弦波的幅值和频率，它与余弦同步信号的交点也改变，从而改变了正、反组电源周期各相中的触发角 α，达到调压和变频的目的。

交-交变频电路的输出电压并不是平滑的正弦波形，而是由若干段电源电压拼接而成的。在输出电压的一个周期内，所包含的电源电压段数越多，其波形就越接近正弦波。交-交变频电路的正反两组交流电路通常采用三相桥式电路，这样在电源电压的一个周期内，输出电压将由 6 段电源电压组成。如采用三相半波电路测电源电压，一个周期内输出的电压只由 3 段电源相电压组成，波形变差，因此很少使用。从原理上看，也可以采用单相整流电路，但这时波形更差，一般不用。

2. 无环流控制及有环流控制

前面的分析都是基于无环流工作方式进行的。为保证负载电流反向时无环流，系统必须留有一定的死区时间，这就使得输出电压的波形畸变增大。为了减小死区的影响，应在确保无环流的前提下尽量缩短死区时间。另外，在负载电流发生断续时，相同 α 角时的输出电压被抬高，这也造成输出波形的畸变，故需采取一定措施对其进行补偿。电流死区和电流断续的影响限制了输出频率的提高。

交-交变频电路也可以采用有环流控制方式。这种方式和直流可逆调速系统中的有环流方式类似，在正反两组变换器之间设置环流电抗器。运行时，两组变换器都施加触发脉冲，并且使正组触发角 α_{I} 和反组触发角 α_{II} 保持 $\alpha_{\mathrm{I}}+\alpha_{\mathrm{II}}=180°$ 的关系。由于两组变换器之间流过环流，可以避免出现电流断续现象并可消除电流死区，从而使变频电路的输出特性得以改善，还可提高输出上限频率。

有环流控制方式可以提高变频器的性能，在控制上也比无环流方式简单，但是在两组变换器之间要设置环流电抗器，变压器二次侧一般也需双绕组(类似直流可逆调速系统的交叉连接方式)，因此使设备成本增加；另外在运行时，有环流方式的输入功率比无环流方式的略高，使效率有所降低，因此目前应用较多的还是无环流方式。

总之，交-交变频器由于其直接变换的特点，效率较高、可方便地进行可逆运行。但主要缺点是：①功率因数低；②主电路使用晶闸管元件数目多，控制电路复杂；③变频器输出频率受到其电网频率的限制，最大变频范围在电网的二分之一以下。因此，交-交变频器一般只适用于球磨机、矿井提升机、电动车辆、大型轧钢设备等低速、大容量拖动场合。

3. 三相-单相交-交变频电路

将两组三相可逆整流器反并联即可构成三相-单相变频电路。如图 4.20 所示为采用两组三相半波整流的线路，如图 4.21 所示则为采用两组三相可逆桥式整流的线路。

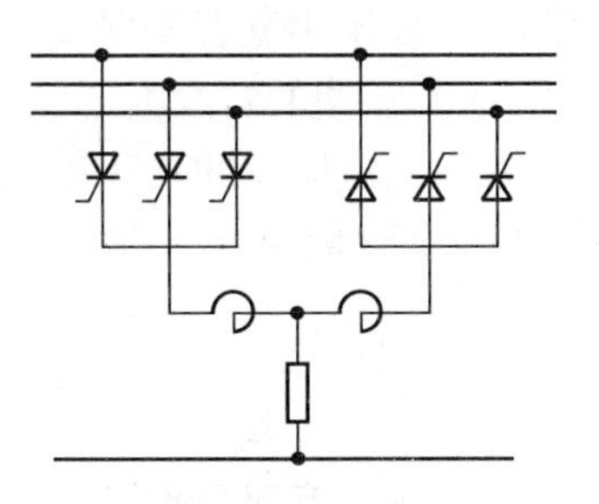
图 4.20 三相半波-单相交-交变频电路

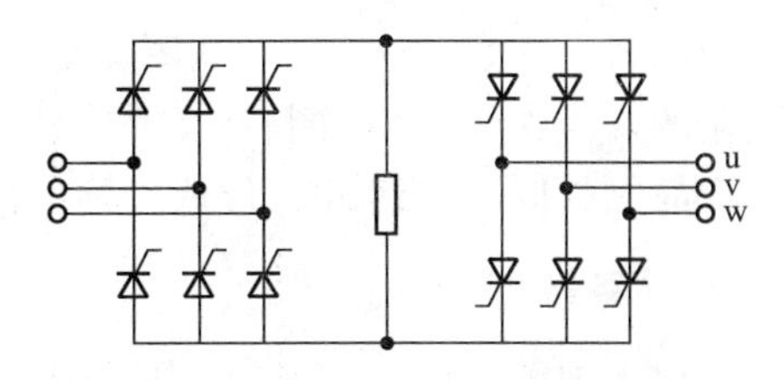

图 4.21 三相桥式-单相交-交变频电路

4.3.2 三相交-交变频电路

交-交变频器主要用于交流调速系统中，因此实际使用的主要是三相交-交变频器。三相交-交变频器电路是由 3 组输出电压相位互差 120°的单相交-交变频电路组成的，因此 4.3.1 节的许多分析和结论对三相交-交变频电路也是适用的。

1. 电路的接线方式

三相交-交变频电路主要有两种接线方式，即公共交流母线进线方式和输出 Y 形连接方式。

1）公共交流母线进线方式

如图 4.22 所示是公共交流母线进线方式的三相交-交变频电路原理图，它由 3 组彼此独立的、输出电压相位互相差开 120°的单相交-交变频电路组成，它们的电源进线通过电抗器接在公共的交流母线上。因为电源进线端公用，所以 3 组单相变频电路的输出端必须隔离。为此，交流电动机的 3 个绕组必须拆开，共引出 6 根线。公共交流母线进线方式的三相交-交变频电路主要用于中等容量的交流调速系统。

2）输出 Y 形连接方式

如图 4.23 所示是输出 Y 形连接方式的三相交-交变频电路原理图。3 组单相交-交变频电路的输出端 Y 形连接，电动机的 3 个绕组也是 Y 形连接，电动机的中点不和变频器的中点接在一起，电动机只引出 3 根线即可。图 4.23 为 3 组单相变频器连接在一起，其电源进线必须隔离，所以 3 组单相变频器分别用 3 个变压器供电。

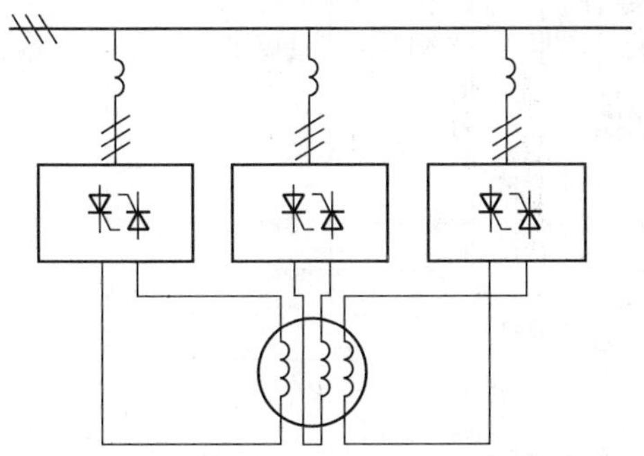
图 4.22 公共母线进线方式的三相交-交变频电路

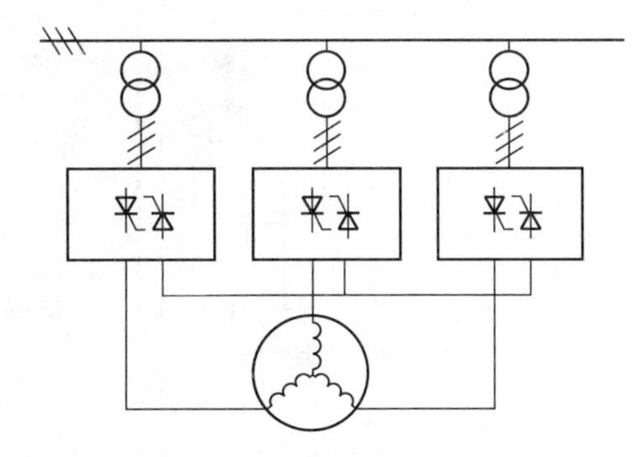
图 4.23 输出 Y 形连接方式的三相交-交变频电路

由于变频器输出端中点不和负载中点相连接，所以在构成三相变频器的 6 组桥式电路中，至少要有不同相的两组桥中的 4 个晶闸管同时导通才能构成回路，形成电流。同一组桥内的两个晶闸管靠双脉冲保证同时导通，两组桥之间靠足够的脉冲宽度来保证同时有触发脉冲。每组桥内各晶闸管触发脉冲的间隔约为 60°，如果每个脉冲的宽度大于 30°，那么无脉冲的间隔时间一定小于 30°，如图 4.22 所示，这样，尽管两组桥脉冲之间的相对位置是任意变化的，但在每个脉冲持续的时间里，总会在其前部或后部与另一组桥的脉冲重合，使 4 个晶闸管同时有脉冲，形成导通回路。

2. 具体电路结构

下面列出了两种三相交-交变频电路的电路结构。如图 4.24 所示为三相桥式整流器组成的三相-三相交-交变频电路，采用公共交流母线进线方式；如图 4.25 所示为三相桥式整流器组成的三相-三相交-交变频电路，给电动机负载供电，采用输出 Y 形连接方式。

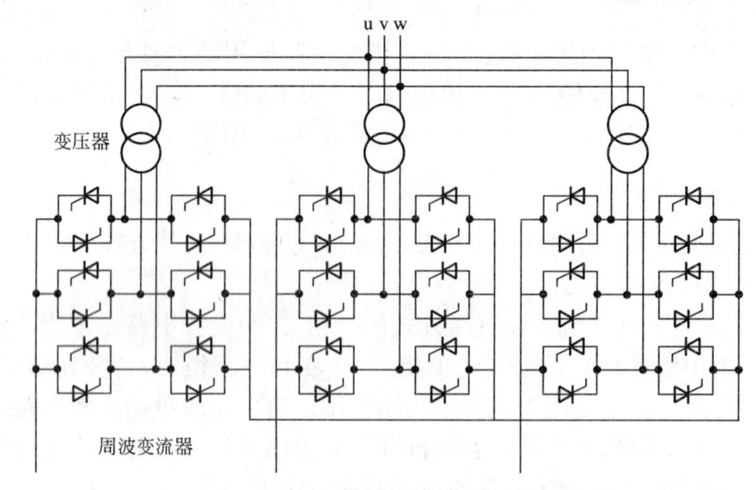

图 4.24　三相桥式整流器组成的三相-三相交-交变频电路(公共母线进线方式)

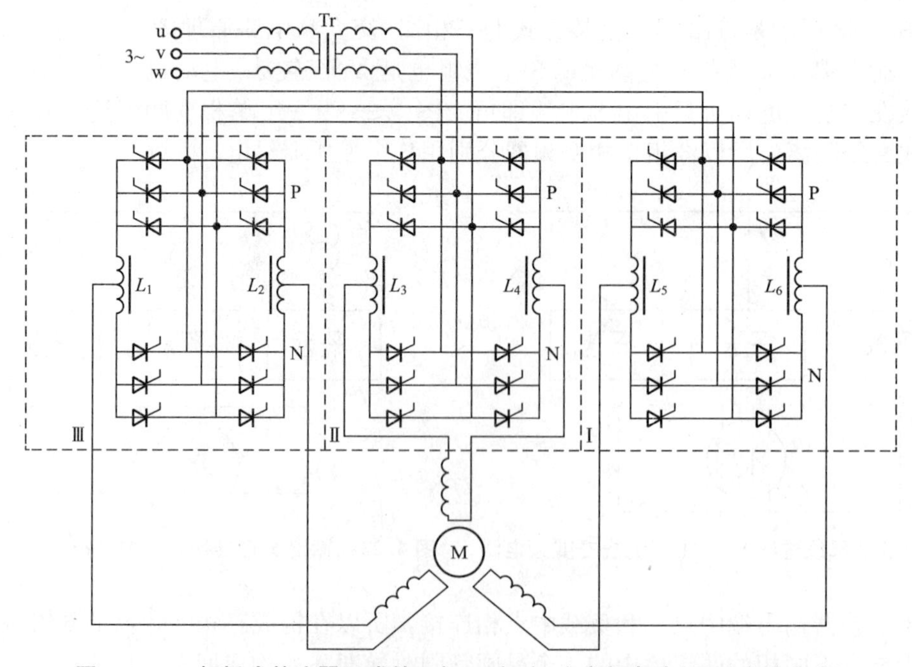

图 4.25　三相桥式整流器组成的三相-三相交-交变频电路(星形连接方式)

4.4　晶闸管交-交变换器的应用

4.4.1　晶闸管交流调压应用电路

交流调压广泛用于工业加热、灯光控制、感应电动机调压调速以及电焊、电解、电镀交流侧调压等场合。单相交流调压用于小功率调节，广泛用于民用电气控制。

1. 触发二极管触发的交流调压电路

如图 4.26 所示为采用触发二极管的交流调压电路。

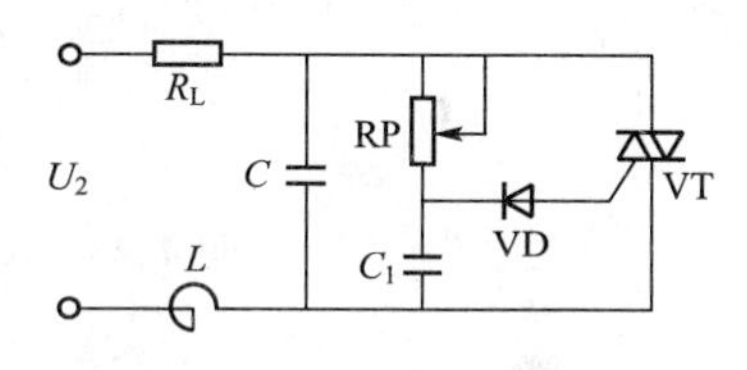

图 4.26　触发二极管的交流调压电路

触发二极管 VD 是 3 层 PNP 结构，两个 PN 结有对称的击穿特性，击穿电压通常为 30V 左右。当双向晶闸管 VT 阻断时，电容 C_1 经电位器 RP 充电，当 u_{C1} 达到一定数值时，触发二极管击穿导通，双向晶闸管也触发导通，改变 RP 的阻值可改变控制角 α。电源反向时，触发二极管 VD 反向击穿，VT 属 I_+、III_- 触发方式，负载上得到的是正负缺角正弦波。目前生产的双向晶闸管，不少已经把 VD 与 VT 集成在一起，门极经过双向触发管引出，使用时更方便。

2. 单结晶体管触发的交流调压电路

如图 4.27 所示为单结晶体管触发的交流调压电路，电路工作在 I_+、III_- 触发状态，热敏电阻用于温度补偿。电路工作请读者自行分析。

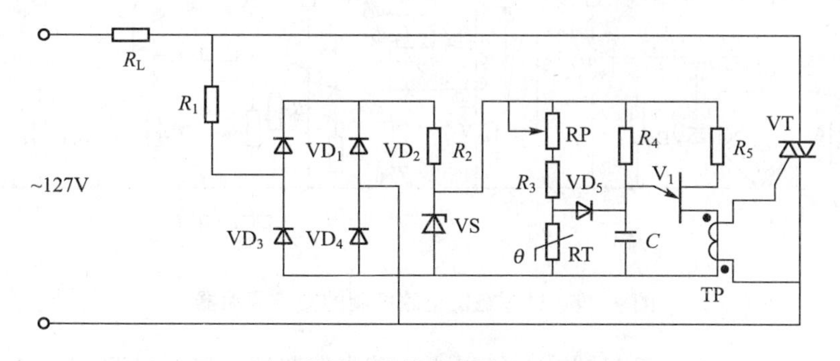

图 4.27　单结晶体管触发的交流调压电路

3. KC06 触发器触发的晶闸管交流调压电路

KC06 触发器触发的晶闸管交流调压电路如图 4.28 所示。

该触发电路主要适用于交流直接供电的双向晶闸管或反并联普通晶闸管的交流移相控制。由交流电网直接供电，而不需要外加同步信号、输出脉冲变压器和外接直流工作电源。RP_1 可调节触发电路锯齿波斜率，R_5、C_2 调节脉冲的宽度，RP_2 是移相控制电位器。

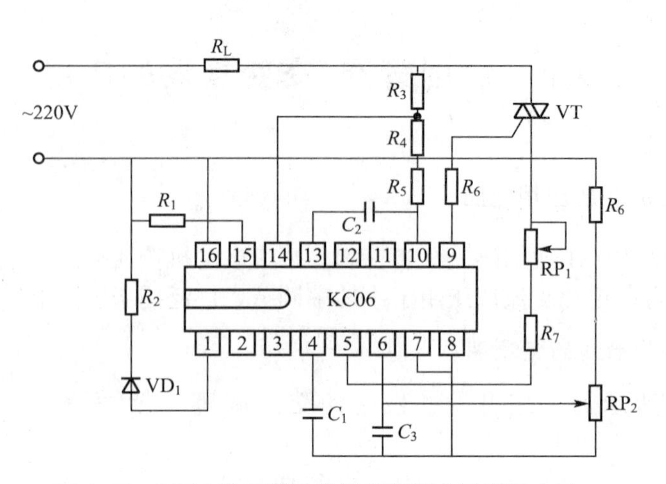

图 4.28　KC06 触发器触发的晶闸管交流调压电路

4.4.2　晶闸管交流调功器应用电路

交流调功器的主电路通常可用两只普通晶闸管反并联或双向晶闸管组成。如图 4.29 所示为全周波连续式分立元件组成的过零触发电路控制的交流调功器，它由主电路、锯齿波产生、信号综合、直流开关、过零脉冲输出及同步电压等部分组成。工作原理简述如下。

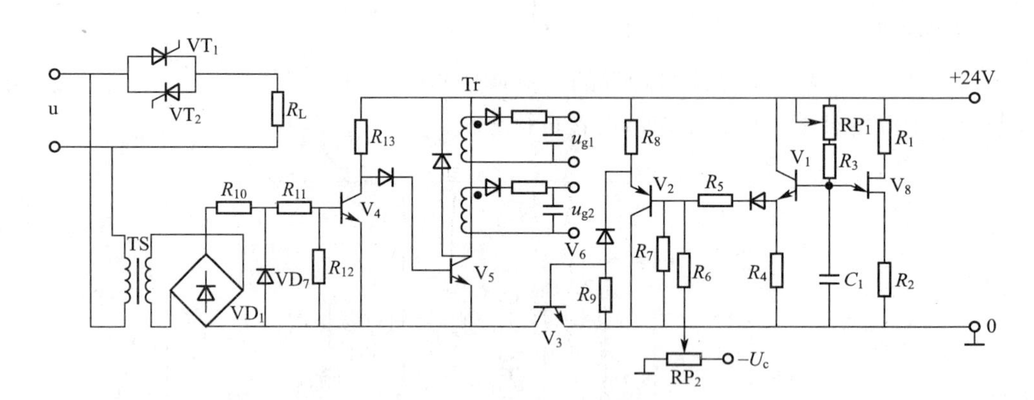

图 4.29　过零触发电路控制的交流调功器

(1) 锯齿波由单结晶体管 V_8 与 C_1 等组成的驰张振荡器，经射极跟随器(V_1、R_4)输出，波形如图 4.30(a)所示。锯齿波底宽对应一定的时间周期 T_c 调节电位器 RP_1，可改变锯齿波斜率和 T_c，由于单结晶体管的分压比一定，电容开始放电的电压也一定，斜率减小使锯齿波底宽增大，设定的周期 T_c 亦增大。

(2) 电位器 RP_2 上的控制电压 U_c 与锯齿波电压进行叠加后送至 V_2 的基极，合成电压为 u_s。当 $u_s>0$ 时，V_2 导通；$u_s<0$ 时，V_2 截止，如图 4.30(b)所示。

(3) 由 V_3 管组成触发电路的直流开关。V_2 管导通则 V_3 管截止；V_2 管截止则 V_3 管导通，如图 4.30(c)所示。

(4) 过零脉冲输出。由同步变压器 TS、整流桥 VD_1 及 R_{10}、R_{11}、VD_7 形成削波同步电压，如图 4.30(d)所示。它与直流开关输出电压共同控制 V_4、V_5 管，只有在直流开关 V_3 导通期间，同步电压过零点使 V_4 截止，V_5 才能导通输出触发脉冲，此脉冲使晶闸管导通，如图 4.30(e)所示。增大控制电压 U_c(数值上)，便可增加直流开关 V_3 的导通时间，也就增加了设定周期 T 内的导通周波数，从而增加输出功率。

过零触发虽然没有移相触发时的高次谐波干扰，但其通断频率比电源频率低，特别当通断比太小时，会出现低频干扰，使照明设备出现人眼能察觉到的闪烁，电表指针出现摇摆等。所以，调功器通常用于热惯性较大的电热负载。

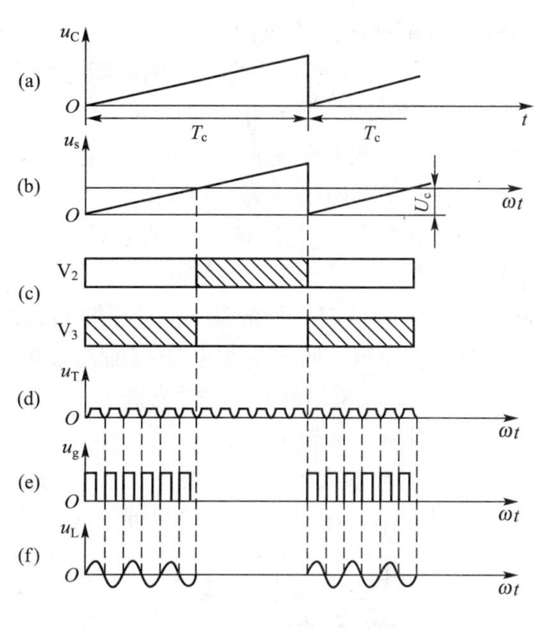

图 4.30　过零触发电路的电压波形

4.4.3　晶闸管交流开关应用电路

1. 晶闸管交流开关的基本形式

晶闸管交流开关的工作特点是：门极毫安级电流的通断，可控制晶闸管阳极几十到几百安大电流的通断。晶闸管在承受正半周电压时触发导通，在电流过零后，利用电源负半周在管子上施加反压而使其自然关断。常见的几种晶闸管交流开关形式如图 4.31 所示。

如图 4.31(a)所示为普通晶闸管反并联的交流开关，当 S 合上时，VD_1、VD_2 分别给晶闸管 VT_1、VT_2 提供触发电压，使管子可靠触发，负载上得到的基本上是正弦电压。如图 4.31(b)所示采用双向晶闸管，为 I_+、III_- 触发方式，线路简单，但工作频率比反并联电路低。如图 4.31(c)所示只用一只普通晶闸管，管子不受反压，但由于串联元件多，压降损耗较大。

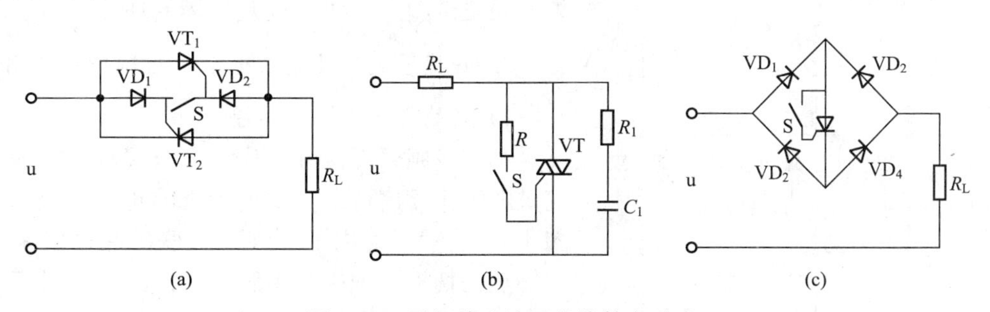

图 4.31　晶闸管交流开关的基本形式

2. 固态开关

固态开关也是一种晶闸管交流开关，是近年来发展起来的一种固态无触点开关，简称 SSS。它包括固态继电器(简称 SSR)和固态接触器(简称 SSC)，是一种以双向晶闸管为基础构成的无触点开关组件。

如图 4.32(a)所示为光电双向晶闸管耦合器非零电压开关。输入端 1、2 输入信号时，光电双向晶闸管耦合器 B 导通，由 R_2，B 出形成通路，以I_+、III_-方式触发双向晶闸管 VT 门极。这种电路相对于输入信号的交流电源的任意相位均可同步接通，称为非零电压开关。

如图 4.32(b)所示为光电晶闸管耦合的零电压开关，输入端 1、2 输入信号且光控晶闸管门极不短接时，耦合器 B 中的光控晶闸管导通，经过整流桥与导通的光控晶闸管提供 VT 门极电流，使 VT 导通。由 R_3、R_2、V_1 组成零电压开关功能电路，当电源电压过零并升至一定幅值时，原导通的光控晶闸管被关断。

如图 4.32(c)所示为零电压接通与零电流断开的理想无触点开关，输入端 1、2 加上输入信号(交直流电压均可)，适当选取 R_2 与 R_3 的比值，使交流电源的电压在接近零值区域(±25V)且有输入信号时，V_2 管截止；无输入信号时，V_2 管饱和导通。因此，不论管子什么时刻加上输入信号，开关只能在电压过零附近使晶闸管 VT_1 导通，也就是双向晶闸管只能在零电压附近加触发信号使开关闭合。

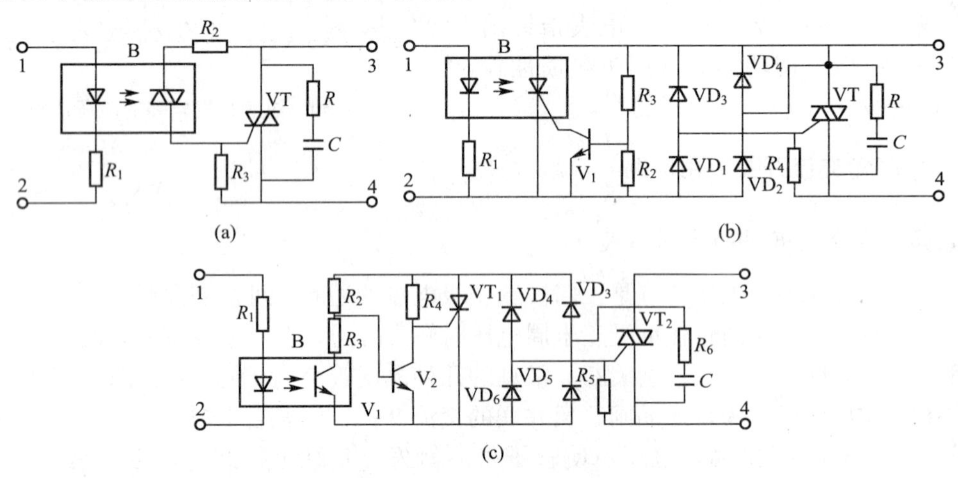

图 4.32　3 种固态开关电路

固态开关一般采用环氧树脂封装，具有体积小、工作频率高的特点，适合工作于频繁开关或潮湿、有腐蚀性及易燃的环境中。

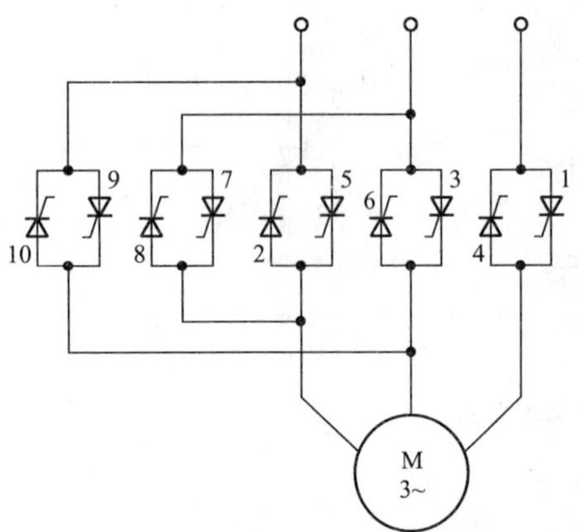

图 4.33　晶闸管交流调压调速系统可逆运行和制动原理图

3. 晶闸管交流开关在电动机控制中的应用

1）电动机的正反转控制

利用晶闸管交流开关代替交流接触器，通过改变供电电压相序可以实现电动机的正反转控制。如图 4.33 所示，采用了 5 组反并联的晶闸管来实现无触点的切换。图中晶闸管1～6供给电动机定子正相序电源；而晶闸管 7～10 及 1、4 则供给电动机定子反相序电源，从而可使电动机正、反向旋转。

2）电动机的反接制动与能耗制动

利用图 4.33 所示的电路还可以进行电动机的反接制动与能耗制动。反接制动时，工作的晶闸管就是上述供给电动机定子反相序电源的6个元件。当电动机要进行耗能制动时，可根据制动电路的形式不对称地控制某几个晶闸管工作。如仅使1、2、6这3个元件导通，其他元件都不工作，这样就可使电动机定子绕组中流过直流电流，而对旋转着的电动机产生制动转矩，所以调压调速系统具有良好的制动特性。

4.5 本章小结

(1) 交流电压调节、交流调功与交流开关是交流-交流变换的重要内容，单相电路的基本接线方式是一对反并联的普通晶闸管或一只双向晶闸管与负载串联接在交流电路中。

改变反并联晶闸管或双向晶闸管的控制角 α，就可方便地实现交流调压。当晶闸管交流调压器带电感性负载时，必须防止因正负半周工作不对称而造成的输出交流电压中出现直流分量的情况。带电感性负载时，若控制角 α 小于负载阻抗角时，晶闸管工作于全导通；若触发脉冲为窄脉冲，进一步减小 α 时，就会造成晶闸管工作不对称，这是必须避免的，所以交流调压电路通常都采用宽脉冲触发或脉冲列触发。功率较大时，可采用三相交流调压，三相交流调压常用的接线方式有4种，4种电路的移相范围、电流计算及电路特点列于表4-5。

表4-5　电路参数和性能特点

序号	电路	晶闸管工作电压（峰值）	晶闸管工作电流（峰值）	移相范围	线路性能特点
1	如图4.8	$\sqrt{\frac{2}{3}}U_1$	$0.45I_1$	0°～180°	①是3个单相电路的组合；②输出电压电流波形对称；③中性线上有谐波电流流过，特别是3次谐波电流；④适用于中小容量可接中性线的各种负载(U_1，I_1 为线电压和线电流)
2	如图4.9	$\sqrt{2}U_1$	$0.26I_1$	0°～150°	①是3个单相电路的组合；②输出电压电流波形对称；③与Y连接相比较，在同容量时，此电路可选电流小、耐压高的晶闸管；④此种接法实际应用较少
3	如图4.11	$\sqrt{2}U_1$	$0.45I_1$	0°～150°	①负载对称，当三相皆有电流时，如同3个单相电路的组合；②应采用双窄脉冲或大于60°的宽脉冲触发；③不存在3次谐波电流；④适用于各种负载
4	如图4.10	$\sqrt{2}U_1$	$0.68I_1$	0°～210°	①线路简单，成本低；②适用于三相负载Y连接，且中性点能拆开的场合；③因线间只有一个晶闸管，属于不对称控制

过零触发是在电压零点附近触发晶闸管使其导通，在设定的周期内改变晶闸管导通的周期数，以实现交流调压或调功。过零触发克服了移相触发有谐波干扰的不足。

晶闸管交流开关像普通接触器一样，用门极小电流的通断去控制阳极大电流的通断，完全消除了电磁继电器、接触器所存在的触点粘着、弹跳、磨损等问题，开关频率显著提高。

(2) 交-交变频是交流-交流变换的另一重要内容，它不通过中间直流环节而把工频交流电直接变换成不同频率的交流电。交-交变频器效率较高。生产中所用的交-交变频器大多是三相交-交变频电路，而单相输出的交-交变频电路是其基础。单相输出的交-交变频器的工作原理基于直流可逆变流，根据控制角 α 变化方式的不同，有方波型交-交变频器、正弦波型交-交变频器之分。要使交-交变频器输出电压平均值的变化规律为正弦型，可采用余弦交点法。交-交变频器的电流控制方式有无环流控制及有环流控制两种，其工作方式和直流可逆变流系统中的环流工作方式类似，将两组三相可逆整流器反并联即可构成一组三相-单相变频电路。3 组三相-单相变频电路可以组合成一个三相-三相的交-交变频电路。三相交-交变频电路主要有两种接线方式，即公共交流母线进线方式和输出星形连接方式。

4.6　习题及思考题

1. 在交流调压电路中，采用相位控制和通断控制各有什么优缺点？为什么通断控制适用于大惯性负载？

2. 试分析带电阻性负载的三相 Y 形调压电路，在控制角 $\alpha=30°$、$45°$、$120°$、$135°$四种情况下的晶闸管导通区间分布及主电路输出波形。

3. 单相交流调压电路，负载阻抗角为 30°，问控制角 α 的有效移相范围有多大？如为三相交流调压电路，则 α 的有效移相范围又为多大？

4. 一电阻性负载加热炉由单相交流调压电路供电，如果 $\alpha=0°$时输出功率最大，试求功率为 80%、50%时的控制角 α。

5. 一晶闸管单相交流调压器，用于控制 220V 交流电源供电的电阻为 0.5Ω，感抗为 0.5Ω 的串联负载电路。试求：

(1) 触发角范围；

(2) 负载电流的最大有效值；

(3) 最大功率和此时的功率因数；

(4) 当 $\alpha=2\pi$ 时晶闸管电流的有效值、导通角和电源侧的功率因数。

6. 单相交流晶闸管调压器用于 220V 电源，阻感负载：$R=9\Omega$，$L=14\mathrm{mH}$。当 $\alpha=20°$ 时，求负载电流有效值及其表达式。

7. 两晶闸管反并联的单相交流调压电路，输入电压 $U_2=220\mathrm{V}$，负载电阻 $R=5\Omega$。如晶闸管开通 100 个电源周期，关断 80 个电源周期，求：

(1) 输出电压有效值；

(2) 输出平均功率；

(3) 输入功率因数；

(4) 单个晶闸管的电流有效值。

8. 采用两晶闸管反并联的单相调压电路，输入电压 U_{gc1} = 220V，负载为 RL 串联，其中 R = 1Ω，L = 5.5mH。求：

（1）触发角的移相范围；

（2）负载电流的最大值；

（3）最大输出功率；

（4）输入功率因数。

9. 采用两晶闸管反并联的三相交流调功电路，线电压 U_1 = 380V，对称负载电阻 R = 2Ω，三角形连接。若采用通断控制，导电时间为 15 个电源周期，负载平均功率为 43.3kW，求控制周期和通断比。

10. 如图 4.34 所示为单相晶闸管交流调压电路，U_2 = 220V，L = 5.516mH，R = 1Ω。试求：

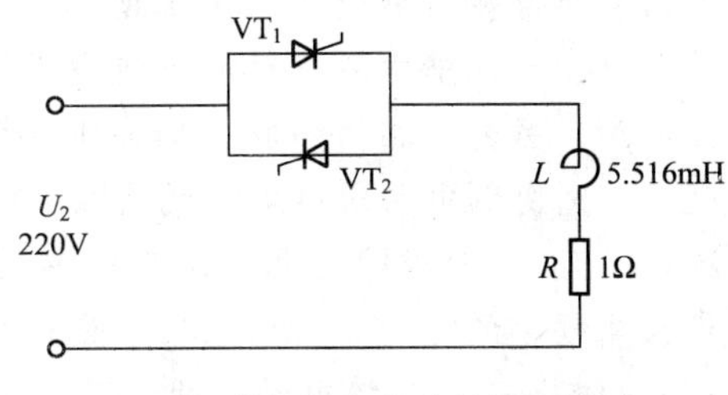

图 4.34　单相晶闸管交流调压电路

（1）触发角的移相范围；

（2）负载电流的最大有效值；

（3）最大输出功率和功率因数。

11. 一台 220V、10kW 的电炉，采用晶闸管单相交流调压，现使其工作在 5kW，试求电路的控制角 α、工作电流及电源侧功率因数。

12. 某单相反并联调功电路，采用过零触发。U_2 = 220V，负载电阻 R = 1Ω，在设定周期 T_c 内，控制晶闸管导通 0.3s，断开 0.2s，试计算送到电阻负载上的功率与晶闸管一直导通时所送出的功率。

13. 交流调压电路用于变压器类负载时，对触发脉冲有何要求？如果两个半周波形不对称，会导致什么后果？

14. 单相交-交变频电路和直流电动机传动用的反并联可控整流电路有什么不同？

15. 如何控制交-交变频器的正反组晶闸管，才能获得按正弦规律变化的平均电压？

16. 交-交变频电路的有环流控制和无环流控制各有何优、缺点？

17. 三相交-交变频电路有哪两种接线方式？它们有什么区别？

第 5 章　无源逆变电路

教学提示： 有源逆变电路是把逆变得到的交流电压返送电源，无源逆变是将直流电逆变为交流电供负载使用。无源逆变技术应用十分广泛，在各种已有的电源中都有应用，如蓄电池、太阳能电池等这些直流电源，当需要它们向交流负载供电时，就需要通过无源逆变电路；另外，在许多特殊场合下，电网提供的50Hz工频电源不能满足需要，就要用到交-直-交变频电路进行电能的变换(在交-直-交变频中，交-直变换即是前面已经学过的整流，而直-交变换即为无源逆变)。如在给工件做淬火热处理时要用到感应加热，此时就需要较高频率的电源，称为感应加热电源；交流电动机为了获得良好的调速特性时，需要频率可变的电源，即交流电动机调速用变频器；还有一些负载虽然可用工频电源供电，但对电源的稳定性、波形畸变率等都有较严格的要求(像医院、地铁、大型商场等)，决不允许瞬时停电，这时也需要用交-直-交变频电路来改善电源质量。除此之外，逆变技术在空调、电冰箱等家用电器中应用也十分广泛。实现无源逆变的装置称为逆变器，逆变器也是变频器的一个重要组成部分。本章主要讲述逆变器的基本概念和分类及各种逆变器的结构和工作原理。

5.1　逆变器的基本工作原理及分类

5.1.1　逆变器的基本工作原理

把直流电逆变为交流电供应负载需要经过变频装置。实现变频的装置称为变频器，按逆变要求，变频器接入电源的有直-交变频器和交-直-交变频器。

直-交变频器把由蓄电池、太阳能电池等直流电源产生的直流电能变换为频率和电压符合要求的交流电能；交-直-交变频器把固定频率和电压的交流电能先整流为直流电能，再将直流电能变换为频率和电压符合要求的交流电能，供负载使用。

1. 交-直-交频器的构成及作用

变频器由整流器、滤波器和逆变器组合而成变流装置，图 5.1 所示为变频器构成原理框图。图中变频器中逆变器的输入是直流电能，供给负载的是某一频率或可调频率的交流电能。不返送电网的负载称为无源负载，因此逆变器称为无源逆变器。

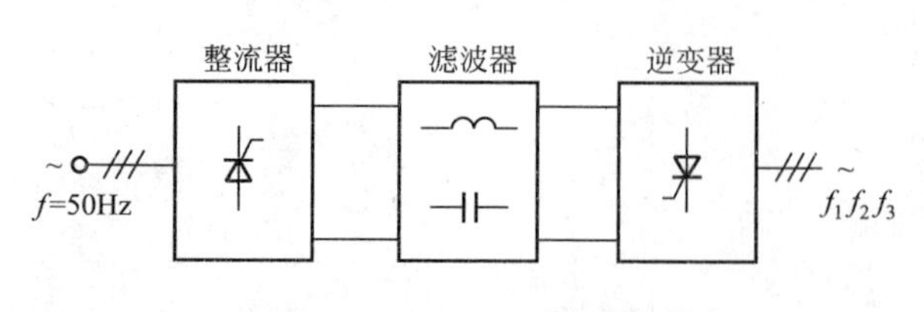

图 5.1　交-直-交逆变器框图

交-直-交变频器，把交流电输入变频器，经过整流装置将固定频率和电压的交流电能整流为直流电能。滤波器将脉动的直流量滤波成平直的直流量，可以接入电感对直流电滤波，也可以接入电容对直流电滤波，因滤波器的不同分为电压型和电流型。交-直-交变频器采用先整流后逆变的电能变换方式，能够灵活地改变对负载的供电频率和电压。目前，变频器中逆变器输出逆变频率已经提高到了几十千赫甚至几百千赫。变频器一是改变对负载的供电频率；二是改变对负载供电的电压。

2. 无源逆变器的工作原理

1）电路组成

无源逆变电路有单相桥式逆变和三相桥式逆变电路。图 5.2 所示的单相桥式逆变电路，由 4 个桥臂开关组成，输入直流电压，逆变器负载是电阻。

2）工作原理

逆变器的开关由 S_1、S_2、S_3、S_4 组成。当 S_1 与 S_4 导通、S_2 与 S_3 关断时，负载上得到左正右负的电压；当 S_2 与 S_3 导通、S_1 与 S_4 关断时，负载上得到左负右正的电压；如令开关 S_1、S_4 和 S_2、S_3 成对按规律交替导通，则负载上获得一个交变电压。随着电压的变化，电流也从一个桥臂转移到另外一个桥臂，这一过程为换流或称换相。用双向可控电力电子开关 $VT_1 \sim VT_4$ 代替 $S_1 \sim S_4$ 开关，调节电子开关切换导通的周期就可方便地改变负载上交变电压的频率。因此，逆变器的变频工作原理：用双向可控电力电子开关构成能够改变负载电压方向的电路，按规律控制电子开关，切换负载电压方向，便可将输入的直流电能逆变为输出的交流电能，调节电子开关的切换周期便可以改变交流电能的频率，如图 5.2(b) 所示。

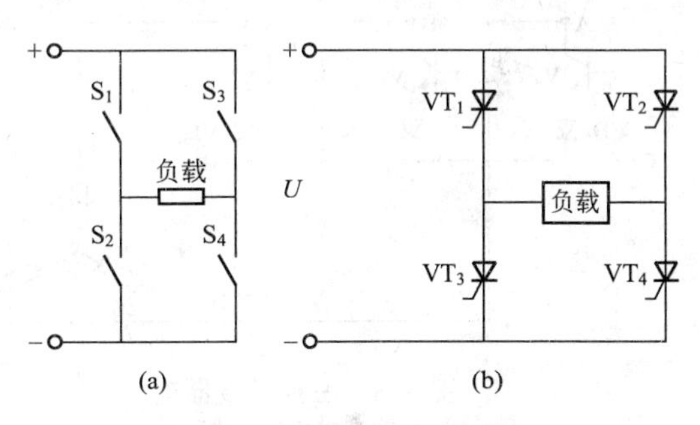

图 5.2　单相桥式逆变电路

5.1.2　逆变器的分类

逆变器按输出相数分有单相逆变、三相逆变和多相逆变电路；按电路结构分有半桥逆变和全桥逆变电路；按直流电源性质分有电压型逆变器和电流型逆变器；按调压功能分有无调压功能和有调压功能；按负载电流波形分有正弦波逆变器和非正弦波逆变器；按使用器件分有晶闸管逆变器、GTO 逆变器、BJT 逆变器、MOSFET 逆变器、IGBT 逆变器和混合式逆变器等。

1. 按逆变器换流方式分类

使电压按规律交替导通、切换负载电压方向从而获得交流。这必须使开关换流，换流方式主要有以下几种换流方式。

1）负载换流

将负载与其他换流元件接成并联或串联谐振电路，使负载电流的相位超前负载电压，且超前时间大于管子关断时间，就能保证管子完全恢复阻断实现可靠换流。

2）强迫换流

逆变器中大量使用电容元件组成换流电路，利用电容的储能作用在需要换流的时刻产生短暂的反向脉冲电压，强迫导通的管子关断。

3）器件换流

利用全控型器件自身所具有的自关断能力进行换流。

图 5.2(a)电路中的开关，实际是各种半导体开关器件的一种理想模型。逆变器常用的开关器件有：普通型和快速型晶闸管(SCR)、可关断晶闸管(GTO)、功率晶体管(GTR)、功率场效应晶体管(MOSFET)、绝缘栅双极晶体管(GBT)等。普通型和快速型晶闸管作为逆变器的开关器件时，因其阳极与阴极两端加有正向直流电压，故只要在门极加正的触发电压，晶闸管就可以导通。但晶闸管导通后，门极失去控制作用，要让它关断就困难了，必须设置关断电路，负载换流和强迫换流是晶闸管元件常采用的关断方式。其他几种新型的电力电子器件属于全控器件，可以用控制极信号使其关断，换流控制自然就简单多了。所以，在逆变器应用领域，普通型和快速型晶闸管将逐步被全控型器件所取代。

2. 按电子开关的导通时间分类

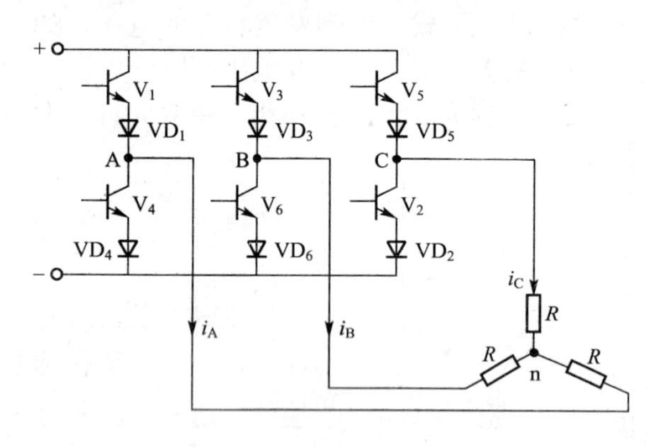

图 5.3　三相逆变器电

根据电子开关的换流方式，按照电子开关的导通时间逆变器又可分为 180°导电型和 120°导电型逆变器。

1) 180°导电型逆变器

180°导电型逆变器如图 5.3 所示。当三相逆变器的 6 个电子开关按顺序相差 60°导通时，每个电子开关导通 180°，即称为 180°导电型逆变器。

这种逆变器工作时，任何时刻都有 3 个电子开关导通。180°导电型逆变器半周期内星形负载的等值电路如图 5.4 所示。

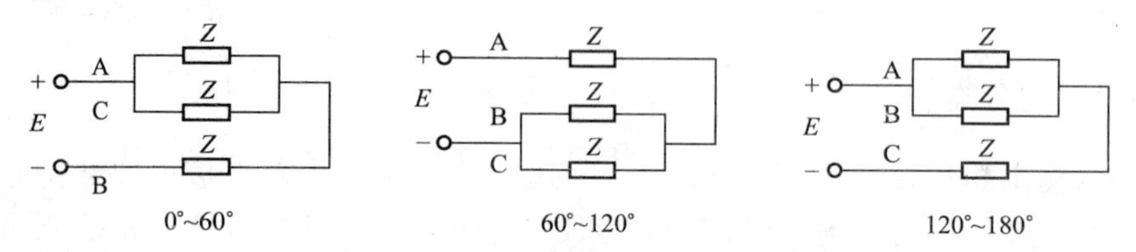

图 5.4　180°导电型逆变器的等值电路

应当指出，逆变器的换流是在同一相的两桥臂上进行的，需要对其有准确的控制，它对电子开关的导通和关断速度也有较高的要求。

2) 120°导电型逆变器

三相逆变器的 6 个电子开关按顺序相差 60°导通，因为每个电子开关导通 120°，故称为 120°导电型逆变器。逆变器工作中任何时刻都有两个电子开关导通，120°导电型逆变器半周期内星形负载的等值电路如图 5.5 所示。

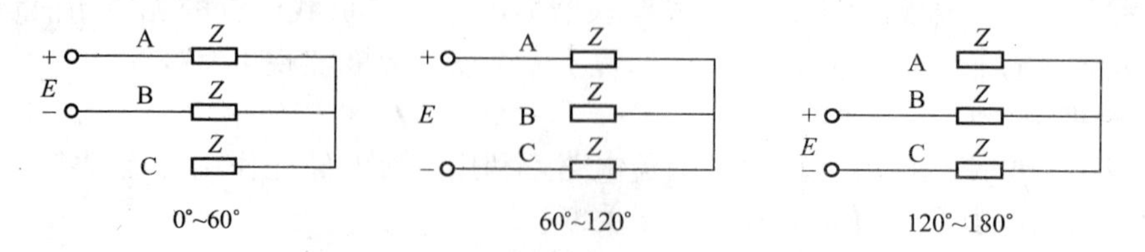

图 5.5　120°导电型逆变器的等值电路

120°导电型逆变器的换流是在同一组相邻桥臂上进行的，同一相两桥臂电子开关交替导通，中间有60°的间隔，有利于安全换流。

3）逆变器中的电子开关

（1）逆变器对电子开关的要求。

逆变器是由电力电子开关构成的变流电路，它按一定规律顺序控制各电子开关的开通与关断，常用于将直流电能变为交流电能并按需要进行变频、变压控制。逆变器对电力电子开关的要求是：对正向电流既能控制开通，又能控制关断；在开通和关断过程中，应具有高开关速度和低能量损耗；为适应电源和负载的功率要求，要有足够的电压和电流定额；为适应滞后负载的工作需要，逆变器应能提供滞后电流通路，实现负载与电源之间无功能量的交换，为此电压型逆变器应采用逆导型电力电子开关。

逆导型电力电子开关由单向导电电子开关与开关二极管反并联构成，如图5.6所示。图中：触点代表一个单向导电电子开关；二极管提供滞后负载电流通路。

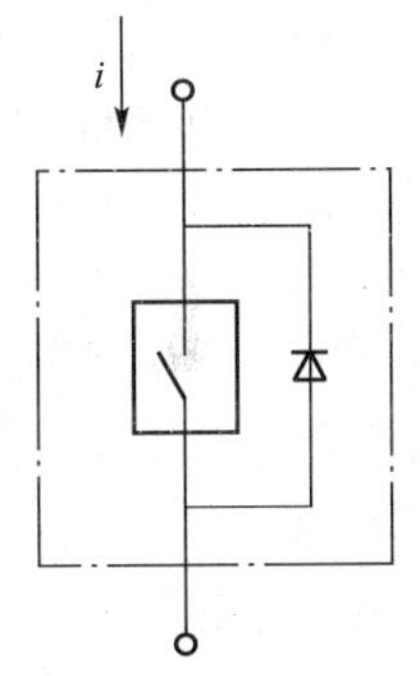

图5.6　逆导型电力电子开关

逆变器的电力电子开关可以采用双极型电力晶体管(GTR)、电力场效应管(MOSFET)、可关断晶闸管(GTO)、绝缘栅双极型晶体管(IGBT)和集成门极换向晶闸管(IGCT)等全控型器件构成，也可采用普通晶闸管、快速晶闸管等半控型器件及换流电路构成。

（2）晶闸管电子开关。

目前晶闸管仍是电流容量最大、耐压水平最高的电力电子器件，但晶闸管没有门极控制关断的能力。它用于逆变器电子开关时，必须附加换流回路，使之组合成为一个既可控开通、又可控关断的晶闸管电子开关。换流回路用于晶闸管的关断，可以利用负载换流方式或强迫换流方式来实现。

利用负载电流自然过零实现晶闸管的关断称为负载换流。逆变器为感性负载时，可用负载并联(或串联)换流电容的方法构成容性负载，使负载电流超前于负载电压，在负载电流过零点使导通的晶闸管关断，并承受一段时间的反向电压。负载换流方式只需加入换流电容，线路简单，控制方便，但必须使负载电流超前负载电压的时间大于晶闸管的关断时间，确保可以关断晶闸管。

附加强迫换流环节实现晶闸管的关断称为强迫换流。换流环节中具有储能元件，换流前应储存足够能量，在换流时通过控制产生短暂电流脉冲或振荡电流，迫使导通晶闸管的阳极电流下降为零，并施加反向电压，使晶闸管关断。强迫换流方式可以控制晶闸管的关断时刻而不受负载性质的限制，应用灵活，但线路和控制都较负载换流方式复杂。

（3）全控型器件电子开关。

使用全控型电力电子器件反并联二极管就可构成一个功能符合要求的逆导型电子开关。由于全控型电力电子器件具有开通和关断的双向控制能力，故由其构成逆变器电子开关时，主电路结构比较简单。全控型电力电子器件开关速度快、控制性能好，可以提高逆变器的工作频率，便于实现多种控制模式，使逆变器具有更优良的性能。因此，全控型电力电子器件已成为构成逆变器电子开关的主流器件。目前，全控型电力电子器件的容量水平正在不断提高，但还达不到晶闸管的容量水平。

4）逆变器常用的调压方法

实际运用逆变器调节频率时，往往要求输出电压也能够有相应的控制。例如异步电动机变频调速就需要变频器的输出频率和电压协调变化，以实现恒压频比控制，这就要求变频器具备频率、电压配合调节的功能。逆变器有以下几种常用的调压方法。

(1) 可控整流器调压。逆变器根据负载对输出电压的要求，通过可控整流器实现对逆变器输出电压的调节。这种调压方法简单易行，逆变器的输出电压可以单独调节，也可与频率一起协调变化；但因可控整流器为相控方式，在低压深控时电源侧功率因数将严重下降，还将产生较大的谐波成分，故这种方法一般用于电压变化不太大的场合。

(2) 直流斩波器调压。采用不可控整流器，保证变频器电源侧有较高的功率因数，在直流环节中设置直流斩波器完成电压调节。这种调压方法有效地提高了变频主电源侧的功率因数，并能方便灵活地调节电压，但增加了一个电能变换环节——直-直变换器(斩波器)。

(3) 逆变器自身调压。采用不可控整流器，通过逆变器自身的电子开关进行斩波控制，使输出电压为脉冲列。改变输出电压脉冲列的脉冲宽度，便可达到调节输出电压的目的，这种方法称为脉宽调制(PWM)。根据调制波形的不同，脉宽调制可以是单脉冲调制、多脉冲调制和正弦波脉宽调制。当输出电压波形的半周期内只有一个脉冲时，称之为单脉冲调制。单脉冲调制用改变脉宽的方法来调节输出电压基波的有效值。单脉冲调制的波形畸变大、谐波严重。当输出电压波形的半周期内有多个脉冲时，称之为多脉冲调制。多脉冲调制通过对脉宽度的控制调节输出电压基波的有效值。该方式的波形畸变和谐波成分低于单脉冲调制，但要求电子开关具有更高的工作频率。正弦波脉宽调制在输出电压的半周期内为多脉冲调制，而且每个脉冲的宽度按正弦规律变化该方式波形畸变小、谐波成分低，全控型器件逆变常采用这种方式。

脉宽调制逆变器将变频和调压功能集于一身，主电路不用附加其他装置，结构简单，性能优良。虽然其控制电路及功能比较复杂，但由于广泛使用专用集成芯片构成控制电路，现已大大简化了它的控制电路。

5.2 单相桥式逆变电路

5.2.1 单相半桥逆变电路

1. 单相半桥逆变电路组成

半桥逆变电路由直流电压 U_d 加在两个串联的足够大的电容两端，并使得两个电容的连接点为直流电源的中点，即每个电容上的电压为 $U_d/2$。由两个导电臂交替工作使负载得到交变电压和电流，每个导电臂由一个电力晶体管与一个反并联二极管所组成。图 5.7 为半桥逆变电路原理图。

2. 单相半桥逆变电路工作原理

如图 5.7 电路工作时，两只电力晶体管 V_1、V_2 基极信号交替正偏和反偏，两者互补导通与截止。若电路负载为感性，其工作波形如图 5.7(b)所示，输出电压 U_O 为矩形波，幅值为 $U_m=U_d/2$。负载电流 i_o 波形与负载阻抗角有关。设 t_2 时刻之前 V_1 导通，电容 C_1 两端的电压通过导通的 V_1 加在负载上，极性为右正左负，负载电流 i_o 由右向左；t_2 时刻给 V_1 关断信号，给 V_2 导通信号，则 V_1 关断，但感性负载中的电流 i_o 方向不能突变，于

是 VD_2 导通续流，电容 C_2 两端电压通过导通的 VD_2 加在负载两端，极性为左正右负；当 t_3 时刻 i_o 降至零时，VD_2 截止，V_2 导通，i_o 开始反向；同样在 t_4 时刻给 V_2 关断信号，给 V_1 导通信号后，V_2 关断，i_o 方向不能突变，由 VD_1 导通续流；t_5 时刻 i_o 降至零时，VD_1 截止，V_1 导通，i_o 反向。

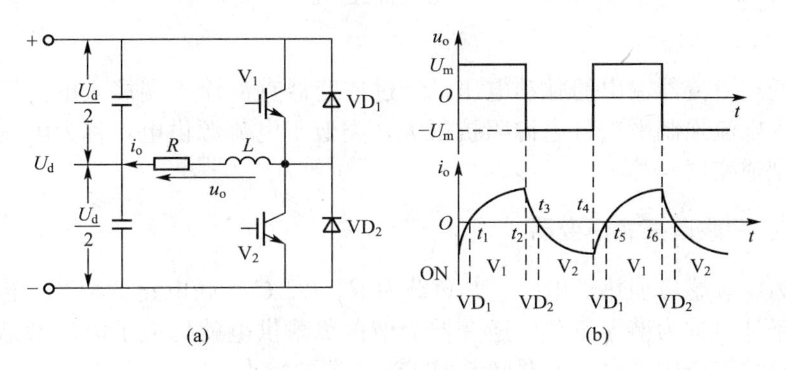

图 5.7 单相半桥逆变电路

由上分析可见，当 V_1 或 V_2 导通时，负载电流与电压同方向，直流侧向负载提供能量；而当 VD_1 或 VD_2 导通时，负载电流与电压反方向，负载中电感的能量向直流侧反馈，反馈回的能量暂时储存在直流侧电容器中，电容器起缓冲作用。由于二极管 VD_1、VD_2 是负载向直流侧反馈能量的通道，故称反馈二极管；同时 VD_1、VD_2 也起着使负载电流连续的作用，因此又称为续流二极管。

如电路中的开关器件为普通晶闸管，则电路需附加电容换流才能正常工作。

5.2.2 单相全桥逆变电路

1. 全桥逆变电路组成

全桥逆变电路由两个半桥逆变电路组合而成，直流电压 U_d 接有大电容 C，使电源、电压稳定。全桥逆变电路原理图如图 5.8 所示。

2. 单相全桥逆变电路工作原理

如图 5.8 所示全桥逆变电路工作时的波形与图 5.7(b)相同。设 t_2 时刻之前 V_1、V_4 导通，负载上的电压极性为左正右负，负载电流 i_o 由左向右；t_2 时刻给 V_1、V_4 关断信号，给 V_2、V_3 导通信号，则 V_1、V_4 关断，但感性负载中的电流 i_o 方向不能突变，于是 VD_2、VD_3 导通续流，负载两端电压的极性为右正左负；当 t_3 时刻 i_o 降至零时，VD_2、VD_3 截止，V_2、V_3 导通，i_o 开始反向；同样在 t_4 时刻给 V_2、V_3 关断信号和给 V_1、V_4 导通信号后，V_2、V_3 关断，i_o 方向不能突变，由 VD_1、VD_4 导通续流；t_5 时刻 i_o 降至零时，VD_1、VD_4 截止，V_1、V_4 导通，i_o 反向，如此反复循环，两对桥臂交替各导通 180°。其输出电压 u_o 的波形和半桥逆变电路的波形形状相同，也是矩形波，其幅值为 $U_m=U_d$，较半桥电路输出电压幅值提高一

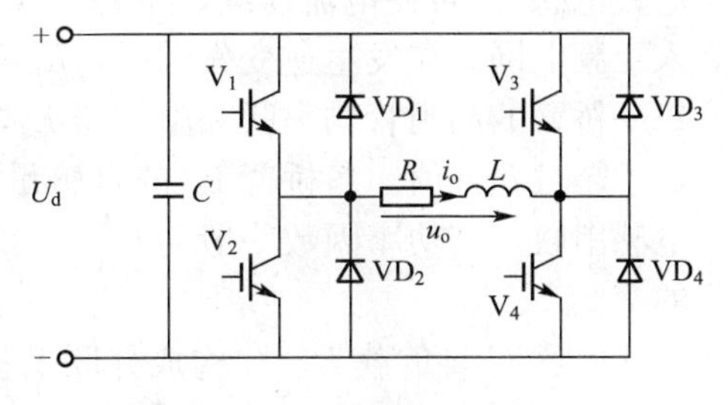

图 5.8 单相全桥逆变电路

倍。在负载相同的情况下，其输出电流 i_o 的波形当然也和图 5.7(b)中 i_o 相同，仅幅值增加一倍。全桥逆变电路是单相逆变电路中应用最多的电路。

5.3　电流型逆变器

交流电通过整流器输出的脉动电压，经过逆变器直流输入端接入电抗器作为滤波器，逆变器的输入电流强制平直且电源阻抗很大，类似于电流源供电，称为电流型逆变器(也称为电流源型逆变器)。

5.3.1　电流型并联谐振式逆变器

图 5.9 为中频感应加热炉电路。其负载为 R、L、C 并联电路的特性，当 R、L、C 负载满足谐振条件时称为谐振负载。逆变器为谐振负载供电就构成了电流型谐振式逆变器。中频感应加热炉就应用了电流型并联谐振式逆变器的特点。

1. 电路构成

图 5.9(a)为电流型并联谐振式逆变器原理图，电源电压为 U；图 5.9(b)为中频感应加热炉的感应线圈，作为逆变器的负载。单相逆变电桥由 4 个快速晶闸管桥臂构成，小电抗器 $L_{s1}\sim L_{s4}$ 用来限制晶闸管导通时的冲击电流。当 VT_1、VT_4 和 VT_2、VT_3 以中频(500～5000Hz)轮流导通时，线圈通入中频交流电、中频大电流，形成强大的中频交变磁场，使炉中的金属因涡流加热而熔化。

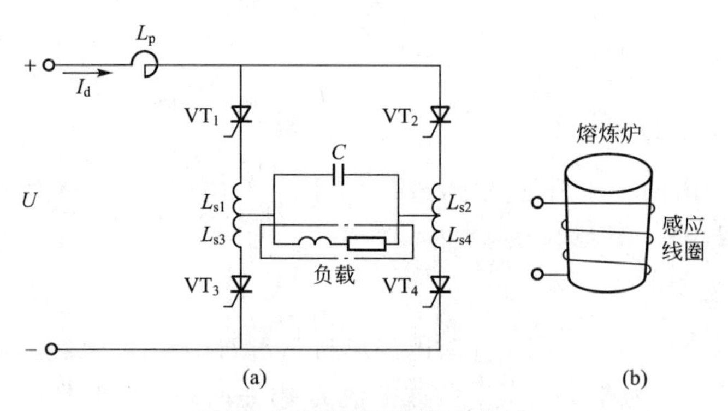

图 5.9　中频感应加热炉电路

逆变器的直流电流可由三相可控整流电路提供，其电压 U 连续可调并经大电感滤波。滤波电感 L_p 可使电流连续、平稳，保证整流器工作电流连续状态，并可抑制中频电流进入工频电网。在发生逆变失败时，L_p 可限制浪涌电流，起保护作用。逆变器为桥式电路，每一桥臂的晶闸管均串联一电抗器 L_s，L_s 用于限制晶闸管导通时的电流上升率 di/dt，使之不超过允许值。各桥臂 L_s 的自感量相等，不存在互感。感应加热线圈可等效为电阻和电感串联，其功率因数一般为 0.05～0.3。并联电容提供容性无功功率，以满足换流条件的需要。

电容 C 与负载 R、L 构成并联谐振电路，工作于近谐振状态，以使中频电路保持较高的功率因数和效率。逆变器工作频率略高于负载谐振频率，使负载呈容性，负载电流基波超前于负载电压基波一定的角度。并联谐振电路对基波电流来讲为高阻抗，对高次谐波有滤波作用，故负载电压近似于正弦波。由于 L_p 的平波作用，整流器输出电流近似电流源。

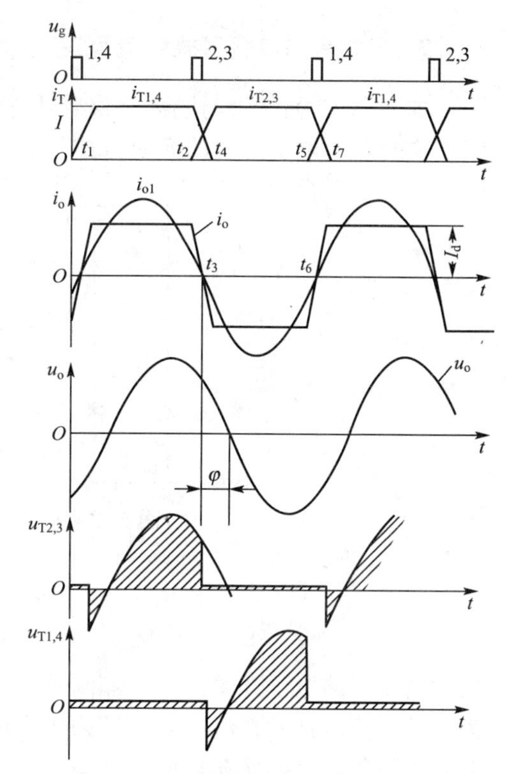

图 5.10　电流型并联谐振式逆变电路波形

2. 工作原理

因为并联谐振式逆变电路属电流型，故其交流波形接近矩形波，其中还包含基波和各奇次谐波。因基波频率接近负载电路谐振频率，故负载电路对基波呈现高阻抗，而对谐波呈现低阻抗，谐波在负载电路上几乎不产生压降，因此负载电压波形接近正弦波。图 5.10 是该逆变电路的工作波形。在交流电流的一个周期内，有两个稳定导通阶段和两个换相阶段。

t_1～t_2 之间为晶闸管 VT_1 和 VT_4 稳定导通阶段，负载电流 $i_o=I$，近似为恒值，t_2 时刻之前在电容 C 上即负载上建立了左正右负的电压。如前所述，负载电压接近正弦波。

在 t_2 时刻触发晶闸管 VT_2 和 VT_3，因在 t_2 前 VT_2和 VT_3 阳极电压等于负载电压，为正值，故 VT_2 和 VT_3 导通，开始进入换相阶段。由于每个晶闸管都串有换相电抗器，故 VT_1 和 VT_4 在 t_2 时刻不能立即关断，其电流有一个减小过程，VT_2 和 VT_3 的电流有一个增大过程。t_2 时刻后，4 个晶闸管全部导通，负载电容经两个并联的放电回路同时放电。一个回路是经 L_1、VT_1、VT_2、L_2 回到电容，另一回路是 L_3、VT_3、VT_4、L_4 回到电容。在这个过程中，VT_3、VT_4 电流逐渐减小，VT_2、VT_3 电流逐渐增大。当 $t=t_4$ 时，VT_1、VT_4 电流逐渐减至零而关断，直流侧电流 I 全部从 VT_1、VT_4 转到 VT_2、VT_3，换相阶段结束。图 5.11 为该逆变器工作过程。

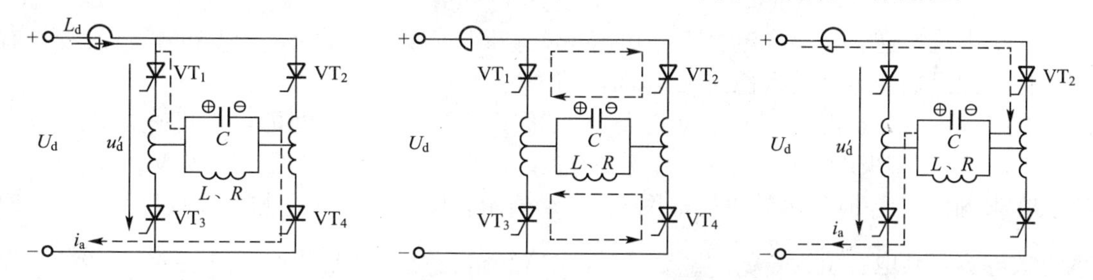

图 5.11　电流型并联谐振式逆变电路工作过程

如图 5.10 可知，在换相过程中，负载电流 i_o 是 VT_1 与 VT_2 电流之差。从图 5.10 可知，i_o 超前于 u_o 的时间对应的电角度称为滞后功率角，其大小应满足晶闸管恢复到正向阻断能力所需的时间，通常取 40°为宜。

改变直流电压就可以调节输出功率 P_o 大小，所以直流电源一般采用三相可控整流路。

5.3.2　三相串联二极管式电流型逆变器

如图 5.12 晶闸管与隔离二极管串联、电源端串联电感元件滤波构成串联二极管式电流型逆变器。电子开关的换流方式是强迫换流方式。

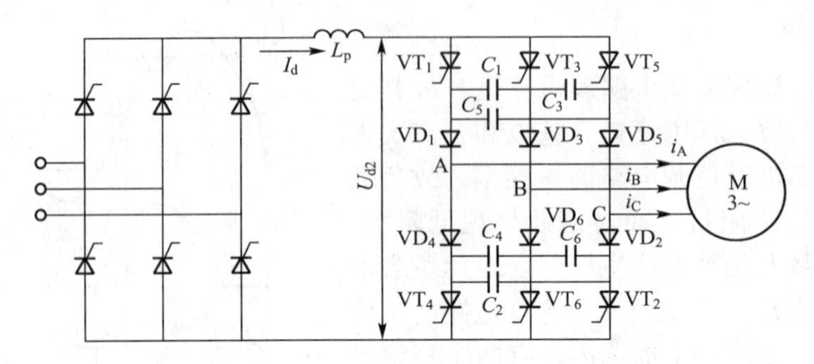

图 5.12　串联二极管式电流型逆变器电路

1. 电路构成

串联二极管式电流型逆变器的电路如图 5.12 所示。逆变器采用晶闸管和换流回路构成的两组三路电子开关：一组晶闸管为共阳极接法，一组晶闸管为共阴极接法。整流环节为全控整流电路，直流中间环节采用大电感 L_p 作为储能元件，强制直流电源为平直电流，并用于同负载交换无功功率。换流回路由换流电容 $C_1 \sim C_6$ 和隔离二极管 $VD_1 \sim VD_6$ 构成，隔离二极管用来切断换流电容和负载间的联系，$C_1 \sim C_6$ 电容值相同均为 C，用来储备换流能量。两组三路电子开关组成三相桥式逆变器。基于电子开关换流原理，电路采用 120°导电型控制方式，即同组电子开关间换流，在逆变器的一个工作周期内，每只晶体管导通 120°。晶体管 $VT_1 \sim VT_6$ 依次触发导通，每一瞬间两组电子开关中各有一只不同相的晶闸管元件为导通状态。逆变器输入直流 I_d 保持不变，电子开关只用来按规律控制、分配各相电流，保持三相电流的基本关系。

2. 工作原理

分析电流型逆变器的换流过程可知，换流过程与负载有关，不同负载的换流过程也有所不同。假设逆变器已进入稳定工作状态。

在换流前电路状态为 VT_1、VT_2 导通，接于三路电子开关间的电容已充电，充电电压为 u_{co}，VT_1 阴极端为正，VT_3 阴极端为负。现分析由 VT_1 导通换流为 VT_3 导通的过程。在未触发 VT_3 时，等效电路如图 5.13(a)所示，图中 C_{ab} 是 C_3 与 C_5 串联后与 C_1 并联的等效电容，其电容值为$\frac{2}{3}C$。触发 VT_3，由 C_{ab} 储能提供电流脉冲，迫使 $i_{VT_1}=0$，并提供反向电压，VT_1 关断。电流 I_d 通过由 VT_1 换到 VT_3，实现同组晶闸管的换流。电源通过 VT_3、VD_1、A 相负载、C 相负载、VD_2 及 VT_2 构成通路，以恒流 I_d 为 C_{ab} 充电，充电路径如图 5.13(b)所示。C_{ab} 初始电压为左正右负，与充电方向相反，可视其初始值为 $-U_{co}$。在 C_{ab} 端电压由负初始值上升至零值前，VT_1 一直承受反向电压。C_{ab} 由初始值电压变为零值这段时间释放的电荷量为 $Q=C_{ab}U_{co}$，其值与恒值充电电流 I_d 和反压时间 t_{RV} 的乘积相等，由此可得反压时间 $t_{RV}(\mu s)$为

$$t_{RV}=\frac{C_{ab}U_{co}}{I_d} \tag{5-1}$$

这一结果也可以直接由电路求得。从晶闸管关断条件出发，要求反压时间 t_{RV} 大于晶闸管 的关断时间 t_q。

C_{ab}恒流充电到 VD_3 正偏导通时结束。VD_3 导通后，进入二极管换流阶段，该阶段电流 路径如图 5.13(c)所示。流过 VD_3 的电流 $i_{VD_3}=i_B$ 逐渐上升，流过 VD_1 的电流 $i_{VD_1}=i_A=I_d-i_B$ 逐渐下降，即 C_{ab}的充电电流逐渐下降。当 $i_B=I_d$ 时，充电电流 i_{VD_1} 下降到零，VD_1 截止，C_{ab}端电压上升为 U_{co}。等效电容充电方向将为 VT_3 阴极为正、VT_5 阴极为负，为关断 VT_3 做好准备。二极管换流结束后，负载电流由 A 相换至 B 相，等效电路如图 5.13(d)所示。

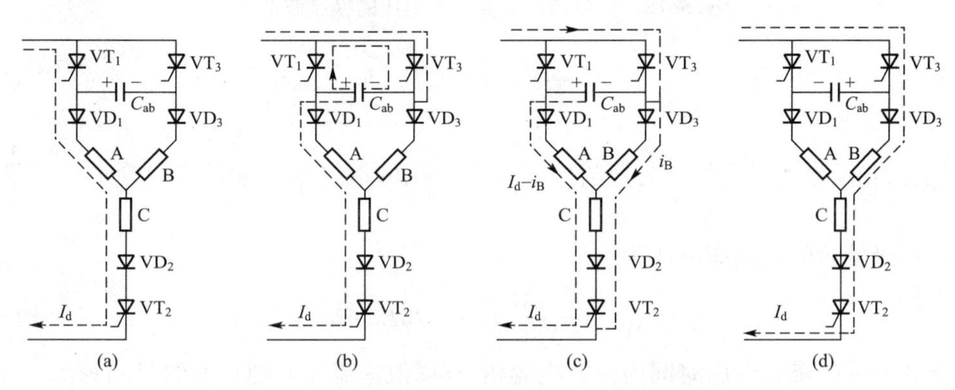

图 5.13　串联二极管式电流型逆变器等效电路

3. 反电势负载换流过程分析

逆变器的负载为电动机时，应考虑电动机反电势的影响，逆变器电路如图 5.14 所示。

由于负载中含三相反电势，必将对换流过程产生影响。例如，在共阳极组由 VT_1 导通转换为 VT_3 导通时，必须等 C_{ab} 充电电压高于反电势 e_{BA} 之后，二极管 VD_3 才导通换流。

设负载功率因数为 $\cos\varphi$，B 相反电势 $e_{BA}=E_m\sin\omega t$，B 相基波电流 i_{B1} 滞后 e_B 相位角为 φ，反电势 e_{BA}滞后 e_B 的相位为 $\pi/6$。由于电路为 120°导电型，B 相基波电流 i_{B1} 超前于 B 相二极管开始导通时刻 $\pi/6$ 电角度。因此，e_{BA}过零变正点超前 VD_3 导通时刻恰好为 φ 角，故在二极管换流开始时，$e_{BA}=\sqrt{3}E_m\sin\varphi$。当 C_{ab} 的端电压 $u_{CAB}=\sqrt{3}E_m\sin\varphi$ 时，VD_3 才开始导通并与 VD_1 换流，如图 5.15 所示。

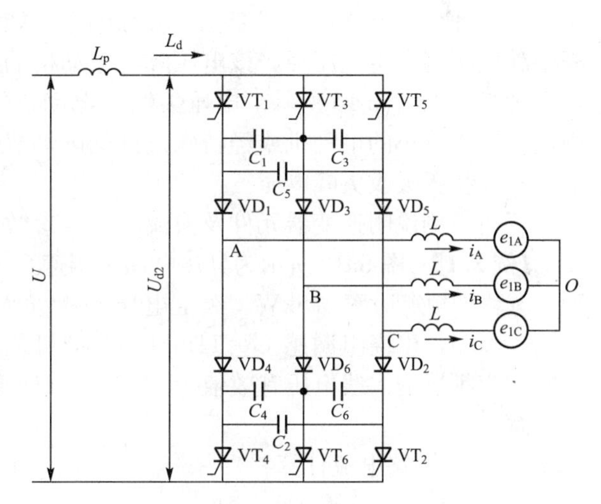

图 5.14　反电势负载电流型逆变器

经分析可得电容最终充电电压为

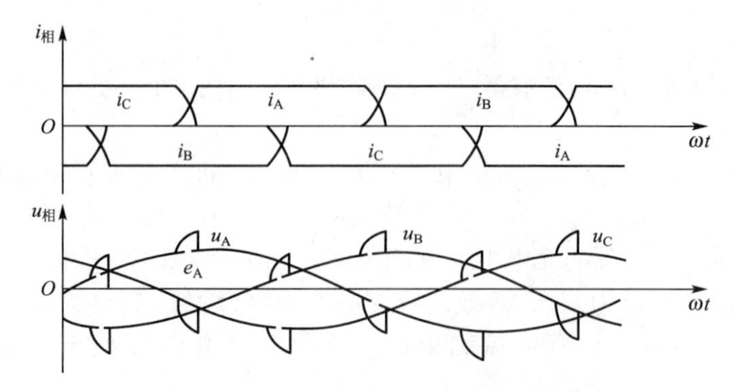

图 5.15 反电势负载时电流电压的换流波形

$$U_{co}=\frac{2}{\sqrt[3]{\frac{3L}{C}}}I_d+\sqrt{3}E_m\sin\varphi \tag{5-2}$$

式中：E_m 为相反电势最大值，为换流电容充电电压的最终值，也是晶闸管承受的最高电压值。

隔离二极管承受的最高电压为

$$U_{VD}=\frac{2}{3}\sqrt{\frac{3L}{C}}I_d+2\sqrt{3}E_m\sin\varphi \tag{5-3}$$

晶闸管承受的最长电压时间为换流电容由 $-U_{co}$ 值恒流充电到零值的时间为

$$t_{RV}=\frac{U_{co}C_{ab}}{I_d}=\sqrt{3LC}+\frac{3\sqrt{3}}{I_d}CE_m\sin\varphi \tag{5-4}$$

式(5-4)的第一项为 t_{RV} 的主要成分，说明运行中逆变器的电压和电流对 t_{RV} 的影响较小，故此种换流电路对负载变化有较强的适应能力。由于电动机绕组存在漏抗，在换流过程中漏抗必将产生电压降，该电压降与电动机的反电动势叠加，从而使电动机端电压波形产生尖峰，如图 5.15 所示。电压尖峰对电动机绝缘及隔离二极管均可形成过电压，应用中应选用漏抗小的电动机或经特殊设计的电动机，以减小尖峰电压及其影响；亦可采用过电压吸收装置吸收尖峰电压。

下面举例说明逆变器元件及换流电容器参数的计算与选择。

【例 5.1】 图 5.12 所示为异步电动机调速系统，直流环节采用电感滤波，逆变器为电流型。电动机额定功率 4.5kW，额定电压 $U_N=380V$，额定电流 $I_N=10.2A$，额定功率因数 $\cos\varphi=0.85$，相绕组漏感 $L=11mH$。电动机最大电流为 15A，对应 的功率因数 $\cos\varphi=0.84$。变频器输入线电压有效值为 400V，试计算并选择逆变器元件。

解

1）直流回路电流计算

由电动机电流有效值 $I=\sqrt{\frac{2}{3}}I_d$ 可得

$$I_d=\sqrt{\frac{2}{3}}\times 10.2=12.5(A)$$

$$I_{dm}=\sqrt{\frac{2}{3}}\times 15=18.4(A)$$

2）电源变流器晶闸管选择

$$U_{\mathrm{Ta}}=(2\sim3)\sqrt{2}\times400=(1132\sim1697)(\mathrm{V})$$

$$I_{\mathrm{Ta}}=(1.5\sim2)=\frac{I_{\mathrm{dm}}/\sqrt{3}}{1.57}=(10.15\sim13.53)(\mathrm{A})$$

可选用KP20－20型晶闸管。

3）换流电容的计算选择

取晶闸管所需反向电压时间为300μs，取$t_{\mathrm{RV}}\approx\sqrt{3LC}$

$$C\geqslant\frac{t_{\mathrm{RV}}^2}{3L}=\frac{300^2}{3\times11000}=2.73(\mu\mathrm{F})$$

取换流电容$C=3\mu$F。

4）逆变器晶闸管的选择

当电动机为最大电流时，逆变器闸管电流有效值为

$$I=\frac{15}{\sqrt{2}}=10.6(\mathrm{A})$$

晶闸管电流定值应取为

$$I_{\mathrm{Ta}}=(1.5\sim2)\frac{I}{1.57}=(10.13\sim13.5)(\mathrm{A})$$

晶闸管承受的反向重复峰值电压为

$$U_{\mathrm{co}}=\frac{2}{3}\sqrt{\frac{3L}{C}}I_{\mathrm{dm}}+\sqrt{3}E_{\mathrm{m}}\sin\varphi$$

取$\sqrt{3}E_{\mathrm{m}}\approx\sqrt{2}U_{\mathrm{N}}$，有

$$U_{\mathrm{co}}=\frac{2}{3}\sqrt{\frac{3L}{C}}I_{\mathrm{dm}}+2\sqrt{3}E_{\mathrm{m}}\sin(\arccos0.84)=1578.1(\mathrm{V})$$

可选KP20－20型晶闸管两只串联使用，并考虑均压措施。

5）隔离二极管的选择

$$U_{\mathrm{VD}}=\frac{2}{3}\sqrt{\frac{3L}{C}}I_{\mathrm{dm}}+2\sqrt{3}E_{\mathrm{m}}\sin\varphi=1870(\mathrm{V})$$

$$U_{\mathrm{m}}=(2\sim3)U_{\mathrm{VD}}=(3470\sim5610)(\mathrm{V})$$

可选ZP20－20型二极管两只串联使用，并考虑均压措施。

由以上计算可知，按反压时间需要选择换流电容时，逆变器晶闸管和隔离二极管的电压定额较高。增大换流电容可以降低电压定额要求，但换流过程加长，高频时可能出现换流重叠现象。为此，应根据变频器的实际使用情况，综合考虑换流电容和电力电子器件的参数选择。

4. 缩短换流时间的电流型逆变器

1）电路组成

图5.16所示为缩短换流时间的电流型逆

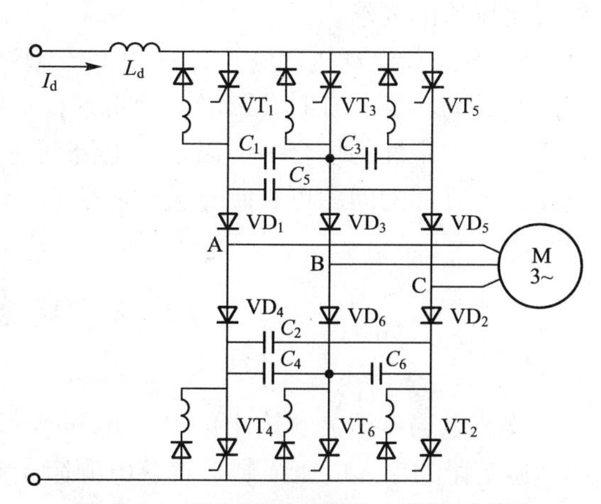

图5.16 缩短换流时间的电流型逆变器

变器电路。其基本结构与串联二极管式电流型逆变器相同，只是在主晶闸管两端并联了二极管和小电感串联电路。电路采用120°导电型控制方式，同接线组主晶闸管换相，现以VT_1向VT_3换流为例说明换流原理与过程。

2）工作原理

（1）电路换流。

设逆变器处于晶闸管VT_1、VT_2导通状态，等效电容C_{ab}（C_3、C_5串联后再与C_1并联）已充电，极性为左正右负。触发VT_3，VT_3导通形成C_{ab}放电电路，迫使VT_1关断，电流I_d由VT_1换流到VT_3。

（2）恒流充电阶段。

电源以恒值电流I_d经VT_3、电容C_{ab}与VD_1向负载供电，C_{ab}恒流充电。同时VT_3接通了C_{ab}与VT_1并联的二极管及小电感支路，形成振荡电路，该振荡电路加快了C_{ab}的反向充电，缩短了C_{ab}端电压的过零时间，振荡电路于电流过零时逆止。C_{ab}端电压过零时，VT_1反压时间结束。

（3）二极管换流阶段。

C_{ab}继续充电，当VD_3端电压过零变正时，VD_3导通，与VD_1换流，完成负载电流由A相向B相的换流过程。C_{bc}的电压极性为左负右正，为关断VT_3做好准备。由于在主晶闸管上附加了二极管与小电感的串联支路，在换流过程中形成一条振荡放电回路，因此加快了等效电容极性的转换，缩短了换流时间，从而可以适当提高逆变器的运行频率。

电流型逆变器具有线路简单、四象限运行和动态响应快等许多优点，但在实际应用中还应注意以下问题。

① 电动机的绝缘等级。在电流型逆变器供电的电动机运行过程中，由于每次换流在电压波形中产生尖峰，该尖峰的数值往往高于电动机额定电压幅值。为了安全运行，应适当选用较高绝缘等级且漏抗较小的电动机或附加过电压吸收装置以吸收尖峰电压。

② 半导体元件的耐压值。电流型逆变器换流时，一般是顺序触发晶闸管来关断导通的晶闸管，由恒值电流对电容反向充电，保证被关断晶闸管承受较长的反压时间，因而可使用普通型晶闸管元件。但因在换流过程中产生尖峰电压，提高了电路对晶闸管和隔离二极管耐压值的要求。

③ 谐波对电动机的影响。三相电流型逆变器输出120°矩形波电流，其高次谐波电流将产生脉动转矩，有时会影响电动机的低速运行。因此，对于要求较宽调速范围和电动机转矩具有稳定性的场合，可以采用电流型逆变器的多重化技术满足这一运行要求。有关多重化技术方面的问题可查阅有关文献资料。

5.4　电压型逆变器

交流电通过整流器输出的脉动电压经过逆变器直流输入端，接入电容器作为滤波器时，逆变器的输入电压强制平直且电源阻抗很小，类似于电压源供电。这种逆变器称为电压型逆变器(也称为电压源型逆变器)。

5.4.1　串联谐振式电压逆变电路

1．电路构成

逆变电路的负载为电感线圈，用串联电容C的方法提高功率因数，电容C与电感线圈构成串联谐振电路。为实现负载换流，要求过补偿，即补偿后负载呈容性，这种换流电容和负载串联的逆变电路，称为串联逆变电路。电路原理图如图5.17所示，其直流电源由三相不可控整流电路得到，直流侧并有大电容C_d，所以属于电压型逆变电路。

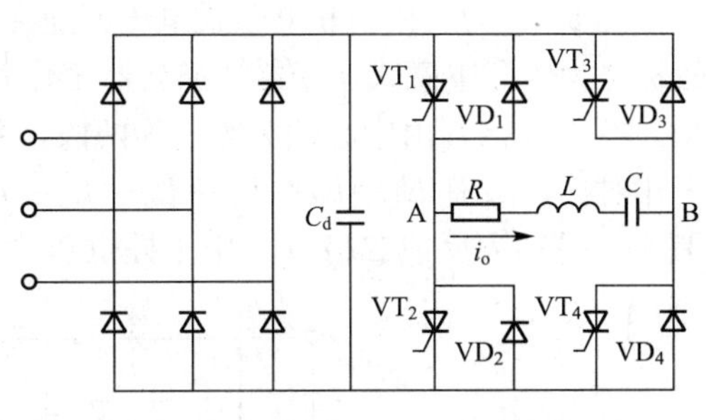

图5.17　串联谐振式电压逆变电路

2．工作原理

电路工作时，应使触发脉冲的频率略低于电路谐振频率，以确保负载电路为容性，负载电流相位超前电压，实现正常换流。其工作过程如下：当$t=0$时，u_{g1}、u_{g4}脉冲发出，VT_1、VT_4被触发导通，加在负载上的电压u_{AB}为左正右负，负载电感和串联电容谐振电路的电流先由左向右流动，然后反向由右向左流动。当电流为零时，流过VT_1、VT_4的电流小于维持电流而关断，随后反向电流通过VD_1、VD_4继续流动，同时VD_1、VD_4的导通压降又作为VT_1、VT_4反向电压使VT_1、VT_4可靠关断。同理，在t_2时刻，触发脉冲u_{g2}、u_{g3}发出，使VT_2、VT_3导通，加在负载上的电压U_{AB}反向，反向电流增大，当负载振荡电流由负半周变为零时，VT_2、VT_3关断，接着负载电流通过VD_2、VD_3续流，形成电流正半周。在t_4时刻，再次触发VT_1、VT_4，如此循环，在负载上就得到交变的电压和电流。电路波形如图5.18所示。

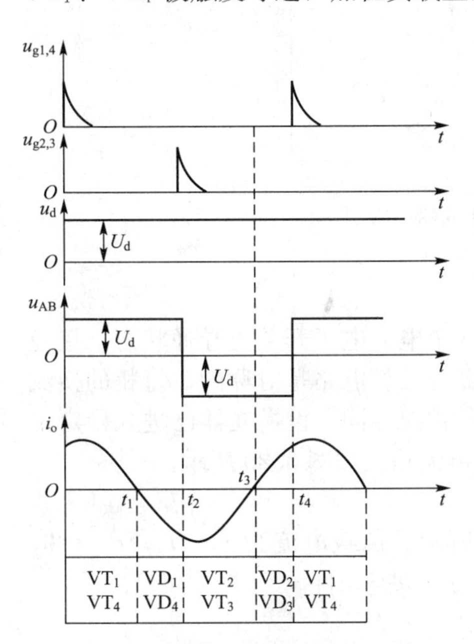

图5.18　串联谐振式电压逆变电路波形

由于电路是电压型逆变电路，所以负载电压u_{AB}是矩形波，其中除基波分量外，还包含有各次谐波分量。电路工作频率接近谐振频率，故负载对基波电压呈现低阻抗，基波电流较大，而对谐波分量呈现高阻抗，谐振电流很小，所以负载电流基本为正弦波。

在实际电路中，必须对换相过程中开通时的di/dt以及关断过程中的du/dt加以限制，因此须在各个桥臂串 联换相电抗器用以限制di/dt，在各器件两端并联缓冲电路以限制du/dt。

串联谐振式逆变电路适用于淬火、热加工等负载参数变化小、工作频率高和需要频繁启动的场合。

5.4.2 串联电感式电压型逆变器

1. 电路构成

图 5.19 为三相串联电感式电压型逆变器电路图。从图中可知换流电感 L 与晶闸管串联，故称之为串联电感式逆变器。逆变器工作时同一相两桥臂电子开关间相互换流，属 180°导电型。换流电感 L 由中心抽头等分为两段，并制成全耦合结构，两段电感的自感量相等。由于三相对称，故有 $L_1=L_4=L_3=L_6=L_5=L_2/2$，换流电容 $C_1=C_4=C_3=C_6=C_5=C_2=C$。$VD_1$～$VD_6$ 为反馈二极管，用于提供负载无功能量反馈通路。

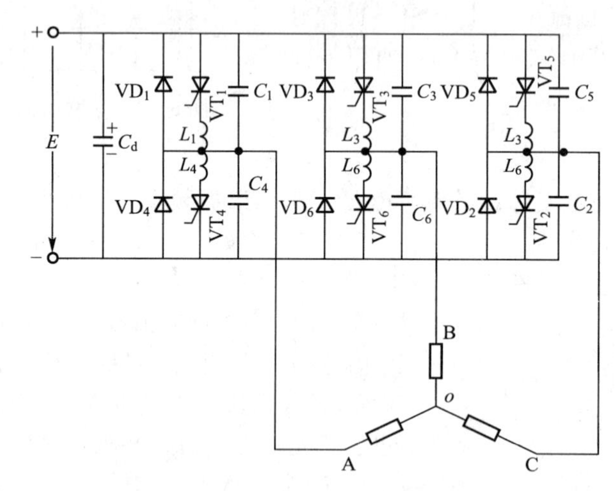

图 5.19 串联电感式电压型逆变器电路

2. 工作原理

该逆变器的 6 个电力电子开关顺序换流，同时有 3 个电力电子开关为导通状态，接通直流电源为三相负载供电，输出三相交流电压。逆变器的三相电路是对称的，每相的换流过程完全一样，故只对 A 相进行分析，其余 B、C 两相情况相同。设逆变器已进入稳定工作状态，在 A 相电子开关换流过程中，逆变器各阶段电流路径如图 5.20 所示。

1) VT_1 导通阶段

在 VT_1 稳定导通阶段，电流路径如图 5.20(a)所示。负载电流为 $i_o=I_o$，$u_{C_4}=0$，$u_{L_4}=E$(电源电压)，极性为上正下负，VT_4 具备开通的主电路条件。

2) 换流阶段

在 $t=0$ 时触发 VT_4，VT_4 导通后构成了 L_4、C_4 自激振荡电路，电流路径如图 5.20(b)所示。因 VT_4 导通的瞬间，u_{L_4} 不能突变，故在 L_4 上产生感应电压 $u_{L4}=u_{L_4}(0)=E$，极性为上正下负。因为 L_1 与 L_4 全耦合，故 $u_{L_1}=u_{L_4}$，极性也为上正下负。因此，当 $t=0$ 时，X 点电位由 E 上升到 $2E$。电感 L_1 的感应电压 u_{L_1} 将通过导通的 VT_1 向 C_1 充电，通过 VT_1 的反向电流脉冲迫使其阳极电流迅速下降为零，VT_1 关断并承受反向电压。在 VT_1 关断后，由于磁场能量不能突变及 L_1、L_4 间的全耦合关系，L_1 中的负载电流立即转移到 L_4 上，电流路径如图 5.20(c)所示。直流电源为 C_1 与 C_4 充电，C_4、L_4 回路仍处振荡状态。由于逆变器为感性负载，换流阶段又很短，在换流阶段的负载电流可视为恒值 I_o。若

C_1、C_4 的电流均以充电方向为正方向，根据上述分析，负载 A 端与电源负端同电位，换流阶段结束。

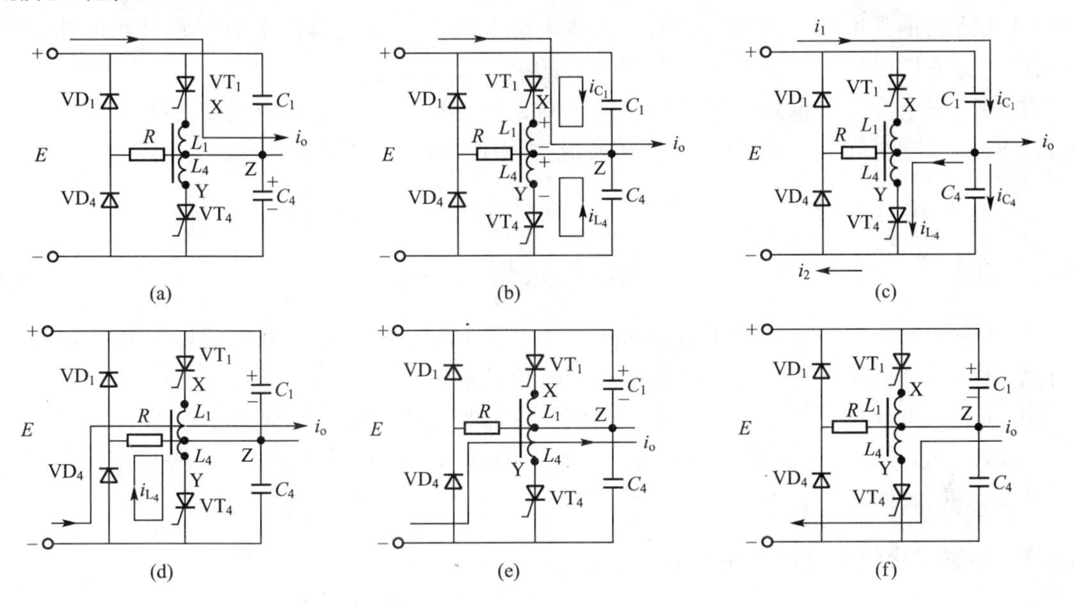

图 5.20 串联电感式电压型逆变电路的换流过程

3）环流及负载电流反馈阶段

由于 t_1 时刻，I_{L_4} 达最大 i_{L_4m}，故 u_{L4} 方向转为下正上负，VD_4 导通，电路状态将发生转变，进入环流阶段，电流路径如图 5.20(d)所示。L_4 中的储能在环流阶段中要消耗在 VD_4、L_4 和 VT_4 构成的环流通路中。由于负载电流 i_o 滞后于电压，故 VD_4 导通后还为负载电流提供反馈通路，$i_{VD_4}=i_{L_4}+i_o$。为使环流阶段尽快结束，减小元件损耗，可在电路中加入衰减电阻 R。环流阶段中各电流波形如图 5.21 中 t_1～t_2 段所示。$t=t_2$ 时，环流 i_{L_4} 衰减为零。

环流阶段结束后，电流路径如图 5.20(e)所示。感性负载滞后电流继续由 VD_4 提供通路，将负载中的电磁能量反馈给直流电源。在 $t=t_3$ 时，负载电流衰减为零，该阶段电流波形如图 5.21 中 t_2～t_3 段所示。在环流及负载能量反馈阶段内，因 VD_4 导通，故 VT_4 阳极被箝于低电位。

4）负载电流反向阶段

在 $t=0$ 时，触发 VT_4 的目的是关断 VT_1。在负载能量释放完毕后，VD_4 关断，在 $t=t_3$ 时重新触发 VT_4，VT_4 导通，负载电流反向上升。$t=t_4$ 时 $i_o=-I_O$，完成全部换流过程。此阶段电流路径如图 5.20(f)所示，电流波形如图 5.21 中 t_3～t_4 段所示。t_4 之后，为 VT_4 稳定导通阶段。负载电流 $i_o=-I_O$；$u_{C_1}=E$，上正下负；$u_{C_4}=0$；$i_{L_4}=I_O$。VT1 具备开通的主电路条件。

三相逆变器各相两桥臂电子开关间相互换流，按触发顺序依次换流，换流过程均经历上述 4 个阶段。

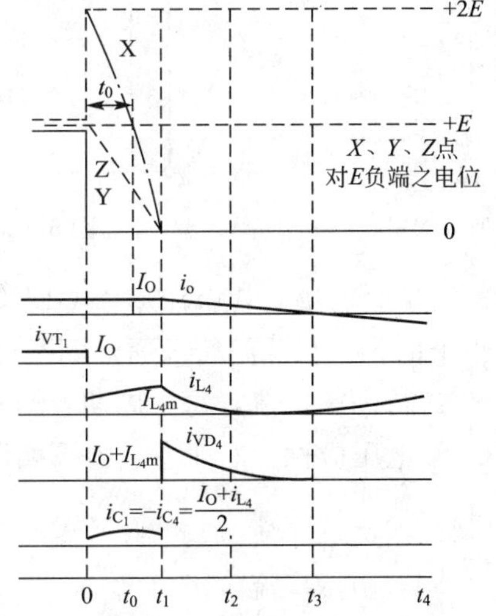

图 5.21 换流过程中电压、电波波形

5）换流回路参数计算

串联电感式电压型逆变器的换流元件是指换流电感和换流电容。换流元件参数的选择对于逆变器的正常工作是至关重要的。换流电感和换流电容的参数选择原则是：电路在任何工作情况下均可保证安全换流；换流过程的换流损耗为最小。

要保证安全换流，首先应满足晶闸管关断条件，保证换流过程中反压时间 $t_{RV}=t_o$，大于晶闸管的关断时间 t_q，t_{RV}为晶闸管在换流过程中承受的反压时间，应取 $t_{RV}>t_q$。

$$C=2.35\frac{I_O t_{RV}}{E} \tag{5-5}$$

$$L=2.35\frac{E t_{RV}}{I_O} \tag{5-6}$$

计算中的取值应考虑到对于 t_{RV}的影响，计算换流电容值时负载电流取大值，电源电压取小值；计算换流电感值时，电源电压 E、负载电流 I_O 均取最大值。

由以上分析计算可知，串联电感式逆变器依靠换流电容提供的能量完成换流，晶闸管承受反压时间 t_{RV}取决于换流回路参数。因此，串联电感式逆变器适用于调频范围不太宽、负载变化不太大的场合。

5.4.3　串联二极管式电压型逆变器

1. 电路构成

串联二极管式电压型逆变器主电路如图 5.22 所示。图中 VT_1～VT_6 为主晶闸管；VD_1～VD_6 为隔离二极管，用于防止负载回路反电动势对电容充电电压的影响；C_1～C_6 为换流电容；VD_1～VD_6 为负载反馈二极管。

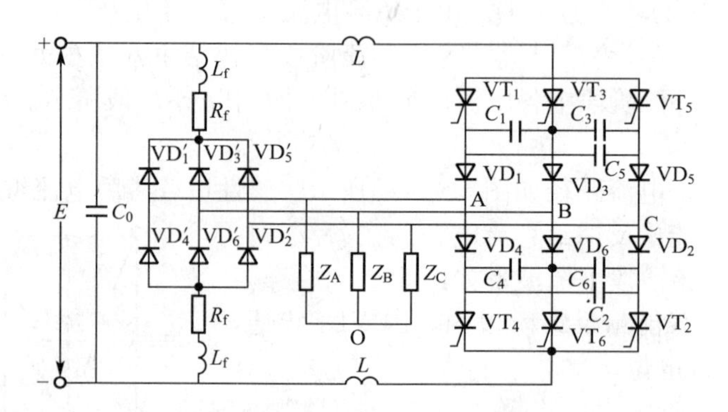

图 5.22　串联二极管式电压型逆变器电路

串联二极管式电压型逆变器为 120°导电型，任何时刻总有不同相的共阴极组和共阳极组上的各一只晶闸管导通。同一接线组的晶闸管间每经 120°进行一次换流，两接线组每经 60°进行一次换流，每一周期经历 6 次换流过程。设电路初始阶段 VT_1 和 VT_6 导通，电容 C_6 端电压极性为右正左负。下面以触发 VT_2 为例，分析其工作过程。

2. 工作原理

1）初始换流阶段

因为 VT_6 导通，C_6 为 VT_2 施加正向电压，触发晶闸管 VT_2，则 VT_2 立即导通，于

是 C_6 经 VT_2 和已导通的 VT_6 放电，使 i_{VT_6} 迅速下降为零，VT_6 关断，并为反向电压。

2）反压阶段

VT_6 关断后，C_6 经 VT_2、L、L_f、R_f、VD_6' 和 VD_6 形成放电回路，继续放电，VT_6 承受反向电压直到 C_6 端电压为零，VD_6' 关断。

3）电容反向充电阶段

VD_6' 关断后，经 VD_6、相间电容、VT_2 形成负载电流续流通路，同时不断向相间电容充电，其端电压极性为左正右负。当 $u_{VD_2}>0$ 时，VD_2 导通，完成负载换流，进入 VT_1、VT_2 导通的状态，为关断 VT_2 做好准备。

应当说明，图 5.22 所示的串联二极管式逆变器主电路还有多种变型，根据 L、L_f 和 R_f 的有无及容量大小，可分为恒定电压型逆变器和准恒定电压型逆变器。当电路有 L_f 和 R_f 两者之一或两者都存在而没有 L 时，称为恒定电压型逆变器电路；当选择小容量 L 而没有 R_f 和 L_f 时，称为准恒定电压型逆变器电路。串联二极管式电压型逆变器的特点是线路简单，具有一定抗冲击负荷的能力，多用于输出频率在 200Hz 以下的场合。

5.4.4　振荡换流的串联二极管式电压型逆变器

1. 电路构成

图 5.23 所示为振荡换流的串联二极管式电压型逆变器电路，其换流电容回路中串入了电感 L，在换流过程中产生振荡电流，提高了电路的换流能力。

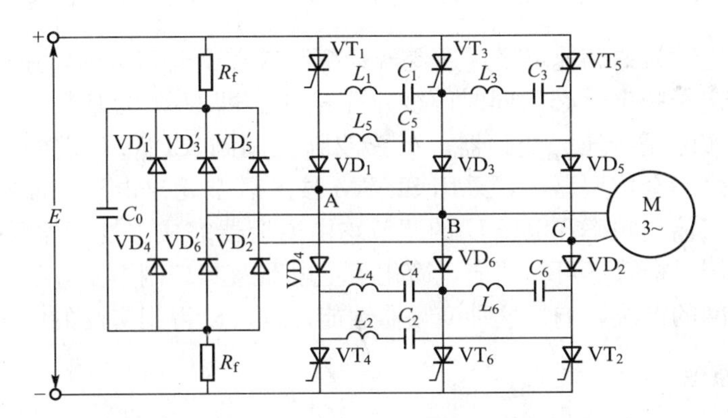

图 5.23　振荡换流的串联二极管式电压型逆变器

2. 工作原理

串联二极管式电压型逆变器的工作规律都是相同的，其区别在其换流过程。设电路已处于稳定工作状态，初始阶段为 VT_1 和 VT_2 导通，相间电容 C_{ab} 已充电（C_{ab} 为 C_3、C_5 串联后再与 C_1 并联的等效电容），充电极性为接于 A 相的一端为正，接 B 相的一端为负，换流阶段负载电流 I_O 恒定不变。

1）初始换流阶段

VT_1 导通，C_{ab} 向 VT_3 施加正向电压，触发 VT_3，VT_3 导通，经 VT_1 和 VT_3 形成 LC 振荡电路，振荡电路参数为 C_{ab}、L_{ab}（L_{ab} 为 L_3 与 L_5 串联后再与 L_1 并联的等效电感）。振荡电路电流 i_c，流过 VT_1 的电流为 $i_{VT_1}=I_O-i_c$，当 i_c 上升到 $i_c=I_O$ 时，$i_{VT_1}=0$，VT_1 关断。

2）反压阶段

VT_1 关断后，经 VD_1、VD_1'、R_f、VT_3 形成 LC 继续振荡的电路，当 $i_c=I_{cm}$ 时，$u_c=0$，i_c 开始下降，直至 $i_c=I_O$，VD_1' 关断，振荡结束。该阶段 VT_1 承受反向电压。

3）电容充电阶段

负载电流流经 VT_3、C_{ab} 与 L_{ab}、VD_1，并为 C_{ab} 充电。当 VD_3 导通，VD_1 关断时，电路进入 VT_3、VT_2 导通状态。C_{bc}（C_{bc} 为 C_5 与 C_1 串联后再与 C_3 并联的等效电容）的充电状态为接于 B 相端为正，接于 C 相端为负，为下一次换流关断 VT_3 做好准备。

图 5.23 中 R_f 的数值通常选为 0.1～1Ω，换流电容 C（μF）和换流电感 L（pH）可按下式计算

$$C=0.6\frac{I_O t_{RV}}{U_{co}} \tag{5-7}$$

$$L=0.56\frac{U_{co} t_{Rv}}{I_O} \tag{5-8}$$

式中：t_{RV} 为反压时间，单位是 μs。

该电路的特点是：在负载电流变化时，反压时间 t_{RV} 基本不变，换流能力强，具有抗冲击负荷的能力。

5.5　脉宽调制逆变电路

对三相异步电动机的调速可通过逆变器调频调节交流电动机的转速。在保持气隙磁通近似不变，调节定子频率时必须同时改变定子电压，即 U/f 为常数。所以用于交流电动机变频的逆变器实际是变压、变频器。正弦波脉宽调制（SPWM）逆变器属于电压型逆变器，电子开关多采用全控型器件，采用 SPWM 技术调节输出电压，抑制输出波元中的谐波含量。因此，其输出频率和电压 U 的调节均由逆变器完成。变频器采用 SPWM 逆变器时，整流环节采用二极管不可控整流，简化了主电路及其控制电路，提高了系统的功率因数，减小了对电网的谐波影响。这种变频器性能优良，已得到广泛的应用。

5.5.1　SPWM 原理

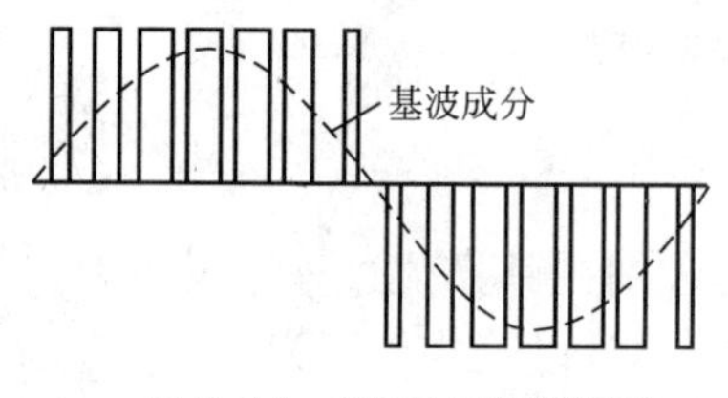

图 5.24　SPWM 输出波形

正弦波脉宽调制（SPWM）是指按正弦波规律调制输出脉冲列电压中的各脉冲宽度，使输出脉冲列电压在斩控周期内的平均值对时间按正弦波规律变化，输出波形如图 5.24 所示。由谐波分析可知，SPWM 输出电压中谐波含量很小，当半周期内脉冲列的脉冲个数为 N 时，波形中所含最低次谐波分量为 2N 次，且幅值较小。

SPWM 技术采用等腰三角波电压作为载波信号，正弦波电压作为调制信号，通过正弦波电压与三角波电压信号相比较的方法，确定各分段矩形脉冲的宽度。由于三角波两腰间的宽度随其高度线性变化，当任一条不超过三角波幅值的光滑曲线与三角波相交时都会得到脉冲宽度正比于该曲线值的一组等幅、等距的矩形脉冲列。故用正弦波电压信号作为调制信号时，可获得脉宽正比于正弦值等幅等距的矩形脉冲列。该信号用于逆变器电子开关的开通与关断控制时，逆变器就是 SPWM 逆变器。根据三角波和正弦波相对极性的不

同，正弦波脉宽调制方式可分为单极性SPWM和双极性SPWM两种方式。

1. 单极性SPWM

单极性是指三角波载波信号 u_c 与正弦波调制信号 u_r 始终保持相同极性。u_c 为正的三角波，当 u_r 处于正半周期时，产生正向调制脉冲信号；当 u_r 处于负半周期时，通过倒相电路保持相同极性，产生负向调制脉冲信号。图5.25为单极性SPWM波形，用SPWM为驱动信号电压控制逆变器电子开关的开通与关断，逆变器的输出电压同样也是SPWM波形，u_{o1} 为SPWM波形的基波。

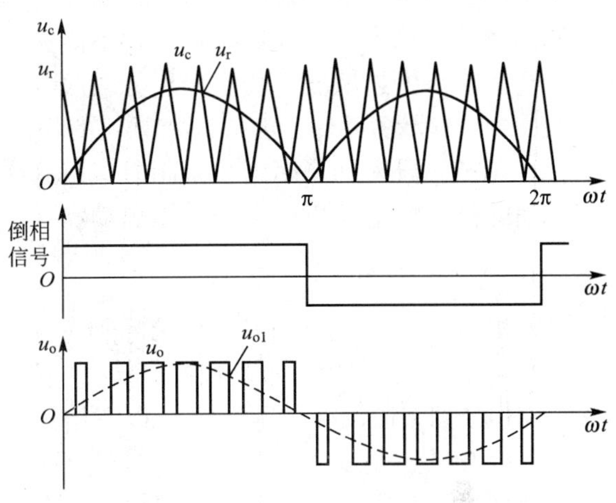

图5.25　单极性SPWM波形

SPWM波形能够同时实现电压的调节和频率的改变。在三角波 u_c 幅值一定时，增大正弦波 u_r 的幅值，u_c 与 u_r 的交点上移，SPWM脉冲宽度增加，逆变器输出基波电压增大；反之，减小正弦波 u_r 的幅值，逆变器输出基波电压减小。改变正弦波 u_r 的频率，逆变器输出波形的频率也随之改变。因此，可以方便地实现逆变器的变频和调压控制。

当逆变器改变频率时，根据三角载波信号 u_c 和正弦调制信号 u_r 的频率关系，又可将SPWM的调制方式分为同步信号调制和非同步(异步)信号调制两种方式。如果载波信号 u_c 的频率随着调制信号 u_r 的频率按照固定的频比变化，则逆变器输出电压的频率改变时，每半个周期内的脉冲个数保持不变，这种调制方式称为同步调制。同步调制方式的输出波形如图5.26(a)所示。如果 u_r 频率变化时，u_c 频率不变，这种调制方式称为非同步调制。非同步调制时，输出电压每半个周期内的脉冲个数随频率变化，频率高时脉冲个数少，频率低时脉冲个数多。非同步调制方式的输出电压波形如图5.26(b)所示。

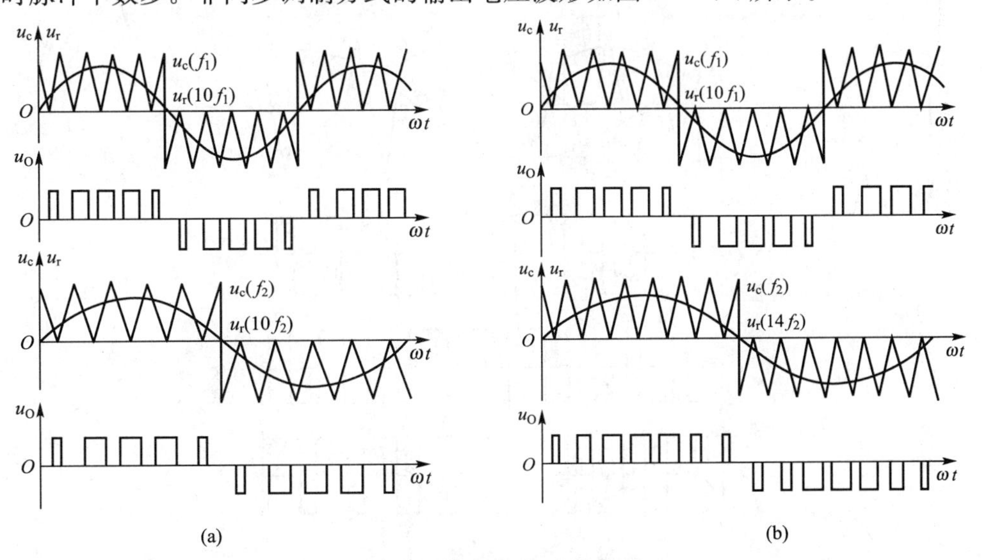

图5.26　不同调制方式波形

采用同步调制方式时，输出电压波形中正负半周的脉冲和相位总是对称的，与频率无关，但在低频时，脉冲频率下降，高次谐波成分增大，负载电动机会产生转矩脉动和噪声。采用非同步调制方式时，输出的脉冲电压频率不变，有利于改善低频输出特性，但在不同频率下，输出电压波形正负半周不能完全对称，将会出现偶次谐波，影响电动机的稳定运行。综合上述情况，通常采用分级改变 u_c 与 u_r 频比的控制方法。在逆变器输出频率的范围内，设置几个 u_c 与 u_r 固定频比的频段，逆变器输出频率降低时，使频比分级地增大，在每一频段内则采用同步调制方式。这样既可以消除由于不对称出现的偶次谐波，又可以消除低频时电动机产生的转矩脉动和噪声。

2. 双极性 SPWM

双极性 SPWM 是指三角载波信号和正弦波调制信号的极性均为正负交替改变。载波信号 u_c 为正负对称的三角波，调制信号 u_r 直接与 u_c 进行比较便可得到双极性 SPWM 脉冲。对于三相逆变器来说，载波信号 u_c 可以三相共用，由正弦波发生器产生的三相相位 120°的可变幅、变频的正弦波信号 u_{ra}、u_{rb} 和 u_{rc} 分别作为三相的调制信号。三相调制信号同时与 u_c 进行比较，可获得三相 SPWM 信号，利用三相 SPWM 信号控制相应电子开关的开通和关断，便可得到三相双极性 SPWM 输出电压。双极性 SPWM 波形如图 5.28 所示。

三相 SPWM 逆变器主电路与图 5.27 所示电路相同，三相输出波形的调制过程完全一样，现以 A 相为例简单说明。设电路为感性负载，已处于稳定工作状态。当 u_{ra} 处于正半周时，若 $u_{ra} > u_C$，V_1 开通、V_4 关断，$u_{AO}=U/2$；若 $u_{ra}<u_c$，则感性负载电流由 VD_4 提供续流通路，$u_{AO}=-U/2$。当 u_{ra} 处于负半周时，若 $u_c > u_{ra}$，V_4 开通，$u_{AO}=-U/2$；若 $u_c<u_{ra}$，V_4 关断，感性负载电流由 VD_1 提供续流通路，$u_{AO}=U/2$。

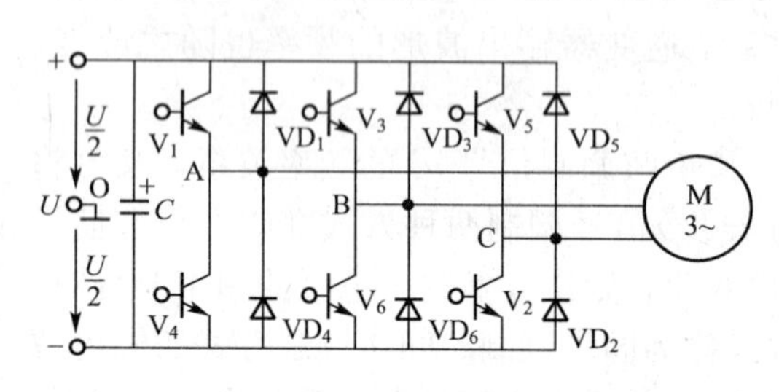

图 5.27 三相电压逆变器

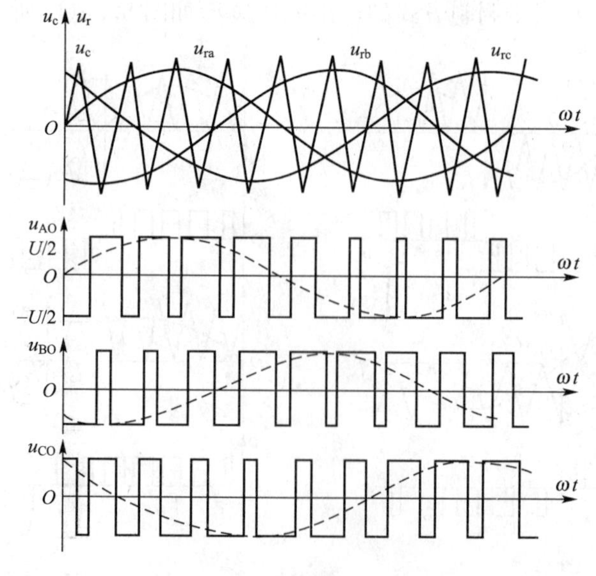

图 5.28 双极性 SPWM 波形

改变三相调制信号的幅值和频率，就可以改变输出电压的幅值和频率。双极性正弦波脉宽调制可以采用同步方式，也可以采用非同步方式。

5.5.2　三相桥式 PWM 逆变电路

图 5.29(a)为三相桥式 PWM 型逆变电路，其控制方式采用双极性方式。U、V 和 W 三相 PWM 控制公用一个三角波载波 u_C，三相调制信号 u_{rU}、u_{rV}、u_{rW} 的相位依次相差 120°，U、V 和 W 各相功率开关器件的控制规律相同。现以 U 相为例说明如下：当 $u_{rU} > u_c$ 时，给电力晶体管 V_1 以导通信号，给 V_4 以关断信号，则 U 相相对于直流电源假想中性点 N 的输出电压 $u_{UN'} = U_d/2$；当 $u_{rU} < u_c$ 时，给 V_1 以导通信号，给 V_4 以关断信号，则 $u_{UN'} = -U_d/2$。V_1 和 V_4 驱动信号始终是互补的。由于电感性负载电流的方向和大小的影响，在控制过程中，当给 V_1 加导通信号时，可能是 V_1 导通，也可能是二极管 VD_1 续流导通，其他的电力晶体管与续流二极管的导通情况与 V_1、VD_1 相同。V 相和 W 相的控制方式和 U 相相同，这里不再赘述。$u_{UN'}$、$u_{VN'}$、$u_{WN'}$ 的波形如图 5.29(b)所示，线电压 u_{UV} 的波形可由 $u_{UN} - u_{VN'}$ 得到。这些波形都只有 $\pm U_d$ 两种电平。由于调制信号 u_{rU}、u_{rV}、u_{rW} 为三相对称电压，每一瞬时，有的相为正，有的相为负。在公用一个载波信号情况下，这个载波只能是双极性的，不能用单极性控制。

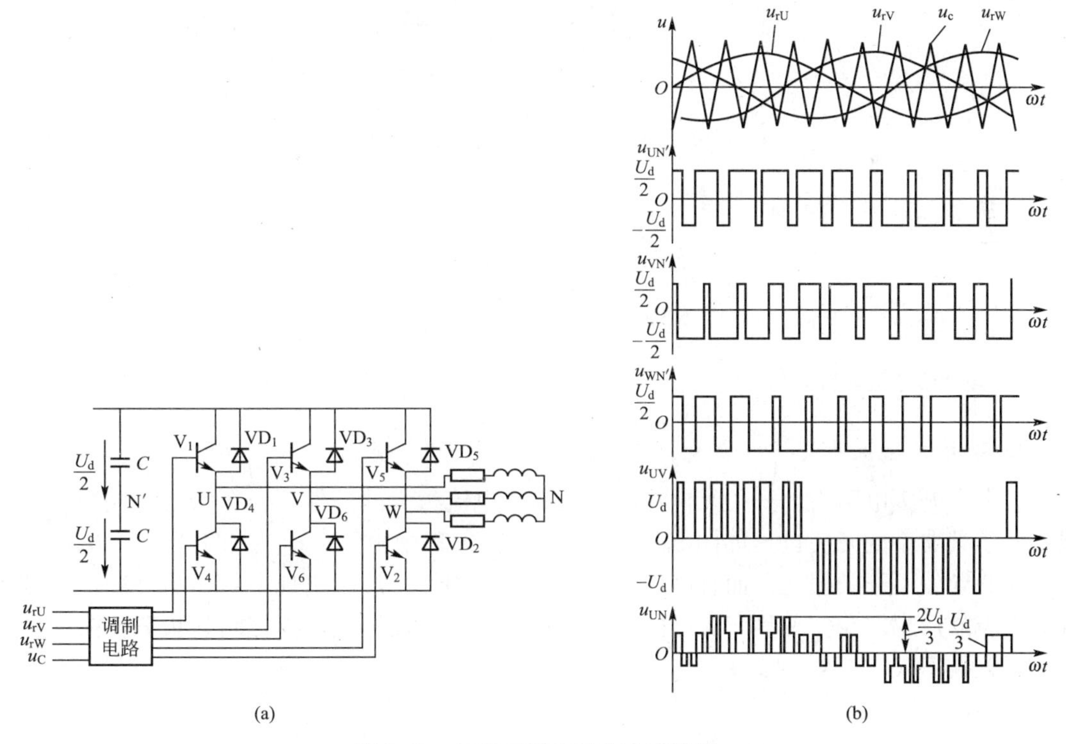

图 5.29　三相 PWM 逆变电路波形

在双极性 PWM 控制方式中，同一相上下两个臂的驱动信号都是互补的。但实际上为了防止上下两个臂直通而造成短路，通常在给一个臂施加关断信号后，再延迟 Δt 时间，才给另一个臂施加导通信号。延迟时间 Δt 的长短取决于开关器件的关断时间，但这个延迟时间对输出的 PWM 波形将带来不良影响，使其与正弦波产生偏离。

5.5.3　SPWM 控制的交-直-交变频器

对三相异步电动机进行变频调速是用晶闸管作主开关器件的。它用矩形波模拟正弦波，功能指标低，且幅度与频率分开调节，装置笨重复杂，这限制了它的广泛应用。随着电力电子新器件的不断问世，特别是正弦脉冲调宽(SPWM)技术的提出和应用，大大提高了交流电动机变频调速的性能指标，使谐波含量大为减少，效率提高，噪声降低，运转平稳。交流电动机变频调速已在很多领域取代或正在取代直流电动机调速，图 5.30 所示为采用 SPWM 控制的交-直-交变频器电路。三相交流电经过整流滤波成为恒定的直流，然后通过逆变器调频调节交流电动机的转速。逆变器采用全控型高速开关器件 IGBT 管，调频和调压由逆变器完成，主电路得到大大简化。

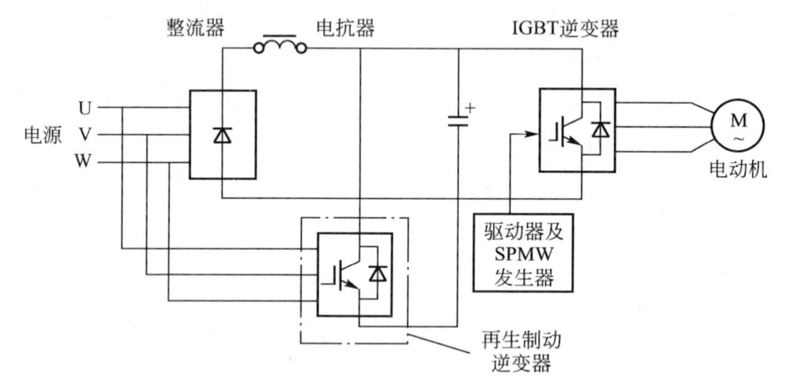

图 5.30　SPWM 控制的交-直-交变频器电路

5.6　软开关技术

5.6.1　软开关的基本概念

1. 硬开关与软开关

在很多开关电路中，开关元件在电压很高或电流很大的条件下，在门极的控制下开通或关断，其典型的开关过程如图 5.31 所示。开关过程中电压、电流均不为零，出现了重叠，因此导致了开关损耗；而且电压和电流的变化很快，波形出现了明显的过冲，导致了开关噪声的产生。我们称具有这样的开关过程的开关为硬开关，称控制其状态转换的技术为硬开关技术。

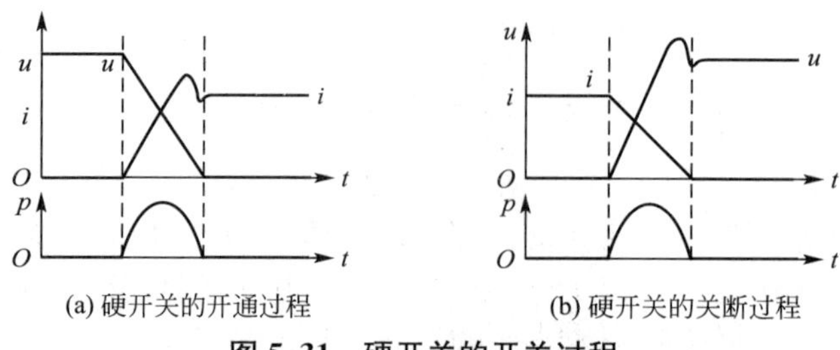

图 5.31　硬开关的开关过程

在硬开关过程中会产生较大的开关损耗和开关噪声。开关损耗随着开关频率的提高而增加，使电路效率下降，阻碍了开关频率的提高；开关噪声给电路带来严重的电磁干扰问题，影响周边电子设备的正常工作。

通过在原来的开关电路中增加很小的电感 L_r、电容 C_r 等谐振元件，构成辅助换流网络。在开关过程前后引入谐振过程，开关开通前电压先降为零或关断前电流先降为零，就可以消除开关过程中电压、电流的重叠，降低它们的变化率，从而大大减小甚至消除损耗和开关噪声。这种零电压或零电流条件下的开关过程的开关为软开关，对应的控制技术称为软开关技术。典型的软开关过程如图 5.32 所示。

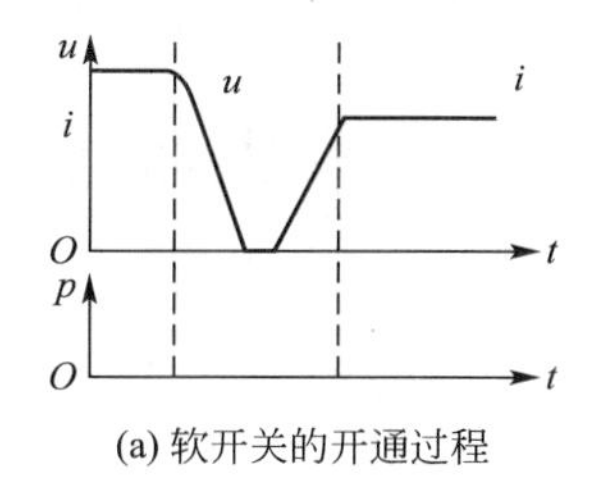

(a) 软开关的开通过程

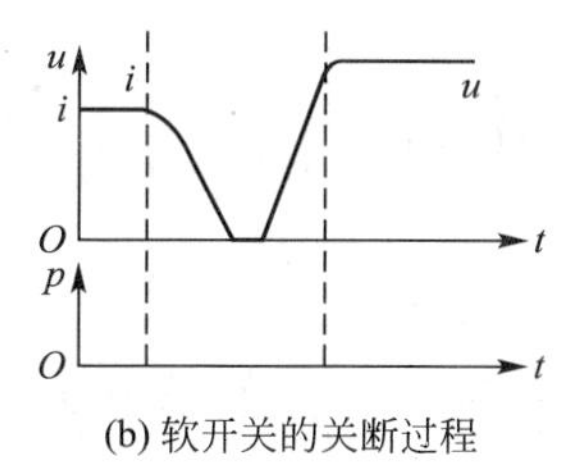

(b) 软开关的关断过程

图 5.32　软开关的开关过程

2. 零电压开关与零电流开关

使开关开通前其两端电压为零，则开关开通时就不会产生损耗和噪声，这种开通方式称为零电压开通或零电压开关；使开关关断前其电流为零，则开关关断时也不会产生损耗和噪声，这种关断方式称为零电流关断或零电流开关。在很多情况下，零电压开通和零电流关断要靠电路中的谐振来实现。

与开关并联的电容能延缓开关关断后电压上升的速率，从而降低关断损耗，有时称这种关断过程为零电压关断；与开关相串联的电感能延缓开关开通后电流上升的速率，降低了开通损耗，有时称之为零电流开通。简单的利用并联电容实现零电压关断和利用串联电感实现零电流开通一般会给电路造成总损耗增加、关断过电压增大等负面影响。这是得不偿失的，因此常使之与零电压开通和零电流关断配合应用。

5.6.2　软开关电路的分类

软开关技术问世以来，经过不断的发展和完善，前后出现了许多种软开关电路。直到目前为止，新型的软开关拓扑结构仍不断地出现。由于存在众多的软开关电路，而且各自有其不同的特点和应用场合，所以对这些电路进行分类是很必要的。

根据电路中主要的开关元件是零电压开通还是零电流关断，可以将软开关电路分成零电压电路和零电流电路两大类。通常，一种软开关电路要么属于零电压电路，要么属于零电流电路。

根据软开关技术发展的历程可以将软开关电路分成准谐振电路、零开关 PWM 电路和零转换 PWM 电路。

由于每一种软开关电路都可以用于降压型、升压型等不同电路，因此可以用图 5.33 中的基本开关单元来表示，不必画出各种具体电路。实际使用时，可以从基本开关单元导出具体电路，开关和二极管的方向应根据电流的方向做相应调整。

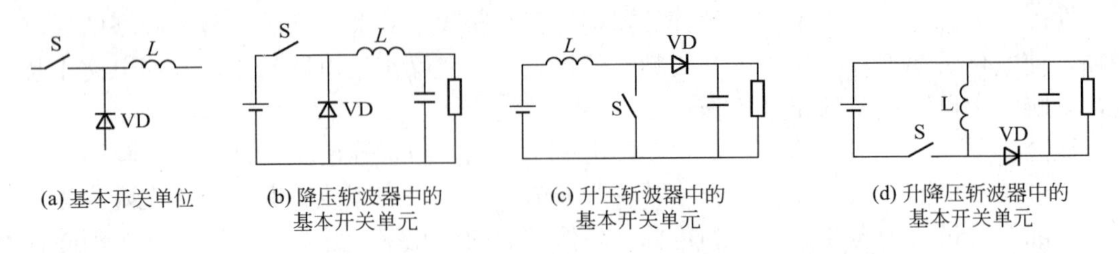

(a) 基本开关单位　(b) 降压斩波器中的基本开关单元　(c) 升压斩波器中的基本开关单元　(d) 升降压斩波器中的基本开关单元

图 5.33　基本开关单元的概念

下面分别介绍上述 3 类软开关电路。

1. 准谐振电路

这是最早出现的软开关电路，其中有些现在还在大量使用。准谐振电路可以分为以下几种。

(1) 零电压开关准谐振电路(ZVSQRC)。

(2) 零电流开关准谐振电路(ZCSQRC)。

(3) 零电压开关多谐振电路(ZVSMRC)。

(4) 用于逆变器的谐振直流环电路。

图 5.34 给出了前 3 种软开关电路的基本开关单元(谐振直流环的电路如图 5.41 所示)。

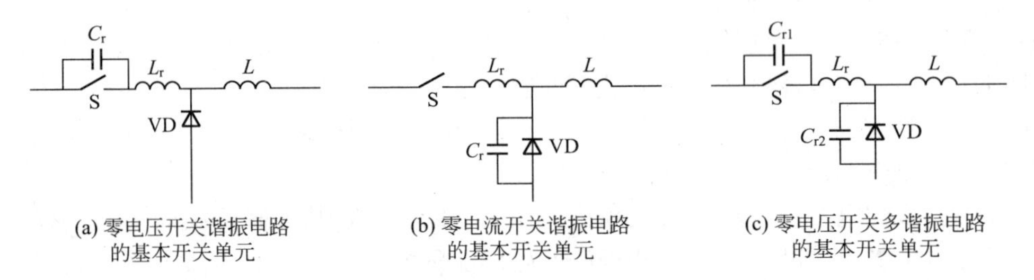

(a) 零电压开关谐振电路的基本开关单元　(b) 零电流开关谐振电路的基本开关单元　(c) 零电压开关多谐振电路的基本开关单无

图 5.34　准谐振电路的基本开关单元

准谐振电路中电压或电流的波形为正弦半波，因此称之为准谐振。谐振的引入使得电路的开关损耗和开关噪声都大大下降，但也带来一些负面问题：谐振电压峰值很高，要求器件耐压必须提高；谐振电流的有效值很大，电路中存在大量的无功功率的交换，造成电路导通损耗加大；谐振周期随输入电压、负载变化而改变，因此电路只能采用脉冲频率调制(PFM)方式来控制，变频的开关频率给电路设计带来困难。

2. 零开关 PWM 电路

这类电路中引入了辅助开关来控制谐振的开始时刻，使谐振仅发生于开关过程前后。零开关 PWM 电路可以分为以下两种。

(1) 零电压开关 PWM 电路(ZVS PWM)。

(2) 零电流开关 PWM 电路(ZCSPWM)。

这两种电路的基本开关单元如图 5.35 所示。

同准谐振电路相比，这类电路有很多明显的优势：电压和电流基本上是方波，只是上升沿和下降沿较缓，开关承受的电压明显降低，电路可以采用开关频率固定的 PWM 控制方式。

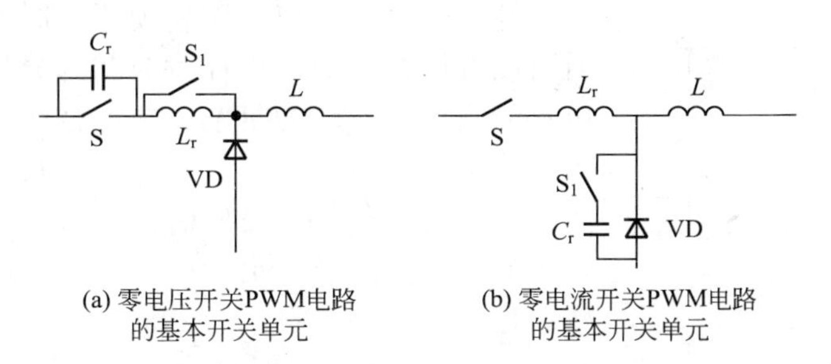

图 5.35　零开关 PWM 电路的基本开关单元

3. 零转换 PWM 电路

这类软开关电路还是采用辅助开关控制谐振的开始时刻，所不同的是，谐振电路与主开关是并联的，因此输入电压和负载电流对电路的谐振过程的影响很小，电路在很宽的输入电压范围内并且从零负载到满载都能工作在软开关状态。而且电路中无功功率的交换被削减到最小，这使得电路效率有了进一步提高。零转换 PWM 电路可以分为以下两种。

(1) 零电压转换 PWM 电路(ZVT PWM)。

(2) 零电流转换 PWM 电路(ZCTPWM)。

这两种电路的基本开关单元如图 5.36 所示。

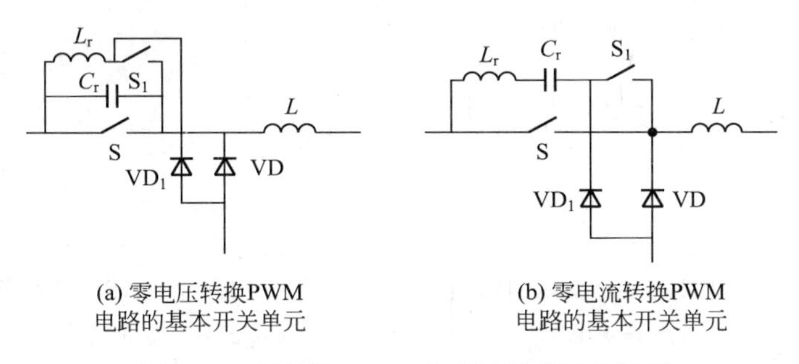

图 5.36　零转换 PWM 电路的基本开关单元

对于上述各类电路中的典型电路，将在 5.6.3 节中进行详细分析。

5.6.3　典型的软开关电路

本节将对 4 种典型的软开关电路进行详细的分析，目的在于使读者不仅能了解这些常见的软开式关电路，而且能初步掌握软开关电路的分析方法。

1. 零电压开关准谐振电路

这是一种较为早期的软开关电路，但由于结构简单，所以目前仍然在一些电源装置中应用。本小节以降压型电路为例分析其工作原理，电路原理如图 5.37 所示，电路工作时理想化的波形如图 5.38 所示。在分析的过程中，假设电感 L 和电容 C 很大，可以等效为电流源和电压源，并忽略电路中的损耗。

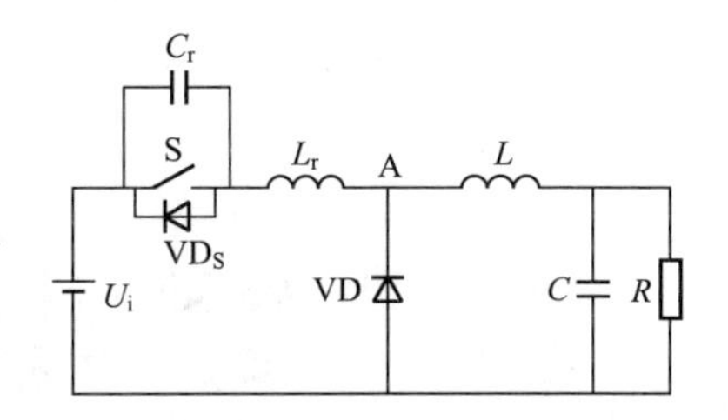

图 5.37　零电压开关准谐振电路原理图

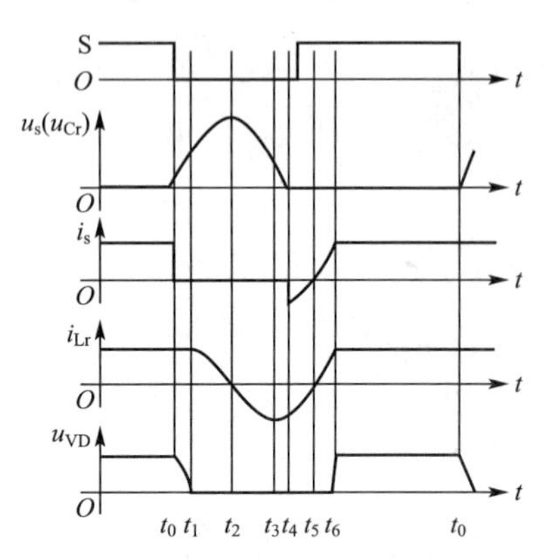

图 5.38 零电压开关准谐振电路的理想化波形

开关电路的工作过程是按开关周期重复的，在分析时可以选择开关周期中任意时刻为分析的起点。软开关电路的开关过程较为复杂，选择合适的起点可以使分析得到简化。

在分析零电压开关准谐振电路时，选择开关 S 的关断时刻为分析的起点最为合适，下面逐段分析电路的工作过程。

$t_0 \sim t_1$ 时段：t_0 时刻之前，开关 S 为通态，二极管 VD 为断态，$u_{C_r}=0$，$i_{L_r}=I_L$，t_0 时刻后开关 S 关断，与其并联的电容 C_r 由于 S 关断后电压上升减缓，因此 S 的关断损耗减小。S 关断后，VD 尚未导通，电路图可以等效为图 5.39。

电感 L_r+L 向 C_r 充电，由于 L 很大，故可以等效为电流源。u_{C_r} 线性上升，同时 VD 两端电压 u_{VD} 逐渐下降，直到 t_1 时刻，$u_{VD}=0$，VD 导通。这一时段 u_{C_r} 的上升率为

$$\frac{\mathrm{d}u_r}{\mathrm{d}t}=\frac{I_L}{C_r} \tag{5-9}$$

$t_1 \sim t_2$ 时段：t_1 时刻二极管 VD 导通，电感 L 通过 VD 续流，C_r、L_r、U_i 形成谐振回路，如图 5.40 所示。谐振过程中，L_r 对 C_r 充电，u_{C_r} 不断上升，i_{L_r} 不断下降，直到 t_2 时刻，i_{L_r} 下降到零，u_{C_r} 达到谐振峰值。

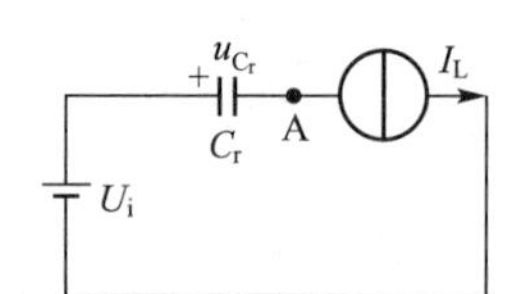

图 5.39 零电压开关准谐振电路在 $t_0 \sim t_1$ 时段等效电路

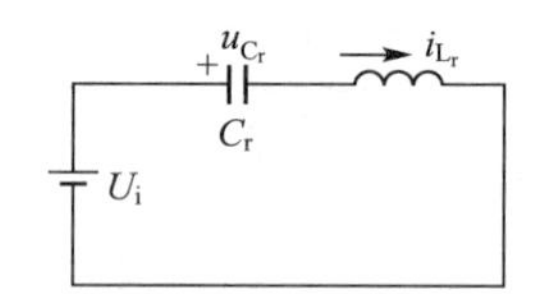

图 5.40 零电压开关准谐振电路在 $t_1 \sim t_2$ 时段等效电路

$t_2 \sim t_3$ 时段：t_2 时刻后，C_r 向 L_r 放电，i_{L_r} 改变方向，u_{C_r} 不断下降，直到 t_3 时刻，$u_{C_r}=U_i$。这时，L_r 两端电压为零，i_{L_r} 达到反向谐振峰值。

$t_3 \sim t_4$ 时段：t_3 时刻以后，L_r 向 C_r 反向充电，u_{C_r} 继续下降，直到 t_4 时刻 $u_{C_r}=0$。

t_1 到 t_4 时段电路谐振过程的方程为

$$L_r\frac{\mathrm{d}i_{L_r}}{\mathrm{d}t}+u_{C_r}=U_i$$

$$C_r\frac{\mathrm{d}u_{C_r}}{\mathrm{d}t}=i_{L_r} \tag{5-10}$$

$$u_{C_r}=U_i(t=t_1),\quad i_{L_r}=I_L(t=t_1)$$

$t_4 \sim t_5$ 时段：u_{C_r} 被箝位于零，L_r 两端电压为 U_i，i_{L_r} 线性衰减，直到 t_5 时刻，$i_{L_r}=0$。由于这一时段 S 两端电压为零，所以必须在这一时段使开关 S 开通，才不会产生开通损耗。

$t_5 \sim t_6$ 时段：S 为通态，i_{L_r} 线性上升，直到 t_6 时刻，$i_{L_r}=I_L$，VD 关断。

t_4 到 t_6 时段电流 i_{L_r} 的变化率为

$$\frac{di_{L_r}}{dt}=\frac{U_i}{L_r} \tag{5-11}$$

$t_6\sim t_0$ 时段：S 为通态，VD 为断态。

谐振过程是软开关电路工作过程中最重要的部分，通过对谐振过程的详细分析可以得到很多对软开关电路的分析、设计和应用具有指导意义的重要结论。下面就对零电压开关准谐振电路 t_1 到 t_4 时段的谐振过程进行定量分析。

通过求解式(5－10)可得 u_{C_r}(即开关 S 上的电压 u_S)的表达式为

$$u_{C_r}(t)=\sqrt{\frac{L_r}{C_r}}I_L\sin\omega_r(t-t_1)+U_i,\ \omega_r=\frac{1}{\sqrt{L_rC_r}},\ t\in[t_1,\ t_4] \tag{5-12}$$

求其在 $[t_1,\ t_4]$ 上的最大值就得到 u_{C_r} 的谐振峰值表达式，这一谐振峰值就是开关 S 承受的峰值电压。

$$u_{C_r}(t)=\sqrt{\frac{L_r}{C_r}}I_L+U_i \tag{5-13}$$

从式(5－13)可以看出如果正弦项的幅值小于 U_i，u_{C_r} 就不可能谐振到零，S 也就不可能实现零电压开通，因此

$$\sqrt{\frac{L_r}{C_r}}I_L\geqslant U_i \tag{5-14}$$

就是零电压开关准谐振电路实现软开关的条件。

综合式(5－13)和式(5－14)可知，谐振电压峰值将高于输入电压 U_i2 倍，开关 S 的耐压必须相应提高，这就增加了电路的成本，降低了可靠性，这是零电压开关准谐振电路的一大缺点。

2. 谐振直流环

谐振直流环是适用于变频器的一种软开关电路，以这种电路为基础，出现了不少性能更好的用于变频器的软开关电路，对这一基本电路的分析将有助于理解各种导出电路的原理。

各种交流-直流-交流变换电路中都存在中间直流环。谐振直流环电路通过在直流环中引入谐振，使电路中的整流或逆变环工作在软开关的条件下。图 5.41 为用于电压型逆变器的谐振直流环的电路，它用一个辅助开关 S 就可以使逆变桥中所有的开关工作在零电压开通的条件下。值得注意的是，这一电路图仅用于原理分析，实际电路中连开关 S 也不需要，S 的开关动作可以用逆变电路中开关的开通与关断来代替。

由于电压型逆变器的负载通常为感性，而且在谐振过程中逆变电路的开关状态是不变的，因此在分析时可以将电路等效为图 5.42，其理想化波形如图 5.43 所示。

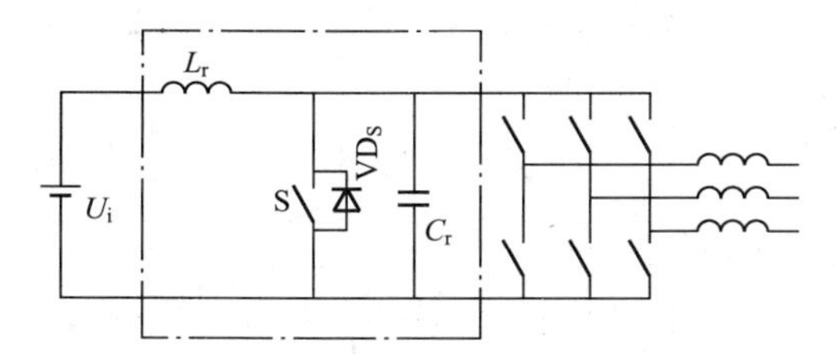

图 5.41　谐振直流环电路原理图

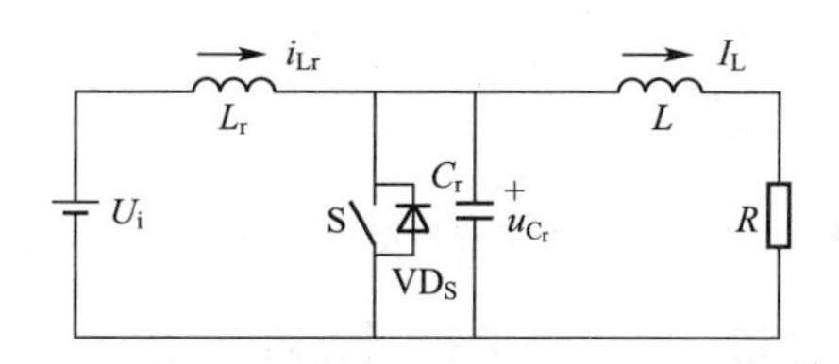

图 5.42　谐振直流环电路的等效电路

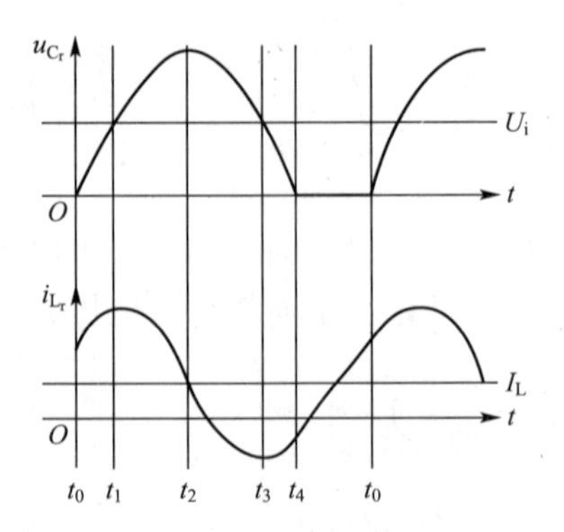

图 5.43　谐振直流环电路的理想化波形

由于同谐振过程相比，感性负载的电流变化非常缓慢，因此可以将负载电流视为常量，在分析中忽略电路中的损耗。

下面以开关 S 关断时刻为起点，分阶段分析电路的工作过程。

$t_0 \sim t_1$ 时段：t_0 时刻之前，电感 L_r 的电流 i_{L_r} 大于负载电流 I_L，开关 S 处于通态。t_0 时刻 S 关断，电路中发生谐振。因为 $i_{L_r} > I_L$，因此 i_{L_r} 对 C_r 充电、u_{C_r} 不断升高，直到 t_1 时刻，$u_{C_r} = U_i$。

$t_1 \sim t_2$ 时段：t_1 时刻由于 $u_{C_r} = U_i$，L_r 两端电压差为最大，因此谐振电流 i_{L_r} 达到峰值。t_1 时刻以后，i_{L_r} 继续向 C_r 充电并不断减小，而 u_{C_r} 进一步升高，直到 t_2 时刻 $i_{L_r} = I_L$，u_{C_r} 达到谐振峰值。

$t_2 \sim t_3$ 时段：t_2 时刻以后，u_{C_r} 向 L_r 和 L 放电，i_{L_r} 继续降低，到零后反向，C_r 继续向 L_r 放电，i_{L_r} 反向增加，直到 t_3 时刻 $u_{C_r} = U_i$。

$t_3 \sim t_4$ 时段：t_3 时刻，$u_{C_r} = U_i$，i_{L_r} 达到反向谐振峰值，然后 i_{L_r} 开始衰减，u_{C_r} 继续下降，直到 t_4 时刻，$u_{C_r} = 0$，S 的反并联二极管 VD_S 导通，u_{C_r} 被箝位于零。

$t_4 \sim t_0$ 时段：S 导通，电流 i_{L_r} 线性上升，直到 t_0 时刻，S 再次关断。

同零电压开关准谐振电路相似，谐振直流环电路中电压 u_{C_r} 的谐振峰值很高，增加了对开关器件耐压的要求。

3. 移相全桥型导电压开关 PWM 电路

移相全桥电路是目前应用最广泛的软开关电路之一，它的特点是电路很简单(如图 5.44 所示)。同硬开关全桥电路相比，它并没有增加辅助开关等元件，而是仅仅增加了一个谐振电感，就使图 5.44 移相全桥零电压开关 PWM 电路电路中 4 个开关器件都在零电压的条件下开通，这得益于其独特的控制方法(如图 5.45 所示)。

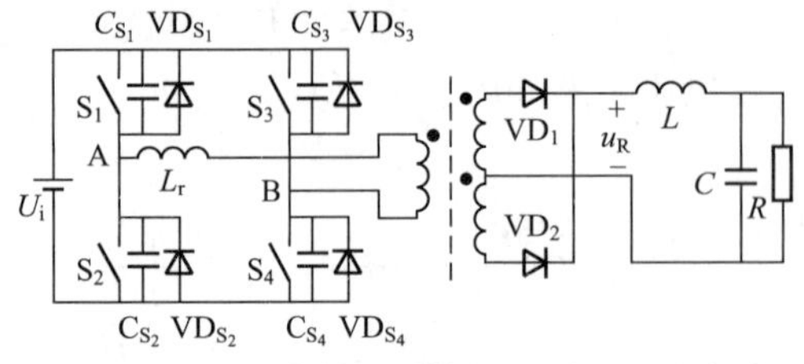

图 5.44　移相全控桥零电压开关 PWM 电路

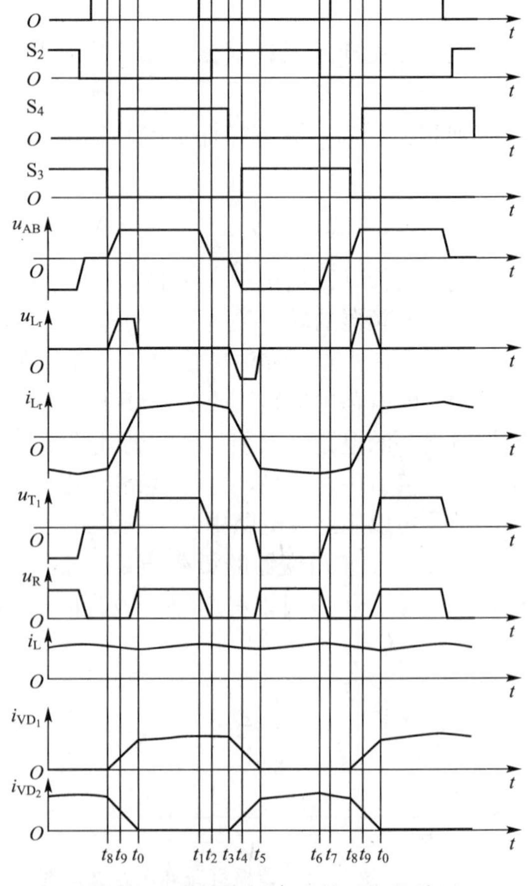

图 5.45　移相全桥电路的理想化波形

移相全桥电路的控制方式有几个特点。

(1) 在一个开关周期 T_S 内，每一个开关导通的时间都略小于 $T_S/2$，而关断的时间都略大于 $T_S/2$。

(2) 同一个半桥中，上下两个开关不能同时处于通态，每一个开关关断到另一个开关开通都要经过一定的死区时间。

(3) 比较互为对角的两对开关 S_1、S_4 和 S_2、S_3 的开关函数的波形，S_1 的波形比 S_4 超前 $0\sim T_S/2$ 时间，而 S_2 的波形比 S_3 超前 $0\sim T_S/2$ 时间，因此称 S_1 和 S_2 为超前的桥臂，而称 S_3 和 S_4 为滞后的桥臂。

在分析过程中，假设开关器件都是理想的，并忽略电路中的损耗。

$t_0\sim t_1$ 时段：在这一时段，S_1 与 S_4 都导通，直到 t_1 时刻 S_1 关断。

$t_1\sim t_2$ 时段：t_1 时刻开关 S_1 关断后。电容 C_{S_1}、C_{S_2} 与电感 L_r、L 构成谐振回路，如图 5.46 所示。谐振开始时 $u_A(t_1)=U_i$，在谐振过程中，u_A 不断下降，直到 $u_A=0$，VD_{S_2} 导通，电流 i_{L_r} 通过 VD_{S_2} 续流。

$t_2\sim t_3$ 时段：t_2 时刻开关 S_2 开通，由于此时其反并联二极管 VD_{S_2} 正处于导通状态，因此 S_2 开通时电压为零，开通过程中不会产生开关损耗，S_2 开通后，电路状态也不会改变，继续保持到 t_3 时刻 S_4 关断。

$t_3\sim t_4$ 时段：t_3 时刻开关 S_4 关断后，电路的状态变为图 5.47 所示。

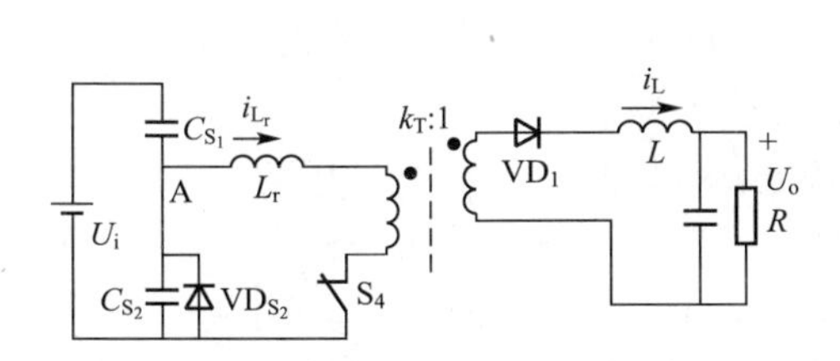

图 5.46 移相全桥电路 $t_1\sim t_2$ 阶段的等效电路图

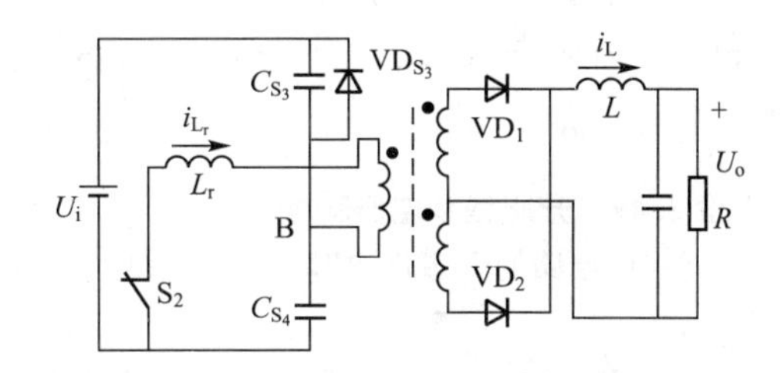

图 5.47 移相全控桥在 $t_3\sim t_4$ 阶段的等效电路图

这时变压器二次侧整流二极管 VD_1 和 VD_2 同时导通，变压器一次和二次电压均为零，相当于短路，因此变压器一次侧 C_{S_3}、C_{S_4} 与 L_r 构成谐振回路。谐振过程中谐振电感 L_r 的电流不断减小，B 点电压不断上升，直到 S_3 的反并联二极管 VD_{S_3} 导通，这种状态维持到 t_4 时刻 S_3 开通。S_3 开通时 VD_{S_3} 导通，因此 S_3 是在零电压的条件下开通，开通损耗为零。

$t_4\sim t_5$ 时段：S_3 开通后，谐振电感 L_r 的电流继续减小。电感电流 i_{L_r} 下降到零后便反向，然后不断增大，直到 t_5 时刻 $i_{L_r}=I_L/k_T$，变压器二次侧整流管 VD_1 的电流下降到零而关断，电流 I_L 全部转移到 VD_2 中。

$t_0\sim t_5$ 时段正好是开关周期的一半，而在另一半开关周期 $t_5\sim t_0$ 时段中，电路的工作的过程与 $t_0\sim t_5$ 时段完全对称，不再叙述。

4. 零电压转换 PWM 电路

零电压转换 PWM 电路是另一种常用的软开关电路，具有电路简单、效率高等优点，广泛用于功率因数校正电路(PFC)、DC-DC 变换器、斩波器等。本节以升压电路为例介绍这种软开关电路的工作原理。

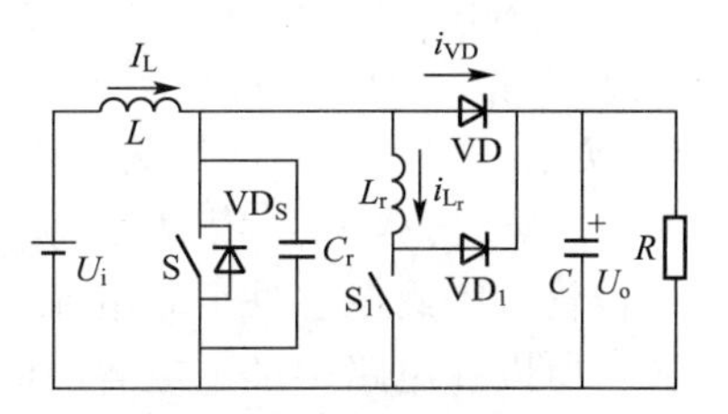

图 5.48 升压型零电压转换 PWM 电路的原理图

升压型零电压转换 PWM 电路的原理如图 5.48 所示，其理想化波形如图 5.49 所示。在分析中假设电感 L 很大，因此可以忽略其中电流的波动；电容 C 也很大，因此输出电压的波动也可以忽略；在分析中还忽略元件与线路中的损耗。

从图 5.49 中可以看出，在零电压转换 PWM 电路中，辅助开关 S_1 超前于主开关 S 开通，而 S 开通后 S_1 就关断了，主要的谐振过程都集中在 S 开通前后。下面分阶段介绍电路的工作过程。

$t_0 \sim t_1$ 时段：辅助开关先于主开关开通，由于此时二极管 VD 尚处于通态，所以电感 L_r 两端电压为 U_O，电流 i_{L_r} 按线性迅速增长，二极管 VD 中的电流以同样的速率下降。直到 t_1 时刻，$i_{L_r}=I_L$，二极管 VD 中电流下降到零，二极管自然关断。

$t_1 \sim t_2$ 时段：此时电路可以等效为图 5.50。L_r 与 C_r 构成谐振回路，由于 L 很大，谐振过程中其电流基本不变，对谐振影响很小，可以忽略。谐振过程中 L_r 的电流增加而 C_r 的电压下降，t_2 时刻其电压 u_{C_r} 刚好降到零，开关 S 的反并联二极管 VD_S 导通，u_{C_r} 被箝位于零，而电流 i_{L_r} 保持不变。

$t_2 \sim t_3$ 时段：u_{C_r} 被箝位于零，而电流 i_{L_r} 保持不变，这种状态一直保持到 t_3 时刻 S 开通、S_1 关断。

$t_3 \sim t_4$ 时段：t_3 时刻 S 开通时，其两端电压为零，因此没有开关损耗。S 开通的同时 S_1 关断，L_r 中的能量通过 VD_1 向负载侧输送，其电流线性下降，而主开关 S 中的电流线性上升。到 t_4 时刻 $i_{L_r}=0$，VD_1 关断，主开关 S 中的电流 $i_S=I_L$，电路进入正常导通状态。

$t_4 \sim t_5$ 时段：t_5 时刻 S 关断。由于 C_r 的存在，故 S 关断时的电压上升率受到限制，降低了 S 的关断损耗。

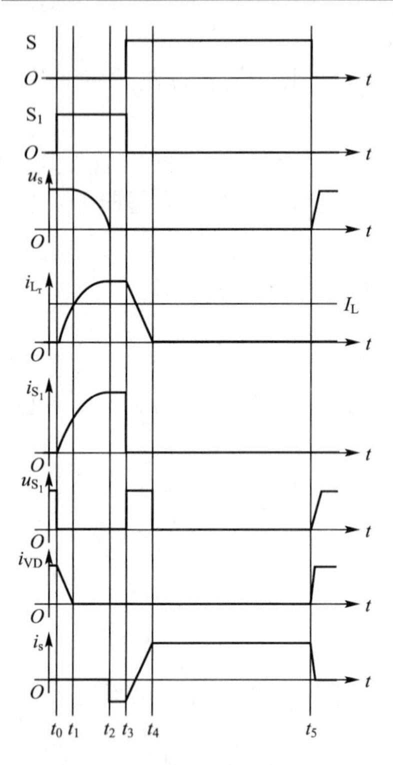

图 5.49 升压型零电压转换 PWM 电路的理想化波形

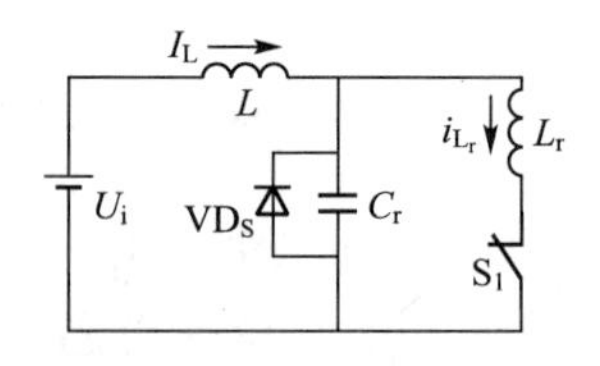

图 5.50 升压型零电压转换 PWM 电路在 $t_1 \sim t_2$ 时的等效电路

5.6.4 软开关逆变技术的应用

1. GTO 电流型逆变电路

图 5.51 是由 6 只 GTO 组成的三相电流型逆变电路，每只 GTO 导通 120°，而且每隔 60°换流一次，导通次序为 VT_1、VT_2、VT_2、VT_3、VT_3、VT_4，依次类推。图中没有反馈二极管，因此电感性负载电流不能通过它的电源，所以在电路中加了电容吸收电路，连接在电动机的三相端子上。当关断时，电感负载形成的反馈能量由电容吸收。

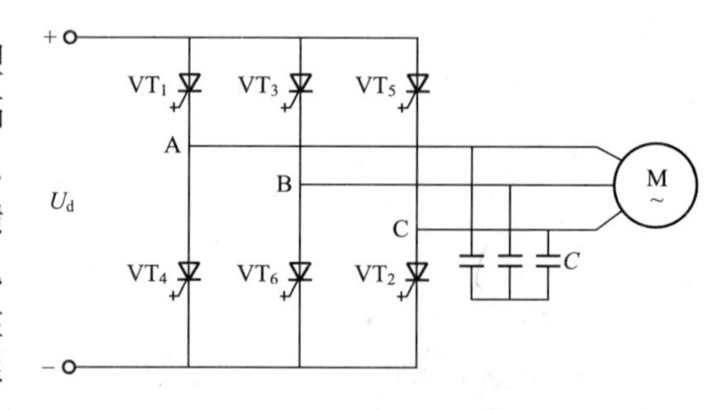

图 5.51 GTO 电流型逆变电路

2. IGBT 电压型逆变电路

图5.52为IGBT三相逆变电路，由6只自关断器件IGBT构成电压型逆变器，它和晶闸管组成的三相逆变器的不同之处是不需要强迫关断电路，各只IGBT依次每隔60°换流一次，导通次序为 VT_1、VT_2、VT_3、VT_2、VT_3、VT_4、VT_3、VT_4、VT_5，依次类推，每只IGBT仍导通180°。VD_1～VD_6 为续流二极管，为感性负载电流提供反馈通路。

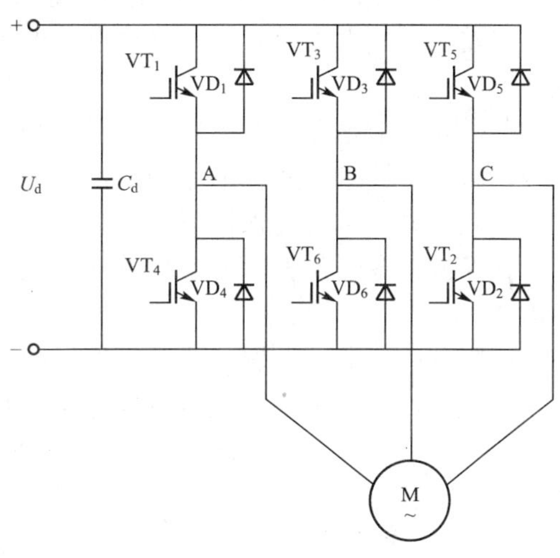

图5.52 IGBT电压型逆变电路

3. IGBT 谐振开关逆变电路

图5.53(a)中，感应线圈 L、电容 C 和电阻 R 组成谐振电路，VT_1～VT_4 为4只IGBT，组成了IGBT谐振开关逆变电路。图5.53(a)中根据并联谐振电路的特点，负载呈现为电阻特性，因此负载电流和负载电压的基波是同相位的。在电压和电流过零瞬间，IGBT逆变桥进行换流，实现了逆变器换流时在零电压和零电流时的开和关。图5.53(b)中，感应线圈 L、电容 C 和电阻 R 组成串联谐振电路在IGBT关断期间振荡，于是开关器件两端的电压形成一近似正弦波，为开关器件导通时建立起零电压条件。如 VT_1 导通以前，C_1 与 L 和 R 谐振，使 C_1 上电压为零，VT_1 导通时其两端电压为零，这样就大大降低了开关器件导通时的损耗，提高了换流效率。

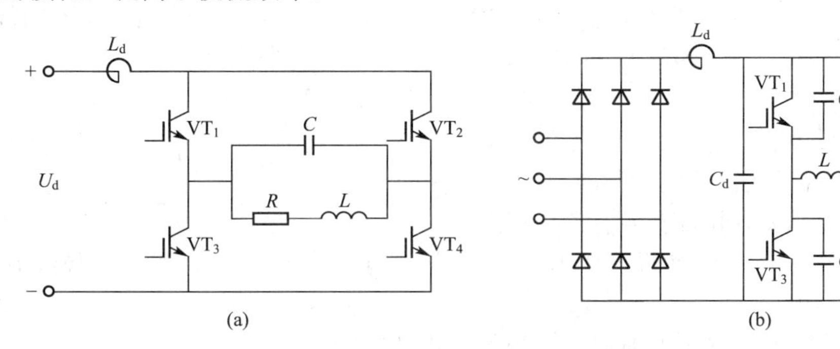

图5.53 IGBT谐振开关电路

5.7 本章小结

逆变有有源逆变与无源逆变之分，前者是将直流电能变为交流电后返送电网；后者是将直流电能或某种频率的交流电能变为特定频率的交流电能后直接供给负载。无源逆变器也称为变频器，被广泛应用在交流电动机调速、感应加热以及不停电电源等方面。逆变器的工作原理是通过两组开关轮换交替导通，使加到负载上的电压和电流正负交替变化，这一过程的关键是换流控制。常用的换流方式有负载换流、强迫换流和器件换流。全控器件的应用使换流控制变得简单，在逆变器应用领域，全控型器件将取代半控器件。由全控器件组成的脉宽调制(PWM)逆变电路能够得到相当接近正弦波的输出电压和电流，且可以方便地改变其大小及频率。这种电路谐波少，功率因数高，动态响应快，电路简单，应用日益广泛。

硬开关电路存在开关损耗和开关噪声，随着开关频率的提高，这些问题变得更为严重。软开关技术通过在电路中产生谐振改善了开关的开关条件，解决了这两个问题。

软开关技术总的来说可以分为零电压和零电流两类。按照其出现的先后，可以将其分为准谐振、零开关 PWM 和零转换 PWM 三大类，每一类都包含基本拓扑和众多的派生拓扑。

零电压开关准谐振电路、零电压开关 PWM 电路和零电压转换 PWM 电路分别是三类软开关电路的代表，谐振直流环电路是软开关技术在逆变电路中的典型应用。

5.8　习题及思考题

1. 说明有源逆变与无源逆变的异同。

2. 简述电压型逆变器与电流型逆变器的特点。在电压型逆变器中，反馈二极管 VD 起什么作用?

3. 说明串联二极管式电流型逆变器中隔离二极管的作用，电流型逆变器负载电动机的漏抗对电路中的元器件有何影响。

4. 图 5.20 所示为串联电感式三相逆变器，直流电源电压$U=510$V，负载为笼型异步电动机，额定功率为 22kW，额定电流 $I_e=50$A，启动电流为 140A，采用U/f恒值控制，调频、调压范围为 5∶1，晶闸管关断时间为 30μs。试回答下列问题。

(1) 该逆变器为 180°导电型，还是 120°导电型? 为什么?

(2) 计算换流回路中电容及电感的参数。

5. 简述 SPWM 逆变器中同步调制和非同步调制的优缺点。

6. 常用的谐振开关有几种? 各有什么特点?

7. 无源逆变电路有几种实现换流方式? 用全控器件作逆变器的开关元件有什么优越性?

8. 并联谐振式逆变电路中的换流电容为什么要过补偿?

9. 说明 SPWM 控制的基本原理。

10. 实现 PWM 控制的方式有哪两种? 试具体说明。

11. 说明 PWM 型三相逆变电路的工作原理，该电路能否使用单极性控制?

12. 软开关的含义是什么? 其作用又是什么?

第6章 电力电子技术在工程中的应用

教学提示：电力电子技术具有很强的实用性，在实际使用时可将一种或几种功能的电路进行组合，即可将AD-AC、DC-DC、AC-AC和DC-AC四大类基本变流电路中的某几种组合起来构成组合变流电路，以实现新的功能。组合变流电路又分为间接交流变流电路和间接直流变流电路。其中间接交流变流电路是先将交流电整流为直流电，再将直流电逆变为交流电，是先整流后逆变的交-直-交组合变流电路；而间接直流变流电路则是先将直流电逆变为交流电，再将交流电整流为直流电，是先逆变后整流的直-交-直组合变流电路。

交-直-交组合变流电路主要可分为两类：一类是输出电压和频率均可变的交-直-交变频电路(又简称VVVF电源)，主要用作变频器：另一类是输出交流电压大小和频率均不变的恒压恒频(CVCF)交流电路，主要用作不间断电源(UPS)。直-交-直组合变流电路主要用于各种开关电源(SMPS)。由于电力电子技术在生产与生活中的应用非常广泛，因此，本章仅重点介绍两类组合变流电路、变频器的构成、基本原理、特点等及电力电子技术在晶闸管直流调速与变频调速系统、电网无功与谐波补偿、高压直流输电中的应用。

6.1 交-直-交组合变流电路

交-直-交组合变流电路由整流电路、中间直流电路和逆变电路构成。整流电路的作用是将工频交流电变换成直流电，逆变电路的作用是将直流电再逆变为频率可调的交流电。按照中间环节是电容性还是电感性，可将交-直-交组合变流电路分为电压型和电流型两类。

前面在介绍PWM逆变电路时已经说明，与输出为矩形波的逆变电路相比，PWM逆变电路有多项优点，故目前中小容量的逆变器基本采用PWM控制，大容量的逆变器采用PWM控制的也越来越多。因此，以下介绍的各种交-直-交组合变流电路中，其逆变部分只讲述采用PWM控制的情况。

6.1.1 交-直-交组合变流电路原理

1. 电压型交-直-交组合变流电路

根据负载的要求，交-直-交组合变流电路有时需要具有再生反馈的能力，有时不需要。当负载为电动机时，通常要求具有再生反馈的能力。此外，向电动机供电时，均要求输出电压的大小和频率可调，此时该电路更常用的名称是交-直-交变频电路。

图6.1是不能再生反馈的电压型交-直-交组合变流电路。该电路中整流部分采用的是不可控整流，它和电容器之间的直流电压和直流电流极性不变，只能由电源向直流电路输

送功率，而不能由直流电路向电源反馈电能。图 6.1 中逆变电路的能量是可以双向流动的，若负载能量反馈到中间直流电路中，将导致电容电压升高，称其为泵升电压。由于该能量无法反馈回交流电源，故电容只能承担少量的反馈能量，否则泵升电压过高会危及整个电路的安全。

为使上述电路具备再生反馈的能力，可采用的几种方法分别如图 6.2、图 6.3 和图 6.4 所示。

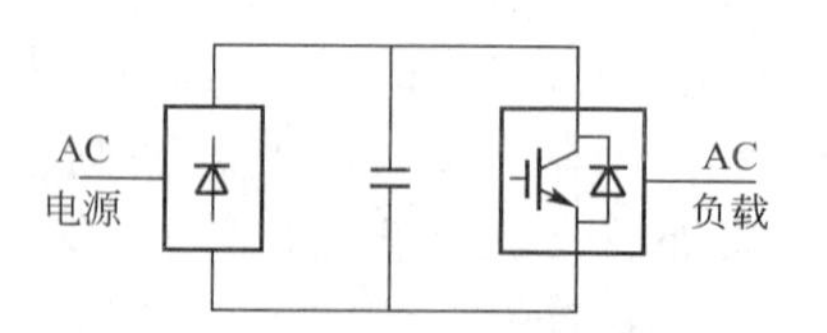

图 6.1　不能再生反馈的电压型交-直-交组合变流电路

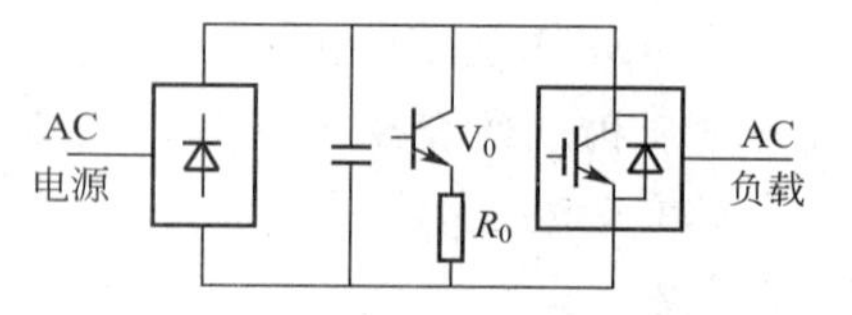

图 6.2　带有泵升电压限制电路的电压型交-直-交组合变流电路

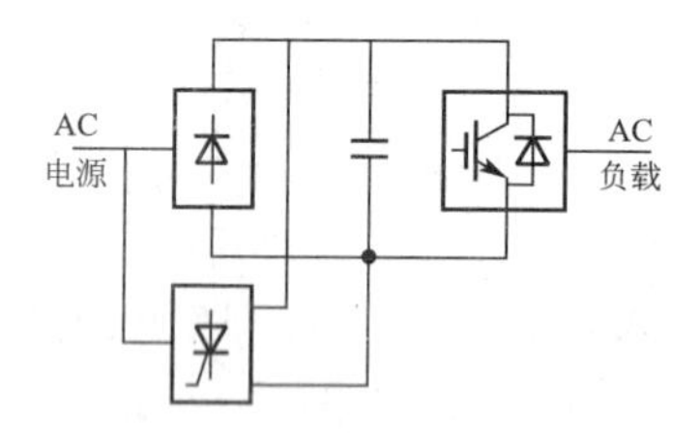

图 6.3　可实现再生反馈的电压型交-直-交组合变流电路

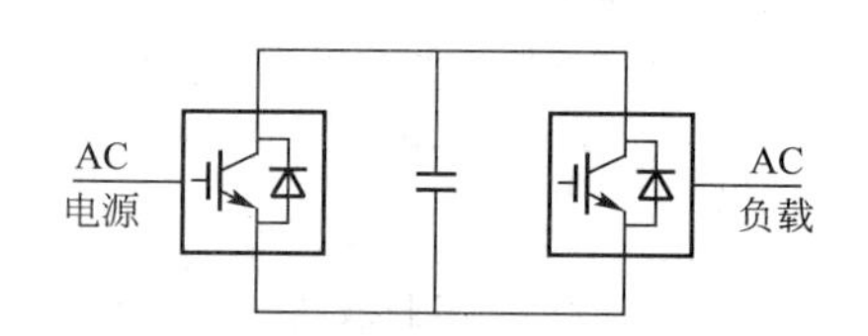

图6.4　整流和逆变均为 PWM 控制的电压型交-直-交组合变流电路

图 6.2 的电路是在图 6.1 电路的基础上，在中间直流电容两端并联一个由电力晶体管 V_0 和能耗电阻 R_0 组成的泵升电压限制电路。当泵升电压超过一定数值时，使 V_0 导通，把从负载反馈的能量消耗在 R_0 上。这种电路可运用于对电动机制动时间有一定要求的调速系统中。

当负载为交流电动机并且要求电动机频繁快速加减速时，在上述泵升电压限制电路中消耗的能量较多，能耗电阻 R_0 也需要较大的功率。这种情况下，希望在制动时把电动机的动能反馈回电网，而不是消耗在电阻上。这时，如图 6.3 所示，需增加一套变流电路，使其工作于有源逆变状态，以实现电动机的再生制动。当负载回馈能量时，中间直流电压上升，不可控整流电路停止工作，可控变流器工作于有源逆变状态，中间直流电压极性不变，而电流反向，通过可控变流器将电能反馈回电网。

图 6.4 是整流电路和逆变电路都采用 PWM 控制的交-直-交组合变流电路，可简称双 PWM 电路。整流电路和逆变电路的构成可以完全相同，交流电源通过交流电抗器和整流电路连接。通过对整流电路进行 PWM 控制，可以使输入电流为正弦波并且与电源电压同相位，因而输入功率因数为 1，并且中间直流电路的电压可以调节。当负载为电动机时，电动机可以工作在电动运行状态，也可以工作在再生制动状态。此外，改变输出交流电压的相序即可使电动机正转或反转。因此，电动机可实现四象限运行。

该电路输入输出电流均为正弦波，输入功率因数高，且可实现电动机四象限运行，是一种性能较理想的变频电路。但目前由于整流、逆变部分均为 PWM 控制且需要采用全控型器件，所以控制较复杂，成本也偏高，实际应用还不多，但因其性能理想，已受到较多的关注，尤其在需要电动机四象限运行的场合，这种电路连接方式被认为是一种很有前途的方式。

以上讲述的是几种电压型交-直-交组合变流电路的基本原理，下面讲述电流型交-直-交组合变流电路。

2. 电流型交-直-交组合变流电路

图6.5给出了不能再生反馈的电流型交-直-交组合变流电路，其中整流电路为不可控的二极管整流，其输出电压和电流的极性均不可变，因此该电路不能将负载侧的能量反馈到电源侧。

若负载为电动机，且需要再生反馈时，只需将上述电路中的不可控整流电路换为可控变流电路即可，如图6.6所示，图中用实线表示的是由电源向负载输送功率时，中间直流电路的电压极性、电流方向、负载电压极性及功率流向等。当电动机制动时，中间直流电路的电流方向不能改变。要实现再生制动，只需调节可控整流电路的触发角，使中间直流电压反极性即可，如图6.6中虚线所示。与电压型相比，电流型的整流部分只用一套可控变流电路，而不像图6.3那样为实现负载能量反馈而采用两套变流电路，故电流型的整体结构相对简单。

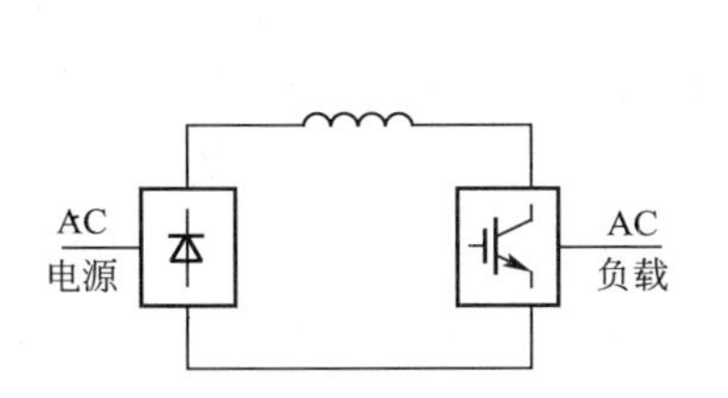

图6.5 不能再生反馈的电流型交-直-交组合变流电路

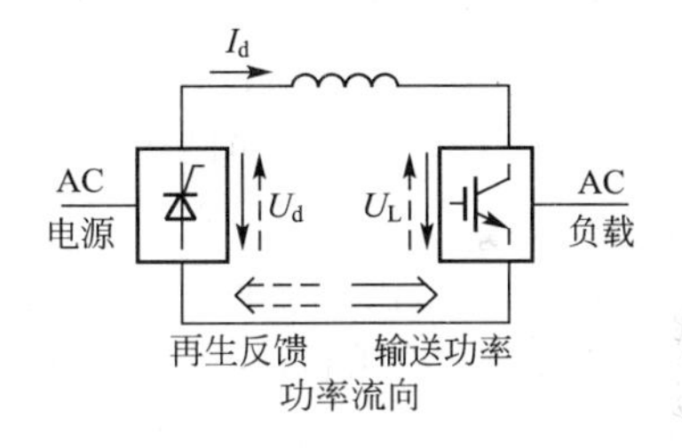

图6.6 采用可控整流的电流型交-直-交组合变流电路

图6.7给出了实现上述原理的负载为三相异步电动机的电路图。为适用于较大容量的场合，将主电路中的器件换为GTO，因图中用的GTO是反向导电型器件，因此给每个GTO串联了二极管以承受反向电压。逆变电路输出端的电容C是为吸收GTO关断时产生的过电压而设置的，它也可以对输出的PWM电流波形起滤波作用。

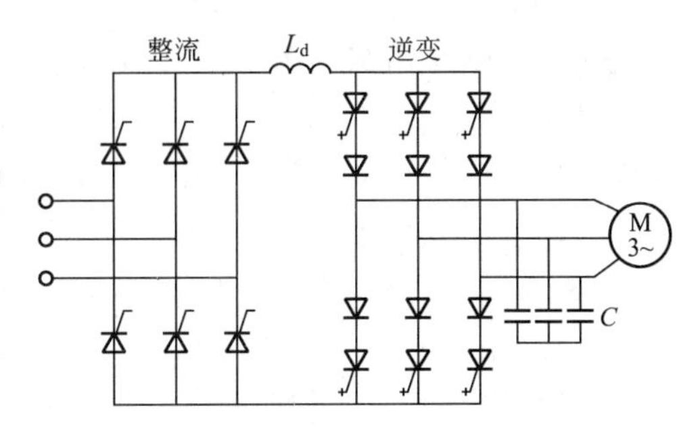

图6.7 电流型交-直-交PWM变频电路

电流型交-直-交组合变流电路也可采用双PWM电路，如图6.8所示。为了吸收换流时的过电压，在交流电源侧和交流负载侧都设置了电容器，和图6.4的电压型双PWM电路一样。当向异步电动机供电时，电动机既可工作在电动状态，又可工作在再生制动状态，且可正反转，即可四象限运行。该电路同样可以通过对整流电路的PWM控制使输入电流为正弦波，并使输入功率因数为1。

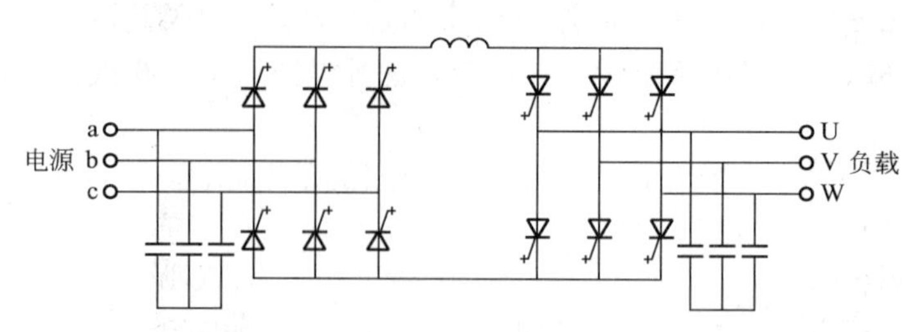

图 6.8　整流和逆变均为 PWM 控制的电流型交流变流电路

6.1.2　交-直-交组合变流电路的控制方式

交-直-交组合变流电路的典型应用包括两方面：一是变压变频(VVVF)变流电路，二是恒压恒频(CVCF)变流电路。前者主要用作交流电动机调速用的变频器，后者主要用作不间断电源(UPS)，以下分别进行介绍。

1. 变压变频(VVVF)电路控制方式

过去，调速传动的主流方式是晶闸管直流电动机传动系统。但是直流电动机本身存在一些固有的缺点：受使用环境条件制约；需要定期维护；最高速度和容量受限制等。与直流调速传动系统相对应的是交流调速传动系统，交流调速传动系统除了可克服直流调速传动系统的缺点外，还具有交流电动机结构简单、可靠性高、节能、高精度、响应速度快等优点。

交-直-交变频器与交流电动机构成的交流调速传动系统称为变频调速系统，现已广泛应用于工业、交通运输、家用电器等各个领域。随着交-直-交变频器的进步，交流调速传动在十多年间取得了长足的发展，其性能不断提高，较好地克服了直流传动的缺点，因此其应用已在逐步取代传统的直流传动系统。在交流调速传动的各种方式中，变频调速是应用最多的一种方式。

在交流电动机的转差功率中，转子铜损部分的消耗是不可避免的。采用变频调速方式时，无论电动机转速高低，转差功率的消耗基本不变，其系统效率是各种交流调速方式中最高的，因此采用变频调速具有显著的节能效果。例如，采用交流调速技术对风机的风量进行调节，可节约电能 30%以上。因此，近年来我国推广应用变频调速技术，已经取得了很好的效果。

交流调速传动方式中，特别引人注目的是采用同步电动机的无换向器电动机和笼型异步电动机的定子频率控制(变频调速)。这里仅对变频调速的控制方式和应用实例进行介绍。

将交-直-交组合变流电路用作 VVVF 变频器时，需要视其用途选择与控制方式相适应的系统。

对于笼型异步电动机的定子频率控制方式，有恒压频比(U/f)控制、转差频率控制、矢量控制、直接转矩控制等。这些控制方式可以使其获得各具特点的控制性能，以下就分别对这几种方式进行简要介绍。

1) 恒压频比控制

异步电动机的转速由主要电源频率和极对数决定。改变电源(定子)频率，就可进行电动机的调速，即使进行宽范围的调速运行，也能获得足够的转矩。为了不使电动机因频率变化导致磁饱和而造成励磁电流增大，引起功率因数和效率的降低，需对变频器的电压和频率的比率进行控制，使该比率保持恒定，即恒压频比控制，以维持气隙磁通为额定值。

恒压频比控制是比较简单的控制方式，历史悠久，且目前仍然被大量采用。该方式被用于转速开环的交流调速系统，适用于生产机械对调速系统的静、动态性能要求不高的场合，例如，利用通用变频器对风机、泵类进行调速以达到节能的目的，近年来也被大量用于空调等家用电器产品中。

图 6.9 给出了使用 PWM 控制交直交变频器恒压频比控制方式的例子。转速给定既作为调节加减律度的频率 f 的指令值，同时经过适当分压，也被作为定子电压 U_1 的指令值。该 f 指令值和 U_1 指令值之比就为 U/f。由于频率和电压由同一给定值控制，因此可以保证压频比为恒定。

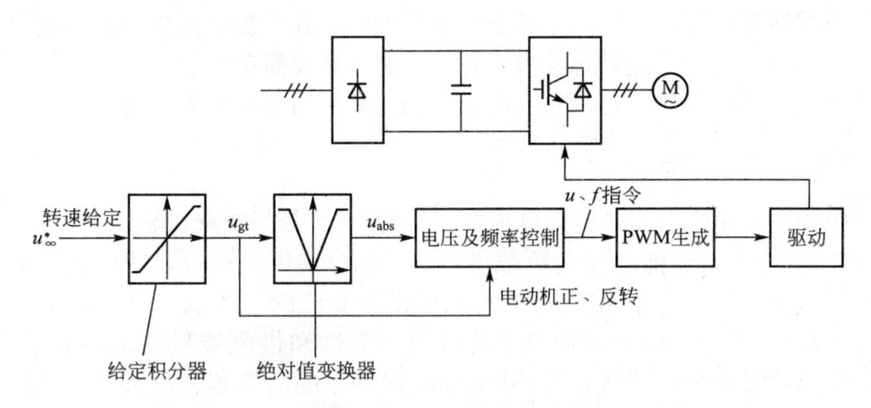

图 6.9　采用恒压频比控制的变频调速系统框图

在图 6.9 中，为防止电动机启动电流过大，在给定信号之后加有给定积分器，可将阶跃给定信号转换为按设定斜率逐渐变化的斜坡信号 u_{gt}，从而使电动机的电压和转速都平缓地升高或降低。此外，为使电动机可正、反转，给定信号是可正可负的，但电动机的转向由变频器输出电压的相序决定，不需要由频率和电压给定信号反映极性。因此用绝对值变换器将 u_{gt} 变换为绝对值信号 u_{abs}，u_{abs} 经电压频率控制环节处理之后，得出电压及频率的指令信号，经 PWM 生成环节形成控制逆变器的 PWM 信号，再经驱动电路控制变频器中 IGBT 的通断，使变频器输出所需频率、相序和大小的交流电压，从而控制交流电动机的转速和转向。

2）转差频率控制

转速开环的控制方式可满足一般平滑调速的要求，但其静、动态性能均有限，要提高调速系统的动态性能，需采用转速闭环的控制方式，其中一种常用的闭环控制方式就是转差频率控制方式。

由异步电动机稳态模型可以证明，当稳态气隙磁通恒定时，电磁转矩近似与转差角频率 ω_s 成正比，如果能保持稳态转子全磁链恒定，则转矩准确地与 ω_s 成正比，因此，控制 ω_s 就相当于控制转矩。采用转速闭环的转差频率控制时，使定子角频率 $\omega_1=\omega_r+\omega_s$，则可使 ω_1 随实际转子角频率 ω_r 增加或减小，得到平滑而稳定的调速，保证了较高的调速范围。但是这种方法是基于稳态模型的，得不到理想的动态性能。

3）矢量控制

异步电动机的数学模型是高阶、非线性、强耦合的多变量系统。前述转差频率控制方式的动态性能不理想，关键在于调节器参数的设计只是沿用单变量控制系统的概念而没有考虑非线性、多变量的本质。

矢量控制方式基于异步电动机的按转子磁链定向的动态模型，将定子电流分解为励磁分量和与之垂直的转矩分量，参照直流调速系统的控制方法，分别独立地对两个电流分量进行控制，类似直流调速系统中的双闭环控制方式。该方式需要实现转速和磁链的解耦，控制系统较为复杂，但与被认为是控制性能最好的直流电动机电枢电流控制方式相比，矢量控制方式的控制性能具有同等以上的水平。随着该方式的实用化，用交-直-交变频器的异步电动机调速系统的应用范围获得飞速扩大。

4）直接转换控制

矢量控制方式的稳态、动态性能都很好，但是控制复杂。为此，又有学者提出了直接转矩控制。直接转矩控制方法同样是基于动态模型的，其控制闭环中的内环直接采用了转矩反馈，可以得到转矩的快速动态响应，并且控制相对要简单许多。

对于以上几种控制方式，可参看《电力拖动自动控制系统》等书籍。

2. 恒压恒频(CVCF)电源

CVCF电源主要用作不间断电源(UPS)。所谓UPS是指当交流输入电源(习惯称为市电)发生异常或断电时，还能继续向负载供电，并能保证供电质量，使负载供电不受影响的装置。广义地说，UPS包括输出为直流和输出为交流两种情况，目前通常是指输出为交流的情况。UPS广泛应用于各种对交流供电可靠性和供电质量要求高的场合，例如，用于银行、证券交易所的计算机系统，Internet网络中的服务器、路由器等关键设备，各种医疗设备，办公自动化(OA)设备，工厂自动化(FA)机器等。

UPS最基本的结构原理如图6.10所示。其基本工作原理是，当市电正常时，由市电供电，市电经整流器整流为直流，再逆变为50Hz恒压恒频的交流电向负载供电。同时，整流器输出的直流电给蓄电池充电，可保证蓄电池的电量充足。此时负载得到的交流电压比市电电压质量高，即使市电发生质量问题(如电压波动、频率波动、波形畸变和瞬时停电等)时，也能获得正常的恒压恒频的正弦波交流输出，并且具有稳压、稳频的性能，因此也称为稳压稳频电源。一旦市电异常(如停电)，即由蓄电池自动代替整流器向逆变器供电，蓄电池的直流电经逆变器变换为恒压恒频交流电继续向负载供电。因此从负载侧看，供电不受市电停电的影响。但是由于此时电能由蓄电池提供，供电时间取决于蓄电池容量的大小，有很大的局限性，目前小容量的UPS大多为此种方式。

为了保证长时间不间断供电，可采用柴油发电机(简称油机)作为后备电源，如图6.11所示。图6.11中，一旦市电停电，则在蓄电池投入工作之后，即启动油机，由油机代替市电向整流器供电，市电恢复正常后，再重新由市电供电。蓄电池只需作为市电与油机之间的过渡，容量可以比较小。

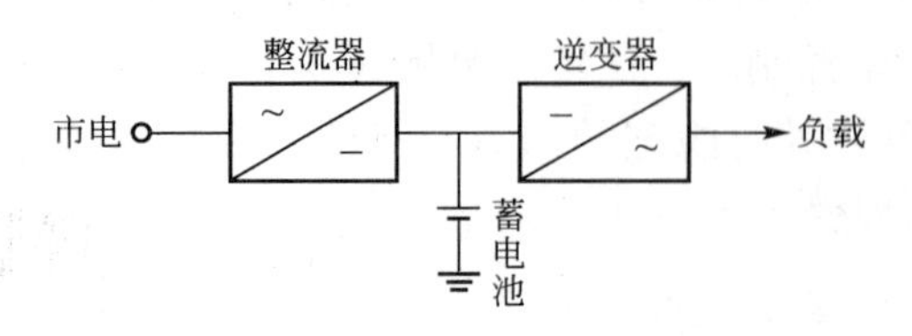

图6.10 UPS基本结构原理图

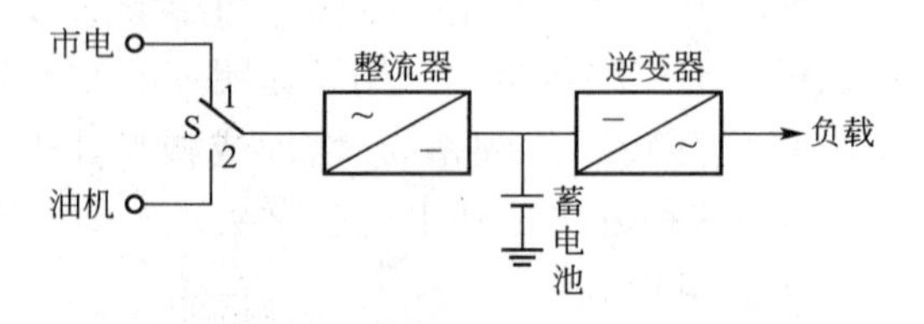

图6.11 用柴油发电机作为后备电源的UPS

图 6.11 所示的 UPS 的结构只能保证市电断电时负载供电不中断，但是一旦逆变器发生故障时负载供电即中断，这是该方式的主要缺点。对此进行改进的方法是增加旁路电源系统，如图 6.12 所示。增加旁路电源系统使得负载供电可靠性进一步提高，旁路电源与逆变器提供的 CVCF 电源由转换开关 S_2 切换，若逆变器发生故障，可由开关自动切换为市电旁路电源供电。只有市电和逆变器同时发生故障时，负载供电才会中断。还需注意的是，在市电旁路电源与 CVCF 电源之间切换时，必须保证两个电压的相位一致，这通常采用锁相同步的方法。

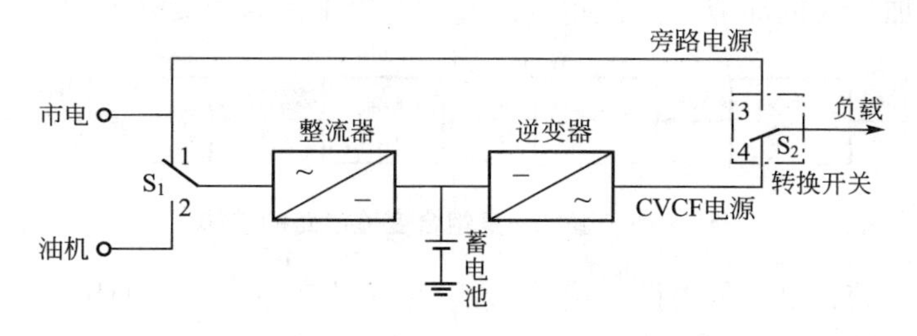

图 6.12　具有旁路电源系统的 UPS

以上介绍的是几种常用的 UPS 构成方式，为了尽可能地提高供电质量和可靠性，还可有很多其他的构成方式，这里不再一一介绍。下面针对两个具体的例子，介绍 UPS 主电路结构。

图 6.13 给出了容量较小的 UPS 主电路。整流部分使用二极管整流器和直流斩波器来进行功率因数校正(PFC)，可获得较高的交流输入功率因数，与此同时由于逆变器部分使用 IGBT 并采用 PWM 控制，故电路可获得良好的控制性能。

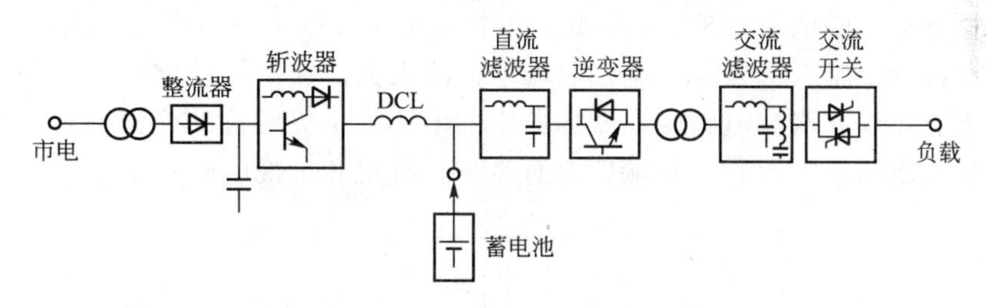

图 6.13　小容量 UPS 主电路

图 6.14 为使用 GTO 的大容量 UPS 主电路。逆变器部分作 PWM 控制，具有调节电压的功能，同时具有改善波形的功能。为减少 GTO 的开关损耗，通常采用较低的开关频率。由于逆变器采用了 PWM 控制，故可消除较低次谐波。为提高装置的等效开关频率，

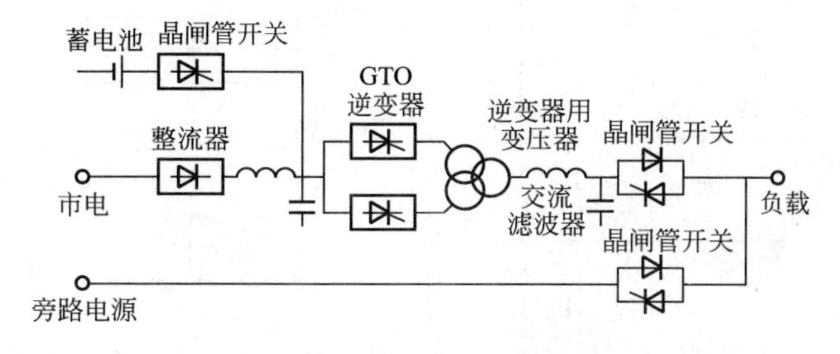

图 6.14　大功率 UPS 主电路

采用了变压器联结的二重逆变电路，使得逆变器输出电压中的最低谐波次数提高，从而使交流滤波器小型化。

6.2 直-交-直组合变流电路

直-交-直组合变流电路的结构如图 6.15 所示，与直接直流变流电路相比，直-交-直组合变流电路中增加了交流环节，因此也称为直-交-直电路，主要用在开关电源等装置中。

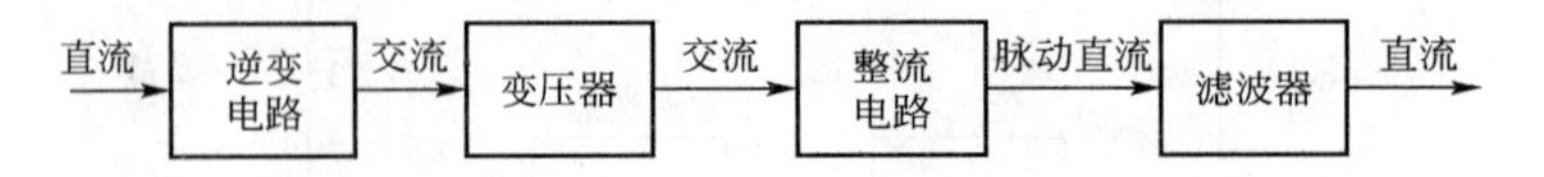

图 6.15 直-交-直组合变流电路的结构

采用这种结构较为复杂的电路来完成直流-直流的变换有以下原因。

(1) 输出端与输入端需要隔离。

(2) 某些应用中需要相互隔离的多路输出。

(3) 输出电压与输入电压的比例远小于 1 或远大于 1。

(4) 交流环节采用较高的工作频率，可以减小变压器和滤波电感、滤波电容的体积和重量。目前，随着电力半导体器件和磁性材料技术的进步，电路的工作频率已有几百千赫兹到几兆赫兹，进一步缩小了器件的体积和重量。

由于工作频率较高，逆变电路通常使用全控型器件，如 GTR、MOSFET、IGBT 等。整流电路中通常采用快恢复二极管或通态压降较低的肖特基二极管，在低电压输出的电路中，还采用低导通电阻的 MOSFET 构成同步整流电路，以进一步降低损耗。

直-交-直组合变流电路分为单端和双端电路两大类。在单端电路中，变压器中流过的是直流脉动电流，而在双端电路中，变压器中的电流为正负对称的交流电流。单端电路有正激电路和反激电路两种形式，双端电路有半桥、全桥和推挽电路等形式。

6.2.1 单端电路

1. 正激电路

正激电路包含多种不同的拓扑，典型的单开关正激电路及其工作波形分别如图 6.16 和图 6.17 所示。

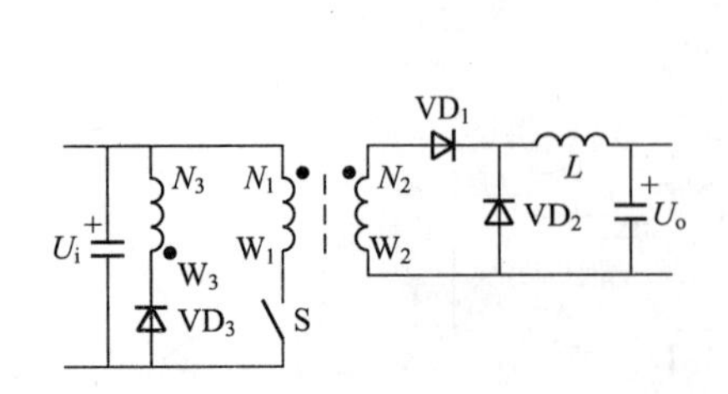

图 6.16 正激电路的原理图

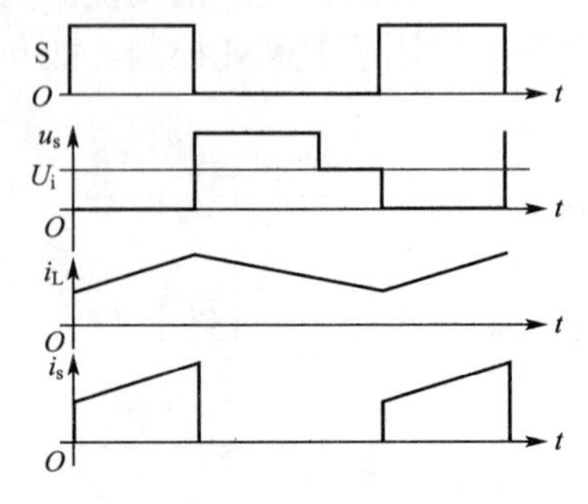

图 6.17 正激电路的理想化波形

电路的简单工作过程为：开关S开通后，变压器绕组 W_1(匝数为 N_1)两端的电压为上正下负，与其耦合的 W_2(匝数为 N_2)绕组两端的电压也是上正下负。因此 VD_1 处于通态，VD_2 为断态，电感 L 的电流逐渐增长；S关断后，电感 L 通过 VD_2 续流，VD_1 关断，L 的电流逐渐下降。S关断后变压器的励磁电流经 W_3 绕组(匝数为 N_3)和 VD_3 流回电源，所以S关断后承受的电压为 $u_s=\left(1+\frac{N_1}{N_3}\right)U_i$。

变压器中各物理量的变化过程如图6.18所示。开关S开通后，变压器的励磁电流由零开始，随着时间的增加而线性增长，直到S关断。S关断后到下一次再开通的一段时间内，必须设法使励磁电流降回零，否则下一个开关周期中，励磁电流将在本周期结束时的剩余值基础上继续增加，并在以后的开关周期中依次累积起来，变得越来越大，从而导致变压器的励磁电感饱和。励磁电感饱和后，励磁电流会更加迅速的增长，最终损坏电路中的开关元件。因此在S关断后使励磁电流降回零是非常重要的，这一过程称为变压器的磁芯复位。

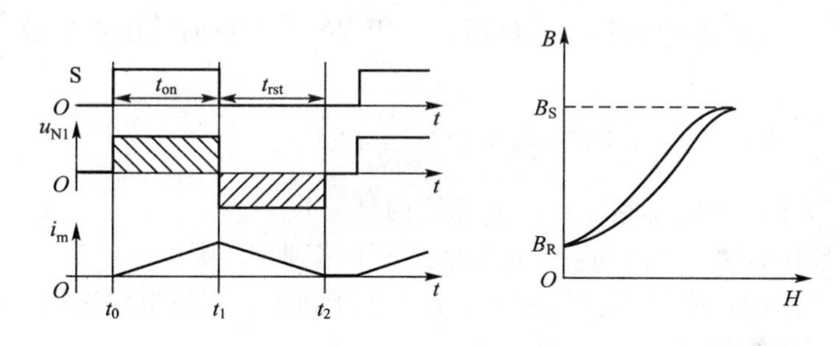

图6.18 磁芯复位过程

在正激电路中，变压器的绕组 W_3 和二极管 VD_3 组成复位电路，下面简单分析其工作原理。

开关S关断后，变压器励磁电流通过 W_3 绕组和 VD_3 流回电源，并逐渐线性地下降为零。从S关断到 W_3 绕组的电流下降到零所需的时间 t_{rst} 由式(6-1)给出。S处于断态的时间必须大于 t_{rst}，以保证S下次开通前励磁电流能够降为零，使变压器磁芯可靠复位。

$$t_{rst}=\frac{N_3}{N_1}t_{on} \tag{6-1}$$

在输出滤波电感电流连续的情况下，即S开通时电感 L 的电流不为零，输出电压与输入电压的比为

$$\frac{U_o}{U_i}=\frac{N_2}{N_1}\frac{t_{on}}{T} \tag{6-2}$$

如果输出电感电流不连续，输出电压 U_o 将高于式(6-2)的计算值，并随负载减小而升高，在负载为零的极限情况下，$U_o=\frac{N_2}{N_1}U_i$。

除图6.17中的电路外，正激电路还有其他的电路形式，如双正激等，它们的工作原理基本相同，不再一一叙述。

2. 反激电路

反激电路及其工作波形分别如图6.19和图6.20所示。

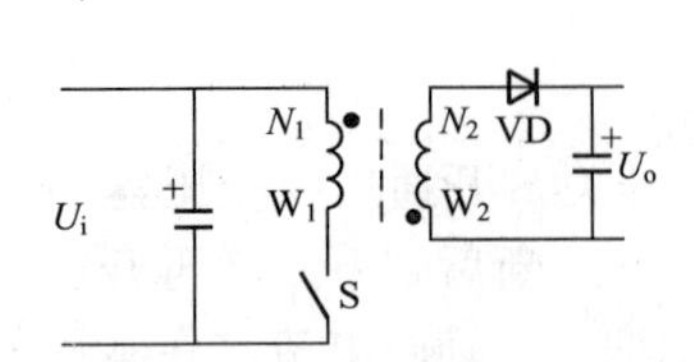

图 6.19 反激电路原理图

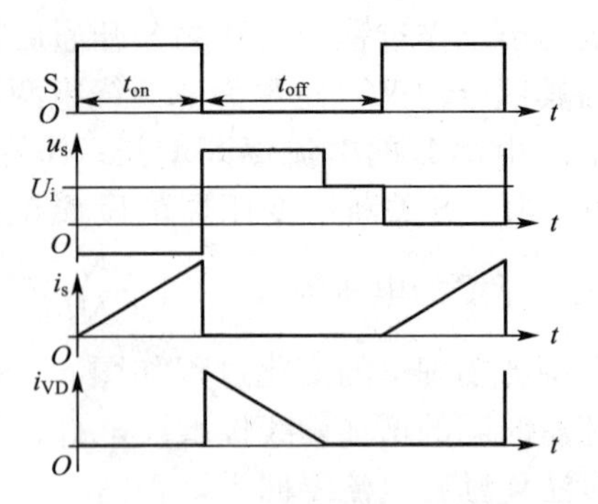

图 6.20 反激电路的理想化波形

同正激电路不同，反激电路中的变压器起着储能元件的作用，可以看做是一对相互耦合的电感。

S 开通后，VD 处于断态，绕组 W_1 的电流线性增长，电感储能增加；S 关断后，绕组 W_1 的电流被切断，变压器中的磁场能量通过绕组 W_2 和 VD 向输出端释放。S 关断后的电压为

$$u_s = U_i + \frac{N_1}{N_2} U_o$$

反激电路可以工作在电流断续和电流连续两种模式下。

(1) 如果当 S 开通时，绕组 W_2 中的电流尚未下降到零，则称电路工作于电流连续模式。

(2) 如果 S 开通前，绕组 W_2 中的电流已经下降到零，则称电路工作于电流断续模式。

当工作于电流连续模式时

$$\frac{U_o}{U_i} = \frac{N_2}{N_1} \frac{t_{on}}{t_{off}} \tag{6-3}$$

当电路工作在断续模式时，输出电压高于式的计算值，并随负载减小而升高，在负载为零的极限情况下，$U_o \to \infty$，这将损坏电路中的元件，因此反激电路不应工作于负载开路状态。

6.2.2 双端电路

1. 半桥电路

半桥电路的原理如图 6.21 所示，工作波形如图 6.22 所示。

在半桥电路中，变压器一次侧的两端分别连接在电容 C_1、C_2 的中点和开关 S_1、S_2 的中点。电容 C_1、C_2 的中点电压为 $U_i/2$。S_1 与 S_2 交替导通，使变压器一次侧形成幅值为 $U_i/2$ 的交流电压。改变开关的占空比，就可以改变二次侧整流电压 U_d 的平均值，也就改变了输出电压 U_o。

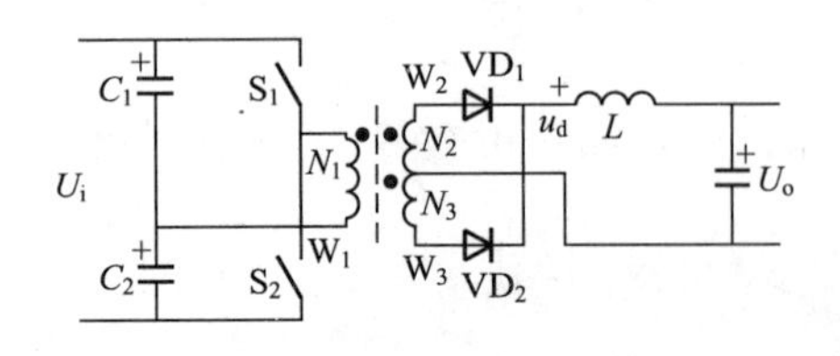

图 6.21 半桥电路原理图

S_1 导通时，二极管 VD_1 处于通态，S_2 导通时，二极管 VD_2 处于通态，当两个开关都关断时，变压器绕组 W_1 中的电流为零。根据变压器的磁势平衡方程，绕阻 W_2 和 W_3 中的电流大小相等、方向相反，所以 VD_1 和 VD_2 都处于通态，各分担一半的

电流。S_1 或 S_2 导通时，电感 L 的电流逐渐上升，两个开关都关断时，电感 L 的电流逐渐下降，S_1 和 S_2 断态时承受的峰值电压均为 U_i。

由于电容的隔直作用，半桥电路对由于两个开关导通时间不对称而造成的变压器一次电压的直流分量有自动平衡作用，因此不容易发生变压器的偏磁和直流磁饱和。

为了避免上下两开关在换流的过程中发生短暂的同时导通现象而造成短路，损坏开关，每个开关各自的占空比不能超过 50%，并应留有裕量。

当滤波电感 L 的电流连续时，有

$$\frac{U_o}{U_i}=\frac{N_2}{N_1}\frac{t_{on}}{T} \tag{6-4}$$

如果输出电感电流不连续，输出电压 U_o 将高于式(6-4)的计算值，并随负载减小而升高，在负载为零的极限情况下，有

$$U_o=\frac{N_2}{N_1}\frac{U_i}{2}$$

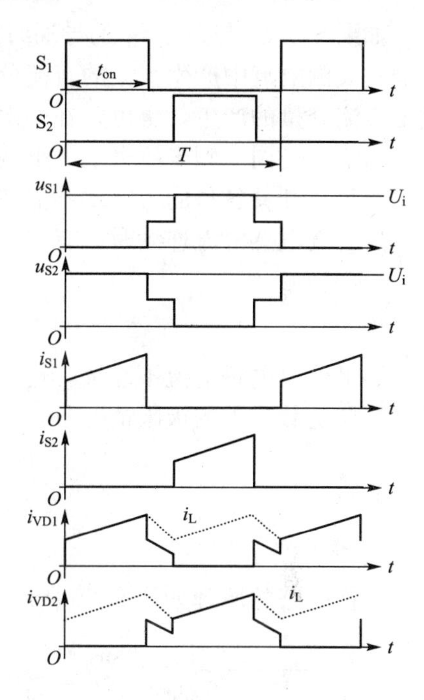

图 6.22　半桥电路的理想化波形

2. 全桥电路

全桥电路的原理图和工作波形分别如图 6.23 和图 6.24 所示。

全桥电路中的逆变电路由 4 个开关组成，互为对角的两个开关同时导通，而同一侧半桥上下两开关交替导通，将直流电压逆变成幅值为 U_i 的交流电压，加在变压器一次侧。改变开关的占空比，就可以改变整流电压 u_d 的平均值，也就改变了输出电压 U_o。

当 S_1 与 S_4 开通后，二极管 VD_1 和 VD_4 处于通态，电感 L 的电流逐渐上升；S_2 与 S_3 开通后，二极管 VD_2 和 VD_3 处于通态，电感 L 的电流也上升。当 4 个开关都关断时，4 个二极管都处于通态，各分担一半的电感电流，电感 L 的电流逐渐下降，S_1 和 S_2 断态时承受的峰值电压均为 U_i。

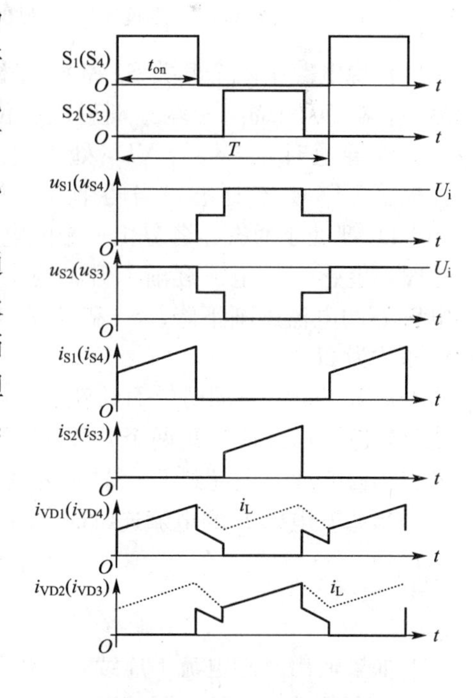

图 6.24　全桥电路的理想化波形

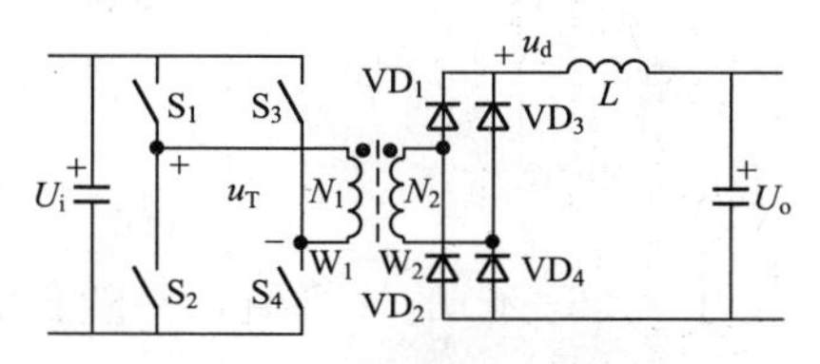

图 6.23　全桥电路原理图

如果 S_1、S_4 与 S_2、S_3 的导通时间不对称，则交流电压 u_T 中将含有直流分量，会在变压器一次侧电流中产生很大的直流分量，并可能造成磁路饱和，因此全桥电路应注意避免电压直流分量的产生，也可以在一次侧回路串联一个电容，以阻断直流电流。

为了避免同一侧半桥中上、下两开关在换流的过程中发生短暂的同时导通现象而损坏开关，每个开关各自的占空比不能超过 50%，并应留有裕量。

当滤波电感电流连续时，有

$$\frac{U_o}{U_i}=\frac{N_2}{N_1}\frac{2t_{on}}{T} \tag{6-5}$$

如果输出电感电流不连续，输出电压 U_o 将高于式(6-5)的计算值，并随负载减小而升高，在负载为零的极限情况下，有

$$U_o=\frac{N_2}{N_1}U_i$$

3. 推挽电路

推挽电路的原理如图 6.25 所示，工作波形如图 6.26 所示。

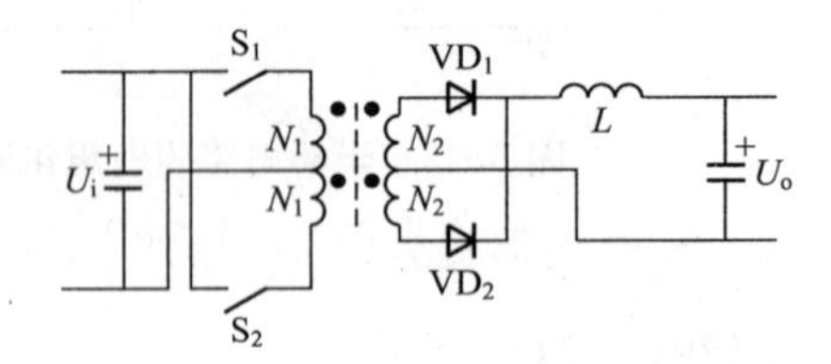

图 6.25　推挽电路原理图

推挽电路中两个开关 S_1 和 S_2 交替导通，在匝数为 N_1 和 N_1' 的绕组两端分别形成相位相反的交流电压。S_1 导通时，二极管 VD_1 处于通态，S_2 导通时，二极管 VD_2 处于通态，当两个开关都关断时，VD_1 和 VD_2 都处于通态，各分担一半的电流。S_1 或 S_2 导通时，电感 L 的电流逐渐上升，两个开关都关断时，电感 L 的电流逐渐下降。S_1 和 S_2 断态时承受的峰值电压均为 $2U_i$。

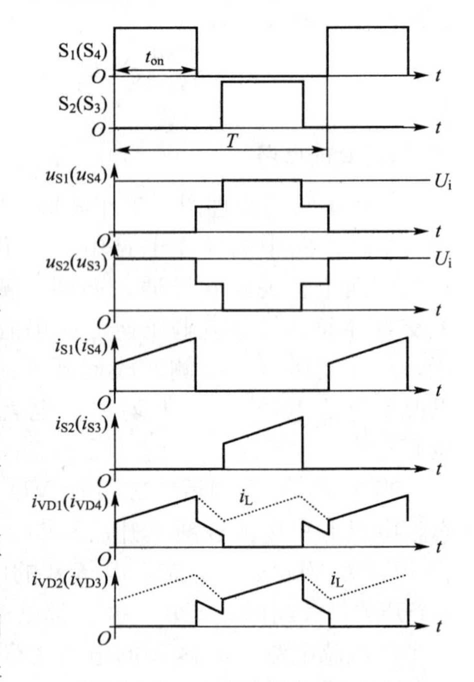

图 6.26　推挽电路的理想波形

如果 S_1 和 S_2 同时导通，就相当于变压器一次侧绕组短路，因此应避免两个开关同时导通，每个开关各自的占空比不能超过 50%，还要留有死区。

当滤波电感 L 的电流连续时，有

$$\frac{U_o}{U_i}=\frac{N_2}{N_1}\frac{2t_{on}}{T} \tag{6-6}$$

如果输出电感电流不连续，输出电压 U_o 将高于式(6-6)的计算值，并随负载减小而升高，在负载为零的极限情况下，有

$$U_o=\frac{N_2}{N_1}U_i$$

表6-1为以上几种电路的相互比较。

表6-1 各种不同的直-交-直组合变流电路的比较

电路	优 点	缺 点	功率范围	应用领域
正激	电路较简单，成本低，可靠性高，驱动电路简单	变压器单向励磁，利用率低	几百瓦到几千瓦	各种中、小功率电源
反激	电路非常简单、成本很低，可靠性高，驱动电路简单	难以达到较大的功率，变压器单向励磁，利用率低	几瓦到几十瓦	小功率电子设备、计算机设备、消费电子设备电源
全桥	变压器双向励磁，容易达到大功率	结构复杂、成本高、有直通问题，可靠性低，需要复杂的多组隔离驱动电路	几百瓦到几百千瓦	大功率工业用电源、焊接电源、电解电源等
半桥	变压器双向励磁，没有变压器偏磁问题，开关较少，成本低	有直通问题，可靠性低，需要复杂的隔离驱动电路	几百瓦到几千瓦	各种工业用电源、计算机电源等
推挽	变压器双向励磁，变压器一次侧电流回路中只有一个开关，通态损耗较小，驱动简单	有偏磁问题	几百瓦到几千瓦	低输入电压的电源

4. 全波整流和全桥整流

双端电路中常用的整流电路形式为全波整流电路和全桥整流电路，其原理图如图6.27所示。

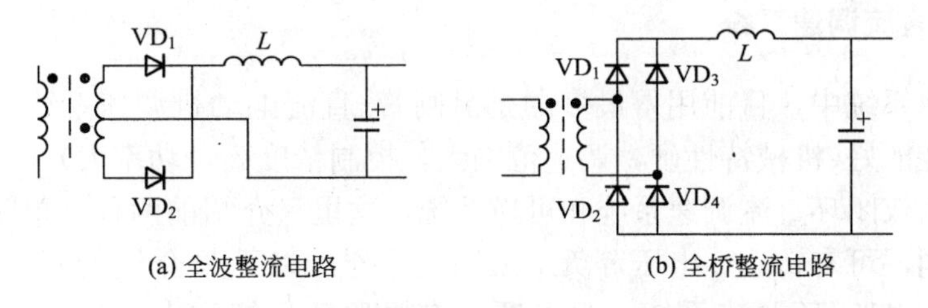

图6.27 全波整流电路和全桥整流电路原理图

全波整流电路的优点是任意时刻电感L的电流回路中只存在一个二极管压降，损耗小一些，而且整流电路中只需要两个二极管，元件数较少；其缺点是二极管断态时承受的反压是2倍的交流电压幅值，对器件耐压要求较高，而且变压器二次侧绕组有中心抽头，给制造带来麻烦。

全桥电路的优点是二极管在断态承受的电压仅为交流电压幅值，而且变压器的绕组结构较为简单；但其缺点是回路中任意时刻电感L的电流总要相继流过两个二极管，电流回路中存在两个二极管压降，损耗较大，而且电路中需要4个二极管，元件数较多。

工作中，每个二极管流过的电流平均值是电感 L 电流平均值的 1/2，这在两种电路中都是一样的。根据两种电路各自不同的特点，通常在输出电压较低的情况下（<100V）采用全波电路，而在高压输出的情况下，应采用全桥电路。

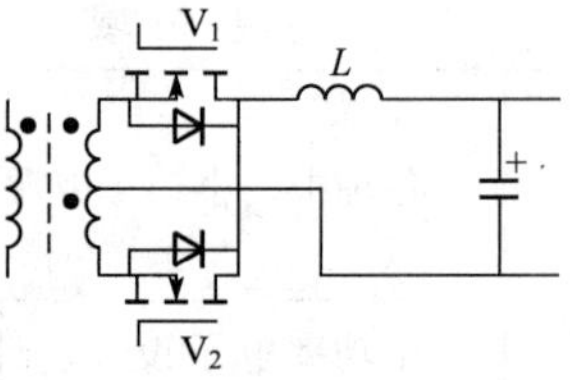

当电路的输出电压非常低时，即使采用全波整流电路，仍然受到整流二极管压降的限制而使效率难以提高，这时可以采用同步整流电路，如图 6.28 所示。

由于低电压的 MOSFET 具有非常小的导通电阻（几毫欧），因此可以极大地降低整流电路的导通损耗，从而达到很高的效率。但这种电路的缺点是需要对 V_1 和 V_2 的通与断进行控制，增加了控制电路的复杂性。

图 6.28　同步整流电路原理图

6.2.3　开关电源

本章讲述的直-交-直组合交流电路并不仅用于直流-直流变流装置中。如果输入端的直流电源是由交流电网整流得来，则构成交-直-交-直电路，采用这种电路的装置通常被称为开关电源。

从输入输出关系来看，开关电源是一种交流-直流-交流装置，这同前面章节讲述的晶闸管相控整流电路的功能是一样的，然而由于开关电源采用了工作频率较高的交流环节，变压器和滤波器都大大减小，因此同等功率条件下其体积和重量都远远小于相控整流电源。除此之外，工作频率的提高还有利于控制性能的提高。由于这些原因，在数百千瓦以下的功率范围内，开关电源逐步取代了相控整流电源。

6.3　电力电子技术的应用

6.3.1　典型的直流调速系统

在直流调速系统中，目前用得最多的是晶闸管-直流电动机调速系统。晶闸管直流调速系统的调速性能好（机械特性硬，调速范围大，控制精度高，功率大），常用的有单闭环直流调速系统、双闭环直流调速系统和可逆系统，这里只介绍前两种。单闭环调速系统根据反馈量的不同，可有转速、电压等负反馈调速系统，以下只介绍转速负反馈单环控制调速系统。对于双闭环调速系统，只介绍具有电压负反馈和电流正反馈的晶闸管直流调速系统，以及应用得更普遍、更典型的转速、电流双闭环晶闸管直流调速系统。

1. *具有转速负反馈的晶闸管直流调速系统*

图 6.29 为具有转速负反馈的晶闸管直流调速系统原理图，图中励磁直流电动机是调速系统的被控对象，转速为被控量；电动机的励磁电流由另一直流电源供电，电动机的电枢由晶闸管可控整流电路供电。图中 L_d 为平波电抗器。在此系统中，励磁电流保持恒值，调速是通过调节电动机电枢电压来实现的。比例调节器为控制环节，测速发电机和电位器 RP_2 为检测和反馈环节（RP_2 调节反馈量），RP_1 为给定电位器。

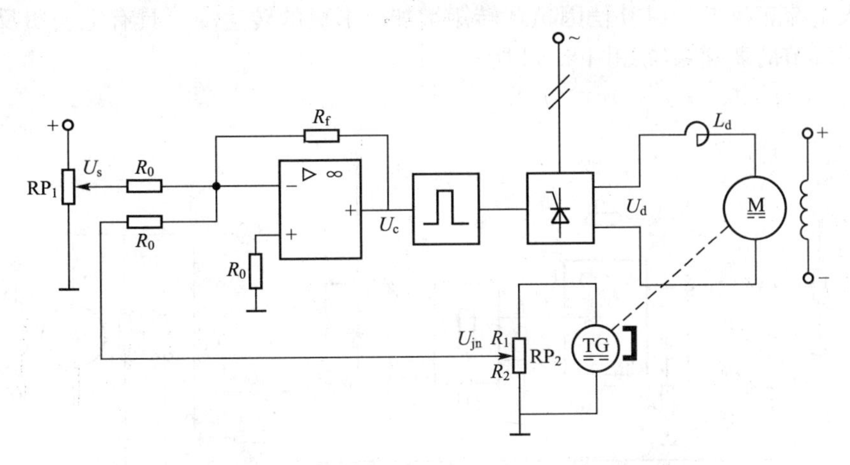

图 6.29　具有转速负反馈的直流调速系统原理图

进一步可将具有转速负反馈的直流调速系统抽象成图 6.30 所示的方框图形式。偏差电压 $\Delta U=U_s-U_{fn}$，式中：U_s 与转速 n 成正比，因此可写成 $U_s=an$；a 为转速反馈系数。于是 $\Delta U=U_s-U_{fn}=U_s-an$。自动调节过程的流程图如图 6.31 所示。

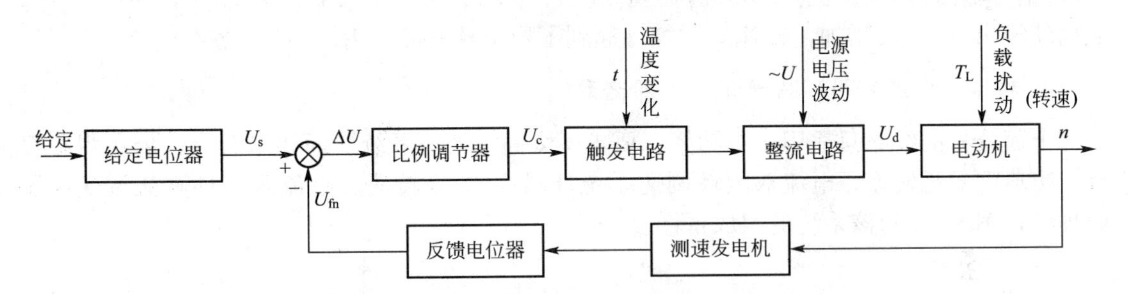

图 6.30　具有转速负反馈的直流调速系统组成框图

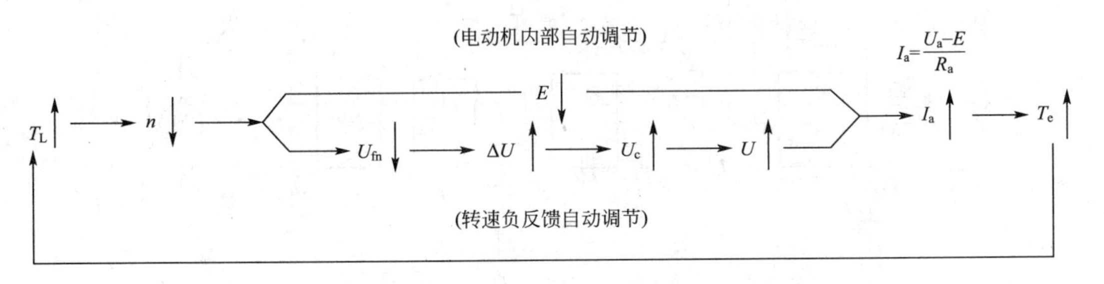

图 6.31　具有转速负反馈的直流调速系统自动调节过程

2. 具有电压负反馈和电流正反馈的晶闸管直流调速系统

虽然采用转速负反馈可以有效地保持转速的近似恒定，但安装测速发电机往往比较麻烦，费用也高。所以在要求不太高的场合，往往以电压负反馈加电流正反馈来代替转速负反馈。由直流电动机运行特性可知，当负载转矩变化(假设负载转矩增加)，转速降低，电枢两端的电压减小，电枢电流增大，因而可考虑引入电压负反馈，使电压保持不变。另一方面，电枢电流的大小也间接地反映了负载转矩扰动量的大小，因此可考虑采用扰动顺馈补偿，引入电流正反馈，以补偿因负载转矩增加而形成的转速降。具有电压负反馈环节和电流正反馈环节的调速系统如图 6.32 所示。

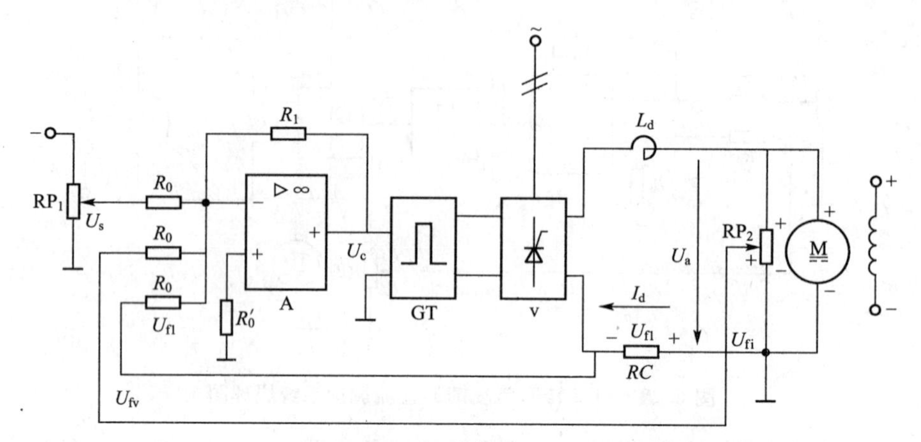

图 6.32　具有电压负反馈环节和电流正反馈环节的调速系统原理图

由图 6.32 可见，调节器的输入信号(即综合后的偏差电压)$\Delta U=-(U_s-U_{fn}+U_{fi})$，(因各信号输入回路电阻均为 R_0)这样当 $T_L\uparrow$、$n\downarrow$ 时，$I_a\uparrow$、$U_{fi}\uparrow$ 及 $U_{fn}\uparrow$，使 $|\Delta U|\uparrow$，从而使输出电压 U_c 增加，转速 n 增加，起到了稳定转速的作用。

3. 转速、电流双闭环晶闸管直流调速系统

上面分析的线路只适用于小功率、要求不太高的调速系统，而要求较高、应用得更普遍、更典型的是转速、电流双闭环调速系统。图 6.33 为转速、电流双闭环直流调速系统原理图，图 6.34 为该系统的组成框图。

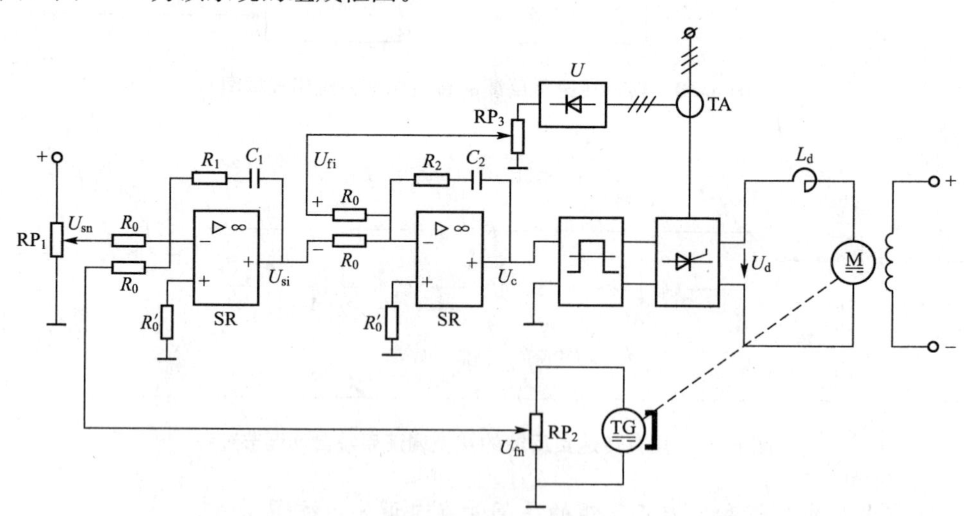

图 6.33　转速、电流双闭环直流调速系统原理图

由图 6.34 可见，该系统有两个反馈回路，构成两个闭环回路。其中一个是由电流调节器 ACR 和电流检测-反馈环节构成的电流环，另一个是由速度调节器 ASR 和转速检测-反馈环节构成的速度环。由于速度环包括电流环，因此称电流环为内环(又称副环)，称速度环为外环(又称主环)。在电路中 ASR 和 ACR 实行串级连接，即由 ASR 去“驱动”ACR，

再由 ACR 去“控制”触发电路。图 6.34 中速度调节器 ASR 和电流调节器 ACR 均为比例积分(PI)调节器，其输入和输出均设有限幅电路。

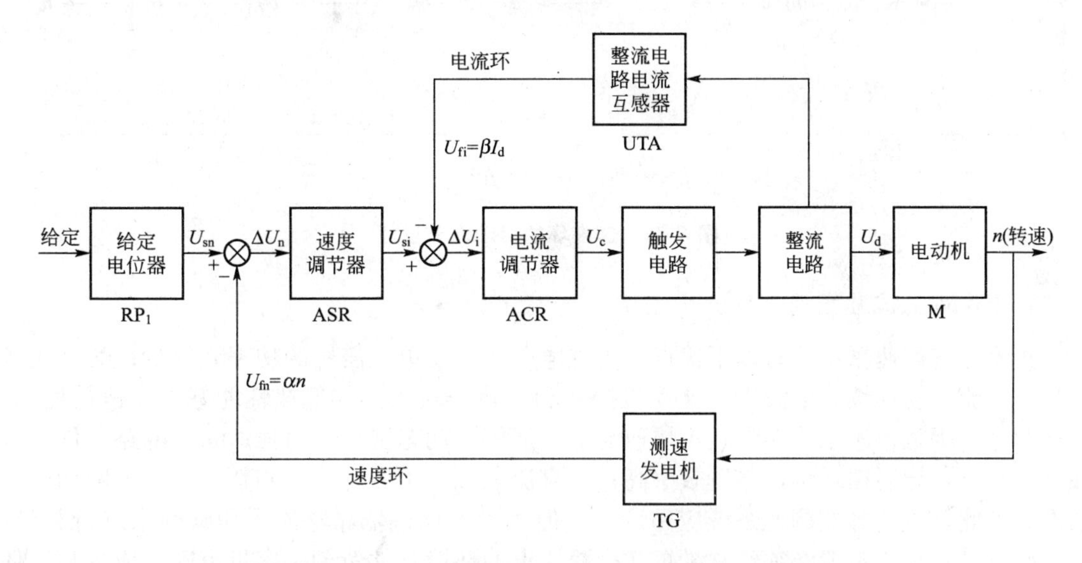

图 6.34　转速、电流双闭环直流调速系统的组成框图

ASR 的输入电压为偏差电压 ΔU_n，$\Delta U_n=U_{sn}-U_{fn}=U_{sn}-\alpha n$，其中输出电压即为 ACR 的输入电压 U_{si}，其限幅值为 U_{sim}。

ACR 的输入电压为偏差电压 ΔU_i，$\Delta U_i=U_{si}-U_{fi}=U_{si}-\beta I$($\beta$ 为电流反馈系数)，其输出电压即为触发电路的控制电压 U_c，其限幅值为 U_{cm}。

由于 ACR 为 PI 调节器，因此在稳态时，其输入电压 $\Delta U_i=0$，即 $\Delta U_i=U_{si}-\beta I_d=0$。在稳态时，$I_d=U_{si}/\beta$。由此可知，当 U_{si} 为一定的情况下，由于电流调节器 ACR 的调节作用，整流装置的电流将保持在 U_{si}/β 的数值上。

假设 $I_d>U_{si}/\beta$，其自动调节过程如图 6.35 所示。

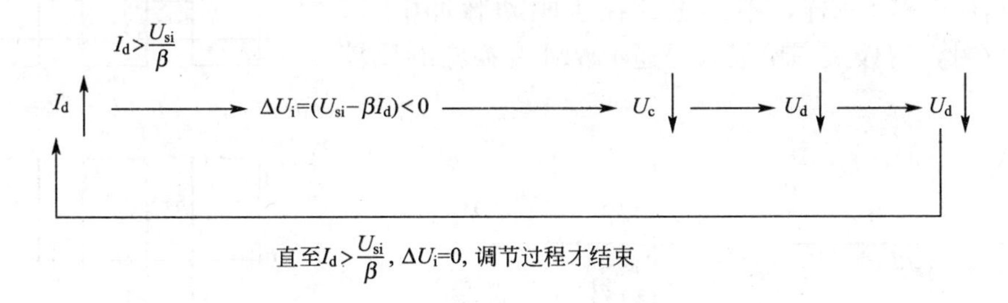

图 6.35　电流环的自动调节过程

由于 ASR 也是 PI 调节器，因此稳态时 $\Delta U_n=U_{sn}-\alpha n=0$。由此可见在稳态时，$n=U_{sn}/\alpha$。由此可知，当 U_{sn} 为一定的情况下，由于速度调节器 ASR 的调节作用，转速 n 将稳定在 U_{sn}/α 的数值上。

假设 $n<U_{sn}/\alpha$，其自动调节过程如图 6.36 所示。

此外，由式 $n=U_{sn}/\alpha$ 可见，调节 U_{sn}(电位器 RP_1)，即可调节转速 n；整定电位器 RP_2，即可整定转速反馈系数 α，以整定系统的额定转速。

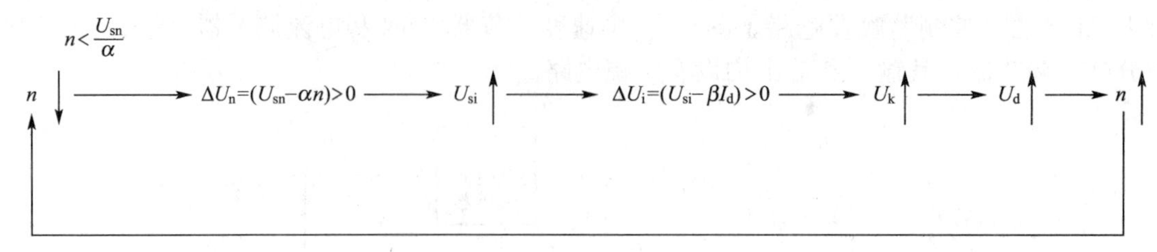

图 6.36 速度环的自动调节过程

4. PWM 直流脉宽调速系统

直流脉宽调速系统具有以下优点：①主电路线路简单，需用的功率元件少；②开关频率高，电流容易连续，谐波少，电动机损耗和发热都较小；③低速性能好，稳速精度高，因而调速范围宽；④系统频带宽，快速响应性能好，动态抗扰能力强；⑤主电路元件工作在开关状态，导通损耗小，装置效率高；⑥直流电源采用不可控三相整流时，电网功率因数高。因此，直流脉宽调速系统应用广泛。但直流电动机依靠整流子和碳刷来进行整流，对这些机械式整流装置必须经常维护，因而要求的环境条件苛刻，容量有限、成本高、体积大。

图 6.37 给出了双极式 H 型可逆 PWM 变换器的电路原理图。4 个电力晶体管的基极驱动电压分为两组。V_1 和 V_4 同时导通和关断，其驱动电压 $U_{b1}=U_{b4}$；V_2 和 V_3 同时动作，其驱动电压 $U_{b2}=U_{b3}=-U_{b1}$。它们的波形示于图 6.38 中。

双极式 PWM 变换器有很多优点，如电流连续、低速平稳性好等。但其缺点也很明显：在工作过程中，4 个电力晶体管都处于开关状态，开关损耗大，而且容易发生上、下两管同时导通的事故，降低了装置的可靠性。为了克服上述缺点，可采用单极式 PWM 变换器，其电路图仍和双极式(图 6.37)一样，不同之处在于驱动脉冲信号。在负载较重时，双极式和单极式可逆 PWM 变换器的比较见表 6-2。

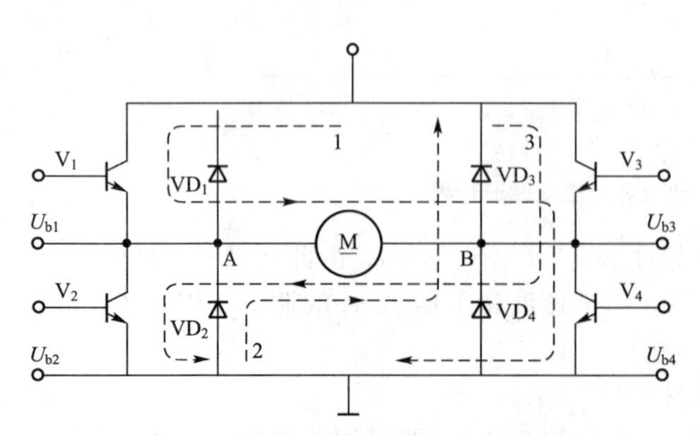

图 6.37 双极式 H 型可逆 PWM 变换器电路原理图

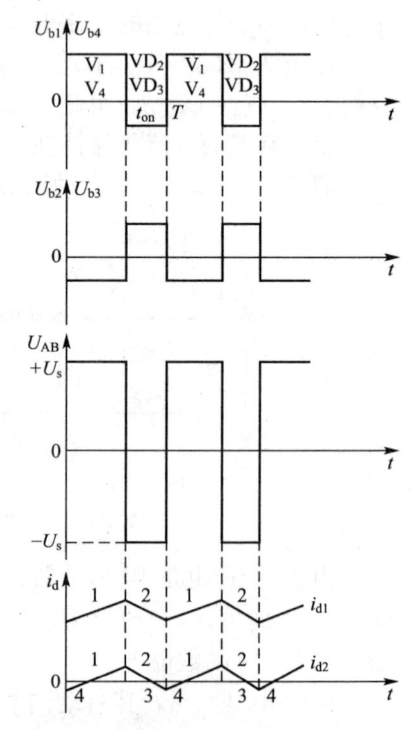

图 6.38 双极式 PWM 变换器电压和电流波形

表6-2　双极式和单极式可逆PWM变换器的比较(当负数较重时)

控制方式	电动机转向	$0\leqslant t<t_{on}$		$t_{on}\leqslant t<T$		占空比调节范围
		开关状况	U_{AB}	开关状况	U_{AB}	
双极式	正转	V_1、V_4 导通 V_2、V_3 截止	$+U_s$	V_1、V_4 截止 VD_2、VD_3 续流	$-U_s$	$0\leqslant\rho\leqslant1$
	反转	VD_1、VD_4 续流 V_2、V_3 截止	$+U_s$	V_1、V_4 截止 V_2、V_3 导通	$-U_s$	$-1\leqslant\rho\leqslant0$
单极式	正转	V_1、V_4 导通 V_2、V_3 截止	$+U_s$	V_4 导通、VD_2 续流 V_1、V_3 截止 V_2 不通	0	$0\leqslant\rho\leqslant1$
	反转	V_3 导通、VD_1 续流 V_2、V_4 截止 V_1 不通	0	V_2、V_3 导通 V_1、V_4 截止	$-U_s$	$-1\leqslant\rho\leqslant0$

单极式变换器在减少开关损耗和提高可靠性方面要比双极式变换器好，但还是有一对晶体管V_1和V_2交替导通和关断，仍有电源直通的危险。通过表6-2可以发现，当电动机正转时，在$0\leqslant t<t_{on}$期间，V_2是截止的，在$t_{on}\leqslant t<T$期间，由于经过VD_2续流，V_2也不通。既然如此，不如让U_{b2}恒为负，使V_2一直截止。同样，当电动机反转时，让U_{b1}恒为负，V_1一直截止。这样，就不会产生V_1和V_2直通的故障了。这种控制方式称作受限单极式。关于这种方式的详细电路分析这里不再介绍。

6.3.2　变频器

1. 变频器的基本构成

从结构上看，变频器可分为直接变频和间接变频两类。间接变频器先将工频交流电源通过整流器变成可控频率的交流，因此它又被称为有中间直流环节的变频装置或交-直-交变频器。直接变频器将工频交流直接变换为可控频率交流，没有中间环节，即所谓的交-交变频器。目前应用较多的是间接变频器，即交-直-交变频器，交-直-交变频器的基本结构如图6.39所示。

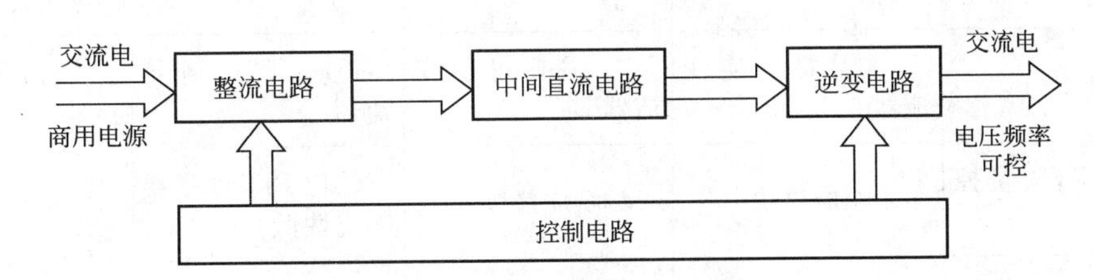

图6.39　交-直-交变频器的基本构成

电压型变频器主电路的基本结构如图6.40所示。

按逆变器开关方式的不同，变频器可分为PAW和PWM两种控制方式。PAW控制是脉冲振幅调制控制的简称，由于这种方式必须同时对整流电路和逆变电路进行控制，电路比较复杂，而且低速运行时转速波动较大，因而现在主要采用PWM方式。

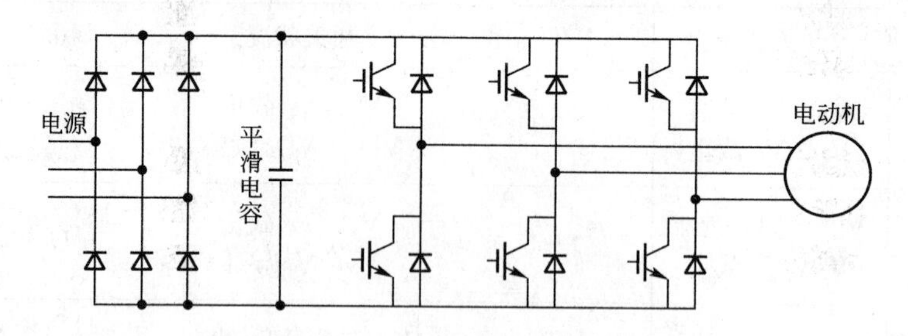

图6.40　电压型变频器主电路

PWM控制是脉冲宽度调制控制的简称，是在逆变电路部分同时对输出电压(电流)的幅值和频率进行控制的控制方式。在这种控制方式中，以较高频率对逆变电路的半导体开关元器件进行开闭，并通过改变输出脉冲的宽度来达到控制电压(电流)的目的。为了使异步电动机在进行调速运转时能更加平滑，目前在变频器中多采用正弦波PWM(即SPPW)控制方式，通过改变PWM输出的脉冲宽度，使输出电压的平均值接近正弦波。

逆变器中开关器件的性能往往对变频器装置的性能有较大的影响，这些器件主要有IGBT、BJT、GTO和SCR。下面以通用变频器中最常用的电压型主电路(图6.40)为例，比较各主电路的性能，见表6-3。

表6-3　电压型变频器主回路方式的比较

		IGBT变频器	BJT变频器	GTO变频器	SCR变频器
最大适用容量	三相桥式400V输出	160kVA	900kVA	1500kVA	400kVA
	三相桥式高压600V以上	直接输出高压时高压元件尚不能制造	直接输出高压时高压元件尚不能制造	3000kVA	2000kVA
	多重化逆变器		1000kVA	4200kVA	8500kVA
最大开关频率		10～20kHz	1～3kHz	600Hz～1kHz	400Hz
高速旋转能力		◎	◎	○	△
再生制动能力		◎需要可逆变流器	○需要可逆变流器	○需要可逆变流器	○需要可逆变流器
快速响应(矢量控制的适用)		◎响应最快	◎响应最快	○比BJT变频器响应性低	×矢量控制不行
效率		◎同BJT变频器	◎比SCR变频器提高2%～3%	◎比SCR变频器提高2%～3%	○

注：◎>○>△>×

2. PWM 逆变电路及其控制方法

前面提到，通过改变 PWM 的脉冲宽度，可以使输出电压的平均值等效于正弦波，这是利用了冲量等效原理。冲量等效原理的基本内容是：冲量相等而形状不同的窄脉冲加在具有惯性的环节上时，其效果基本相同。因此，可以通过一定的控制方式，用一系列等幅不等宽的脉冲来代替一个正弦波。PWM 逆变电路可分为电压型和电流型两种。目前实际应用的 PWM 逆变电路几乎都是电压型电路，因此，本节主要讲述电压型 PWM 逆变电路的控制方法。

由 PWM 控制的基本原理可知，如果给出了逆变电路的正弦波输出频率、幅值和半个周期内的脉冲数，PWM 波形中各脉冲的宽度和间隔就可以准确计算出来。按照计算结果控制逆变电路中各开关器件的通断，就可以得到所需的 PWM 波形，这种方法称为计算法。计算法很繁琐，当需要输出的正弦波频率、幅值或相位变化时，结果都要变化。

与计算法相对应的是调制法，即把希望输出的波形作为调制信号，把接受调制的信号作为载波，通过信号波的调制得到所期望的 PWM 波形。通常采用等腰三角波或锯齿波作为载波，其中等腰三角波应用最多。因为其对称性，它与任何一个平缓变化的调制信号波相交时，如果在交点时刻对电路中的开关器件的通断进行控制，就可以得到宽度正比于信号波幅值的脉冲，这正好符合 PWM 控制的要求。调制波为正弦波时，得到的就是 SPWM 波形。实际中应用的主要是调制法，下面通过单相桥式电压型逆变电路来介绍 PWM 控制方式的调制法。

图 6.41 为单相桥式电压型逆变电路。设负载为阻感负载，V_1 和 V_2 的通断状态互补，V_3 和 V_4 通断状态互补。在输出电压 u_o 的正半周，V_1 通态，V_2 断态，V_3、V_4 交替通断。由于负载电流比电压滞后，因此在电压正半周，电流有一段区间为正，一段区间为负。在负载电流为正的区间，V_1 和 V_4 导通时，负载电压 u_o 等于直流电压 U_d；V_4 关断时，负载电流通过 V_1 和 VD_3 续流，$u_o=0$。在负载电流为负的区间，V_1 和 V_4 导通时，因 i_o 为负，故 i_o 实际上从 VD_1 和 VD_4 流过，仍有 $u_o=U_d$；V_4 关断，V_3 开通后，i_o 从 V_3 和 VD_1 续流，$u_o=0$。这样，u_o 总可以得到 U_d 和零两种电平。同样，在 u_o 的负半周，V_2 通态，V_1 断态，V_3、V_4 交替通断，负载电压 u_o 可得到 $-U_d$ 和零两种电平。整个过程见表 6-4。

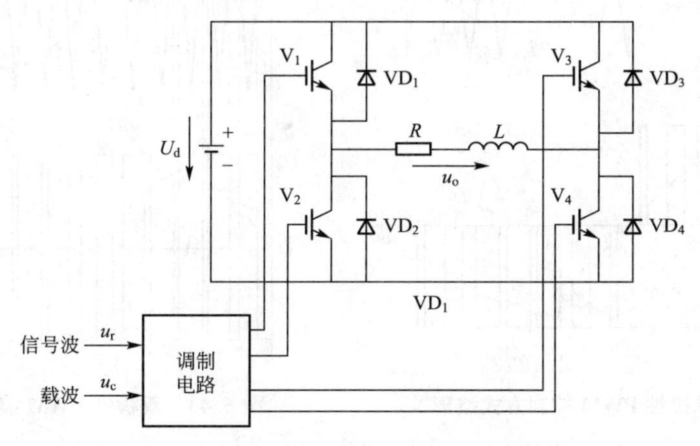

图 6.41 单相桥式电压型逆变电路

表 6-4　阻感负载单相桥式 PWM 逆变电路分析

（输出电压 u_o 的正半周，V_1 导通，V_3、V_4 交替导通）

控制过程	电流 i_o 流向	电流回路	负载电压 u_o
$\left(\varphi=\arctan\frac{\omega L}{R}\right.$较小，电流流向在 V_1、V_2 导通期间由负变正$\left.\right)$			
V_4 导通	负	$U_{d}\to VD_4\to R(L)\to VD_1\to U_{d+}$	U_d
V_4 导通	正	$U_{d+}\to V_1\to R(L)\to VD_1\to V_4\to U_{d-}$	U_d
V_3 导通	正	$R(L)\to VD_3\to V_1\to R(L)$	0
$\left(\varphi=\arctan\frac{\omega L}{R}\right.$较大，电流流向在 V_1、V_3 导通期间由负变正$\left.\right)$			
V_4 导通	负	$U_{d}\to VD_4\to R(L)\to VD_1\to U_{d+}$	U_d
V_3 导通	负	$R(L)\to VD_1\to V_3\to R(L)$	0
V_3 导通	无	无	0

在每个半周，V_3、V_4 都交替通断，控制其通断的方法如图 6.42 所示。调制信号 u_r 为正弦波，载波信号 u_c 为三角波，在 u_r 的正半周为正极性，负半周为负极性。在 u_r 和 u_r 的交点时刻控制开关管的通断，得到 SPWM 波形 u_o。图中虚线 U_{of}表示 u_o 中的基波分量。这种在调制信号的半个周期内载波只在正极性或负极性一种极性范围内变化，所得到的 PWM 波形也只在单个极性范围变化的控制方式称为单极性 PWM 控制方式。与单极性 PWM 控制方式相对应的是双极性控制方式。图 6.43 为单相桥式逆变电路在采用双极性控制方式时的波形，4 个开关管都是交替通断，输出不再有零电平，其他情况与单极性大致相似，不再介绍。

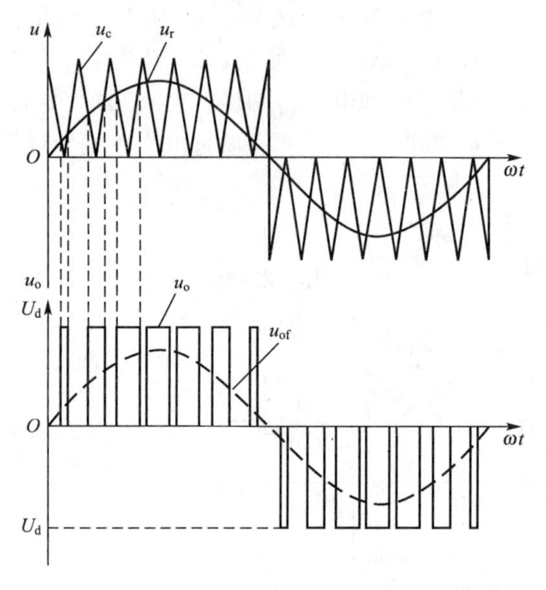

图 6.42　单极性 PWM 控制方式波形

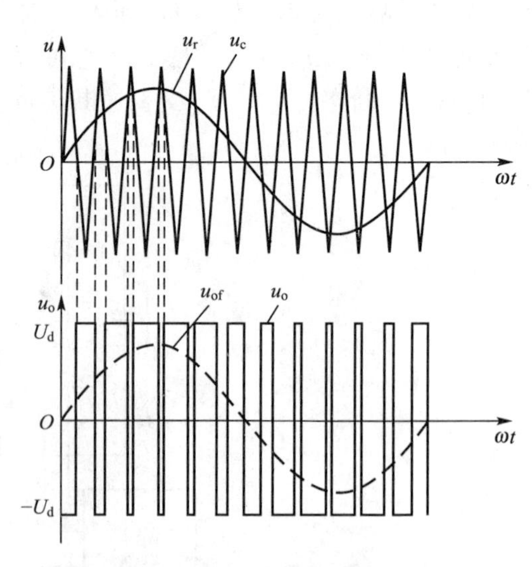

图 6.43　双极性 PWM 控制方式波形

除本节已阐述的计算法和调制法两种 PWM 波形生成方法外，还有一种跟踪控制方法，有兴趣的同学可以参阅相关参考文献。

3. PWM 集成电路

本节介绍两种较常用的 PWM 集成电路，一种是美国德州仪器公司最先生产的 PWM 发生器 TL494。它本是为开关电源而设计的，但至今除用于开关电源类电力电子设备之外，还用于直流调速、正弦波单相逆变电源等系统。另一种是由美国硅通公司最先生产的应用极为广泛的 PWM 波形发生器集成电路 SG3525，现在世界上许多公司都有同类产品，如 TC35C25/TC15C25/TC25C25 型号的 PWM 控制器集成电路与 SC3525 的内部结构、引脚排列及工作原理完全相同，其不同之处仅在于 SG3525 的输出级为开关晶体管，而 TC 系列应用 MOSFET。

1) TL494 脉宽调制器集成电路

TL494 采用标准双列直插式 16 引脚(DIP－16)封装。它的引脚排列如图 6.44 所示，各引脚的名称、功能和用法见表 6－5。

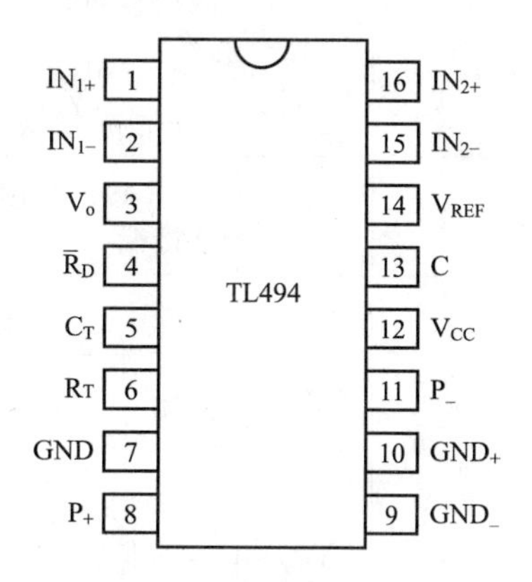

图 6.44　TL494 的引脚排列

表 6－5　TL494 集成芯片各引脚的名称、功能和用法

引脚号	符号	名　称	功能或用法
1	IN_{1+}	内部 1# 误差放大器同相输入端	在 TL494 用于开环系统时，该端可悬空或接地；TL494 用于闭环系统时，该端可接被控制量的给定信号
2	IN_{1-}	内部 1# 误差放大器反相输入端	在 TL494 用于开环系统时，该端可悬空或接地；TL494 用于闭环系统时，该端可接被控制量的反馈信号，同时与引脚 3 之间接反馈网络
3	V_o	内部两误差放大器或输出端	在 TL494 用于开环控制时，可直接在该端输入被控制量的给定信号；TL494 用于闭环系统时，按照该端与引脚 2 之间所接网络的不同，可构成比例、比例积分、积分等种类的调节器
4	$\overline{R}_D$	死区时间设置端	该端所接电平的高低，决定了 TL494 两路推挽输出方式下，在最大占空比时两脉冲之间的死区时间，引脚 4 接地时，死区时间最小，可获得最大占空比，死区时间可用于在逆变器工作时，防止同桥臂直通
5 6	C_T R_T	设定振荡器频率(或输出 PWM 脉冲频率)用电容与电阻连接端	该两端所接电阻与电容值的大小决定了输出 PWM 脉冲的频率，该频率与 R_T 及 C_T 取值的乘积成反比，R_T 通常取 5～100kΩ，C_T 通常取 0.001～0.1μF
7	GND	工作参考地端	与 TL494 的供电电源地相连
8 11	P_+ P_-	正脉冲输出端和负脉冲输出端	该两端输出的脉冲相位彼此互差 180°，在 TL494 采用推挽互补输出时，该两路脉冲经放大隔离后可分别驱动逆变桥中同桥臂的功率器件；在 TL494 单端工作时，该两端并联输出相同的脉冲信号，以扩大输出能力

（续）

引脚号	符号	名　称	功能或用法
10	GND_+	对应引脚 8 输出脉冲参考地端	使用中，一般与 GND(引脚 7)直接相连
9	GND_-	对应引脚 11 输出脉冲参考地端	使用中，一般与 GND(引脚 7)直接相连
12	V_{CC}	TL494 工作电源连接端	接用户供电电源正端
13	C	工作方式选择控制端	在该端为高电平时，TL494 为推挽输出型，此时 PWM 脉冲频率为 $1/(2R_TC_T)$，最大占空比为 48%；在该端为低电平时，两路输出脉冲相同，最大占空比为 98%，使用中按用户是单端还是推挽输出接低电平或高电平
14	V_{REF}	基准电压输出端	该端输出一标准的 5V±5%基准电压，其温度稳定性很好，可用来作为给定信号或保护基准信号
15 16	IN_{2-} IN_{2+}	内部 2# 误差放大器反相与同相输入端	使用中，分别接用户保护信号的取样值和保护门槛设定电压，以进行故障(如过电流或过电压)保护

TL494 的内部结构和工作原理框图如图 6.45 所示。从图中可见，该集成电路集成了一个振荡器 OSC、两个误差放大器、两个比较器(死区时间控制比较器和 PWM 比较器)、一个触发器 FF、两个与门和两个或非门、一个或门、一个+5V 基准电源、两个 NPN 输出功率放大用开关晶体管。

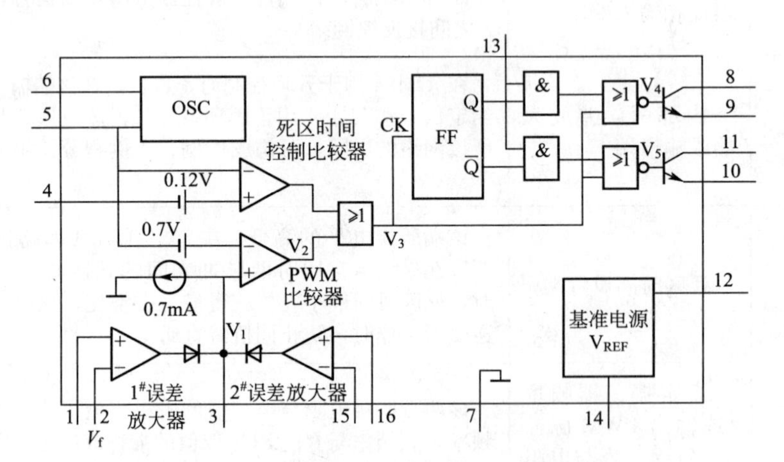

图 6.45　TL494 的内部结构和工作原理框图

它的主要设计特点如下所示。

(1) 内含两路独立的 40V、200mA 输出晶体管。

(2) 脉宽及死区时间可方便地改变。

(3) 可以单边或双边推挽输出工作。

(4) 内含具有滞后功能的欠电压封锁逻辑。

(5) 双脉冲保护功能。

(6) 可主从式振荡工作。

它的极限参数包括以下几点。

(1) 电源电压 V_{CC}：45V。

(2) 电流放大器输入电压 V_{INI}：V_{CC}+0.3V。

(3) 集电极输出驱动电流：250mA。

(4) 集电极输出电压最大值 $V_{Collector}$：41V。

(5) 储存温度：−65～+150℃。

(6) 功率耗散 P_D：100mW。

它的推荐工作条件有如下要求。

(1) 电源电压 V_{CC}：7～40V。

(2) 误差放大器输入电压 V_{INE}：−0.3～V_{CC}−2V。

(3) 输出负载驱动电流 I_{OD}：200mA。

(4) C_T 值：0.47μF～10000pF。

(5) R_T 值：1.8～500kΩ。

(6) 工作频率 f：1～300kHz。

(7) 工作温度范围 T_A：TL494A 为−55～125℃(军品)；TL494AC 为0～70℃(民品)。

2) SG3525 BMOS 电压型 PWM 控制器集成电路

SG3525 采用标准双列直插式 16 引脚(DIP-16)、小型双列扁平表面贴装式 16 引脚(SOIC-16)、方形 20 引脚(PLCC-20 与 LCC-20)几种封装。它的 DIP-16 引脚排列如图 6.46 所示，有关各引脚的名称、功能和用法说明见表 6-6。

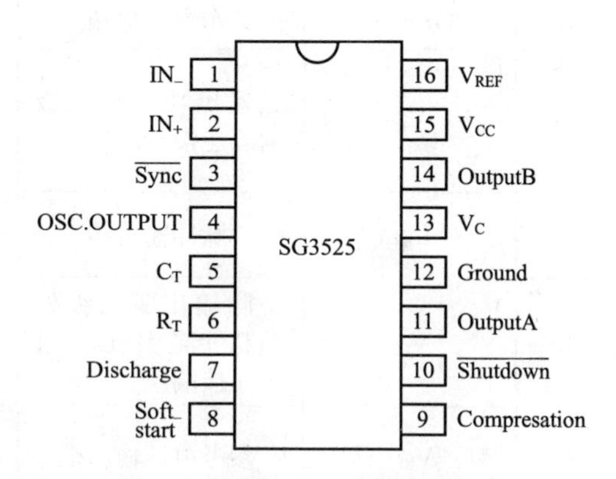

图 6.46 SG3525 的引脚排列

表 6-6 SG3525 芯片各引脚的名称、功能和用法

引脚号	代　　号	名　　称	功能或用法
1	IN_-	内置误差放大器反相输入端	在作开环使用时，与引脚 9 相连构成跟随器。在作闭环应用时，该引脚一方面给定，另一方面通过与引脚 9 接不同的网络，构成比例、比例积分、积分调节器
2	IN_+	内置误差放大器同相输入端	闭环使用时，通过一个电阻接用户反馈信号；开环应用时，通过一个电阻接用户给定信号
3	$\overline{\text{Sync}}$	内部振荡器同步输入输出端	该端可输入或输出一个方波信号，可用来使振荡器与外部用户控制系统同步
4	OSC. OUTPUT	内部振荡器输出端	该端输出一个方波信号，可提供给用户系统作同步或其他用途
5	C_T	外接定时电容器连接端	通过一个电容 C_T 接地，C_T 的大小与输出 PWM 脉冲频率成反比

（续）

引脚号	代　号	名　称	功能或用法
6	R_T	外接定时电阻连接端	通过一个电阻 R_T 接地，R_T 的大小与输出 PWM 脉冲频率成反比，且与 C_T 一起决定内部振荡器的频率
7	Discharge	定时电容 C_T 的放电端	使用中，在该引脚与引脚 5 之间接一电阻，以便 C_T 周期性放电
8	Soft - start	软启动电容连接端	使用中，通过一个电容接地，软启动时间与该电容值的大小成正比
9	Compresation	误差放大器补偿端/输出端	开环使用时，与引脚 1 相连构成跟随器；闭环使用时，通过一个电阻或电容或电阻与电容的串联网络接引脚 1
10	$\overline{\text{Shutdown}}$	封锁端	该端输入一低电平信号可封锁 SG3525 的输出，使用中，可用作集中保护，接用户保护电路的输出
11	OutputA	正脉冲输出端	推挽输出时，接后续电路去控制逆变器的上桥臂功率管；单端输出时，与引脚 14 同时接地
12	Ground	工作参考地端	使用中，接用户供电电源的地
13	V_C	输出功率放大级电源连接端	推挽输出时，直接接用户提供的输出级电源；单端输出时，通过一个电阻接用户提供的电源，并作为单端脉冲输出端
14	OutputB	负脉冲输出端	推挽输出时，接后续电路去控制逆变器的下桥臂功率管；单端输出时，与引脚 11 同时接地
15	V_{CC}	除输出驱动级外的整个芯片工作电源连接端	接用户提供的芯片工作电源，亦可与引脚 13 共用一个电源
16	V_{REF}	参考电压输出端	该端输出一个温度特性极好的工作参考电源，使用中，可作为给定环节或保护门槛设置的基准电压源

其主要引脚的正常工作波形可参考图 6.47。引脚 2 设定基准电压。当引脚 5 的斜坡电压升至基准电压时，开始输出驱动脉冲。改变接在引脚 5 和引脚 7 之间的放电电阻，可改变死区时间，增大放电电阻的阻值，死区时间增加。

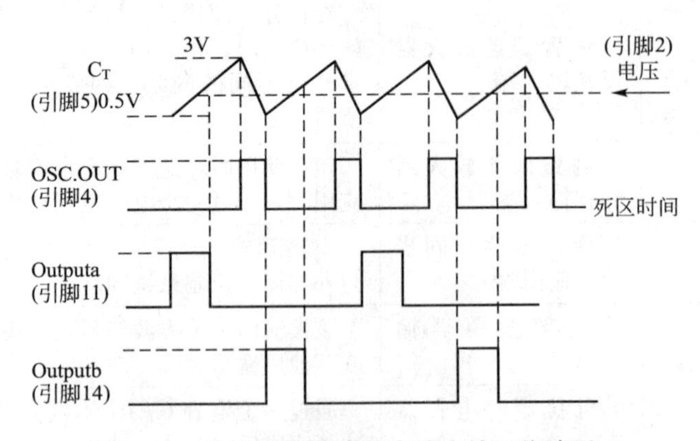

图 6.47　SG3525 典型应用电路中的工作波形

6.3.3　典型变频调速系统

变频调速系统由电力半导体交流器、电动机、控制、检测 4 部分组成。这 4 个部分互相依存、共同作用，实现交流驱动的高精度、使用方便、低转矩脉动、低噪声、无传感器、小型化等性能指标。下面简单地介绍两种比较常见的调速系统，一种是交-直-交电压型变频调速系统，另一种是交-交变频调速系统。

1. 交-直-交电压型变频调速系统

在交-直-交变频调速系统中，首先将电网中的交流电整流成直流电，再通过逆变器将直流电逆变为频率可调的交流电。前者主要采用晶闸管整流器来完成。逆变器一般包括逆变电路和换流电路两部分。换流电路是保证当前导通的一只晶闸管换成后一只晶闸管导通时，前者能可靠关断的装置。就整个变频装置而言，又根据从直流变到交流的中间环节滤波方法的不同而派生出两种不同的线路，即所谓电压型变频调速系统和电流型变频调速系统，这里只介绍电压型变频调速系统。

如图 6.48 所示主回路交-直-交变频器由两个功率变换环节构成，即整流桥和逆变桥，它们分别有各自的控制回路。电压控制回路控制整流桥输出直流电压的大小，频率控制回路控制逆变桥输出频率的大小，使电动机定子得到变压变频的交流电。两个控制回路由一个转速给定环节控制。

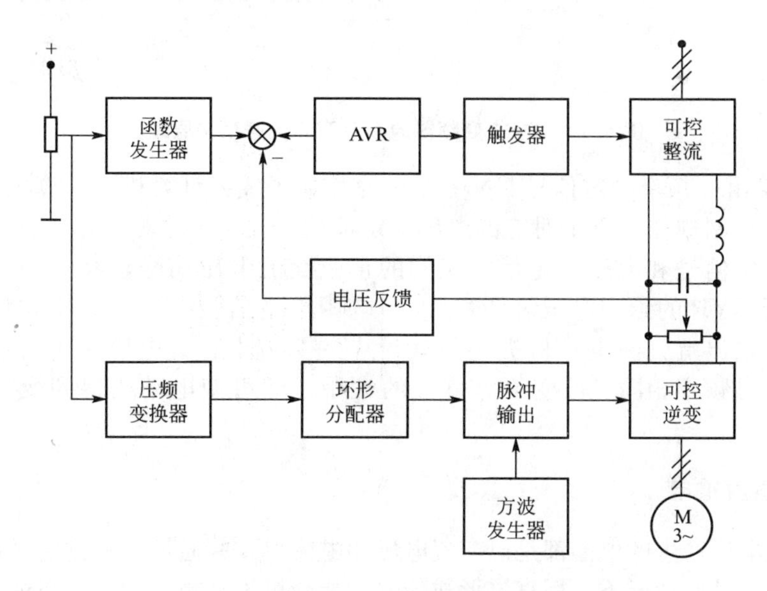

图 6.48　电压型逆变器频率开环调速系统

电压控制采用相位控制，改变晶闸管控制角 α，即可控制整流桥的直流输出电压大小。电压闭环保证实际电压与给定电压大小一致，同时对前向通道上的扰动信号起抗干扰作用。在电压调节器 AVR 前面设置函数发生器，是为了协调电压与频率的关系，以实现前述的控制方式。这里在额定频率以下实行 E_1/f_1＝常数的控制方式；额定频率以上实行近似恒功率控制方式。频率控制是通过压频变换器、环行分配器、脉冲输出等环节控制逆变桥晶闸管的开关频率。

2. 交-交变频调速系统

交-交变频器是将电压、频率恒定的三相交流电源直接变成电压频率可调的三相交流电源，供给交流电动机。这里介绍一种电压型的交-交变频器频率开环调速系统原理如图 6.49 所示，功率变换部分是 3 组三相桥式反并联的桥式整流器，借助电源电压换流。对每一组连续地改变控制角 α，可以使输出电压在正向最大值和反向最大值之间连续变化。由于采用电压负反馈，可以使输出电压跟随给定电压变化。

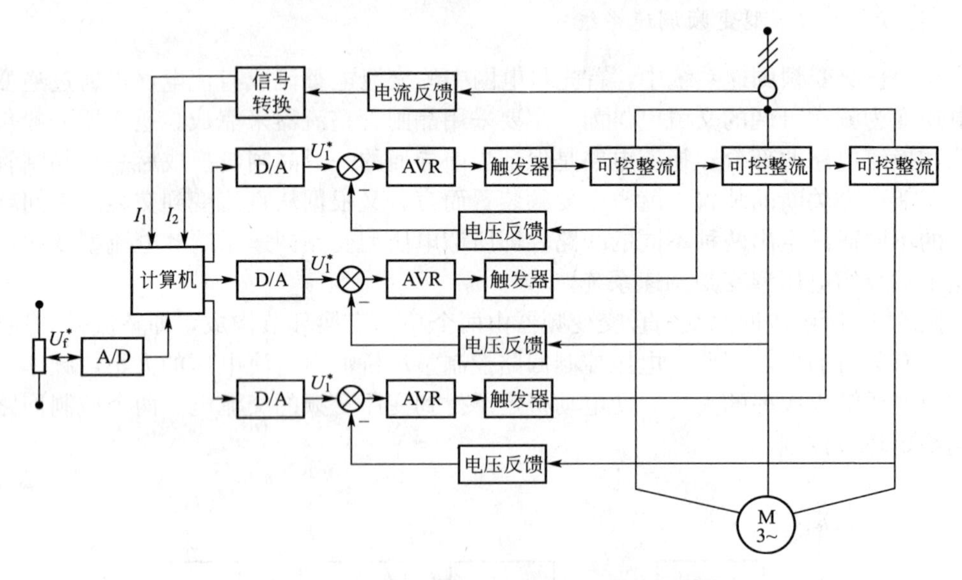

图 6.49 交-交变频器的频率开环调速系统原理图

给定器给出一频率给定信号 U_f^*，经 A/D 变换器输入计算机，计算机根据 U_f^* 的大小，按照某种控制规律，算出对应的电压给定值后，输出 3 个相位差 120°、幅值和频率分别与频率给定信号和电压给定信号相同的正弦交流电压信号，经 D/A 变换器作为 3 个电压调节器 AVR 的给定电压信号 U_1^*。当电压给定信号以一定频率和幅值周期性变化时，变频器输出端就向电动机提供与其对应的交流电，其电压大小与信号电压成正比，频率与信号频率相同。改变给定信号的大小，即可使电动机得到变压变频的交流电源。

6.3.4 高压直流输电

通常由发电厂产生的电能都是以交流电压和电流形式并通过三相输电线传输到负载中心的。然而，在某些情况下，用直流形式传输电能会更为理想。例如，在远离用电负载中心的发电站采用直流电(两根输电线)远距离输送同等功率的电能比采用交流电(3 根输电线)输送更加经济。一般而言，直流架空输电线的等价距离为 480～650km，若采用地下或海底电缆线路，其等价距离会更小(为 10～30km)；由于高压电缆分布电容和充电功率的限制，长距离海底电缆交流输电几乎是不可能的，而直流方式比较适宜；另外，考虑到其他一些因素，例如，为改善交流输电系统的暂态稳定性，加强对电力系统振荡的动态阻尼作用等，都将优先选用直流输电；两个或多个不同步甚至不同频率的交流电网连接，只能采用直流输电方式。

图6.50为用直流输电方式连接两个交流系统的典型框图，其中的两个交流电力系统都可能有各自的电源和负载。由直流输电线路传输的功率可以是双方向的。为便于分析，假定功率方向是从系统A指向系统B，此时系统A的交流母线电压将被升压到所要求的输电电压水平，然后由A端换流站整流，再经直流线路把电能送向B端。

在受电端B也有换流站，它的作用是把直流电逆变换成交流电，并通过变压器调整到系统B所需的电压等级。这样，从直流输电线传输来的电能又经过系统B的交流输电配电线供给用户。

图6.50中的换流站都由正极性和负极性换流器组连而成。在每个极性组中，有两个分别连接到Y－Y变压器和△－Y变压器的6脉动工频桥式换流器，构成12脉动换流器形式。在换流器交流侧需装设滤波器，以限制换流器产生的谐波电流注入交流电网。滤波器中的电容还应起到功率因数补偿作用，向换流器提供整流(或逆变)运行时需要的滞后无功功率(即感性无功功率)。在换流器直流侧，又利用平波电感 L_P 和直流侧滤波器消除直流电压中的纹波，从而阻止由此引起的直流线路中电流纹波的过量增大。

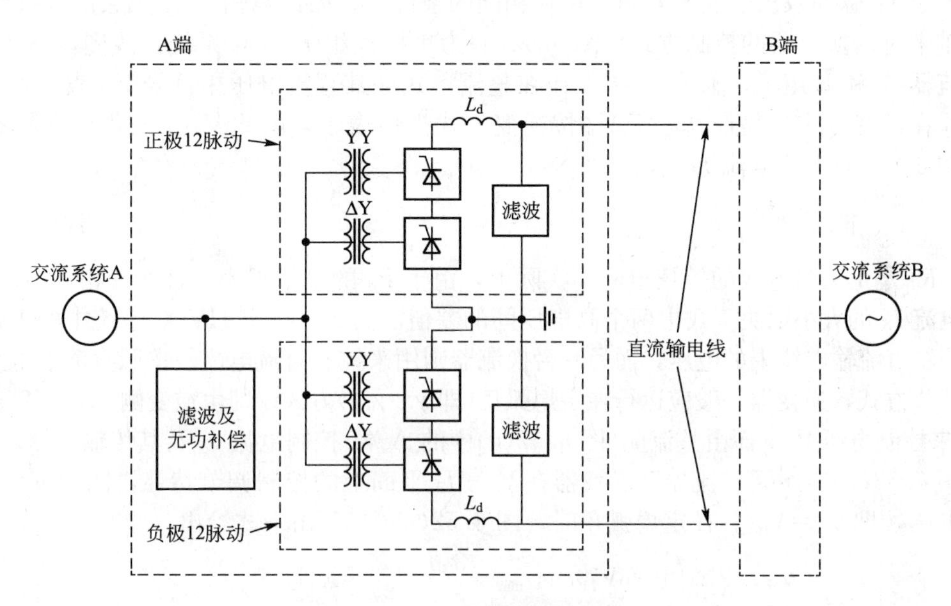

图6.50　HVDC典型系统接线图

注：等价距离定义为输送一定功率时，交直流输电线路和两端电气设备的总费用相等时所对应的输电距离。

在高压直流输电中，要求所使用的换流器有很高的功率等级，如何减少换流器交流侧产生的谐波电流和直流侧引起的电压纹波成为一个重要的问题。采用12脉动工频换流器来增加脉动数的方式是解决这一问题非常有效的办法。实际上，12脉动换流器可以较方便地用两个6脉动换流器和Y－Y及△－Y型变压器的合理接线构成，如图6.51所示。其中两个6脉动换流器的交流侧为并联连接，而直流侧串联连接，以满足直流输电系统高电压的要求。

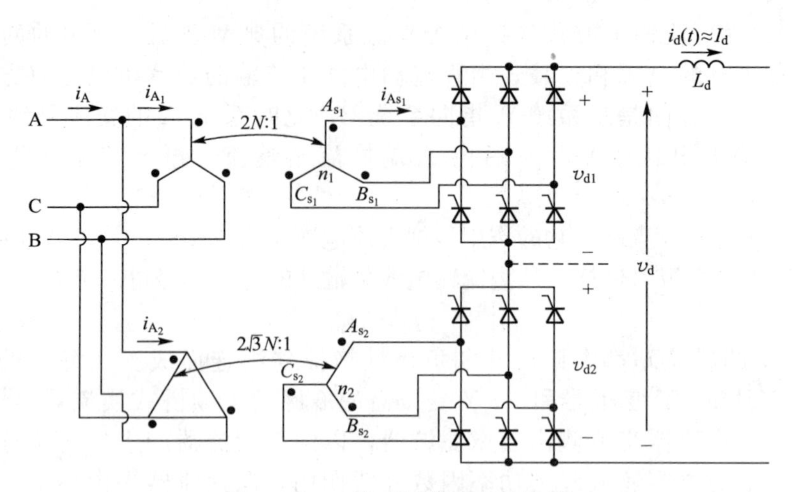

图 6.51　12 脉动换流器电路接线

1. HVDC 换流器的控制

由于 12 脉动双极性换流器组工作在相同的条件下，因此只需以单极性组 HVDC 系统为基础来讨论换流器的控制方式。图 6.52(a)为单极性组 HVDC 系统接线图，它由 12 脉动换流器 A 和 B 组成。假定 A 端工作在整流方式，其直流电压用符号 V_{dA} 表示。假定 B 端工作在逆变方式，其直流电压 V_{dB} 按逆变方式极性表示，因此 V_{dB} 为正值。在稳态条件下，图 6.52(a)中的电流 I_d 可写成

$$I_d=\frac{V_{dA}-V_{dB}}{R_d}$$

式中：R_d 是正极输电线的等值电阻。实际上，由于 R_d 的量值很小，且保持相对恒定不变，直流电流 I_d 的大小取决于式中两个高电压间的差值。为此，指定 HVDC 系统中的一台换流器来控制直流输电线上的电压，而另一台换流器则用来控制直流电流。按照直流输电系统基本的调节方式，逆变器一般应运行在定熄弧角(即 $\gamma=\gamma_{min}$)方式，即由逆变侧(图 6.52(a)中的 B 端)来控制电压 V_d，而由整流侧(图 6.52(a)中的 A 端)控制电流 I_d 及其传输功率。

图 6.52(b)表示了整流器和逆变器在 V_d - I_d 平面上的控制调节特性，图中 V_d 等于整流侧电压，即 $V_d=V_{dA}$。在定熄弧角时，图 6.52(a)中 V_d 由下式给出

$$\begin{aligned}V_d&=2\times\left(1.35V_{LL}\cos\gamma_{min}-\frac{3\omega L_s}{\pi}I_d\right)+R_dI_d\\&=2\times1.35V_{LL}\cos\gamma_{min}-\left(\frac{6\omega L_s}{\pi}-R_d\right)I_d\end{aligned}$$

假定上式括号中的量为正，逆变器定熄弧角运行时的 V_d - I_d 特性如图 6.52(b)所示。

通过控制整流器，可保持电流 I_d 等于其参考值 $I_{d,ref}$。控制过程如下：经测量实际电流 I_d 获得与参考值之间的误差($I_d-I_{d,ref}$)，如果误差值为正，则增大整流器的触发延迟角 α；反之，误差值为负，减小整流器的延迟角 α，直至电流达到平衡。高增益电流控制器可形成近似于垂直线的整流器控制特性，如图 6.52(b)中 $I_{d,ref}$ 直线所示，这种控制方式称为定电流调节。图 6.52(b)所示的两条特性曲线的相交点(也称为工作点)确定了直流输电线的电压 V_d 和电流 I_d。

上述分析表明，从 A 端输送到 B 端的功率 $P_d=V_dI_d$ 是能够被控制的。在保证输电线

路电压尽可能高以减少线路损耗 $I_d^2R_d$ 的条件下，通过控制直流电流 I_d 也就控制了传输功率。这种控制方式也使整流器触发延迟角和逆变器定熄弧角处于较小数值，从而减少了换流器的无功需求。实际应用中，两端的换流变压器是带分接头调节的，利用这一手段可以在较小范围内调整加在换流器上的电压 V_{LL}，同时也提供了一种补充调节方式。

图 6.52(b)所示的控制特性可以扩展到 V_d 为负值的状态，也就是说，换流器的功率在大小和方向上都可平滑地加以调节。这种功率传输方向反转的能力是很有用的，例如，用 HVDC 互联的两个交流系统的负载随季节或昼夜变化而有不同分布时，或当其中一个交流系统连接有随蓄水节气改变功率输出的水力发电设备时，功率反转和控制就十分必要了。此外，这种控制能力还可通过调节直流输电线路的输送功率进而衰减交流电网可能发生的振荡现象，提高交流系统的稳定性。

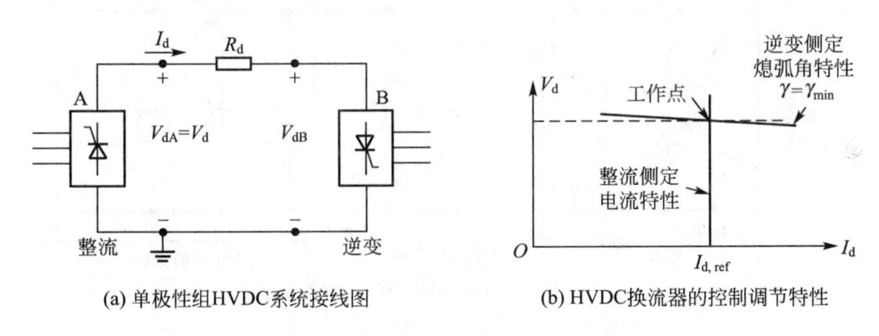

图 6.52　HVDC 换流器控制特性

2. 谐波滤波器和功率因数补偿

1）直流侧滤波器

与 HVDC 输电线并行装设的电话线路及其他类型的控制或通信通道都可能受到来自换流器的谐波电磁干扰。为了将这种不利影响减低到最小程度，更重要的是把直流输电线上的谐波电流限制到最小值。直流侧的谐波电压次数为 12k 次（k 为正整数）。在给定交流电压下，谐波电压的大小是由参数 α、L_s 和 I_d 决定的。在平衡的 12 脉动工作条件下，该换流器可以用图 6.53(a)所示的等效电路来表示，可以看到其中的各次谐波电压与直流电压 V_d 是串联连接的。

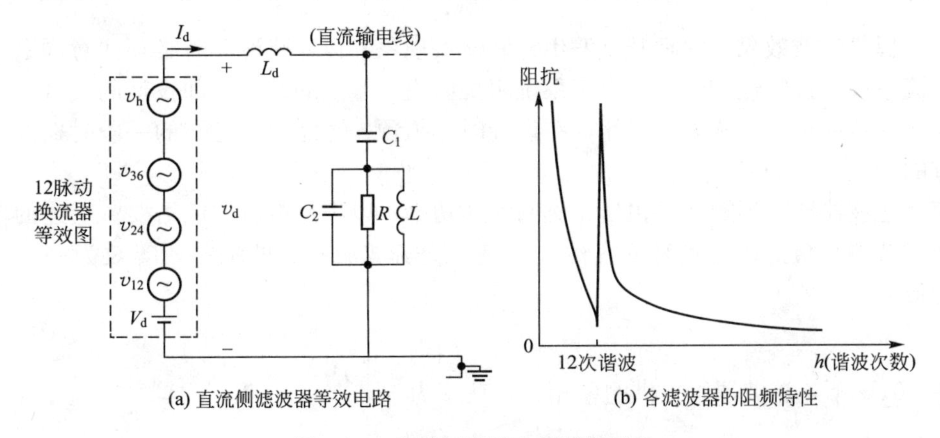

图 6.53　直流侧谐波电压滤波特性

通常采用数百 mH 的大平波电感 L_d 与高通滤波器相配合的方法来限制输电线中的谐波电流。图 6.53(a)中的高通滤波器阻频特性曲线如图 6.53(b)所示。该滤波器被专门设计成在特征谐波频率下呈现低阻抗，使特征谐波电流经滤波器短路。

2）交流侧滤波器和功率因数校正电容

12 脉动换流器交流侧含有 $12k\pm1$ 次特征谐波，这些谐波电流可以用图 6.54(a)所示的等效电路来表示。为了阻止谐波电流注入交流电网以减小所引起的功率损耗，消除可能造成的对电子通信设备的干扰，通常采用单调谐滤波器来滤除 11、13 等低次谐波电流，而用高通滤波器抑制其余的高次谐波电流，如图 6.54(a)所示。图 6.54(b)给出了各滤波器的阻频特性。

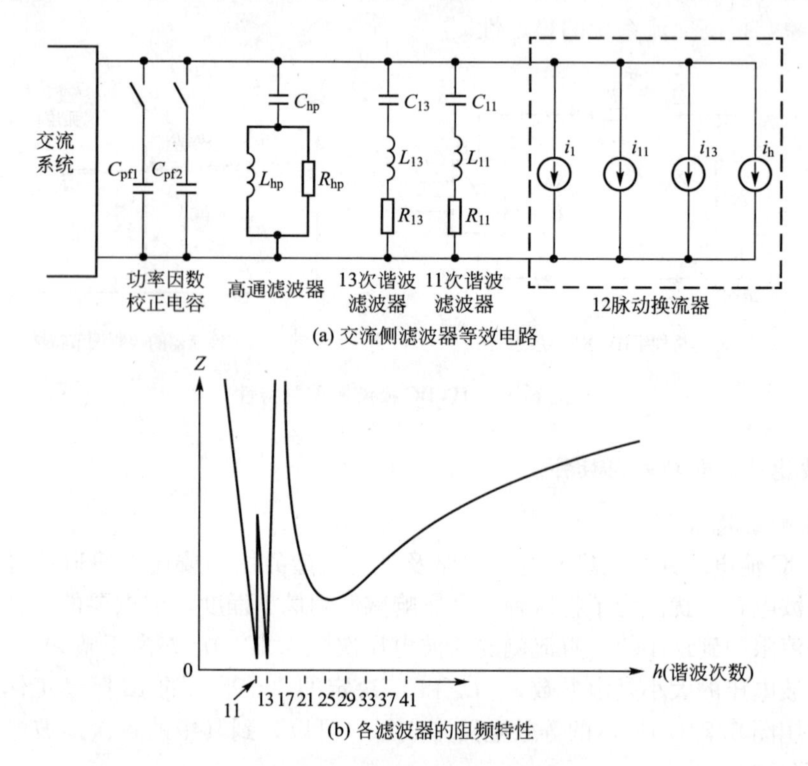

图 6.54　交流侧滤波及功率因数校正

为了提高滤波效果，并且避免发生并联谐振现象，设计滤波器时必须注意同谐波频率下的交流系统阻抗特性相配合。交流系统阻抗取决于系统的结构，即投运的负载、电源模式以及输电线的运行方式等。因此，在设计时必须预先考虑到在已知的一段时期内交流系统阻抗的变化。

交流滤波器同时还能提供相当比例的无功功率，以满足换流器的需要。上述的单调谐和高通滤波器的阻抗在工频时呈容性，而整个交流滤波器组的每一相等效为一个并联电容，近似为

$$C_f \approx C_{11} + C_{13} + C_{hp}$$

在 50Hz 下，滤波器组提供的单相无功功率为

$$Q_f \approx 314 C_f V_s^2$$

式中：V_s 是滤波器两端相电压的有效值。由此可知，交流滤波器除了滤除谐波电流外，在补偿换流器所需的无功功率方面也起着重要作用。

从前面讨论的HVDC控制可知道，直流输电线中的功率大小可通过调节电流 I_d 加以控制，而换流器所需的无功功率也会随着输送功率的增加而增大。在设计交流滤波器时，滤波电容除按调谐因素考虑外，还需按其所提供的无功功率量来计算和选择。如果滤波电容供应的无功功率超过换流器所需的无功功率时，往往会引起轻载情况下的系统过电压问题。为了补偿输送功率大时换流器取用的无功功率，可采用投入备用功率因数校正电容 C_{pf} 的方法。

6.3.5 静止无功补偿

1. 电力系统无功补偿

电能质量的好坏是评价电力系统设计与运行优劣的性能标准。其中，电压是衡量电能质量的一个重要指标。电力系统在运行过程中，必须保证各输配电的母线电压稳定在允许的偏差范围之内，以满足用电设备对使用电压的要求。如果电压升高或降低超过一定值，不仅会严重影响用户用电设备的正常运行，甚至会损坏设备，对电网本身的稳定性也构成威胁。目前大多数国家的电力企业规定的电压允许变化范围一般在+5%～-10%之间。

电压稳定与否主要取决于系统中无功功率是否平衡。如果用电负载的无功需求量波动较大，而电网的无功电源产生的无功功率及其分布不能及时控制和调整，就会导致母线电压超出允许极限值。另外，从负载侧看进去的电力系统内阻抗主要呈现感性(因为输配电线、变压器、发电机等在工频下主要呈感性阻抗)，这使负载的无功功率变化对电网电压的稳定性带来极为不利的影响。因此，电力系统的无功补偿和电压调整是保证电网安全、优质、经济运行的重要措施。

为了进一步说明这个问题，对图6.55(a)给出的交流系统单相简化等效电路进行分析。图中交流供端系统为一个等效电压源和纯感性内阻抗串联，图6.55(b)描述了负载为感性条件下电压和电流的相位关系。把图中负载电流 I 分解成有功分量和无功分量，即 $I=I_p+jI_q$，它滞后于负载受端电压 V_t。现假定受端电压为正常额定值，并且电流的有功分量 I_p 保持不变，此时若负载取用的无功功率有一增量 Q，必然会引起电流无功分量的增加 $(I_q+\Delta I_q)$。无功功率增大后的相位关系如图6.55(b)中带“$'$”符号的相量表示。为简化分析，仍选定负载端电压为参考相量，并认为系统的等效电压源 V_s 幅值保持恒定。从图6.55(b)的相量关系可以看到，因负载取用的无功功率增加，引起端电压下降了 ΔV_t，在这种情况下，即使 I_p 仍保持不变，由于受端电压下降，负载有功功率也会减小。为了加以比较，再假定电流无功分量 I_q 不变，而有功分量 I_p 出现与图6.55(b)中 I_p 的变化相等的百分数变化，此时得到的相位关系如图6.55(c)所示。可以看出，电流有功分量的变化引起的电压波动(ΔV_t)要远小于无功分量的变化。另外，当输送功率为 $P+jQ$ 时，负载受端电压偏移百分数通常可近似由下式给出

$$\frac{\Delta V_t}{V_t}=\left(\frac{V_t'-V_t}{V_t}\times 100\right)\%=\left(\frac{\Delta Q\times X_s}{V_t}\times 100\right)\%$$

显而易见，即使系统供端电压幅值保持恒定，由于系统提供的无功功率不足，当负载吸收的无功功率增大时，就会引起负载受端母线上的电压下降。

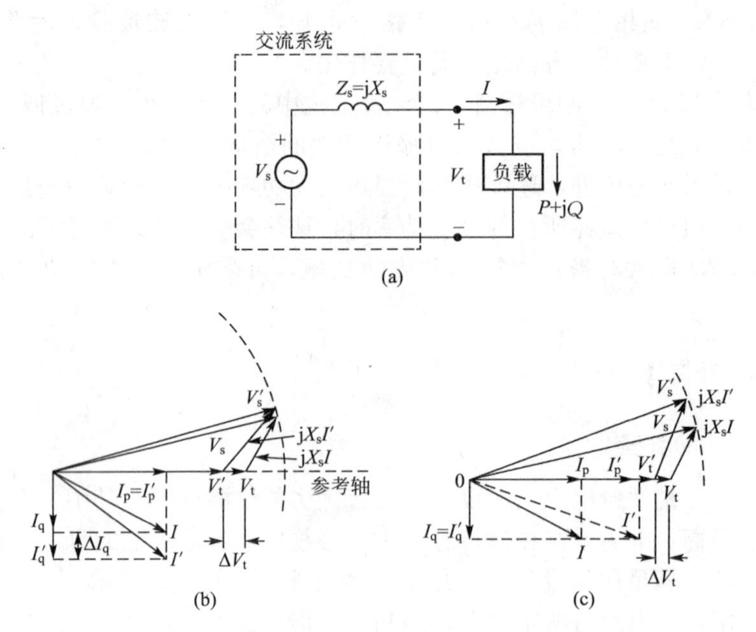

图 6.55　电流有功及无功分量对电压影响的分析

在电力系统中，为保持电压稳定所进行的电压调整其实就是电网的无功补偿与再分布的过程，通常采用调压变压器或改变变压器分接头的方法进行无功的重新分布。采用无功补偿调压，一般都需要能提供无功功率的设备，如发电机、调相机、并联电容器或电抗器及静止补偿器等。在工业配电系统中，以往采用较多的是功率因数补偿电容器组。它利用金属接触器的投切，并根据实测电源线的功率因数或负载电流的大小来改变并联在配电母线上的电容器组数，以补偿缓慢变化的负载无功功率，并保证用电设备的总功率因数尽可能接近于 1。采用这一措施可以解决两方面的问题。

(1) 达到无功补偿调压的目的，使母线电压稳定在正常值的(＋5％～－10％)范围内。

(2) 提高供电网的功率因数，使负载在给定的有功功率下从电源吸取的电流最小，从而减少交流输配电线路和其他电气设备的电能损耗(I^2R)，使设备容量(与电流处理能力成正比)的利用率大大提高。因此说采用无功补偿调压方法，改善了用电负载的功率因数，达到节约电能和提高供电电压质量的目的。

2. 静止无功补偿

上述的金属接触器投切式补偿电容器由于只能进行分级阶梯状调节，并且受机械开关动作的限制，响应速度慢，不能满足对波动频繁的无功负载进行补偿的要求。

因此，下面将介绍和讨论利用电力电子器件与储能元件构成的静止无功补偿器(SVC)。所谓静止是相对传统的旋转式调相机而言的。其显著特点在于快速、平滑地调节容性和感性无功功率，实现动态补偿。因而常用于防止配电网中部分冲击性负载引起的电压波动干扰、重负载突然投切造成的无功功率强烈变化及平衡三相之间的波动性不对称负载和控制用电线路的功率因数等。利用它还可提供快速电压调整，当大容量互联电力系统受到扰动，发生低频功率振荡和电压振荡时，可起到阻尼和抑制作用，增强系统的静态稳定性和输电能力。

静止无功补偿器有两种基本类型：晶闸管可控电抗器(TCR)和晶闸管投切电容器(TSC)。

1) 晶闸管可控电抗器(TCR)

晶闸管可控电抗器起到可变电感的作用，它所吸取的感性无功功率可以快速、平滑调节。根据电力系统的条件，系统可能需要感性无功功率也可能需要容性无功功率，因此，可在 TCR 两端并联电容器组，以满足系统要求。

为分析晶闸管可控电抗器的基本工作原理，给出如图 6.56(a)所示的 TCR 简化单相电路。其中，电抗器通过反并联晶闸管构成的双向开关(或三端双向晶闸管)与交流电源相连接。现假定电抗器为纯感性的，可得到稳态下电感电流 i_L 与晶闸管触发延迟角 α 间的关系，进而可推导出可变电感的表达式。

需要指出，在晶闸管控制的电感电路中，由于电感的储能作用，晶闸管一旦导通，只有回路电流过零时才能关断。延迟关断的时间不仅与触发角有关，还与电源电压和回路电流间的相位角(或称电路阻抗角)有关。因此，对于双向开关来说，当其中一个晶闸管尚未关断时，不可能触发另一晶闸管导通。在这种情况下应采用宽脉冲或脉冲列触发方式，以保证两个晶闸管的正常工作。两个晶闸管的触发延迟角取值也应相同，以避免正负半周波形不对称而产生的偶次谐波和直流分量。

以下先来分析一种基本情况。图 6.56(b)为晶闸管门极触发延迟角始终等于零(即 $\alpha=0$，相当于用二极管替代晶闸管)时的电压电流波形，此时电感中电流为正弦波形，其有效值为

$$I_L=(I_L)_1=\frac{V_s}{\omega L}\quad(\omega=2\pi f)$$

由上式可知，电感中电流仅含基频分量。由于纯电感电路中 i_L 滞后 $L_s 90°$(如图 6.56(b)所示)，因而触发延迟角 α 在 0°～90°的范围内变化不能控制电感电流，i_L 保持不变，其有效值与上式相同。

如果 α 角大于 90°，如图 6.56(c)和图 6.56(d)(对应 $\alpha=120°$ 和 $\alpha=135°$)所示，电流 i_L 受到控制。随着 α 角的增大，电感电流中的基频分量 $(I_L)_1$ 相应减小。因此，在电感电流可控条件下，连接在电源上的电感有效值随之可控。

$$L_{\text{off}}=\frac{V_s}{\omega(I_L)_1}$$

将上式进行傅氏级数分解可得到

$$(I_L)_1=\frac{V_s}{\pi\omega L}(2\pi-2\alpha+\sin 2\alpha)\quad \frac{\pi}{2}\leqslant\alpha\leqslant\pi$$

因而在电源基波频率下，单相 TCR 补偿器吸取的感性无功功率为

$$Q_1=V_s(I_L)_1=\frac{V_s^2}{\omega L_{\text{off}}}$$

由以上分析可知道，晶闸管可控电抗器通过改变其触发延迟角$\left(\frac{\pi}{2}\leqslant\alpha\leqslant\pi\right)$即可控制回路中的电流，起到可变电感的作用，使所吸取的感性无功功率在零(对应 $\alpha=180°$)到最大值(对应 $\alpha=90°$)间快速、平滑调节。

从图 6.56(c)和图 6.56(d)中还可看到，当 $\alpha>90°$时，电感中的电流并不是纯正弦波

形。其中含有3、5、7、9、11、13等奇数次谐波，谐波的大小与$(I_z)_1$成正比，并随α角的取值不同而变化。为了防止3次及3的倍数次谐波对交流系统造成的影响，通常将三相TCR按三角形连接，使这类谐波经三相电感环流而不注入交流系统。为满足系统容性无功功率的需求而并联在TCR上的电容器还可用于滤除高次谐波。此外，还可加装专门的单调谐滤波器滤除5、7次谐波，它们也能够提供感性无功功率$Q_f \approx 314C_fV_s^2$。

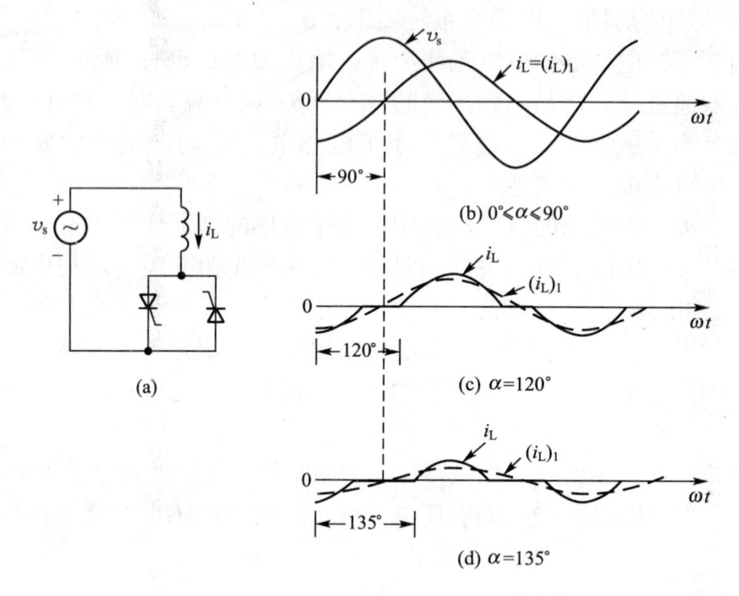

图 6.56　TCR简化电路图及其基本工作原理

2）晶闸管投切电容器(TSC)

图6.57为TSC的基本电路配置。可以看到它利用反并联晶闸管构成的双向开关分别将3～4组电容器投切到交流系统母线上。与TCR利用相控方式改变电感器的有效电感量不同，TSC采用整数半波控制(即过零触发)方式来控制某组电容器全投入(或全切除)。这种补偿器实际上是用可快速通断的晶闸管代替了金属接触器开关，以克服投切电容器时响应速度慢的缺点。

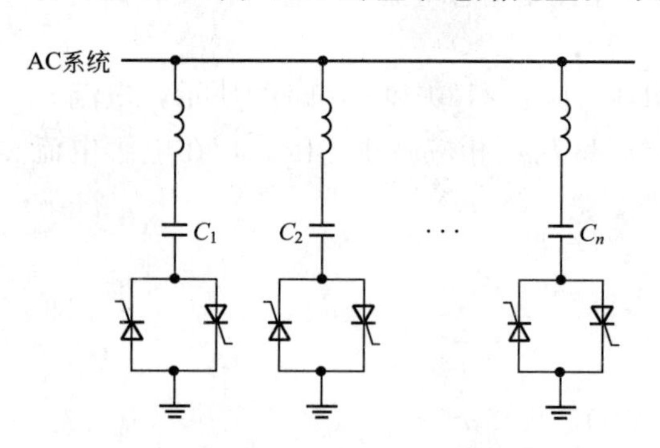

图 6.57　TSC电路接线

显然，若闭锁双向开关中两个晶闸管的门控触发脉冲，则电容器组被切除。我们还知道，在晶闸管控制的纯电容电路中，当回路的电流在过零的瞬间被阻断时，对应电容两端的电压等于所连接交流母线上的电压最大值，其极性由晶闸管门控触发脉冲闭锁的时刻来决定。当要投入电容器组时，为避免较大的合闸涌流，晶闸管必须恰好在交流电压最大值的瞬间触发导通，这种控制方式常称为零电流开关触发。图6.57中用虚线表示的串联电抗器，被用来限制投入电容器组时可能出现的过电流。

电容补偿总容量根据负载日变化特性来确定。考虑技术经济等因素后，还采用容量合理组合，晶闸管分别投切的方式(如等容量分配或非等容量分配等)来控制每一时刻投入系统的补偿容量。尽管仍是阶梯状投切，但可以达到相对平滑调节容性无功功率的目的。TSC自动控制原则与传统断路器投切补偿电容器组基本相同。

电力系统静止无功补偿(SVC)的结构形式除以上两种基本类型外，在实际应用中更多采用组合型的静止补偿电路。如用固定电容与可变电感并联构成的FC－TCR型和FC－DCMSR(直流励磁饱和电抗器)型静补装置，以及用两种基本类型混合构成的TSC－TCR型混合补偿器等。它们的特点是可以实现无功功率的大小和方向全特性补偿，补偿精度高，稳态空载下的输出损耗小。

6.3.6　静止无功发生器

1. 瞬时无功补偿

提高系统的安全可靠性，保证电能质量，力求高效经济运行是电力生产与电网管理遵循的原则和追求的目标。但是，随着工业生产和交通运输业的发展，电网中功率急剧变化的冲击性负载，如大型轧钢机、电气化机车、功率换流装置等日益增多，这类用电设备往往启动过程快，从零功率到额定功率的变化时间常小于1s，且频繁(每小时数十次)地吸收大量的动态无功功率，引起母线电压快速波动，给电网稳定带来极为不利的影响。

上面介绍的静止无功补偿器电路都离不开大容量储能元件，这是由利用电感和电容能够储存和交换电能的特点向系统提供所需无功功率的补偿原理所决定的。通常电感器和电容器的容量分别要按最大补偿容量来选取。由于这些大容量储能元件固有的时滞影响，它们不可能做到瞬时无功控制。另一方面，晶闸管控制投切电容器组虽然已能相对平滑地快速调节容性无功功率的大小，实现动态无功功率补偿作用，但是这种无功功率补偿器的容量明显受到安装点电压变化的制约(与安装点电压平方成正比)。当电网无功功率不足引起电压下降时，由于电容器提供的无功功率减少，将导致母线电压进一步降低。

另外，传统的无功功率的定义和概念，只限于处理系统运行参数是正弦周期的情况，对功率急剧变化所出现的瞬变或随机变化的非周期现象已不能适应。

利用电力电子技术，如开关型逆变器，以及瞬时无功功率的概念和补偿原理，在储能元件容量很小条件下(约为计算补偿容量的10％)可解决以上各种问题，实现瞬时无功补偿。这种新型补偿器常被称为静止无功功率发生器(SVG)或静止型同步补偿器(STAT-COM)，以下简要介绍其工作原理。

2. SVG补偿原理

图6.58为SVG的基本电路和简化等值图。假定：理想条件下，系统电压三相平衡、正弦无谐波；三相桥式逆变器与系统间连接的电抗器为纯感性(如图6.58中用$L_{(A,B,C)}$表示)；电容器C可看为已充电的直流电压源V_d；SVG没有功率损耗。当逆变器输出的基波电压V_i与系统电压V_s同步且同相位时，流过连接线的电流I仅仅是纯无功电流，它可能超前或滞后系统电压90°。同样，可以得到连接线传输的无功功率与线路两端电压的有效值关系式

$$Q_C=\frac{V_i}{\omega L}(V_s-V_i)$$

可以看出，无功功率的大小和传送方向完全由系统电压和逆变器输出电压的幅值之差来决定。当系统相电压有效值V_s保持恒定时，只要控制逆变器输出相电压有效值V_i的大小就可快速平滑地调节SVG发出(或吸收)的无功功率。例如，当$V_i>V_s$时，Q_c为负，

无功电流从逆变侧流向系统，表示 SVG 发出无功功率(起到可变电容器的作用)；当 $V_i<V_s$ 时，Q_c 为正，无功电流从系统流向逆变器，表示 SVG 吸收无功功率(起到可变电抗器的作用)；如果两端电压差为零，即 $V_i=V_s$，$Q_c=0$，无功电流同样为零，这时连接线之间没有无功功率的传送。

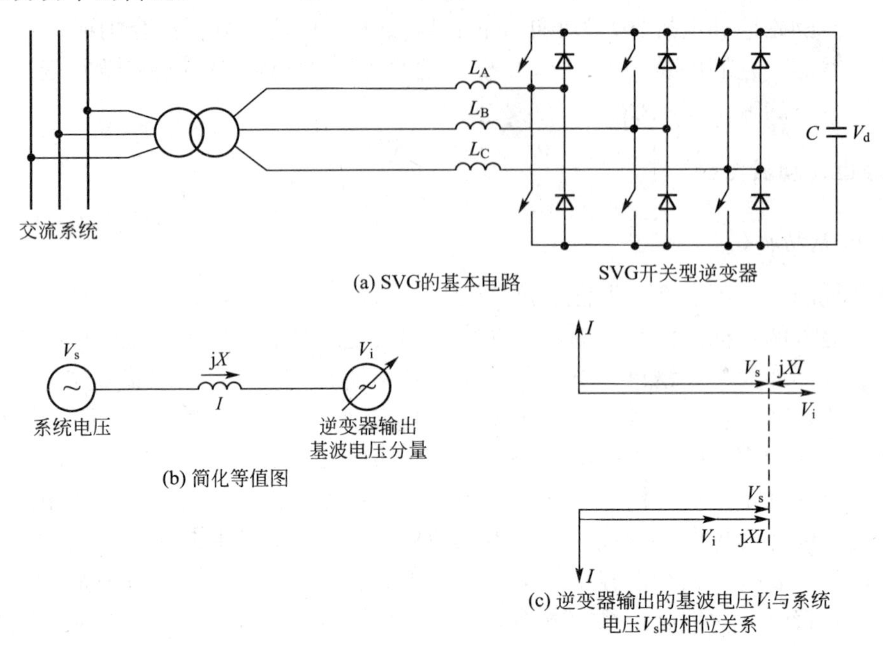

图 6.58 瞬时无功补偿基本电路及简化原理

根据稳态对称三相交流电的特点可知，在上述假定的理想条件下，由电压型逆变器构成的瞬时无功补偿器与交流系统间没有功率流动(即理想平均功率为 0)。SVG 所发出或吸收的无功功率，实际上是利用开关器件的通断在三相间循环。因此说 SVG 逆变器的直流输入侧电压源也不会有功率交换，它可用一个已充电的电容器来代替。考虑到电容器的泄漏和由输出电压的谐波分量引起的电容充放电，实际采用的电容器不能太小，一般为 SVG 设计容量的 15%左右。在考虑了 SVG 中开关器件等的损耗以及维持电容器上的电压恒定后，逆变器输出电压还需稍超前或滞后于系统电压(视补偿无功功率的性质而定)，以便从电网取用少量的有功功率加以补偿。有资料报道，静止无功发生器(SVG)仅占相同功率的静止无功补偿器(SVC)安装面积的 40%。

3. SVG 的基本控制原理

正如前所述，为使静止补偿器能够快速响应无功负载的急剧变化，利用一个周期波形平均值来控制无功功率的传统处理方法已明显不适宜了。目前用得较多的是瞬时无功功率的概念和瞬时空间矢量法。要实现瞬时无功功率补偿，必须做到快速实时地从电网电流(或负载电流)中检测出应补偿的无功电流信号。图 6.59 给出了 SVG 控制过程原理框图。一种常用的方法是定偏差带控制算法或采用 PWM 技术。如利用瞬时矢量法计算出瞬时无功补偿电流 i_c^*，与实际检测的补偿器输出电流信号 i_c 进行差值处理，并按预定的偏差带修正开关占空比信号，或经三角波载波调制后产生开关的驱动控制脉冲，使得输出补偿电流跟随电流计算指令变化，由此构成补偿器的闭环控制。

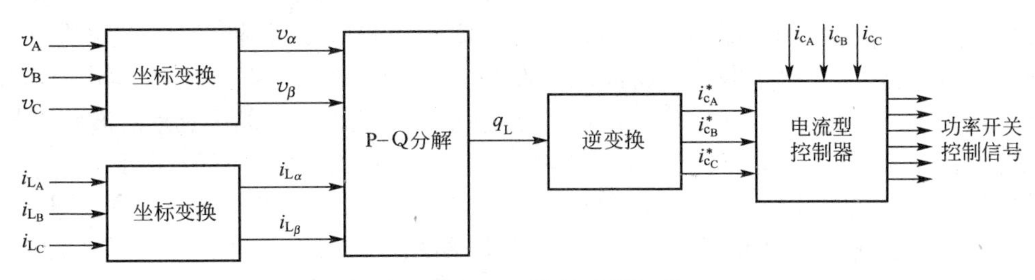

图 6.59　SVG 控制过程框图

需要指出的是，上述的瞬时无功功率理论尚在不断深入研究和发展中，由于受高频大功率开关器件技术条件的限制，目前在大容量的 SVG 上采用的是 GTO 开关器件和变压器耦合多重化技术以及电压控制原理。

6.3.7　有源电力滤波器

在前几章关于换流技术原理的介绍中，我们通过从电力电子电路产生谐波的分析出发，就如何对装置本身作技术处理就地消除谐波的办法进行了一般性讨论。本章从电力系统的角度考虑，进而提出对电力线谐波采取就近吸收和补偿的原理及方法，重点介绍新型的有源电力滤波器(APF)的原理和抑制措施。

1. *电力系统谐波及其抑制*

在理想电力系统中，发电机发出的电力是以纯正弦、三相对称、频率和电压保持相对恒定的电能形态向负载供电，系统负载主要由电动机、电气照明、电热器等设备组成，一般认为它们是线性的。因而常把频率和电压作为衡量电能质量合格与否的两个基本指标。但是在实际系统中存在着许多铁磁元件，如电力变压器等。这类元件当出现磁饱和现象时，呈现非线性特征，会使原来的正弦波形失真。随着系统中非线性特殊负载日益增多，特别是近年来高度非线性电力电子设备的广泛应用，虽然它们为工业生产用电带来了高效、可控的功率变换和能量调节等好处，但高速开关器件的通断除使系统因无功功率急剧变化引起电压波动和闪变外，还造成电压和电流波形的严重畸变，危害用电设备和通信系统的稳定运行，谐波污染已成为电力系统一项不容忽视的问题。世界上许多国家已经制定出限制标准，并采取了各种有效的抑制措施。

以往电力系统主要采用 L-C 调谐原理构成的各种滤波电路来消除谐波。它们在特定谐波频率下呈现低阻通路，在同谐波源负载并联连接后，除了减少谐波电流注入系统外，还可提高供电线的功率因数。通常把它称之为无源滤波器。并联无源滤波器电路结构简单、初期投资少、运行可靠、维护方便。但由于其滤波特性受系统阻抗的影响，不能适应系统频率变化或系统运行方式的改变；并且，元件参数随环境温度变化而变化，出现失谐现象；此外，还可能发生并联谐振产生谐波放大等问题；由于本身存在的阻尼作用，对波动或快速变化谐波更是无能为力。20 世纪 70 年代初有专家提出具有功率处理能力的有源谐波补偿原理，但当时受到器件技术和控制电路技术水平的限制，一直处在实验室研究阶段。近十几年来随着功率器件技术的长足进步，以及瞬时无功功率理论和 PWM 控制技术的不断发展，有源电力滤波器已进入到工业实际应用的新时期。

2. *有源谐波补偿原理*

有源电力滤波器与被补偿负载间的连接形式分串联型和并联型两种，它们的补偿原理不尽相同。串联型有源滤波器是为改善无源滤波器的滤波特性而提出的，它必须与并联无源滤波器共同使用。由于串联有源滤波电路在基波频率下阻抗为零，在谐波频率下阻抗极高，相当于一个随频率可调的阻抗电路，因此串联型有源滤波器实际上是谐波隔离器，起到阻断负载谐波电流注入系统同时隔离电源侧谐波电压对负载侧影响的作用。

并联型有源滤波器是工业采用较多的一种形式，它的补偿原理可通过图 6.60 和图 6.61 来说明。图 6.60 中的负载具有非线性特性，它除了从系统吸取基波电流外，还向系统注入高次谐波电流，即 $i_{\mathrm{L}}=(i_{\mathrm{L}})_1+(i_{\mathrm{L}})_{\mathrm{k}}$。如果电源电压为正弦三相平衡系统，则有源滤波器补偿电流应与负载高次谐波电流波形相同而方向相反，即 $i_{\mathrm{c}}=-(i_{\mathrm{L}})_{\mathrm{k}}$。也就是说，若利用开关型逆变器跟踪输出等量反向的补偿电流，由负载产生的谐波电流就会被有源滤波器抵消，而不会注入系统造成电网公害。如果做到补偿电流等于基波无功分量与谐波分量的和，则系统电源仅需提供基波有功分量，其理想补偿波形如图 6.61 所示。

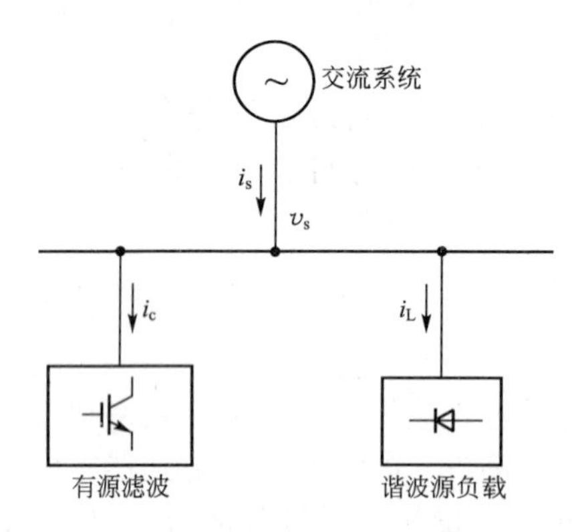

图 6.60　并联型有源滤波基本原理

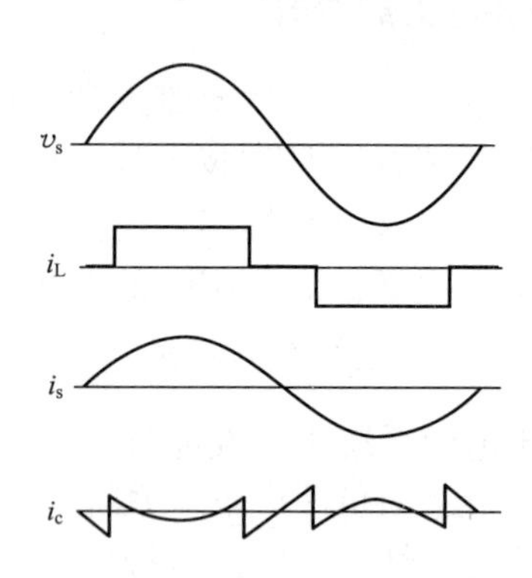

图 6.61　谐波补偿波形

3. APF 主电路及其控制

并联型有源滤波器的主电路可分为单相式和三相式，3 个相同的单相结构也可组成三相逆变器电路。单相式电路结构简单，组成三相式电路后可分别进行补偿电流检测、计算和控制，相间互不干扰，但所用的开关器件多、不经济；而三相式电路结构紧凑，很容易实现三相补偿关系的协调，实际应用中多采用这种类型。

图 6.62 和图 6.63 给出了两种并联型有源滤波器主电路。根据逆变器直流侧交换能量的储能元件不同，分为采用电感的电流源型和采用电容的电压源型。电压源型是目前采用较多的一种，这是因为比起电流源型它有初期投资少、工作效率高、开关器件功率损耗小等优点。电压源型直流侧电容上电压可通过控制信号从交流电源取用少量的有功功率来补偿，便于保持恒定，有关开关逆变器的工作原理可参阅第 5 章的详细内容。

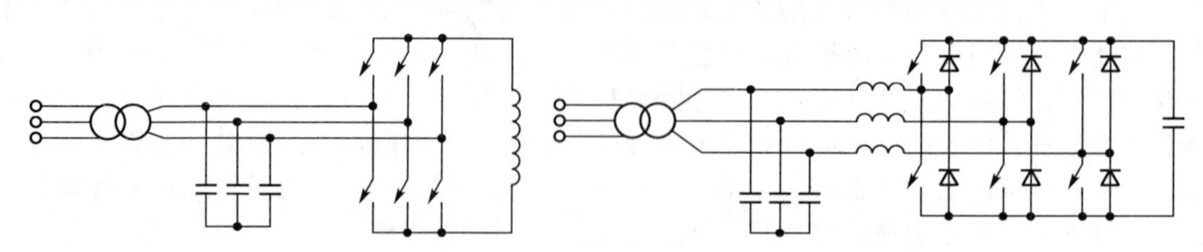

图 6.62　电流源型有源滤波器主电路　　图 6.63　电压源型有源滤波器主电路

有源滤波器的补偿性能在很大程度上受控制特性的影响。不难看出，为了有效地补偿和抑制负载产生的谐波电流，实时检测负载电流中的高次谐波分量，并且由补偿器根据需要，准确再现任意波形的补偿电流是有源滤波控制方式的关键所在。高次谐波电流的检测方法常用的有 3 种：①简单有效的带阻滤波器，用它阻断基波分量从而获得欲抵消的总谐波分量；②利用多组带通滤波或 FFT 变换，将谐波分量分解出来，继而合成为补偿电流；③目前采用最多的是瞬时矢量控制算法。

APF 控制过程原理框图如图 6.64 所示。其基本控制过程为：将三相电压 $u_{(A,B,C)}$ 和电流 $i_{(A,B,C)}$ 运用瞬时矢量控制算法变换为瞬时实功率 p_L 和瞬时虚功率 q_L，经过数字滤波和逆变换得到谐波补偿电流控制指令 i_c^*，进而将补偿信号与三角形载波信号进行比较，形成 PWM 逆变器开关动作信号，产生欲控制的功率量。取不同的瞬时功率控制指令，有源滤波器有不同的补偿功能。换言之，它不仅能补偿高频谐波电流，还可根据要求补偿无功功率和负序分量等，因此也有专家将其称为有源电力调节器。

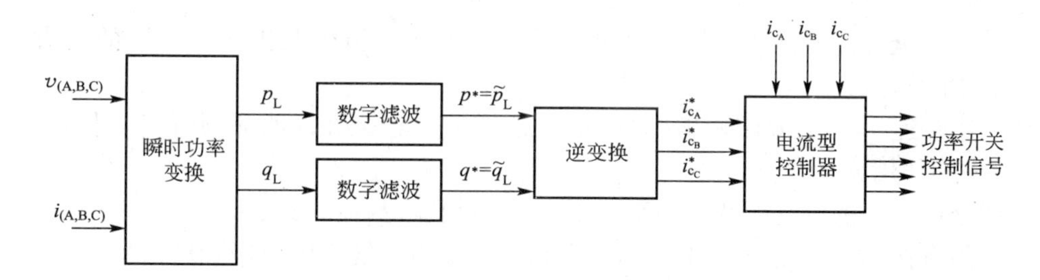

图 6.64　APF 控制过程框图

6.4　本 章 小 结

本章主要介绍了电力电子技术的组合变流电路和在工程中的应用电路，这些应用实际上是前面各章内容的综合，通过本章的学习应具有以下知识和能力。

(1) 掌握电压型和电流型交-直-交组合变流电路的各种构成方式及特点。

(2) 常见的直-交-直组合变换电路可以分为单端和双端电路两大类。单端电路包括正激和反激两类；双端电路包括全桥、半桥和推挽 3 类。掌握每一类电路可能具有的不同的拓扑形式或控制方法。

(3) 将交-直-交组合变流电路用作 VVVF 变频器时，需要视其用途，选择与控制方式相适应的系统。重点理解恒压频比控制方法，并了解转差频率控制、矢量控制、直接转矩控制等控制方法。

(4) CVCF 交流电路主要用于 UPS，应掌握其基本构成方式、特点及主电路结构。

(5) 掌握晶闸管-直流调速和 PWM 直流调速系统的结构特点和电力电子技术在直流调速系统中的作用，直流调速系统的自动调速原理。

(6) 交-直-交变频器的基本结构，PWM 逆变电路与控制方法。

(7) 了解典型变频调速系统的结构与组成原理。

(8) 了解电力电子技术在高压直流输电、电力系统无功补偿、瞬时无功补偿、电力系统谐波及其抑制等方面的应用等。

6.5　习题及思考题

1. 什么是组合变流电路？什么是电压型和电流型纵使变流电路？

2. 以不能再生反馈的电压型交-直-交组合变流电路为例简述其工作原理。

3. 试分析可实现再生反馈的电压型交-直-交组合变流电路的工作原理，并说明该电路是如何实现负载能量回馈的？

4. 变压变频(VVVF)电路控制方式有哪几种？各有什么特点？

5. UPS的控制方式是什么？简述UPS的工作原理。

6. 试分析正激电路和反激电路中的开关和整流二极管在工作时承受的最大电压、最大电流和平均电流。

7. 试分析全桥、半桥和推挽电路中的开关和整流二极管在工作中承受的最大电压、最大电流和平均电流。

8. 简述转速、电流双闭环调速系统的自动调节过程，并说明晶闸管变流装置在自动调节过程中的作用。

9. 试分析单相桥式电压型PWM逆变电路的结构和控制方式。

10. 试分析电力电子技术在高压直流(HVDC)输电系统中的应用，HVDC的组成与高压输电原理。

11. 试述采用电力电子技术的静止无功补偿器(SVC)与金属接触器投切式补偿电容器的区别。晶闸管可控电抗器(TCR)和晶闸管投切电容器(TSC)的作用是什么？

12. 简述SVG瞬时无功补偿器的补偿原理。

第 7 章　课程实训与实验

教学提示： 电力电子技术是一门专业性很强、实用性也很强的新兴技术，目前已广泛应用于各行各业。可以说，凡是需要电源、需要控制的地方，几乎都离不开电力电子技术。因此，掌握电力电子技术，运用电力电子技术分析、解决工程实际问题是非常重要的。

本章从培养学生实践动手能力的角度出发，配合课程教学目标，给出通用变频器的维修与检查、晶闸管直流调速系统设计实训、几个基本实验和综合实验，其中包括整流电路、触发电路、逆变电路、交流调压、GTR 单相并联逆变器和 IGBT 斩波电路等，并以工程中常用的晶闸管开环直流调速系统的主电路中整流变压器、平波电抗器、脉冲变压器的设计和晶闸管整流电路的保护措施为例，训练学生的工程设计能力和解决实际问题的能力。

7.1　通用变频器维修及检查

通用变频器是以半导体元件为中心构成的静止机器，为了防止由于温度、湿度、尘埃、振动等使用环境的影响，以及使用零件的老化、寿命等原因而发生故障，必须进行日常检查。

维修检查时的注意事项：断开电源后不久，电容器仍处于高压充电状态。在进行检查时，请在印刷板上的电荷指示灯熄灭的状态下，用万用表确认变频器主回路端子 P、N 间的电压在 DC30V 以下后才能进行。

检查项目分为以下几种。

1. 日常检查

运行中检查是否出现下述异常现象。

(1) 电动机是否像期待的那样运行。

(2) 安装环境是否异常。

(3) 冷却系统是否异常。

(4) 是否存在异常振动、异常声音。

(5) 是否出现异常过热、变色。

在运行中通常使用万用表检查变频器的输入输出电压。

2. 定期检查

不停止运行就不能检查的和需要定期检查的如下。

(1) 冷却系统、空气过滤器等。

(2) 固定检查和加强固定：由于振动、温度变化的影响，螺丝、螺栓等紧固件发生松动，因此，应定期检查，并将其拧紧。

(3) 导体和绝缘体是否发生腐蚀破坏。

(4) 测定绝缘电阻。

(5) 冷却风机、平滑电容器，及继电器的检查与更换。

注意，已经设定了表示变频器正在动作的电源表示和故障时的出错(异常)表示，因此，应预先了解其内容。其次应确认电子热继电器、加减速时间等在参数单元中的内容，记下正常时的设定值。

日常检查和定期检查项目可参照表 7-1。

表 7-1　日常检查和定期检查

	检查位置	检查事项	检查周期			检查方法	判断基准	使用仪表
			日常	定期				
				1 年	2 年			
全部	周围环境	周围温度、湿度、尘埃等	○				周围温度 -10℃～+50℃ 不冰冻	温度计、湿度计、记录仪
	全部装置	是否有异常振动、异常声音	○			利用观察和听觉	没有异常	
	电源电压	主回路电压是否正常	○			测定变频器端子排 R、S、T 相间电压	170 ～ 242V (323 ～ 506V) 50Hz 170 ～ 253V (323 ～ 506V) 60Hz	万用表、数字式多用仪表
主回路	全部	(1) 兆欧表检查(主回路端子与接地端子之间) (2) 紧固部分是否有松脱 (3) 各零件是否有过热的迹象 (4) 清扫		○ ○ ○	○	(1) 拆下变频器接线，将端子 R、S、T、U、V、W 一齐短路用兆欧表测量它与接地端子间的电阻 (2) 加强紧固件 (3) 利用观察	(1) 应在 5MΩ 以上 (2)、(3) 没有异常	50VDC 兆欧表
	连接导体电线	(1) 导体是否歪斜 (2) 导线外层是否破损		○ ○		(1)(2) 用眼观察	(1)(2) 没有异常	
	端子排	是否损伤		○		用眼观察	没有异常	
	IPM 模块整流桥	检查各端子间电阻			○	拆下变频器连接线，在端子 R、S、T-R、N 间 U、V、W 间用万用表×1Ω 挡测量		指针式万用表

（续）

	检查位置	检查事项	检查周期			检查方法	判断基准	使用仪表
			日常	定期				
				1年	2年			
主回路	平滑电容器	（1）是否泄漏液体 （2）保险阀是否突出是否膨胀 （3）测定静电容量	○ ○	○		（1）、（2）用眼观察 （3）用电容量测定器测量	（1）、（2）没有异常 （3）定额容量的85%以上	容量计
	继电器	（1）动作时是否有“吡吡”声音 （2）触点是否粗糙，破裂		○ ○		（1）用听觉 （2）用眼观察	（1）没有异常 （2）没有异常	容量计
	电阻器	（1）电阻器绝缘物是否有破裂 （2）是否有断线		○ ○		（1）用眼观察水泥电阻、线绕电阻类 （2）拆下一侧连接用万用表测量	（1）没有异常 （2）误差在标称值的±10%以内	万用表、数字式多用仪表
控制回路保护回路	动作检查	（1）变频器单独运行时，各相输出电压是否平衡 （2）进行顺序保护动作试验，显示保护回路是否异常		○ ○		（1）测定变频器U、V、W端子相电压 （2）模拟地将变频器的保护回路输出短路或断开	（1）相间电压平衡200V在4V以内 （2）在程序以上应有异常动作	数字式多用仪表、整流型电压表
冷却系统	冷却风机	（1）是否有异常振动、异常声音 （2）连接部分是否异常	○	○		（1）在不过电时，用手拔动旋转 （2）加强固定	（1）平滑地旋转 （2）没有异常	
电动机	全部	（1）是否有异常振动，异常声音 （2）连接部件是否有松脱	○ ○			（1）听觉、身体感觉、视觉 （2）由于过热损伤产生的异味	（1）、（2）没用异常	
	绝缘电阻	兆欧表检查（全部端子与接地端子）			○	拆下U、V、W的连接线，包括电动机接线	应在5MΩ以上	500V兆欧表

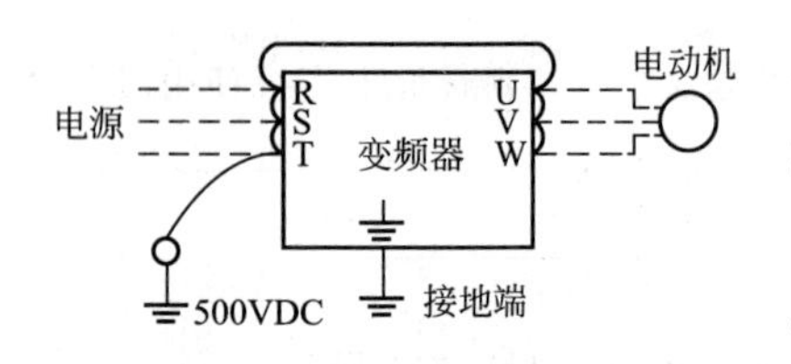

图 7.1 变频器机身兆欧测试

3. 用兆欧表测试绝缘电阻

(1) 用兆欧表测试绝缘电阻时，请将变频器的全部端子拆下，使测试电压不会加在变频器上。

(2) 控制回路的通端测试请用万用表高阻挡，不要用兆欧表和蜂鸣器。

(3) 变频器机身的兆欧测试请按图 7.1 所示的要领，仅在主回路中实施，在控制回路中不要进行兆欧表测试。

7.2 晶闸管单相半控桥式整流电路的安装与调试训练

1. 工具、仪器和器材

工具：电烙铁、镊子、冲子、钻头、小手锤及电工工具。

仪表：万用表、示波器。

器材：焊料、焊剂、铆钉板、树脂板(或敷铜板)、铆钉、焊片等。

2. 电路图

电路图如图 7.2 所示。

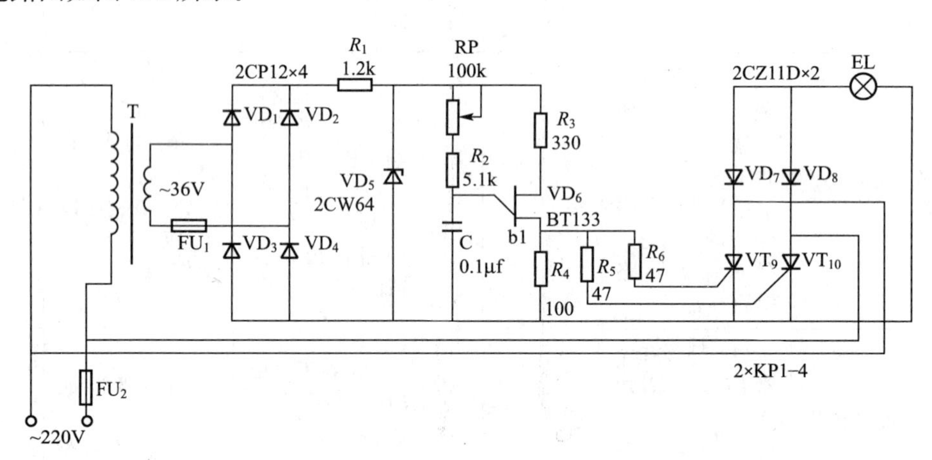

图 7.2 晶闸管单相半控桥式整流电路图

3. 单结晶体管引脚极性的判别

(1) 基极和发射极的判别。用两只表笔依次去测量单晶管的任意两极间的正、反向电阻，若测的某两只引脚间的正、反向电阻值都相同(一般为 3～12kΩ)，则这两只引脚就是单晶管的两个基极，剩下的那只引脚就是发射极了。

(2) b_1 基极和 b_2 基极的判别。选用 $R\times100\Omega$ 或 $R\times k\Omega$ 挡，用黑表笔接触已知的发射极，用红表笔依次去接触另两个基极，记录两次测得的正向电阻值。比较测量的两个结果，正向电阻值较大的那一次，红表笔所接触的引脚 b_1 基极；正向电阻值较小的那一次，红表笔所接触的引脚是 b_2 基极。

4. 电路分析

主电路由二极管 V_7、V_8 和晶闸管 VT_9、VT_{10} 构成单相半控桥整流电路，其输出可调直流电压作为负载 EL 的电源，改变 VT_9、VT_{10} 控制极脉冲电压的相位(改变控制角大小)，便可改变直流输出电压大小，进而改变灯(负载)的亮度。控制电路由单晶管触发电路构成，其功能是为 VT_9、VT_{10} 控制极提供触发脉冲，调节电位器 RP，改变触发脉冲的相位。电气元件见表 7-2。

表 7-2 晶闸管单相半控桥式整流电路电气元件表

序号	代　号	名　称	型号与规格	件　数
1	VD_1～VD_4	二极管	2CP12	4
2	VD_5	稳压二极管	2CW64　18～21V	1
3	VD_6	单结晶体管	BT33	1
4	VD_7～VD_8	二极管	2CZ11D	2
5	VT_9～VT_{10}	晶闸管	KP1-4	2
6	C	电容器	CL-0.1μF　160V	1
7	R_1	电阻	RT-1.2kΩ　1W	1
8	RP	电位器	100kΩ　1W	1
9	R_2	电阻	RT-5.1kΩ　1/4W	1
10	R_3	电阻	RT-330Ω　1/4W	1
11	R_4	电阻	RT-100Ω　1/4W	1
12	R_5～R_6	电阻	RT-47Ω　1/4W	2
13	T	小变压器	220V/36V	1
14	FU_1	熔断器	BX-0.2A	1
15	FU_2	熔断器	BX-0.5A	1
16	EL	白炽灯泡	220V60W	1

5. 工作程序和要求

1) 安装

(1) 用万用表检查所有电子器件。

(2) 在空心铆钉板上(或自制铆钉板，也可用万能板)根据电路图安排元件插装位置和线路。

(3) 元件焊脚；铆钉、线头除氧化层；搪锡；焊接。

2) 调试

(1) 读懂电路图。

(2) 接通电源，由前向后调试，先控制回路，后主回路。用示波器观测变压器 T 二次交流电压的正弦波，并读出最大值。

(3) 测 $VD_1 \sim VD_4$ 整流桥输出端的电压值，并观测脉动的半正弦波。

(4) 测 VD_5 两端电压值，并观测梯形波。

(5) 观测电容 C 两端的锯齿波。

(6) 观测从两端输出的尖脉冲波。

(7) 不安装灯泡，测试 EL 两端电压值，调节 RP，电压值应随之变化；安上灯泡，发光亮度也应可调。

6. 评分标准(可参考表 7-3)

表 7-3 评分标准参考表

<table>
<tr><th>项目</th><th>配分</th><th colspan="4">评分标准</th><th>扣分</th><th>得分</th></tr>
<tr><td>按图焊接</td><td>50</td><td colspan="4">(1) 电路接线不正确(每处)
(2) 布局不合理
(3) 焊点毛糙
(4) 焊点虚焊、漏焊(每处)
(5) 损坏元件(每只)</td><td>15～20
2～5
5～10
5～10
10</td><td></td></tr>
<tr><td>仪表使用</td><td>25</td><td colspan="4">(1) 使用万用表检查元器件水平较差
(2) 用万用表调试、检测水平较差
(3) 使用示波器的熟练程度较差
(4) 示波器调试、检测水平较差</td><td>5～10
5
5
5～10</td><td></td></tr>
<tr><td>调试</td><td>25</td><td colspan="4">(1) 调试一次成功
(2) 调试、检查水平较差，但能成功
(3) 调试不成功</td><td>5～10
20</td><td></td></tr>
<tr><td>工时</td><td>240min</td><td colspan="4">每超过 1min 扣 5 分，最多允许超时 10min</td><td></td><td></td></tr>
<tr><td>开始时间</td><td></td><td>结束时间</td><td></td><td>实用时间</td><td></td><td>总评分</td><td></td></tr>
</table>

7. 主要考核项目

(1) 按时完成。

(2) 线路板上的布局。

(3) 焊接工艺水平。

(4) 使用仪器仪表的技能。

(5) 调试和排障能力。

(6) 安全生产和文明生产。

7.3 晶闸管直流调速系统主回路参数设计实训

7.3.1 整流变压器参数计算

在晶闸管整流装置中，满足负载要求的交流电压往往与电网电压不一致，这就需要利用变压器来进行电压匹配。另外，为降低或减少晶闸管变流装置对电网和其他用电设备的干扰，也需要设置变压器将晶闸管装置和电网隔离。因此，在晶闸管整流装置中一般都需要设置整流变压器，它的参数选择是一个重要的问题，对整流装置的性能有着直接的影响。

例如，主电路接线形式和负载要求的额定电压确定之后，晶闸管交流侧的电压只能在一个较小的范围内变化。如果交流侧的电压选得过高，则晶闸管装置在运行过程中控制角 α 就会过大，整个装置的功率因数变坏，无功功率增加，在电源回路中电感上的压降增大，此外，对应晶闸管器件的额定电压要求也高，装置成本提高。如果交流侧的电压选得偏低，则可能即使控制角 $\alpha=0°$，整流输出也达不到负载所要求的额定电压，因而也就达不到负载所要求的功率。所以，必须根据负载的要求，合理计算整流变压器的参数，以确保变流装置安全、可靠运行。

通常情况下，整流变压器的一次侧电压是已知的电网电压，而整流变压器参数的计算是指根据负载的要求计算二次侧的相电压 U_2、相电流 I_2、初级容量 S_1、次级容量 S_2 和平均计算容量 S。只有在这些参数正确计算之后，才能根据计算结果正确、合理地选择整流变压器或者自行设计整流变压器。

考虑到整流装置的负载不同、电路的运行情况不同，其交直流侧各电量的基本关系也不同。为方便起见，本节以具有大电感的直流电动机负载为例，分析整流变压器参数的计算，其基本原理同样适用其他性质的负载。不同电路中整流变压器电感负载的各参数取值见表7-4，电阻负载的各参数值见表7-5。

1. 二次侧电压 U_2

主电路中影响整流变压器二次侧电压 U_2 精确计算的主要因素如下。

(1) U_2 值的大小首先要保证满足负载所要求的最大平均电压 U_d。

(2) 在分析整流电路工作原理时，我们曾经假设晶闸管是理想的开关元件，导通时电阻为零，关断时电阻为无穷大，但事实上晶闸管并非是理想的半可控开关器件，导通时有一定的管压降，用 U_V 表示。

(3) 变压器漏抗的存在导致晶闸管整流装置在换相过程中产生换相压降，用 ΔU_x 表示。

(4) 当晶闸管整流装置对直流电动机供电时，为改善电动机的性能，保证流过电动机的电流连续平滑，一般都需串接足够大电感的平波电抗器。因平波电抗器具有一定的直流电阻，所以电流流经该电阻会产生一定的电压降。

(5) 晶闸管装置供电的电动机是恒速系统的。在最大负载电流时，电动机的端电压除考虑电动机的额定电压 U_N 外，还需要考虑电动机电枢电阻的压降，即电动机的端电压应当为电动机的额定电压 U_N 和电枢电流在电枢电阻 R_D 上压降之和。

考虑到以上几点，在选择变压器二次侧电压 U_2 的值时，应当取比理想情况下满足负载要求的 U_N 所要求的 U_2 稍大的值。U_2 的具体数值可根据此情况下直流回路的电压平衡方程求得。

考虑到最严重的情况，回路的电压平衡方程为

$$U_d=\Delta U_{Xmax}+U_{Pmax}+U_{Dmax}+nU_V \qquad (7-1)$$

① ΔU_{Xmax}表示直流侧电流最大时变压器漏抗压降的平均值。通过变换，变压器的漏抗压降平均值 ΔU_{Xmax}可写成

$$\Delta U_{Xmax}=A\cdot C\cdot U_2\cdot\frac{u_k\%}{100}\cdot\frac{I_{dmax}}{I_d} \tag{7-2}$$

式中：A 由表 7-4 选取；C 由表 7-4 选取；U_2 为变压器二次侧的相电压；$u_k\%$为变压器的短路电压百分比，100kVA 以下的变压器取 $u_k\%=5$，100～1000kVA 的变压器取 $u_k\%=5\sim8$；I_{dmax}/I_d 为负载的过载倍数，即最大过载电流与额定电流之比，其数值由运行要求决定。

② U_{Pmax}表示除了电动机电枢电阻 R_D 外，包括平波电抗器电阻在内所有电阻 R_P 上的压降

$$U_{Pmax}=U_N\gamma_P\frac{I_{dmax}}{I_d} \tag{7-3}$$

式中：$\gamma_P=(I_NR_P)/U_N$ 为对应电动机额定电流和电压时电阻 R_P 的标准值。

标准值是指电阻 RP 对应于电动机额定电流、额定电压时的相对阻值，取这种值进行计算可省去代入单位的麻烦，使计算简便。

③ U_{Dmax}表示恒速系统在电动机最大过载电流 I_{Dmax}时电动机的端电压，计算方法为

$$U_{Dmax}=U_N\left[1+\gamma_D\left(\frac{I_{dmax}}{I_d}-1\right)\right] \tag{7-4}$$

式中：$\gamma_D=(I_NR_D)/U_N$ 为电动机电枢电路总电阻 R_D 的标准值，对容量为 15～150kW 的电动机，通常 $\gamma_D=0.04\sim0.08$。

④ nU_V 表示主电路中电流经过 n 个串联晶闸管的管压降之和。

式(7-1)左端的 U_d 随着主电路的接线形式和负载性质的不同而不同，逐个按主电路形式列写比较繁琐，这里给出考虑到电网电压波动后的通式

$$U_N=\varepsilon U_2\left(\frac{U_{d0}}{U_2}\right)\left(\frac{U_{d\alpha}}{U_{d0}}\right)=\varepsilon U_{2AB} \tag{7-5}$$

式中：$A=U_{d0}/U_2$ 表示当控制角 $\alpha=0°$时，整流电压平均值与变压器二次侧相电压有效值之比，此值可根据整流电路的接线形式查表 7-4；$B=U_{d\alpha}/U_{d0}$表示控制角为 α 时和 $\alpha=0°$时整流电压平均值之比，根据接线形式可查表 7-4。ε 为电网电压波动系数，根据规定，允许波动为$+5\%\sim-10\%$，即 $\varepsilon=0.9\sim1.05$。

将式(7-2)、式(7-3)、式(7-4)及式(7-5)代入式(7-1)可得

$$U_2=\frac{U_N\left[1+(\gamma_D+\gamma_P)\frac{I_{dmax}}{I_d}-\gamma_D\right]+nU_V}{A\left[\varepsilon B-C\frac{u_k\%}{100}\cdot\frac{I_{dmax}}{I_d}\right]} \tag{7-6}$$

该式即为变压器次级电压 U_2 的精确表达式。

在要求不太精确的情况下，变压器二次侧电压 U_2 可简化为

$$U_2=(1\sim1.2)\frac{U_N}{A\varepsilon B}\quad 或\quad U_2=(1.2\sim1.5)\frac{U_N}{A} \tag{7-7}$$

式中：U_N 为电动机的额定电压；系数(1～1.2)或(1.2～1.5)是考虑到各种因素影响后的安全系数。

2. 一次侧相电流 I_1 和二次侧相电流 I_2

在忽略变压器激磁电流的情况下，可根据变压器的磁势平衡方程写出一次侧和二次侧电流的关系式为

$$I_1N_1=I_2N_2 \quad 或 \quad I_1=I_2\cdot\frac{N_2}{N_1}=I_2\frac{1}{k}$$

式中：N_1 和 N_2 为变压器初级和次级绕组的匝数；$k=N_1/N_2$ 为变压器的变比。

为简化分析，令 $N_1=N_2$(即 $k=1$)，则可知，对于普通电力变压器而言，一次侧、二次侧电流是有效值相等的正弦波电流。但对于整流变压器来说，通常一次侧、二次侧电流的波形并非正弦波。在大电感负载的情况下，整流电流 I_d 是平稳的直流电，而变压器的二次侧和一次侧绕组中的电流都具有矩形波的形状。

欲求得各种接线形式下变压器一次侧、二次侧电流的有效值，就要根据相应接线形式下一次侧、二次侧电流的波形求其有效值，从而可得到

$$I_2=K_{12}I_d$$
$$I_1=K_{11}I_d$$

式中：K_{11}和K_{12}分别为各种接线形式时变压器一次侧、二次侧电流有效值和负载电流平均值之比。

现举例说明在特定接线形式下 K_{11}及 K_{12}的求法。

1）桥式接线形式

这里以三相全控桥为例，二次侧绕组 a 相中的电流波形 i_2 如图 7.3 所示。

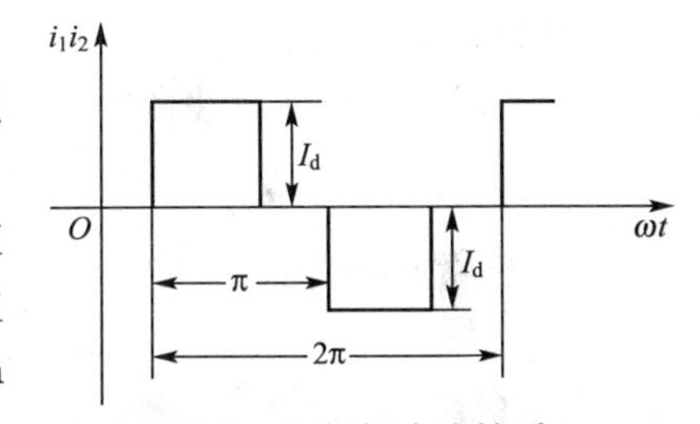

图 7.3　三相桥式连接时变压器绕组电流波形

显然 i_2 不是正弦周期波形，如果把 i_2 分解成基波和各次谐波，它们都可以通过变压器磁耦合反映到一次侧绕组中去。因此，一次侧绕组 a 相中具有和二次侧 a 相中相同形状的电流波形 i_1(匝比 $k=1$)。

根据其波形很容易求出一次侧电流有效值为

$$I_1=I_2=\sqrt{\frac{1}{2\pi}\left[I_d^2\frac{2\pi}{3}+(-I_d)^2\frac{2\pi}{3}\right]}=\sqrt{\frac{2}{3}}I_d=0.816I_d$$

很明显

$$K_{12}=\frac{I_2}{I_d}=0.816$$

$$K_{11}=\frac{k\cdot I_1}{I_d}$$

当 $k=1$ 时

$$K_{11}=\frac{I_1}{I_d}=0.816$$

这正说明，在匝比 $k=1$ 的情况下，对于桥式线路，一次侧和二次侧电流有效值相等。

2）半波接线方式

这里以三相半波整流电路为例说明半波接线方式 I_1 和 I_2 的计算。

显然，电流 i_2 可以分解成直流分量 $i_2=I_d/3$ 和交流分量 i_{2N}，因直流分量只能产生直流磁势 i_2N_2，无法经变压器的磁耦合影响到一次侧电流作相应变化，故一次侧电流 i_1 只能随 i_2 相应变化，如图 7.4(b)所示。

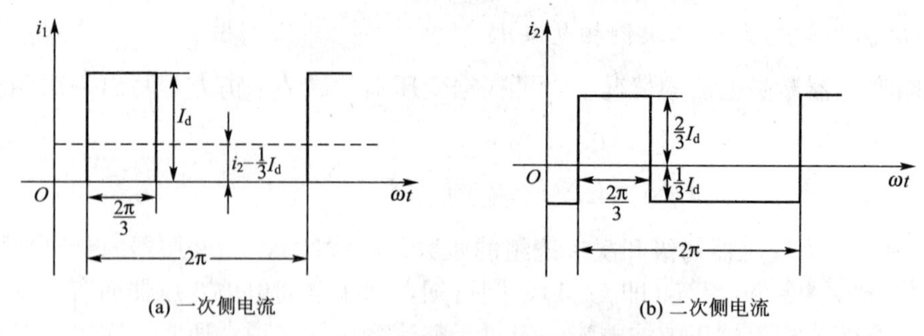

图 7.4　三相半波连接时变压器绕组电流波形

因此，次级电流有效值为

$$I_2=\sqrt{\frac{1}{2\pi}\left(I_d^2\cdot\frac{2\pi}{3}\right)}=\sqrt{\frac{1}{3}}I_d=0.578I_d$$

初级电流有效值为

$$I_1=\sqrt{\frac{1}{2\pi}\left[\left(\frac{2}{3}I_d\right)^2\cdot\frac{2\pi}{3}+\left(-\frac{1}{3}I_d\right)^2\frac{4\pi}{3}\right]}=\frac{\sqrt{2}}{3}I_d=0.472I_d$$

因此

$$\frac{I_1}{I_2}=\sqrt{\frac{2}{3}}=0.816$$

计算结果表明：

(1) 在三相半波接线情况下

$$K_{12}=\frac{I_2}{I_d}=0.578$$

在 $k=1$ 情况下

$$K_{11}=\frac{I_1}{I_d}=0.472$$

(2) 在 $k=1$ 的情况下，一次侧电流有效值在数值上仅为二次侧电流有效值的 81.6%。一次侧电流小的原因是一次侧电流比二次侧电流少了一个直流分量。

按照类似的计算方法，可算得其他主回路接线方式时 K_{11} 和 K_{12} 的数值见表 7-5。

3. *二次侧容量 S_2、一次侧容量 S_1 以及平均计算容量 S(视在容量)*

在计算得到变压器二次侧相电压有效值 U_2 以及相电流有效值 I_2 后，根据变压器本身的相数 m 就可计算变压器的容量，其值为

$$S_2=m_2U_2I_2$$
$$S_1=m_1U_1I_1$$

计算平均容量

$$S=\frac{1}{2}(S_1+S_2)$$

式中：m_1 和 m_2 为变压器一次侧、二次侧绕组的相数。对于不同的接线形式，m_1 和 m_2 可查表 7-4。

以上结论是在电感性负载下推得的。如果是电阻性负载，那么变压器绕组中电流的波形就不再是矩形波，而是正弦波的一部分，并且晶闸管在电源电压由正过零变负时关断，若在此情况下求其有效值，则需要进行特殊考虑。除此之外，电阻性负载整流变压器的参数计算与电感性负载基本相同，在此不再详述。表 7-5 列出了电阻性负载时的有关参数，供读者参考使用。

表 7-4　不同电路中整流变压器的参数值(电感负载)

整流主电路		单相双半波	单相半控桥	单相全控桥	三相半波	三相半控桥	三相全控桥	带平波电抗器的双反星形
序号		1	2	3	4	5	6	7
$A=\frac{U_{d0}}{U_2}$		0.90	0.90	0.90	1.17	2.34	2.34	1.17
$B=\frac{U_{d\alpha}}{U_{d0}}$	带续流二极管	$\frac{1+\cos\alpha}{2}$	$\frac{1+\cos\alpha}{2}$	$\frac{1+\cos\alpha}{2}$	$\cos\alpha(\alpha=0°\sim30°)$ $0.577[1+\cos(\alpha+30°)]$ $(\alpha=30°\sim50°)$	$\frac{1+\cos\alpha}{2}$	$\cos\alpha(\alpha=0°\sim60°)$ $[1+\cos(\alpha+60°)]$ $(\alpha=60°\sim120°)$	$\cos\alpha(\alpha=0°\sim60°)$ $[1+\cos(\alpha+60°)]$ $(\alpha=60°\sim120°)$
	不带续流二极管	$\cos\alpha$	$\frac{1+\cos\alpha}{2}$	$\cos\alpha$	$\cos\alpha$	$\frac{1+\cos\alpha}{2}$	$\cos\alpha$	$\cos\alpha$
C		$\frac{1}{\sqrt{2}}=0.707$	$\frac{1}{\sqrt{2}}=0.707$	$\frac{1}{\sqrt{2}}=0.707$	$\frac{\sqrt{3}}{2}=0.866$	$\frac{1}{2}=0.5$	$\frac{1}{2}=0.5$	$\frac{1}{2}=0.5$
$k_{11}=\frac{I_2}{I_d}$		0.707	1	1	0.578	0.816	0.816	0.289
$k_{12}=\frac{I_1}{I_d}$		1	1	1	0.472	0.816	0.816	0.408
m_2		2	1	1	3	3	3	3
m_1		1	1	1	3	3	3	3
S_1/S_2		0.707	1	1	0.816	1	1	0.707
S_2/P_d		1.57	1.11	1.11	1.48	1.05	1.05	1.48
S_1/P_d		1.11	1.11	1.11	1.21	1.05	1.05	1.05
S/P_d		1.34	1.11	1.11	1.34	1.05	1.05	1.26

表 7-5 不同电路中整流变压器的参数值(电阻负载)

整流主电路	单相双半波	单相半控桥	单相全控桥	三相半波	三相半控桥	三相全控桥	带平波电抗器的双反星形
序号	1	2	3	4	5	6	7
$A=\frac{U_{d\alpha}}{U_{d0}}$	0.90	0.90	0.90	1.17	2.34	2.34	1.17
$B=\frac{U_{d\alpha}}{U_{d0}}$	$\frac{1+\cos\alpha}{2}$	$\frac{1+\cos\alpha}{2}$	$\frac{1+\cos\alpha}{2}$	$\cos\alpha(\alpha=0°\sim30°)$ $0.577[1+\cos(\alpha+30°)]$ $(\alpha=30°\sim50°)$	$\frac{1+\cos\alpha}{2}$	$\cos\alpha(\alpha=0°\sim60°)$ $[1+\cos\alpha(\alpha+60°)]$ $(\alpha=60°\sim120°)$	$\cos\alpha(\alpha=0°\sim60°)$ $[1+\cos(\alpha+60°)]$ $(\alpha=60°\sim120°)$
$k_{11}=\frac{I_2}{I_d}$	0.785	1.11	1.11	0.587	0.816	0.816	0.294
$k_{12}=\frac{I_1}{I_d}$	1.11	1.11	1.11	0.480	0.816	0.816	0.415
m_2	2	1	1	3	3	3	6
m_1	1	1	1	3	3	3	3
S_1/S_2	0.707	1	1	0.816	1	1	0.707
S_2/P_d	1.75	1.23	1.23	1.51	1.05	1.05	1.51
S_1/P_d	1.23	1.23	1.23	1.05	1.05	1.05	1.05
S/P_d	1.49	1.23	1.23	1.37	1.05	1.05	1.28

7.3.2　平波电抗器参数计算

在使用晶闸管整流装置供电时，供电电压和电流中含有各种谐波成分。当控制角α增大，负载电流减小到一定程度时，还会产生电流断续现象，对变流器特性造成不利影响。当负载为直流电动机时，电流断续和直流脉动还会使晶闸管导通角θ减小，整流器等效内阻增大，电动机的机械特性变软，换向条件恶化，并且还会增加电动机的损耗。因此，除在设计交流装置时要适当增大晶闸管和二极管的容量，选择适于变流器供电的特殊系列的直流电动机外，通常还在直流电路内串接平波电抗器以限制电流的脉动分量，维持电流连续。

电抗器的主要参数是流过电抗器的电流和电抗器的电感量，前者一般是给定的，无需计算，下面仅对直流侧串接的平波电抗器电感量进行计算。

1. 电动机电枢电感L_M和变压器漏感L_T的计算

由于存在电动机电枢电感和变压器漏感，因而在设计和计算直流回路附加电抗器的电感量时，要从根据等效电路折算后求得的所需总电感量中扣除上述两种电感量。

1）电动机电枢电感L_M

电动机电枢电感可按下式计算

$$L_M = k_M \frac{U_N}{2pn_N I_N} \times 10^3 \quad (\text{mH}) \qquad (7-8)$$

式中：U_N为电动机额定电压(V)；I_N为电动机额定电流(A)；n_N为电动机额定转速(r/min)；p为电动机的磁极对数；k_M为计算系数，对有补偿电动机，$k_M=8\sim12$，对快速无补偿电动机，$k_M=6\sim8$。

2）整流变压器漏感

整流变压器漏感折算到二次侧绕组后，每相漏感L_T可按下式计算

$$L_T = k_{TL} \frac{u_k\%}{100} \times \frac{U_2}{I_d} \quad (\text{mH}) \qquad (7-9)$$

式中：U_2为变压器次级相电压有效值(V)；I_d为晶闸管装置直流侧的额定负载电流(平均值)(A)；$u_k\%$为变压器的短路比，100kVA以下的变压器取$u_k\%=5$，100～1000kVA的变压器取$u_k\%=5\sim10$；k_{TL}为与整流主电路形式有关的系数，见表7-6的序号3。

表7-6　计算电感量时的有关参数

序号	电感量的有关数值		单相全控桥	三相半波	三相全控桥	带平波电抗器的双反星形
1	L_m	f_d	100	150	300	300
		最大脉动时的α值	90°	90°	90°	90°
		U_{dM}/U_2	1.2	0.88	0.80	0.80
2	L_1	k_1	2.87	1.46	0.693	0.338
3	L_T	k_{TL}	3.18	6.75	3.9	7.8

2. 限制输出电流脉动的电感量 L_m 的计算

由于晶闸管整流装置的输出电压是脉动的，因而输出电流也是脉动的，它可以分解为一个恒定的直流分量和一个交流分量，衡量负载输出电流的交流分量大小的电流脉动系数 s_i 可以定义为

$$s_i=\frac{I_{dM}}{I_d} \tag{7-10}$$

式中：I_{dM}为输出电流最低频率的交流分量幅值(A)；I_d 为输出脉动电流平均值(A)。

通常，负载需要的仅是直流分量，而交流分量会引起有害后果。对于直流电动机负载，过大的交流分量会使电动机换向恶化并增加附加损耗。为使晶闸管-电动机系统能正常可靠地工作，对 s_i 有一定的要求。在三相整流电路中，一般要求 $s_i<5\%\sim10\%$；在单相整流电路中，要求 $s_i<20\%$。仅靠电动机自身电感量不能满足对 s_i 的要求，必须在输出电路中串接平波电抗器 L_m，使输出电压中的交流分量基本上降落在电抗器上，以减少输出电流中的交流分量，使负载能够获得较为恒定的电压和电流。

整流输出电压中交流分量是随控制角 α 的变化而变化的。分析结果表明，对于常用整流电路，其输出电流的最低谐波频率 f_d(Hz)、最大脉动均产生于 $\alpha=90°$处。最低谐波频率的电压幅值 U_{dM}与变压器二次侧为星形接法时相电压有效值 U_2 之比 U_{dM}/U_2 见表 7-6 的序号 1。

限制电流脉动，满足一定 s_i 要求的电感量 L_m 可按下式计算

$$L_m=\frac{\left(\frac{U_{dM}}{U_2}\right)\times10^3}{2\pi f_d}\times\frac{U_2}{s_iI_d}\quad(\text{mH}) \tag{7-11}$$

式中：U_{dM}/U_2 为最低谐波频率的电压幅值与交流侧相电压之比；f_d 为输出电流的最低谐波频率(Hz)；s_i 为根据运行要求给出；I_d 为额定负载电流平均值(A)。

按式(7-11)计算出的电感量是指整流回路应具备的总电感量，实际串接的平波电抗器的电感量为

$$L_{m\alpha}=L_m-L_M-L_T \tag{7-12}$$

还应指出，在具体计算时，对于三相桥式系统，因变压器两相串联导电，故要用 $2L_T$ 代入式(7-12)进行计算；对于双反星形电路，则取 $L_T/2$ 代入上式计算。

3. 使输出电流连续的临界电感量 L_1 的计算

当晶闸管的控制角 α 较大，负载电流小到一定程度时，会使输出电流不连续，这将导致晶闸管的导通角 θ 减小，电动机的机械特性变软，运行不稳定。因此，必须在输出回路中串入电抗器 L_1。

若要求变流器在某一最小输出电流 I_{dmin}时仍能维持电流连续，则电抗器电感量 L_1 可按下式计算

$$L_1=k_1\frac{U_2}{I_{dmin}}\quad(\text{mH}) \tag{7-13}$$

式中：U_2 为交流侧电源相电压有效值(V)；I_{dmin}为要求连续的最小负载电流平均值(A)；

K_1 为与整流主电路形式有关的计算系数，见表 7-6 中的序号 2。

可以证明，对于不同控制角 α，所需的电感量 L_1 为

$$L_1 = k_1 \frac{U_2}{I_{\mathrm{dmin}}} \sin\alpha \quad (\mathrm{mH}) \tag{7-14}$$

同样，实际临界电感量 $L_{1\alpha}$ 亦应从式(7-13)所求得的 L_1 中扣除 L_M 和 L_T，即

$$L_{1\alpha} = L_1 - L_M - L_T \tag{7-15}$$

在实际应用中，对不可逆整流电路，可以只串接一只电抗器，使它在额定负载电流 I_d 时的电感量不小于 $L_{m\alpha}$，在最小负载电流 I_{dmin} 时的电感量不小于 $L_{1\alpha}$。通常，总有 $L_{1\alpha} > L_{m\alpha}$。当设计的电抗器不能同时满足这两种情况时，可以调节电抗器的气隙。气隙增大，大电流时电抗器不易饱和，对限制电流脉动有利；气隙减小，则小电流时电抗器的电抗值增大，对维持电流连续有利。这种电感量随负载电流增大而减小的电抗器称为摆动电抗器。若计算出的 $L_{1\alpha}$ 和 $L_{m\alpha}$ 相差不大，即要求电感量不随负载电流而变，这种电抗器称为线性电抗器，$L_{1\alpha}$ 和 $L_{m\alpha}$ 合并统称为平波电抗器，由于平波电抗器工作时有直流电流流过，故设计电抗器的结构参数时应当考虑直流励磁的存在。

还应指出，由于电磁计算的非线性和所用铁芯材料的不同，各种参考文献的计算公式也有差异，请读者根据实际情况，参阅有关设计手册和厂家的资料，最好能通过实验修正计算中的有关系数。限制环流的均衡电抗器的计算不在本节中列出。

【例 7.1】 已知晶闸管三相全控桥式整流电路供电给 ZZK-32 型快速无补偿直流电动机，其额定容量 $P_N = 6\mathrm{kW}$，$U_N = 220\mathrm{V}$，$I_N = 32\mathrm{A}$，$n_N = 1350\mathrm{r/min}$，磁极对数 $p = 2$。变压器二次侧相电压 $U_2 = 127\mathrm{V}$，短路比 $u_k\% = 5$。整流器输出额定电流 $I_D = 35.5\mathrm{A}$，要求额定电流时 $s_i \leqslant 0.05$，在 5%额定电流时能保证电流连续。试计算平波电抗器的电感量。

解 (1)求电动机电枢电感 L_M。

$$L_M = k_M \frac{U_N}{2pn_N I_N} \times 10^3 = 8 \times \frac{220 \times 10^3}{2 \times 2 \times 1350 \times 32} = 10.2(\mathrm{mH})$$

式中：对于快速无补偿电动机，$k_M = 8$。

(2) 求变压器漏电感 L_T。

$$L_T = k_{TL} \frac{u_k\%}{100} \times \frac{U_2}{I_d} = 3.9 \times \frac{5}{100} \times \frac{127}{35.5} = 0.7(\mathrm{mH})$$

式中：k_{TL} 的值由表 7-5 查得。

(3) 求限制输出电流脉动的电感量 $L_{m\alpha}$。

$$L_{m\alpha} = L_m - L_M - 2L_T = \frac{\left(\frac{U_{dM}}{U_2}\right) \times 10^3}{2\pi f_d} \times \frac{U_2}{s_i I_d} - L_M - 2L_T$$

$$= \frac{0.8 \times 10^3}{2\pi \times 300} \times \frac{127}{0.05 \times 35.5} - 10.2 - 2 \times 0.7 = 17.5 - 11.6 = 8.6(\mathrm{mH})$$

式中：U_{dM}/U_2 的值由表 7-6 查得。

(4) 使输出电流连续的临界电感量 $L_{1\alpha}$。

$$L_{1\alpha}=L_1-L_M-2L_T=k_1\frac{U_2}{I_{dmin}}-L_M-2L_T$$

$$=0.693\times\frac{127}{0.05\times35.5}-10.2-2\times0.7=49.6-11.6=38(\text{mH})$$

平波电抗器的额定电流为：1.1×35.5≈39A，1.1为安全系数。

根据以上计算，$L_{1\alpha}>L_{m\alpha}$，故取其中较大者，即电抗器电感量应大于38mH，且为铁芯气隙可调的摆动电抗器。

7.3.3 脉冲变压器设计

晶闸管触发电路中常用脉冲变压器来输出触发脉冲，其好处主要有两点：一是可以将触发器与触发器、触发电路与主电路实行电器隔离，有利于安全运行和防止干扰；二是可以起匹配作用，将较高的脉冲电压降低，增大输出的电流，以满足晶闸管的控制要求。

脉冲变压器和普通电源变压器的区别在于：电源变压器传送的是交流正弦电压，主要是功率传递；脉冲变压器传送的是前沿陡峭、单一方向变化的脉冲电压，主要是信号传递。

脉冲变压器的这种特点使得它的设计与电源变压器的设计有许多不同。首先，要求脉冲变压器传递脉冲信号不失真；其次，要求脉冲变压器的效率高，功耗小。但由于脉冲变压器原边电流是单方向流动的，故铁芯利用率低，磁路容易饱和。另外，脉冲变压器的漏抗对脉冲前沿有不良影响，矩形波的平台部分相当于低频和直流分量，对脉冲传递的保真度和效率都有影响，这些都是设计脉冲变压器时必须注意的问题。

目前，脉冲变压器的设计有多种方法，参数选择也有较大的分散性，本文介绍的设计方法仅为其中较为实用的一种。

1. 脉冲变压器设计的基本原则

图7.5是脉冲变压器铁芯的磁化曲线。当加在脉冲变压器上的电压是周期性重复单向变化的脉冲时，每个周期铁芯都将沿着图中的曲线3和曲线3′在M-N之间磁化。图中，N点为最高磁化点，M点为最大磁滞回线的剩磁点，曲线1是磁化主线，曲线2是磁滞回线的一部分，曲线3是脉冲变压器的工作周期线。B、H分别为磁通密度和磁场强度，B_m、H_m分别为B和H的最大值，B_r是剩磁磁密。

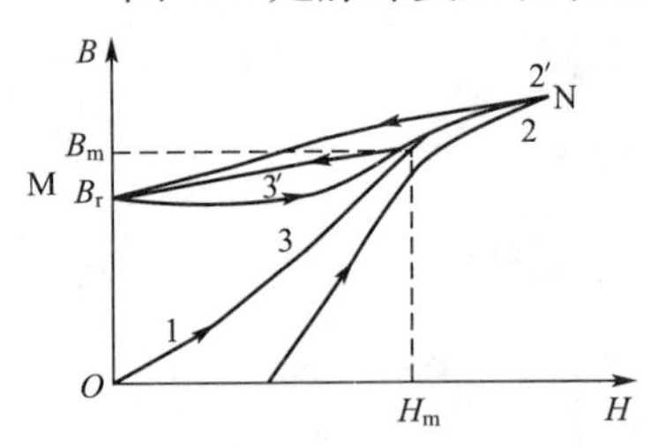

图7.5 脉冲变压器的磁化曲线

当向变压器施加单向脉冲时，铁芯的平均导磁率为

$$\mu_{cp}=\frac{B_m-B_r}{H_m}$$

可见，向变压器施加单向脉冲时，铁芯导磁率μ_{cp}总是比施加的交变电压低，并且剩磁B_r越高，μ_{cp}就越低，变压器铁芯得不到充分利用。为了提高变压器的利用率，希望脉冲变压器铁芯材料的剩磁B_r要低，最大磁密度B_m和导磁率要高。因此，应尽量选用较好的磁性材料，如次冷轧硅钢片、坡莫合金、铁淦氧体，铁芯的截面要选得大一点。

采用附加位移绕组的方法可以减小脉冲变压器的尺寸，该绕组的作用是使铁芯磁化的原始工作点沿着磁化曲线移到负的最大磁密点上。由于增加了铁芯中磁密的变化范围，故可减少变压器的匝数和磁路截面。但在位移绕组回路中必须串入足够大的电阻，使在两个脉冲间隔期变压器的去磁过程不致被滞后。

如果用一只变压器产生两个相位相反的脉冲，则变压器铁芯就利用得比较好了，因为在这种情况下和采用位移绕组一样，铁芯的交变磁化将沿着整个回线进行。但这种线路会产生一个反相寄生脉冲，此脉冲在基本脉冲终止的瞬间产生，影响到反相一组。在固定不变的情况下，可将此寄生脉冲限制在某一允许值范围内。但在可控变流器的控制角要求快速变化的情况下，产生寄生脉冲是不允许的，它将使可控变流器提前导通。

特别要指出的是，设计脉冲变压器时不能使铁芯磁感应强度 B 达到其极限值 B_s，因为此时铁芯饱和，将会出现极大的激磁电流，通常取 $B_m \leqslant (0.8 \sim 0.85) B_s$。如传递的是宽度小于 $T/2$（T 为脉冲周期）的矩形波，$B_m \leqslant B_r/3$。为了尽量减小剩磁 B_r，必要时脉冲变压器的铁芯可留一定的气隙。

2. 基本关系和计算方法

1）激磁电流 I_0 与原边匝数 N_1 的关系

当脉冲变压器的原边加上矩形脉冲时，原边绕组就产生一个磁场强度 H_m，该磁场强度可由下式表示

$$H_m \cdot l_c = N_1 \cdot I_0$$

式中：H_m 为铁芯不饱和时的最大磁场强度；l_c 为铁芯磁路的平均长度；N_1 为原边绕组匝数；I_0 为原边绕组激磁电流。

$I_0 = (0.15 \sim 0.5) I_1$，$I_1$ 为脉冲变压器副边绕组折算到原边的电流。当 I_1 较小时，也可取 $I_0 = (0.6 \sim 1.0) I_1$。变压器的铁芯材料和结构确定后，H_m 和 l_c 就为已知，这时只要合理选择激磁电流 I_0，就可求得原边绕组匝数 N_1。可见，I_0 的选择是脉冲变压器设计的关键之一。I_0 选得过大，会加大触发电路末级晶体管的负担，并引起变压器发热；I_0 选得过小，又会使原边绕组匝数过多，导致漏抗增加，使传递特性变坏。对于一般脉冲变压器，希望 $N_1 \leqslant 300$ 匝。

2）铁芯截面积和磁感应强度的关系

由磁路分析可知，铁芯截面积和磁感应强度的关系为

$$S = \frac{N_1 \tau}{N_1 (B_m - B_r)}$$

式中：S 为铁芯磁路的截面积；U_1 为加在原边绕组上的矩形波脉冲电压值；τ 为矩形波脉冲电压宽度；N_1 为原边绕组的匝数；B_m 为铁芯未饱和时的最大磁感应强度；B_r 为铁芯剩磁的磁感应强度。

铁芯截面积可根据上式进行计算。

上面介绍了设计脉冲变压器的基本原则，接着就可以根据这些原则进行计算了。

3）脉冲变压器主要参数的计算方法

设计计算前，下列数据均为已知：输入矩形波脉冲的幅值 U_1；脉冲宽度 τ；工作周期 T；输出脉冲要求的幅值 U_2；负载电阻 R_{fz}。

计算的步骤和方法如下。

(1) 确定变比 $k=U_1/U_2$ 和原、副边绕组的电流变比。

副边绕组电流 $I_2=U_2/R_{fz}$；原边绕组电流 $I_1=I_2/k$。

(2) 选择铁芯材料及型号。

若输入脉冲的频率 $f=1/T$，则

$f\leqslant 100$Hz 时选用热轧硅钢片；

$f\leqslant 1000$Hz 时选用冷轧硅钢片；

$f\geqslant 1000$Hz 时选用坡莫合金或铁淦氧材料。

铁芯可做成“E”字型或铁淦氧磁环，尺寸根据输出功率大小确定，详见表7-7、表7-8。

表 7-7 E型铁芯尺寸表

外形	a/mm	c/mm	F/mm	A/mm	H/mm	L_c/mm
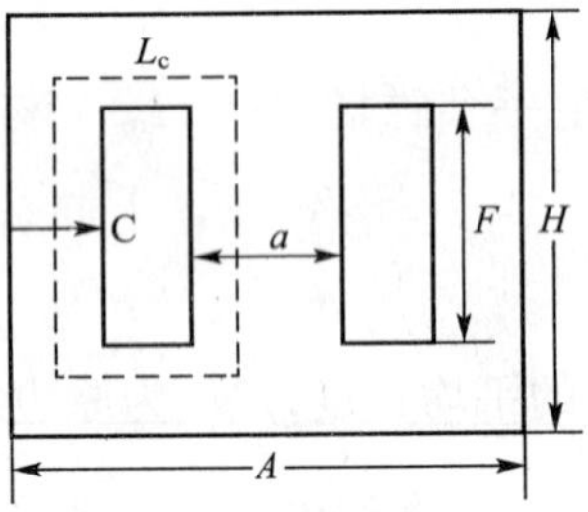	5	4.5	12	19.5	17.5	50
	10	6.5	18	36	31	72
	12	8.0	22	44	38	92
	13	7.5	22	40	34	83
	15	10	28	56	48	110
	16	9	24	50	40	100
	19	12	33.5	67	57.5	125
	22	11	33	66	55	130
	28	14	42	83	70	170
	32	16	48	96	80	180
	38	19	57	114	95	220
	44	22	66	132	110	260
	48	25.5	75	150	126	280
	50	25	75	150	125	300
	56	28	84	168	140	320
	64	32	96	192	160	370

表 7-8 环型铁芯尺寸表

外形尺寸/mm		型号							
		K-1	K-2	K-3	K-4	K-5	K-6	K-7	K-8
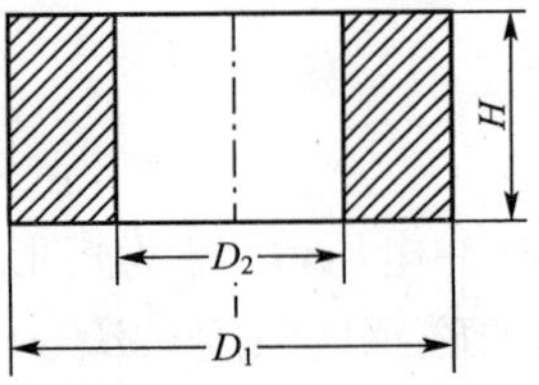	D_1	22	18	10	10	10	20	20	7
	D_2	14	11	7	7	6	12	8	4
	H	5	8	5	5	5	4	6	3

(3) 计算原、副边绕组匝数 N_1、N_2。

预选 I_0、H_m、l_c

$$N_1=H_m\cdot\frac{l_c}{I_0}$$

若 $N_1>300$ 匝，则可适当增加 I_0 或重选铁芯尺寸再预算

$$N_2=\frac{N_1}{k}$$

(4) 确定铁芯厚度。

铁芯截面积 S 为

$$S=\frac{U_1 r}{N_1(B_m-B_r)\times 10^{-8}}\quad (\mathrm{cm}^2)$$

则铁芯厚度

$$b=\frac{S}{k_c}\cdot a$$

式中：a 为铁芯宽度；k_c 为选片系数(0.9～0.95)。

通常 $b=(1.3\sim1.5)a$。如果 b 尺寸过大，则表明铁芯尺寸偏小，应改用大一号铁芯。

(5) 确定绕组导线截面积和直径。

导线尺寸根据电流有效值选取

导线截面积

$$A=\frac{I_{ef}}{J}=\pi\left(\frac{d}{2}\right)^2$$

导线直径

$$d=2\sqrt{\frac{I_{ef}}{\pi J}}$$

式中：I_{ef}为电流有效值；J 为电流密度，可取 2.5A/mm^2。

原边绕组电流有效值为

$$I_{ef1}=\sqrt{\frac{\tau}{T}}\cdot I_1+\frac{I_0}{3}$$

副边绕组电流有效值为

$$I_{ef2}=\sqrt{\frac{\tau}{T}}\cdot I_2$$

由于电流为脉冲形式，因而导线发热不严重。但在铁芯窗口尺寸许可的条件下，截面可以选得大些，以减小变压器的内阻压降。

(6) 计算与校核输出级晶体管功耗。

晶体管工作在开关状态，其耗散功率为

$$P_c=U_{ces}\cdot\frac{\tau}{T}\cdot I\quad (\mathrm{W})$$

式中：U_{ces}为晶体管饱和压降；τ 为脉冲宽度；T 为脉冲周期；$I=I_1+I_0$ 为通过原边绕组总电流。

根据 P_c 可选择合适的输出级晶体管或校核已选用的晶体管是否满足要求。

3. 设计举例

在一个脉冲触发电路中，已知脉冲周期 $T=11$ms，脉冲宽度 $\tau=1.1$ms，原边脉冲电压 $U_1=12$V，副边脉冲电压 $U_2=8$V，副边最小负载电阻 $R_{fz}=50\Omega$，试设计一个脉冲变压器。

1) 确定原、副边电流及变比 k

$$k=\frac{N_1}{N_2}=\frac{U_1}{U_2}=\frac{12}{8}=1.5$$

$$I_2=\frac{U_2}{R_{fz}}=\frac{8}{50}=0.16(\mathrm{A})$$

$$I_1=\frac{I_2}{k}=\frac{160}{1.5}=106(\mathrm{mA})$$

2）选铁芯材料及确定铁芯尺寸

选用冷轧硅钢片，其 $B_s=12000\mathrm{Gs}$，$B_r=4760\mathrm{Gs}$。采用 $B_m=0.8B_s$，故 $B_m=0.8\times 12000=9600\mathrm{Gs}$。

冷轧硅钢片的导磁率 $\mu=8000$，于是

$$H_m=\frac{B_m}{\mu}=\frac{9600}{8000}=1.2\text{ 奥斯特}$$

因 1 奥斯特＝0.8A/cm，故 1.2 奥斯特＝1.2×0.8＝0.96A/cm。

选用磁路长度 $l_c=7.2\mathrm{cm}$，$a=1.0\mathrm{cm}$，取

$$I_0=0.3I_1=0.3\times 106=32\mathrm{mA}=0.032(\mathrm{A})$$

于是

$$N_1=\frac{H_M\cdot l_c}{I_0}=\frac{0.96\times 7.2}{0.032}=216\text{ 匝}$$

$$N_2=\frac{N_1}{k}=\frac{216}{1.5}=144\text{ 匝}$$

3）确定铁芯厚度

因为

$$S=\frac{U_1 r}{N_1(B_m-B_r)\times 10^{-8}}=\frac{12\times 1.1\times 10^{-3}}{216\times(9600-4760)\times 10^{-8}}=1.26(\mathrm{cm})$$

故

$$b=\frac{S}{a}=\frac{1.26}{1}=1.26(\mathrm{cm})$$

$b=1.26<1.5a=1.5$，说明铁芯合适。

4）确定导线截面积

$$I_{ef1}=\sqrt{\frac{\tau}{T}}\cdot I_1+\frac{I_0}{3}=\sqrt{\frac{1.1}{11}}\times 0.106+\frac{0.032}{3}=0.0442(\mathrm{A})$$

$$I_{ef2}=\sqrt{\frac{\tau}{T}}\cdot I_1=\sqrt{\frac{1.1}{11}}\times 0.16=0.0506(\mathrm{A})$$

根据 $2.5\mathrm{A/mm^2}$ 计算，原绕组导线截面积为

$$A_1=\frac{0.0445}{2.5}=0.018(\mathrm{mm^2})$$

副绕组导线截面积为

$$A_2=\frac{0.0506}{2.5}=0.0202(\mathrm{mm^2})$$

据此可以求得导线直径和绕组的断面，将其与窗口比较，如窗口过大，可用较粗导线，反之，则需另选铁芯。

5）选触发器的输出晶体管

$$P_c=U_{ces}\cdot\frac{\tau}{T}\cdot(I_1+I_0)$$

设 $U_{ces}=2\mathrm{V}$，则

$$P_c = 2 \times \frac{1.1}{11} \times (106+32) = 27.6(\text{mW})$$

可据此选晶体管。

应该指出，上面介绍的脉冲变压器的设计忽略了许多因素，因此是近似的。如果脉冲变压器的要求很严格，还应参考有关脉冲变压器的设计资料，应用更精确的方法来进行设计。

7.3.4　课程设计及实训

1. 课程设计题目

课程设计题目：三相桥式全控整流电路主电路参数设计及电路的实际调试。

2. 主电路参数计算

1）整流变压器参数计算

根据 7.3 节所提供的设计方法分别计算变压器二次侧相电压 U_2、一次侧电流 I_2 和一次侧相电流 I_1，变压器一次侧容量 S_1、二次侧容量 S_2 和平均计算容量 S。

已知励磁直流电动机的参数：$U_N=230V$、$I_N=3.5A$、$n_N=1500r/min$。励磁回路参数：$U_{fN}=220V$、$I_{fN}=0.35A$。

电动机的过载能力为

$$\frac{T_{max}}{T_N}=1.5$$

2）晶闸管参数的选择

合理地选择晶闸管，可以在保证晶闸管装置可靠运行的前提下降低成本，获得较好的技术经济指标。在采用普通型(KP 型)晶闸管的整流电路中，应正确选择晶闸管的额定电压与额定电流参数。这些参数的选择主要与整流电路的形式、电流、电压与负载电压、电流的大小，负载的性质以及晶闸管的控制角度 α 的大小有关。由于在工程实际中，各种因素差别较大，因此要精确计算晶闸管电流值是较为复杂的。为了简化计算，以下均以 $\alpha=0°$来计算晶闸管的电流值。但在有些整流电路中，若晶闸管长期工作在控制角 α 较大的情况下，则应参阅有关资料，修改波形系数，按实际情况选择晶闸管元件。

一般来说，晶闸管的参数计算及选用原则如下。

① 计算每个支路中晶闸管元件实际承受的正、反向工作峰值电压。

② 计算每个支路中晶闸管元件实际流过的电流有效值和平均值。

③ 根据整流装置的用途、结构、使用场合及特殊要求等确定电压和电流的储备系数。

④ 根据各元件的制造厂家提供的元件参数并综合技术经济指标选用晶闸管元件。

(1) 三相桥式全控整流电路晶闸管额定电压 U_{VN}的选择。

由理论分析可得，当可控整流电路接成三相全控电路形式时，每个晶闸管所承受的正、反向电压均为整流变压器二次侧线电压的峰值，即

$$U_m=\sqrt{6}U_{2\varphi}$$

式中：$U_{2\varphi}$为整流变压器次级相电压；U_m 为晶闸管承受的正、反向最大电压。

晶闸管额定电压必须大于元件在电路中实际承受的最大电压 U_m，考虑到电网电压的

波动和操作过电压等因素，还要设置2～3倍的安全系数，即按下式选取

$$U_{VN}=(2\sim3)U_m \quad (7-16)$$

式中系数(2～3)的取值应视运行条件、元件质量和对可靠性的要求程度而定，通常对要求高可靠性的装置取值较大。不同整流电路中，晶闸管承受的最大峰值电压U_m不同，见表7-9。

表7-9　整流元件的最大峰值电压U_m和通态平均电流的计算系数K_{rb}

整流主电路		单相半波	单相双半波	单相桥式	三相半波	三相桥式	带平衡电抗器的双反星形
U_m		$\sqrt{2}U_2$	$2\sqrt{2}U_2$	$\sqrt{2}U_2$	$\sqrt{6}U_2$	$\sqrt{6}U_2$	$\sqrt{6}U_2$
K_{fb} ($\alpha=0°$)	电阻负载	1	0.5	0.5	0.374	0.368	0.185
	电感负载	0.45①	0.45	0.45	0.368	0.368	0.184

① 指带有续流二极管的电路。

按式(7-16)所计算的U_{VN}值选取相应电压级别的晶闸管元件，同时还必须在电路中采取相应的过电压保护措施。

(2) 三相桥式全控整流电路晶闸管额定平均电流I_{VV}和电流有效值I_V的选择。

为使晶闸管元件不因过热而损坏，需要按电流的有效值来计算其电流额定值，即必须使元件的额定电流有效值大于流过元件实际电流的最大有效值。由理论分析可知，晶闸管流过正弦半波电流的有效值I_V和额定值I_{VV}(通态平均电流)的关系当$\alpha=0°$时为

$$I_V=1.57I_{VV} \quad (7-17)$$

在各种不同形式的整流电路中，流经整流元件的实际电流有效值等于波形系数k_f与元件电流平均值的乘积，而元件电流平均值为I_d/k_b(式中：I_d为整流电路负载电流的平均值，即整流输出的直流平均值；k_b为共阴极或共阳极电路的支路数)。考虑(1.5～2)倍的电流有效值安全系数后，式(7-17)可以写为

$$(1.5\sim2)k_f\frac{I_d}{k_b}=1.57I_{VV}$$

$$I_{VV}=(1.5\sim2)\frac{k_f}{1.57k_b}I_d=(1.5\sim2)k_{fb}\cdot I_d \quad (7-18)$$

式中：计算系数$k_{fb}=k_f/1.57k_b$。当$\alpha=0°$时，不同整流电路、不同负载性质的k_{fb}值见表7-9。

对于非标准负载等级，根据一般晶闸管元件的热时间常数，通常取负载循环中热冲击最严重的15min内的有效值作为流过晶闸管的直流电流的额定值。即

$$I_{VN}=\sqrt{\frac{1}{15}\sum_{k=1}^{J}I_{dT}^2\Delta t_k}\quad(A) \quad (7-19)$$

式中：J为负载循环曲线中，热冲击最严重的15min内的电流“阶梯”数；Δt_k为各级电流的持续时间(min)；I_{dT}为流过每个晶闸管的平均电流。

在要求不严格的场合，直流电流额定值I_{VN}可取流过负载的最大值。

按式(7-18)计算的I_{VV}值，还应注意如下因素的影响：当环境温度大于+40℃和元件

实际冷却条件低于标准要求时或对于电阻性负载，当控制角 α 较大时，应降低元件的额定电流值使用，对晶闸管元件，还应同时采取相应的短路和过载保护措施。

【例7.2】 某晶闸管三相桥式整流电路供电给ZZ－91型直流电动机，其额定值为 $U_N=220V$，$I_N=287A$，$P_N=55kW$，要求负载短路时过载倍数为1.5，电网电压波动系数为0.9，直流输出电路串接平波电抗器。已知整流变压器二次侧相电压为 $U_2=132V$，试计算晶闸管的额定电压和额定电流并选择晶闸管。

解 (1) 计算晶闸管额定电压 U_{VN}。

查表7－9，对于三相全控桥式电路，晶闸管承受的最大峰值电压 $U_m=\sqrt{6}U_2=\sqrt{6}\times 132V$。按式(7－16)计算的晶闸管额定电压为

$$U_{VV}=(2\sim3)U_m=(2\sim3)\sqrt{6}\times132=(647\sim970)(V)$$

取 $U_W=800V$。

(2) 计算晶闸管的额定平均电流 I_{VV}。

查表7－8，系数 $k_{fb}=0.368$，$I_d=1.5I_N$，按式(7－18)计算的晶闸管额定电流为

$$I_{VV}=(1.5\sim2)k_{fb}\cdot I_d=(1.5\sim2)\times0.368\times(287\times1.5)=(238\sim317)(A)$$

取 $I_W=300A$。

选择KP300－8型晶闸管，共6只。

3) 晶闸管过电压保护

与一般半导体元件相同，晶闸管元件的主要缺点是过电压、过电流的承受能力差。当施加在元件两端的电压超过其正向转折或反向击穿电压时，即使时间很短也会导致元件损坏或使元件发生不应有的转折导通，造成事故或使元件性能降低，留下隐患。过电压保护的目的是使元件在任何情况下不致受到超过元件所能承受的电压的侵害，方法是采取有效措施抑制和消除可能产生的各种过电压。

整流器中产生过电压的原因有外因和内因两种。前者主要来自系统中的通断过程和雷击，后者是指由晶闸管元件的周期通断(换相)过程(即晶闸管载流子积蓄效应)引起的过电压。

正常工作时，晶闸管承受的最大峰值电压 U_m 见表7－9，超过此峰值的电压即为过电压。在整流装置中，任何偶然出现的过电压均不应超过元件的不重复峰值电压 U_{SM}，而任何周期性出现的过电压则应小于元件的重复峰值电压 U_{RM}。这两种过电压都是经常发生和不可避免的，因此在变流电路中，必须采用各种有效保护措施，以抑制各种暂态过电压，保护晶闸管元件不受损坏。

抑制暂态过电压的方法一般有3种：①用电阻消耗过电压的能量；②用非线性元件限制过电压的幅值；③用储能元件吸收过电压的能量。若以过电压保护装置的部位来分，还有交流侧保护和直流侧保护两种抑制暂态电压的方法。

(1) 交流侧过电压保护有3种方法：采用避雷器、RC过电压抑制电路和非线性元件。

避雷器用以保护由大气雷击所产生的过电压，主要用于保护变压器。因这种过电压能量较大，持续时间也较长，一般采用阀型避雷器。

RC过电压抑制电路通常并联在变压器二次侧(元件侧)，以吸收变压器铁芯磁场释放的能量，并把它转换为电容器的电场能而储存起来。串联电阻是为了在能量转换过程中消

耗一部分能量并且抑制 RC 回路可能产生的振荡。当整流器容量较大时，RC 电路也可接在变压器的电源侧，如图 7.6 所示。

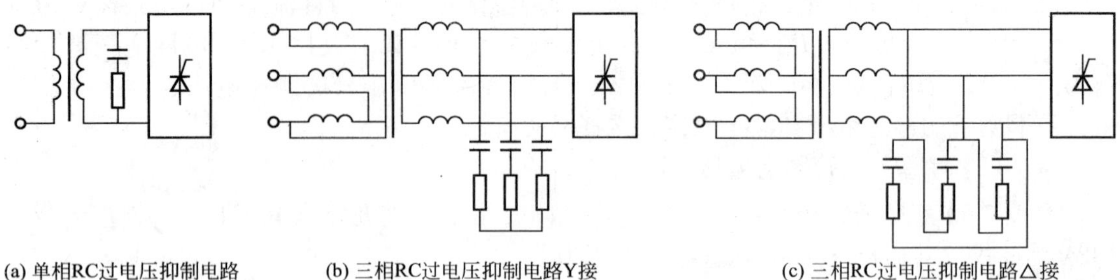

图 7.6　阻容过电压保护电路的接法

单相整流电路 RC 参数的计算公式为

$$C_a \geqslant 6 i_0 \% \frac{S_{TM}}{U_2^2} \quad (\mu F) \tag{7-20}$$

电容 C_a 的耐压

$$U_{ca} \geqslant 1.5\sqrt{3} U_2 \quad (V) \tag{7-21}$$

$$R_a \geqslant 2.3 \frac{U_2^2}{S_{TM}} \sqrt{\frac{u_k \%}{i_0 \%}} \quad (\Omega) \tag{7-22}$$

电阻 R_a 的功率为

$$P_{Ra} \geqslant (3 \sim 4) I_C^2 R \quad (W) \tag{7-23}$$

$$I_C = 2\pi f C_a U_{Ca} \times 10^{-6} \quad (A) \tag{7-24}$$

式中：S_{TM}为变压器每相平均计算容量(VA)；U_2 为变压器次级相电压有效值(V)；$i_0\%$为励磁电流百分数，当 $S_{TM}\leqslant$几百伏安时，$i_0\%=10$，当 $S_{TM}\geqslant 1000$ 伏安时，$i_0\%=3\sim5$；u_k 为变压器的短路比，当变压器容量为 10～1000kVA 时，$u_k\%=5\sim10$；I_C，U_{Ca}为当 R_a 正常工作时电流，电压的有效值(A，V)。

上述 C_a 和 R_a 值的计算公式(7－20)和式(7－22)是依单相条件推导得出的，对于三相电路，变压器二次侧绕组的接法可以与 RC 吸收电路的接法相同，也可以不同。严格来讲，应按不同情况和初始条件另行推出 RC 的计算公式，但实用中也可按式(7－20)和式(7－22)进行近似计算。只是在不同接法时，C_a 和 R_a 的数值应按表 7－10 进行相应换算。

表 7－10　变压器阻容装置不同接法时电阻和电容的数值

变压器接法	单　　相	三相，次级 Y 接		三相，次级△接	
阻容装置接法	与变压器二次侧并联	Y 接	△接	Y 接	△接
电容(μF)	C_a	C_a	$\frac{1}{3}C_a$	$3C_a$	C_a
电阻(Ω)	R_a	R_a	$3R_a$	$\frac{1}{3}R_a$	R_a

在实际应用中，由于触头断开时电弧的耗能和其他放电回路的存在，变压器磁场能量不可能全部转换为阻容吸收能量。因此，按式(7-20)和式(7-22)计算所得的C_a、R_a偏大，可适当减小。至于RC电路采用何种接法，可根据实际使用情况而定。△接法时，C_a的容量小但耐压要求高；Y接法时，C_a的容量大些但耐压要求低，电阻取值小。

【例7.3】 三相桥式晶闸管整流电路，已知三相整流变压器的平均计算容量为50kVA，二次侧绕组为星形接法，相电压为200V，变压器短路比百分数$u_k\%=5$，励磁电流百分数$i_0\%=8$，采用三角形接法的阻容保护装置以减小电容量。试计算阻容保护元件的参数。

解 变压器每平均计算容量为

$$S_{TM}=\frac{1}{3}\times50\times10^3=16.7\times10^3(VA)$$

(1) 电容器的计算。因阻容保护为三角形接法，C_a为星形接法计算值的1/3，按式(7-20)可得

$$C_a\geqslant\frac{1}{3}6i_0\%\frac{S_{TM}}{U_2^2}=\frac{1}{3}\times6\times8\times\frac{16.7\times10^3}{200^2}=6.68(\mu F)$$

取$C_a=8\mu F$。

电容器C_a的耐压值为

$$U_{ca}\geqslant1.5\sqrt{3}U_2=1.5\times\sqrt{3}\times200=520(V)$$

取630V，选择CZJ型交流密封纸介电容。

(2) 电阻值的计算。因为是三角形接法，由表7-10知，R_a应为星形接法时的3倍，按式(7-22)可得

$$R_a\geqslant3\times2.3\frac{U_2^2}{S_{TM}}\sqrt{\frac{u_k\%}{i_0\%}}=3\times2.3\times\frac{200^2}{16.7\times10^3}\sqrt{\frac{5}{8}}=13.1(\Omega)$$

考虑到所取电容C_a值已大于计算值，故电阻R_a可适当取小些，取$R_a=12\Omega$。

正常工作时，RC支路始终有交流电流流过，过电压总是短暂的，所以可按长期发热来确定电阻的功率。RC支路电流I_C近似为

$$I_C=2\pi fC_aU_{Ca}\times10^{-6}=2\pi\times50\times8\times\sqrt{3}\times200\times10^{-6}=0.87(A)$$

电阻R_a的功率为

$$P_{Ra}\geqslant(3\sim4)I_C^2R=(3\sim4)\times0.87^2\times12=(27\sim36)(W)$$

故选用R_XY_C-500W-12Ω被釉绕线电阻。

对于大容量的晶闸管装置，三相RC保护电路的体积较大；在一般RC电路，因电容所储存能量将在晶闸管触发导通时释放，从而增大了晶闸管开通时的di/dt值，工作中的发热量也较大。为此，可采用整流式RC吸收电路，它虽然多了一个三相整流桥，但是只用一个电容器，因只承受直流电压而可用体积小、容量大的电解电容，从而减小了RC电路的体积。整流式RC电路的接线方式及计算公式见表7-11。

表 7-11　交流侧过电压保护用整流式阻容电路及计算公式

电　　路	计 算 公 式
C_a R R_a	$C_a \geqslant 6 i_0\% \dfrac{S_{TM}}{U_2^2}$　(μF) $U_{Ca} \geqslant 1.5\sqrt{2}U_{21}$　(V) $\dfrac{1}{3C_a}\times 10^4 \leqslant R_a \leqslant \dfrac{1}{5C_a}\times 10^6$　(Ω) $P_{Ra} \geqslant (3\sim4)\dfrac{\sqrt{2}(U_{21})^2}{R_a}$　(W) $R \geqslant 3.3\dfrac{U_2^2}{S_{TM}}\sqrt{\dfrac{u_k\%}{i_0\%}}$　(Ω)(变压器二次侧为Y接法时) $R \geqslant 1.1\dfrac{U_2^2}{S_{TM}}\sqrt{\dfrac{u_k\%}{i_0\%}}$　(Ω)(变压器二次侧为△接法时)

注：表中U_{21}为变压器二次侧线电压有效值，其他符号含义同前；因正常情况下R中电流很小，故其功率可不必专门考虑。

当发生雷击或从电网侵入更高的浪涌电压时，仅用阻容保护是不够的，此时过电压仍可能超过元件所能承受的电压值，因此必须同时设置非线性元件保护。非线性元件有与稳压管相近似的伏安特性，可以把浪涌过电压抑制在晶闸管元件允许的范围。常用的非线性元件有硒堆和金属氧化物压敏电阻，有关非线性元件抑制过电压的具体电路和实现方法请读者查阅有关资料。

(2) 直流侧过电压保护。整流器直流侧断开时，如出现直流侧快速开关断开或桥臂快速熔断等情况，则也会在 A、B之间产生过电压，如图 7.7 所示。前者因变压器储能的释放产生过电压，后者则由于直流电抗器储能的释放产生过电压，都可使晶闸管元件损坏。

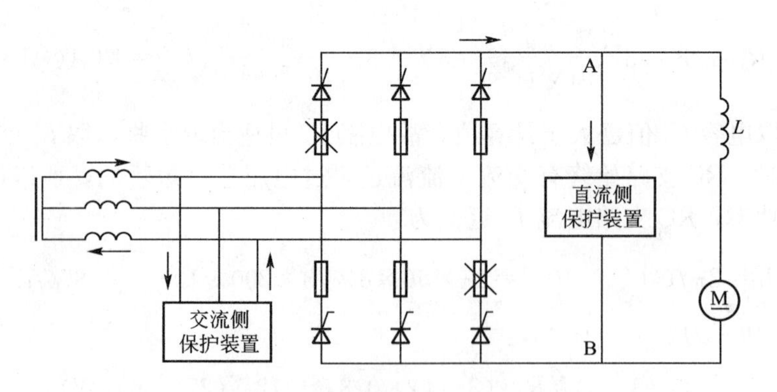

图 7.7　直流侧快速开关断开或快速熔引起的过电压

当直流端处在短路情况下断开直流电路时，产生的浪涌峰值电压特别严重，所以对直流侧过电压必须采取措施加以抑制。

原则上直流侧保护可以采取与交流侧保护相同的方法，主要有阻容保护、非线性元件抑制和晶闸管泄能保护。因为直流侧阻容保护会使系统的快速性达不到要求的指标，且能量损耗较大，在晶闸管换相时会增大 di/dt，因而应尽量少用或不用阻容保护，而主要采用如图7.8所示的方法，即用非线性元件抑制直流侧过电压。

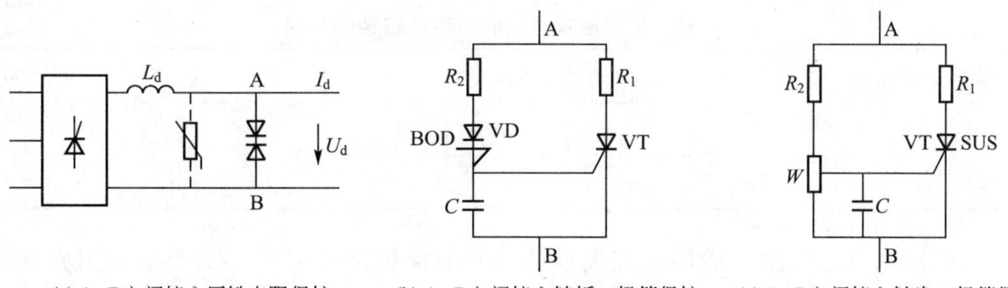

(a) A、B之间接入压敏电阻保护 (b) A、B之间接入转折二极管保护 (c) A、B之间接入触发二极管保护

图7.8 用非线性元件抑制直流侧过电压

在A、B之间接入压敏电阻，如图7.8(a)所示，其参数选择的原则与交流侧保护相同。用晶闸管泄能保护如图7.8(b)、(c)所示。图7.8(b)中使用转折二极管BOD，当A、B间直流过电压超过BOD的转折电压时，BOD立即导通并对电容器C充电。当C充电电压达到VT的触发电平时，VT导通，过电压能量通过R_1、VT泄放，以达到抑制过电压的目的。电阻R_2起限制流过BOD及VT的门极电流的作用。电容C还可以起到消除因纹波干扰引起VT误触发的作用。图7.8(c)应用触发二极管SUS(或称硅单向开关)，它用电阻分压来检测直流过电压。SUS的正向转折电压只有十几伏，当A、B间电压超过此电压时，SUS即转折导通，从而触发导通VT，因R_1很小，A、B间近似短路，所以可以抑制过电压。

(3) 晶闸管换相过电压的保护。通常是在晶闸管元件两端并联RC电路，如图7.9所示。

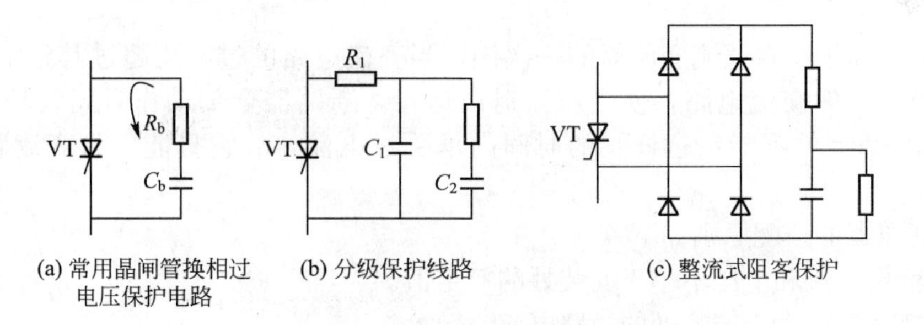

(a) 常用晶闸管换相过电压保护电路 (b) 分级保护线路 (c) 整流式阻客保护

图7.9 换相过电压保护电路

图7.9(a)为常用电路，多用于中小容量整流电路。串联电阻R的作用一是阻尼LC回路的振荡，二是限制晶闸管开通瞬间的损耗且可减小电流上升率$\mathrm{d}i/\mathrm{d}t$。

电容C的选择可按下式计算

$$C=(2\sim4)I_{VV}\times10^3 \quad (\mu F)$$

电容C的耐压应大于正常工作时晶闸管两端电压峰值的1.5倍。电阻R一般取$R=10\sim30\Omega$，对于整流管取下限值，对于晶闸管取上限值，其功率应满足下式

$$P_R\geqslant1.75fCU_m^2\times10^{-6} \quad (W)$$

实际应用中，R、C的值可按经验数据选取，见表7－12。

表7－12　与晶闸管并联的阻容电路经验数据

晶闸管额定电流/A	10	20	50	100	200	500	1000
电容/μF	0.1	0.15	0.2	0.25	0.5	1	2
电阻/Ω	100	80	40	20	10	5	2

图7.9(b)为分级线路，适用于较大容量元件的保护。图7.9(c)为整流式阻容保护，它不会使晶闸管di/dt增大，但线路复杂，使用元件多，故不常用。

4）晶闸管过电流保护及电流上升率、电压上升率的限制

（1）过电流保护。

变流装置发生过电流的原因归纳起来有如下几方面。

① 外部短路，如直流输出端发生短路。

② 内部短路，如整流桥主臂中某一元件被击穿而发生的短路。

③ 可逆系统中产生换流失败和环流过大。

④ 生产机械发生过载或堵转等。

晶闸管元件承受过电流的能力也很低，若过电流数值较大而切断电路的时间又稍长，则晶闸管元件因热容量小就会产生热击穿而损坏。因此，必须设置过流保护，其目的在于一旦变流电路出现过电流，就要把它限制在元件允许的范围内，在晶闸管被损坏前就迅速切断过电流，并断开桥臂中的故障元件，以保护其他元件。

晶闸管变流装置可能采用的过流保护措施有交流断路器、进线电抗器、灵敏过电流继电器、短路器、电流反馈控制电路、直流快速开关及快速熔断器等，现分别作简要说明。

交流断路器串接在整流变压器的一次侧，当整流电路的过电流超过其整定值时动作，切断变压器一次侧交流电路，使变压器退出运行。断路器全部动作时间较长，为100～200ms，晶闸管元件不能在这样长的时间内承受过电流，故它只能作为变流装置的后备保护。

交流断路器的选配原则如下。

① 其额定电流和电压不小于安装处的额定值。

② 其断流能力大于安装处的短路电流。

进线电抗器串接在变流装置的交流进线侧以限制过电流，它的缺点是在过载时会产生较大的压降，增加线路损耗。

灵敏过电流继电器安装在直流侧或经电流互感器接在交流侧，当电路发生过电流时动作，跳开交流侧电源开关。其动作时间为100～200ms，所以只有当短路电流不大或对过电流是由机械过载引起时才能起到保护作用，对数值较大、作用时间短的短路电流不起保护作用。

短路器并接在变压器的二次侧，动作时使变压器二次侧短接，避免故障电流流过整流元件，从而起到保护作用。它的动作时间快，为2～3ms，缺点是短路电流对变压器有冲击，能减少变压器的使用寿命，目前已较少采用。

在交流侧设置电流检测电路，当检测出过电流信号时，利用它去控制触发器，使触发

脉冲封锁或把脉冲迅速移到逆变区，从而使整流电压减小，抑制过电流。其作用时间低于10ms，特点是动作快、无过电压。它适用于直流侧外部短路以及当元件被击穿后对其他尚好的元件进行保护。

直流快速开关多用于大、中容量以及逆变器的过电流保护，只切断直流侧短路电流，但不能保护内部短路故障。直流快速开关的动作时间约为 2ms，全部分断电流的时间不超过 30ms，是目前较好的直流侧过电流保护装置。其选用的原则如下。

① 开关的额定电流、电压不小于交流装置的额定值。

② 分断电流能力大于变流器的外部短路电流值。

③ 在开关的保护范围内，其动作时间应小于快速熔断器的熔断时间。

快速熔断器(简称快熔)是一种最简单、有效而应用最普遍的过电流保护元件，其断流时间一般小于 10ms。国产快熔的主要参数见表 7－13，目前国产快熔的形式有大容量插入式 RTK、保护整流二极管用 RSO 型和保护晶闸管用 RS3 型以及小容量螺旋型 RLS 等。

表 7－13　快速熔断器的参数

项　目		参　数	备　注
额定电压/V		250，500，750，1000	方均根值
额定电流/A		7.5，(10)，15，30，50，80，(100)，150，(250)，300，350，450，(500)，600，750，1000	括号内的数值尽量不采用
分断能力/kA 方均根值	A	50	cosφ0.25
	B	100	cosφ0.25
	C	200	cosφ0.2
分断绝缘电阻/MΩ	500V 以下	0.5	熔断器分断后 3min 内测量
	750V	0.75	
	1000V	1	

快熔的时间/电流特性见表 7－14。快熔的允许能量 It^2 等参数请参阅有关资料手册。

表 7－14　快速熔断器时间/电流特性

额定电流倍数	熔断时间/s			
	ROS		RS3	
	300A 及以下	300A 以上	300A 及以下	300A 以上
1.1	4h 不熔断			
6	—	—	不大于 0.02	—
8	不大于 0.02	—	—	不大于 0.02
10	—	不大于 0.02	—	—

快熔的安装接入方式与特点见表7-15，表中 k_c 值见表7-16。

表7-15 熔断器接入方式与特点

熔断器接入方式	特点	熔断器的额定电流 I_{RN}	备注
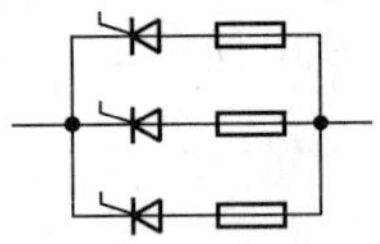	熔断器与每一个元件相串联；可靠地保护每一个元件；熔断器用量多，价格较高	$I_{RN}=1.57I_T$	I_T 为元件通态平均电流
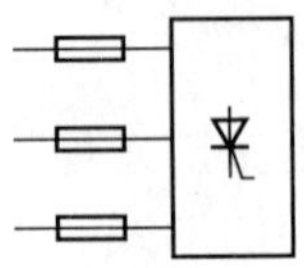	能在交流、直流和元件短路时起保护作用，对保护元件的可靠性稍有降低；熔断器用量省	$I_{RN}=k_c I_d$	k_c 为交流侧线电流与 I_d 之比；I_d 为整流输出电流
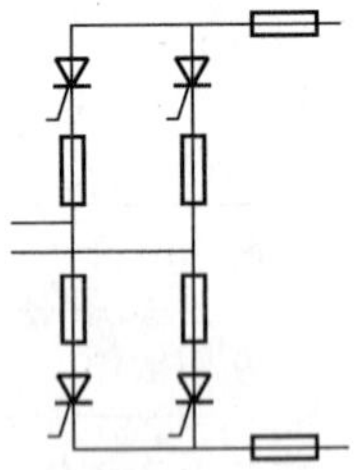	直流负载侧故障时动作，元件短路时（内部短路）不能起保护作用	$I_{RN}=I_d$	受电路 L/R 值影响很大

表7-16 整流电路形式与系数 k_c 的关系

整流电路形式		单相全波	单相桥式	三相零式	三相桥式	六相零式 六相曲折	双Y带平衡电抗器
系数 k_c	电感负载	0.707	1	0.577	0.816	0.408	0.289
	电阻负载	0.785	1.11	0.578	0.818	0.409	0.290

快熔的选用原则如下。

① 额定电压的选择。快熔额定电压 U_{RN} 不小于线路正常工作电压的方均根值。

② 额定电流的选择。快熔的额定电流 I_{RN} 应按它所保护的元件实际流过的电流 I_R（方均根值）来选择，而不是根据元件的标称额定电流 I_{VV} 值来确定。一般可按下式计算

$$I_{RN} \geqslant k_i k_a I_R$$

式中：k_i 为电流裕度系数，取 $k_i=1.1\sim1.5$；k_a 为环境温度系数，取 $k_a=1\sim1.2$；I_R 为实际流过快速熔断器的电流有效值。

在确定快熔额定电流时要注意两点情况。

① 在同一整流臂中若有多个元件并联时，要考虑电流不均衡系数，快熔应按在支路中流过最大可能电流的条件来选择。

② 要考虑整流柜内的环境温度，一般要比柜外高，有时可相差10°C。

快熔有一定的允许通过的能量 I^2t 值，元件也具有承受一定产值的能力。为了使快熔能可靠地保护元件，要求快熔的 $(I^2t)_R$ 值在任何情况下都小于元件的 $I^2_{TSM}t$ 值。其关系为

$$(I^2t)_R \leqslant 0.9I^2_{TSM}t$$

式中：$(I^2t)_R$ 为快熔的允许能量值，可由产品说明书中查得；I_{TSM}^2t 为元件的浪涌峰值电流的有效值，可由元件手册中查得；t 为元件承受浪涌电流的半周时间，在 50Hz 情况下 $t=1/100$s。

【例 7.4】 三相桥式全控整流电路，晶闸管为 KP300 型，直流输出电流为 $I_d=250$A，交流电压为 380V，计算桥臂中与晶闸管串联的快熔参数。

解　(1) 因工作时电压为 380V，取 $U_{RN}=500$V。

(2) 流过快熔的电流有效值 I_R 为

$$I_R=\frac{1}{\sqrt{3}}I_d=\frac{250}{\sqrt{3}}=145(\text{A})$$

快熔的额定电流计算

$$I_{RN}=k_ik_aI_R=1.5\times1.2\times145=261(\text{A})$$

选取 $I_{RN}=300$A。

(3) 验算 I^2t 值。

从有关手册中查知 RS3 型 500V/300A 快熔的$(I^2t)_R=135000\text{A}^2\text{s}$，KP300 型晶闸管的浪涌电流峰值 $I_{TSM}=5650$A，其有效值为 $5650/\sqrt{2}=3995$A。

所以

$$0.9I_{TSM}^2t=0.9\times3995^2\times(1/100)=143640(\text{A}^2\text{s})$$

故

$$(I^2t)_R<0.9I_{TSM}^2t$$

关系成立。

(2) 电流上升率 di/dt 的限制。

晶闸管在导通的初始瞬间，电流主要集中在靠近门极的阴极表面较小区域，局部电流密度很大，然后随着时间的增长才逐步扩大到整个阴极面，此过程需几微秒到几十秒。若导通时电流上升率 di/dt 太大，会引起门极附近过热，导致 PN 结击穿使元件损坏，因此必须把 di/dt 限制在最大允许的范围内。

产生 di/dt 过大的原因可能有：在晶闸管换相过程中对导通元件产生的 di/dt，由于晶闸管在换相过程中相当于交流侧线电压短路，因交流侧阻容保护的电容放电造成 di/dt 过大；晶闸管换相时因直流侧整流电压突然增高，对阻容保护电容进行充电造成 di/dt 过大；与晶闸管并联的阻容保护电容在元件导通瞬间释放储能造成 di/dt 过大。如图 7.10 为限制 di/dt 过大的措施。

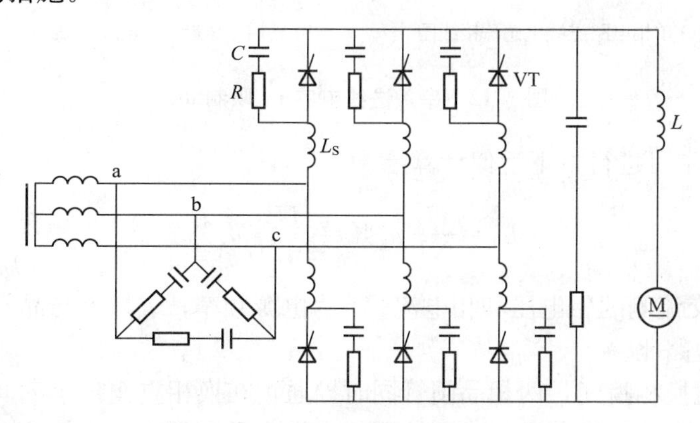

图 7.10　产生 di/dt 的情况及抑制措施

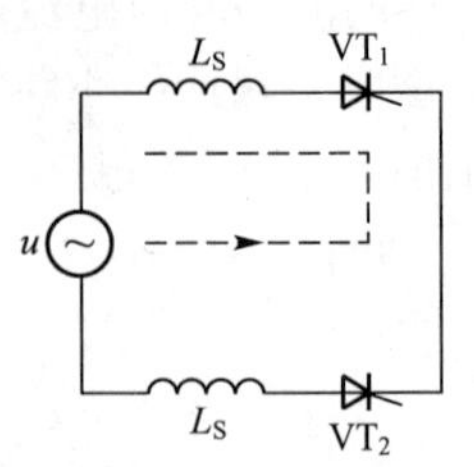

图 7.11　换相等效电路

在晶闸管阳极回路串入电感 L_S，L_S 的数值可用如图 7.11 所示的换相过程等效电路来计算。该图中，设已触发 VT_2 而 VT_1 尚未关断，u 为交流电源线电压，由图 7.10 可得

$$U_m = 2L_K \frac{di}{dt} \quad (V)$$

$$L_S = \frac{U_m}{2\frac{di}{dt}} \quad (H)$$

式中：U_m 为交流电压 u 的峰值，V；di/dt 为晶闸管通态电流临界上升率。

通常，桥臂电感 L_K 取 10～20μH，由空心绕组绕制而成。

采用整流式阻容吸收装置控制 di/dt 的电路如图 7.9(c)所示，可使电容放电电流不流经晶闸管。

(3) 电压上升率 du/dt 的限制。

处在阻断状态下晶闸管的 J_2 结面相当于一个结电容，当加到晶闸管上的正向电压上升率 du/dt 过大时，会使流过 J_2 结面的充电电流过大，从而起到触发电流的作用，造成晶闸管误导通，从而引起较大的浪涌电流，损坏快熔或晶闸管。因此，对 du/dt 也必须加以限制，使之小于晶闸管的断态电压临界上升率。

对于交流侧产生的 du/dt，可采用带有整流变压器和交流侧阻容保护的变流装置，如图 7.6 所示。变压器漏感 L_T 和交流侧 RC 吸收电路组成了滤波环节，使由交流电网侵入的前沿陡、幅值大的过电压有较大衰减，并使作用于晶闸管的正向电压上升率 du/dt 大为减小。在无整流变压器供电的情况下，应在电源输入端串联在数值上相当于变压器漏感的进线电感 L_T(如图 7.12 所示)，以抑制 du/dt ，同时还可起到限制短路电流的作用。

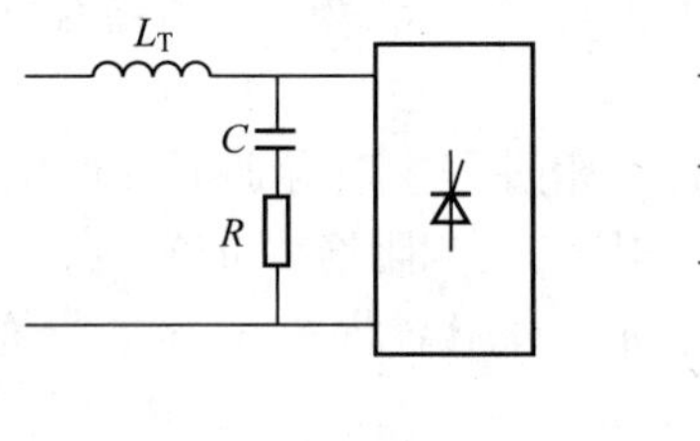

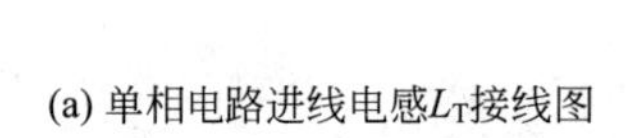
(a) 单相电路进线电感L_T接线图

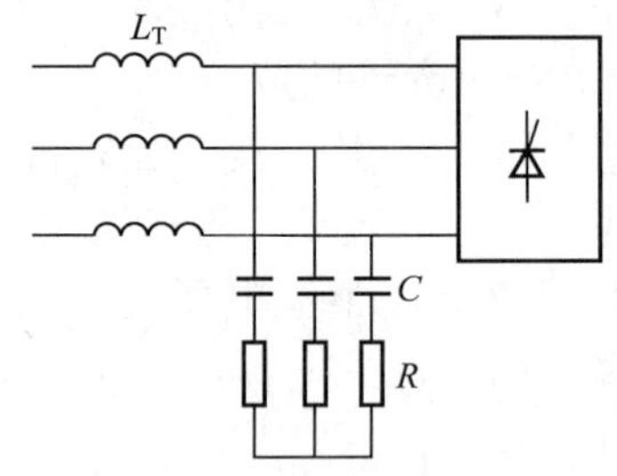

(b) 三相电路进线电感L_T接线图

图 7.12　串入进线电感 L_T 限制 di/dt

对进线电感 L_T 可进行如下近似计算

$$L_T = \frac{U_2}{NI_2} u_k \% = \frac{U_2}{2\pi f I_2} u_k \%$$

式中：U_2、I_2 为交流侧的相电压和相电流；f 为电源频率；$u_k\%$为与晶闸管装置容量相等的整流变压器的短路比。

在晶闸管导通换相瞬间，两相晶闸管同时导通，在换相重叠角 γ 期间相当于线电压被短路，因而在输出电压波形上出现一个缺口，当加在晶闸管上的电压变化率 du/dt 为正时有可能造成晶闸管误导通。防止 du/dt 过大造成误导通的方法是在每个桥臂串接一个空心电抗器 L_s，如图 7.10 所示。利用 R、C、L_s 串联电路的滤波特性，使加在晶闸管上的电压波形缺口变平，降低 du/dt 的数值。

应当指出，目前晶闸管保护装置的参数定量计算还缺乏成熟和统一的方法，有待于进一步科学实验和论证。按本节介绍的计算公式所得的参数仅供选用时参考，读者应随时参阅厂家产品说明并参照最近同类产品的参数来选取。

3. 电路设计

1）主电路

变压器电路采用三相全控桥式整流电路，注意整流变压器应接成△/Y。

2）触发电路及分析

(1) 可采用锯齿波触发电路或集成触发器触发电路，分析触发电路中各主要点的波形。

(2) 分析同步变压器的选择原则。

(3) 说明各触发脉冲之间的关系，画出波形图。

4. 电路调试

电路调试步骤参考 7.4 节实验三所介绍的步骤进行。

5. 实训报告

1）设计及实训报告内容

(1) 分析主电路和控制电路的工作原理。

(2) 主电路分别带电阻性、大电感性负载时，求主电路输出电压、电流的平均值，画出输出电压、电流波形。

(3) 确定触发电路形式，画出电路中各主要点的波形。

(4) 写出调试步骤。

(5) 将调试中各点的波形与理论分析作比较，分析其不同之处。

(6) 绘出他励磁直流电动机的机械特性。

(7) 写出实训的心得体会，提出意见及建议。

2）设计及电气线路绘制

(1) 在三号图纸上绘制标准图纸。

(2) 所用电气、电子元件的符号均采用国家标准符号。手工绘画时，如果是典型元件，如熔断器、电动机等，最好用电工模板绘制（也可用计算机软件进行绘画）。

(3) 图中线条要求规范。参照有关教材中的范围和元件符号，粗实线、细实线、虚线严格分清绘出。

(4) 图纸布局要匀称合理。主电路和控制电路可以分开绘制。

(5) 图纸右下角应按工程制图要求绘制标题栏，其格式如图 7.13 所示。

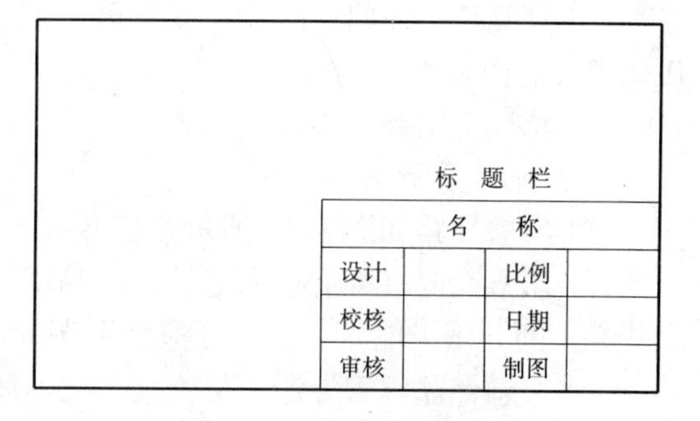

图 7.13　图纸标题栏格式

7.4 实 验

7.4.1 晶闸管的简易测试及导通关断条件实验

1. 实验目的

(1) 掌握晶闸管的简易测试方法。

(2) 验证晶闸管的导通条件及判断方法。

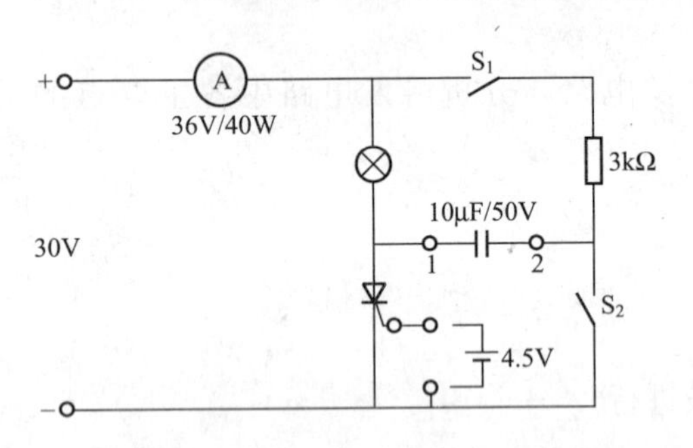

图 7.14 晶闸管导通关断条件实验线路

2. 实验线路

实验线路如图 7.14 所示。

3. 实验设备

(1) 晶闸管导通关断实验板 1 块。

(2) 30V 直流稳压电源 1 台，万用表 1 块。

(3) 晶闸管(好、坏)各 1 支。

4. 实验内容及步骤

1) 鉴别晶闸管好坏

用万用表 R×1kΩ 电阻挡测量两只晶闸管的阳极(A)与阴极(K)之间、门极(G)与阳极(A)之间的正、反向电阻。

用万用表 R×10Ω 电阻挡测量两只晶闸管的门极(G)与阴极(K)之间的正、反向电阻，将所测得数据填入表 7－17 中，并鉴别被测晶闸管好坏。

2) 晶闸管的导通条件

(1) 实验线路如图 7.14 所示，使开关 S_1、S_2 处于断开状态。

(2) 加 30V 正向阳极电压，门极开路或接－3.5V 电压，观察晶闸管是否导通，灯泡是否亮。

(3) 加 30V 反向阳极电压，门极开路或接－3.5V(＋3.5V)电压，观察晶闸管是否导通，灯泡是否亮。

(4) 阳极、门极都加正向电压，观察晶闸管是否导通，灯泡是否亮。

(5) 灯亮后去掉门极电压，观察灯泡是否继续亮；再在门极加－3.5V 的反向门极电压，观察灯泡是否继续亮。

(6) 将以上结果填入表 7－18 中。

3) 晶闸管关断条件实验

(1) 实验线路如图 7.14 所示，使开关 S_1、S_2 处于断开状态。

(2) 阳极、门极都加正向电压，使晶闸管导通，灯泡亮。断开控制极电压，观察灯泡是否亮；断开阳极电压，观察灯泡是否亮。

(3) 重新使晶闸管导通，灯泡亮。之后闭合开关 S_1，断开门极电压，之后接通 S_2，看灯泡是否熄灭。

(4) 在1、2端换接上0.22μF/50V的电容再重复步骤(3)，观察灯泡是否熄灭。

5. 实验结果

实验结果填入表7-17和表7-18中。

表7-17 晶闸管好坏的判断 (Ω)

被测晶闸管电阻	R_{AK}	R_{KA}	R_{AG}	R_{GA}	R_{GK}	R_{KG}	结论
V_1							
V_2							

表7-18 晶闸管导通条件(阳极A与阴极K之间为30V电压)

序　号	阳极A	阴极K	门极G	灯泡状态	晶闸管状态
1	正	负	开路		
2	正	负	-3.5V电压		
3	正	负	+3.5V电压		
4	负	正	开路		
5	负	正	-3.5V电压		
6	负	正	+3.5V电压		

6. 实验报告要求

(1) 总结晶闸管导通的条件和晶闸管关断的条件。
(2) 总结简易判断晶闸管好坏的方法。

7.4.2 单相桥式半控整流电路与单结晶体管触发电路的研究

1. 实验目的

(1) 熟悉单结晶体管触发电路的工作原理及电路中各元件的作用。
(2) 熟悉触发电路中各点的波形及脉冲移动的方法。
(3) 对电阻负载、电感负载的工作情况及波形进行全面的分析。

2. 实验设备

实验设备有：实验线路板、滑线变阻器或灯板、电抗器、示波器和万用表。

3. 实验线路

1) 实验原理图
主电路及触发电路如图7.15所示。
2) 实验接线图
实验接线图如图7.16所示，图中粗实线为外接线。

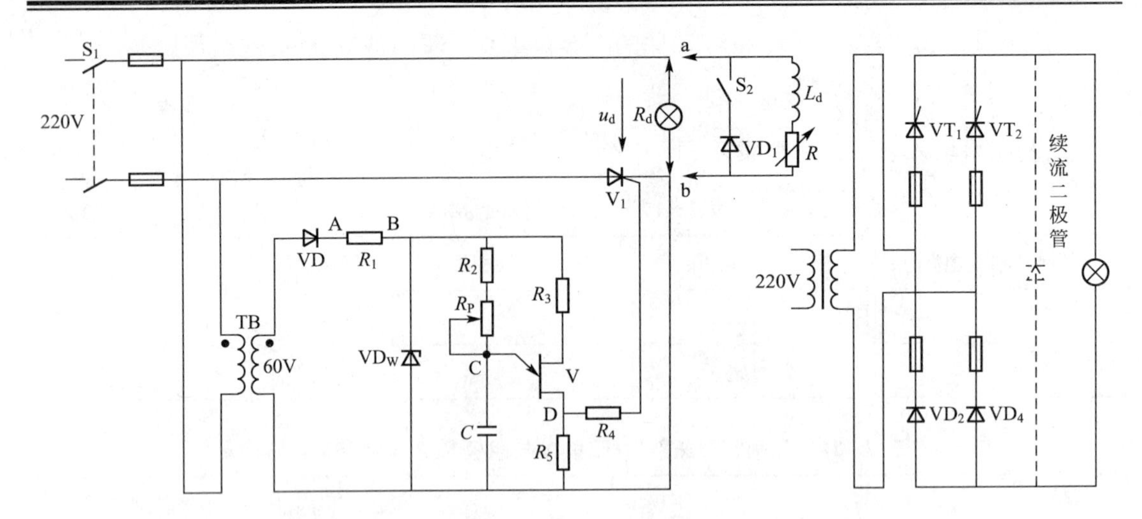

图 7.15　单相半控桥式整流电路实验原理图及触发电路图

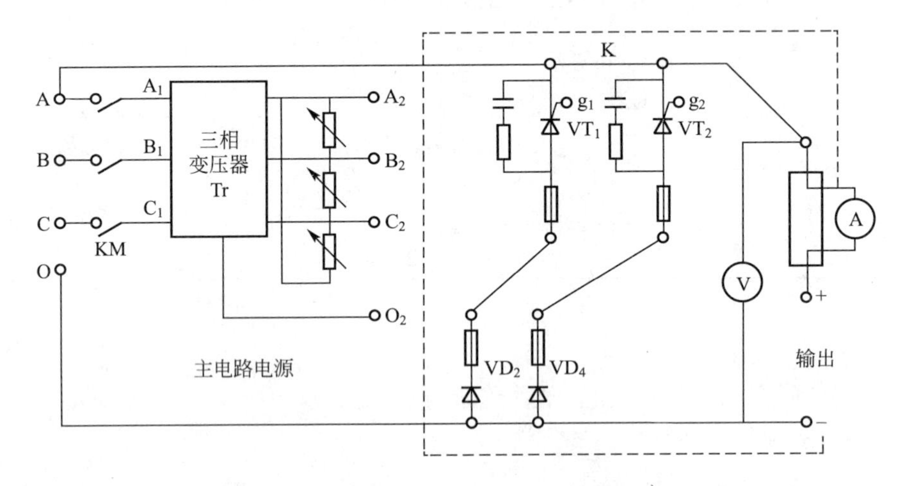

图 7.16　单相半控桥式整流电路实验接线图

4．实验步骤

1）实验准备

(1) 熟悉电力电子实验柜，找出单结晶体管触发电路所在位置。

(2) 找出测试点与测量插孔之间的对应关系。

2）晶闸管触发电路的测试

接通单结晶体管触发电路的电源，即同步变压器 TB 的 A 相副边电源，如图 7.15 所示。调节给定电位器 R_P，使控制角 α 为 60°左右。用示波器逐一观察触发电路中整流输出点 A、削波点 B、锯齿点 C、单结晶体管输出点 D 及脉冲变压器输出脉冲波形，调节 R_P 观察触发脉冲移动情况，并将实验结果填入表 7－19 中。

3）电阻负载

(1) 按图 7.16 接好主电路，在两个晶闸管的门极接上触发脉冲，并在主电路的输出端接上电阻负载。

(2) 用示波器逐一观察负载两端电压 u_d、晶闸管两端电压 u_V 及整流二极管两端的电压 u_{VD}波形，并将实验结果填入表 7-20 中。

(3) 调节移相电位器 R_P，用示波器观察并记录不同 α 角时的 u_d、u_V、i_d 的波形，测量电源电压 U_2 及负载电压 U_d 的数值，验证 $U_d=0.9U_2(1+\cos\alpha)/2$ 的关系，并将测量的结果记录于表 7-20 中。

(4) 用双踪示波器观察 u_d 与脉冲电压 u_g 之间的相位关系。

4) 电阻电感负载

(1) 切断电源，在主电路输出端换接上电阻电感负载(将电阻与一个电抗器串联)。

(2) 不接续流二极管，接通电源，用示波器观察不同导通角时 u_d、u_V、i_d 的波形，同时测量 U_2 及 U_d 的数值，并与 $U_d=0.9U_2(1+\cos\alpha)/2$ 进行比较分析，将测量的结果记录于表 7-20 中。

(3) 接上续流二极管，重复上述步骤。

接线时应注意以下几点。

(1) 示波器在同时使用两探头测量时，必须将两探头的地线端接在电路的同一电位点上，否则会因两探头地线造成被测电路短路事故。

(2) 主电路的电源和触发电路的电源必须都用同一相电源，建议都使用 A 相电源。

5. 实验结果

实验结果填入表 7-19 和表 7-20 中。

表 7-19　单结晶体管触发电路中分点的波形

测　试　点	波　　形	测　试　点	波　　形
A		C	
B		D	

表 7-20　主电路各元件电流、电压波形表

负载性质	α	U_2	U_d	u_d 波形	i_d 波形	u_v 波形	u_{VD}波形
电阻	60°						
	90°						
电阻电感(不带续流二极管)	60°						
	90°						
电阻电感(带续流二极管)	60°						
	90°						

6. 实验报告要求

(1) 分析实验记录中的波形与理论分析的波形是否一致。

(2) 分析总结导通角 α 与负载电压 U_2 的关系是否满足 $U_d=0.9U_2(1+\cos\alpha)/2$，该关系与负载的性质是否有关系。

(3) 分析续流二极管对负载电压、电流波形有何影响，它的作用是什么?

7.4.3 三相桥式全控整流电路的研究

1. 实验目的

(1) 熟悉三相桥式电路的接线，观察电阻负载、电阻电感负载及反电动势负载时输出电压、电流的波形。

(2) 理想触发器定相原理，掌握测试晶闸管整流装置的步骤和方法。

2. 实验电路

主电路如图 7.17 所示，控制电路如图 7.18 所示。

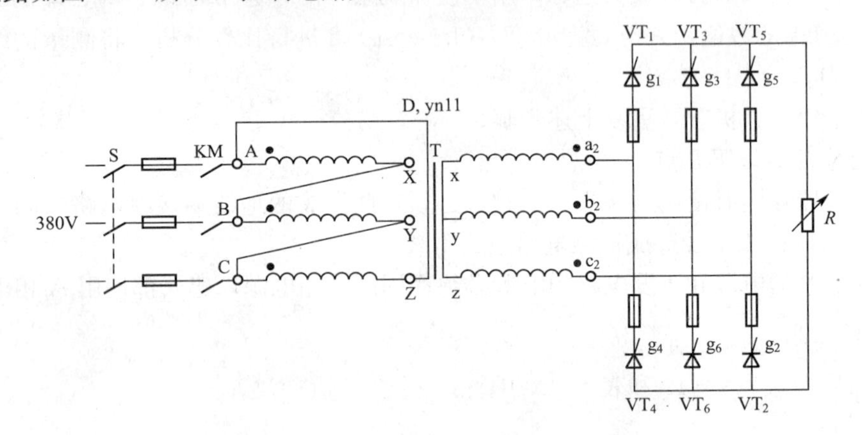

图 7.17 三相桥式全控整流实验主电路

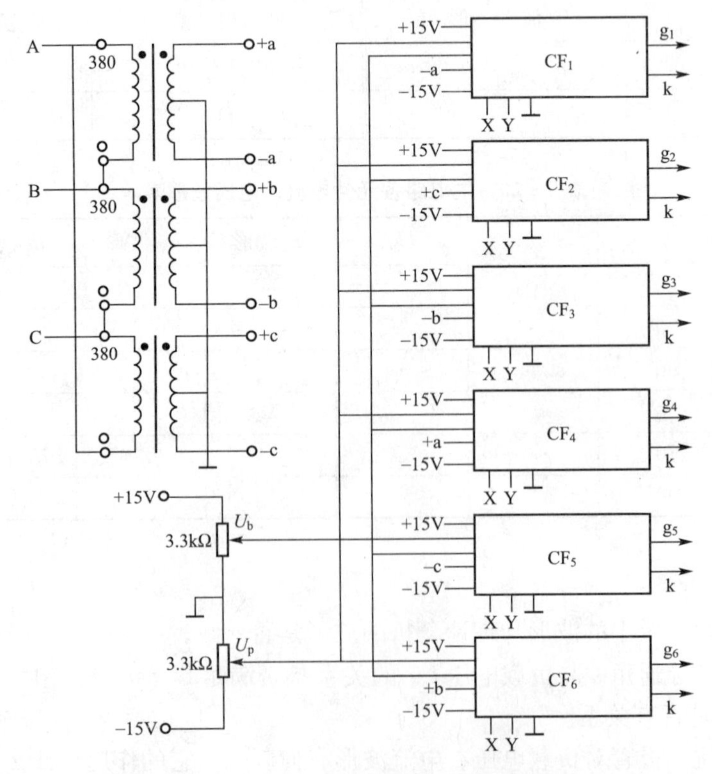

图 7.18 三相全控桥式整流实验控制电路

3. 实验设备

实验设备：电力电子变流技术实验装置(或自制电路板)、直流电动机-发电机组、三相整流变压器、电抗器、滑线变阻器、灯板、双踪示波器及万用表。

4. 实验原理

三相全控桥式整流电路输出电压 $U_d=2.34U_2\cos\alpha$，负载额定电压为 220V 时，U_2 选 110V 较为合适。

在采用图 7.17 所示的编号时，晶闸管按 $VT_6—VT_1—VT_2—VT_3—VT_4—VT_5—VT_6$ 顺序循环导通。为保证每一瞬间两只晶闸管同时导通，本实验采用了锯齿波同步的双脉冲触发电路，其双脉冲电路的接线如图 7.19 所示。

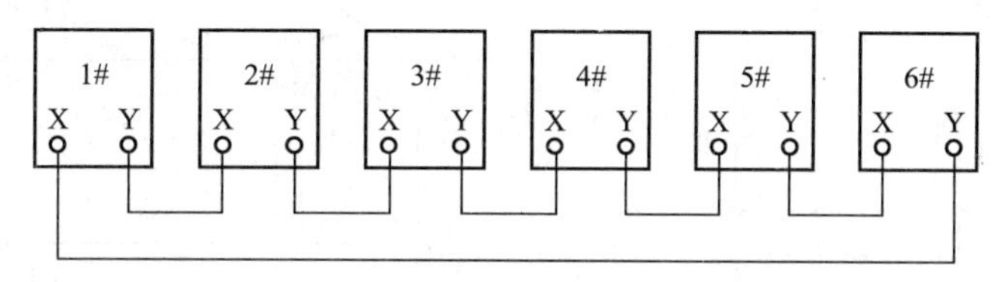

图 7.19　双脉冲电路的接线图

脉冲发出顺序按 1＃—2 ＃—3 ＃—4＃—5 ＃—6 ＃—1＃循环，间隔为 60°，每个触发电路在一周内发两个脉冲，间隔也为 60°。

由锯齿波同步触发电路可知，在同步电压负半周时形成锯齿波，要求同步电压 u_V 与被触发晶闸管阳极电压在相位上相差 180°，这样可以得出晶闸管元件触发电路的同步电压，见表 7-21。

表 7-21　晶闸管元件触发电路的同步电压

组　别	共阴极组			共阳极组		
晶闸管元件号码	1	3	5	4	6	2
晶闸管元件所接电压的相	A	B	C	A	B	C
同步电压	u_{-a}	u_{-b}	u_{-c}	u_{+a}	u_{+b}	u_{+c}

5. 实验内容及步骤

1) 实验准备

(1) 熟悉实验装置的电路结构，找出本实验使用的直流电源、同步变压器、锯齿波同步触发电路和晶闸管主电路，检查一下实验设备是否齐全。

(2) 测定交流电源的相序。

(3) 确定主变压器与同步变压器的极性，并将主变压器接成 D，yn11，同步变压器接成 D，yn11，yn5 联结组，如图 7.18 所示。

(4) 按图 7.18 将触发电路接好，X、Y 端暂不接脉冲信号。

(5) 合上 S，接通各直流电源，逐个检查每块触发板是否工作正常，然后用双踪示波器依次测量相邻两块触发板的锯齿波电压波形，调节斜率电位器 R_P，使锯齿波的斜率一致，间隔为 60°，如图 7.20 所示。这种调试方法称为锯

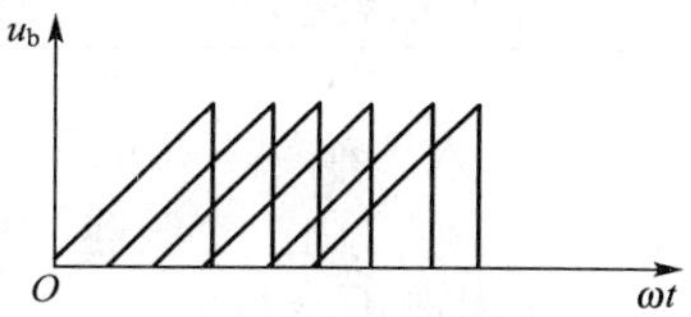

u_b　O　ωt

图 7.20　锯齿波排队电路

齿波排队法。

(6) 测量触发板的输出脉冲，由于 Y 端未接，触发板输出为单脉冲，用双踪示波器测量相邻两块触发板的输出脉冲，看是否相隔 60°，如不是，可稍调斜率电位器 R_P 来实现脉冲对称，脉冲排队的波形如图 7.21 所示。

(7) 按图 7.19 将各触发板 X、Y 端联起来，使其输出双脉冲，用双踪示波器观察双脉冲的波形，如图 7.22 所示。

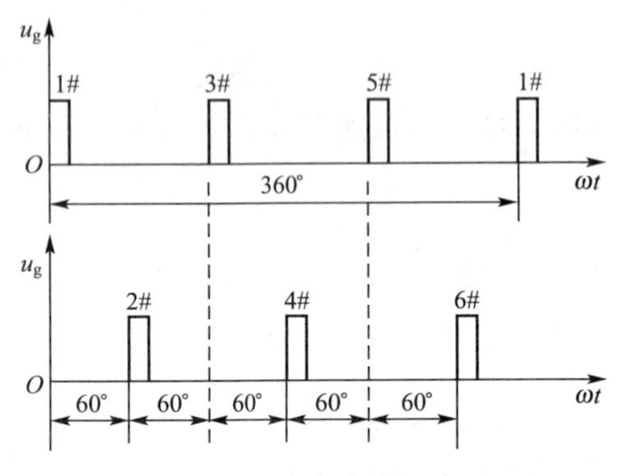

图 7.21　单脉冲排队波形

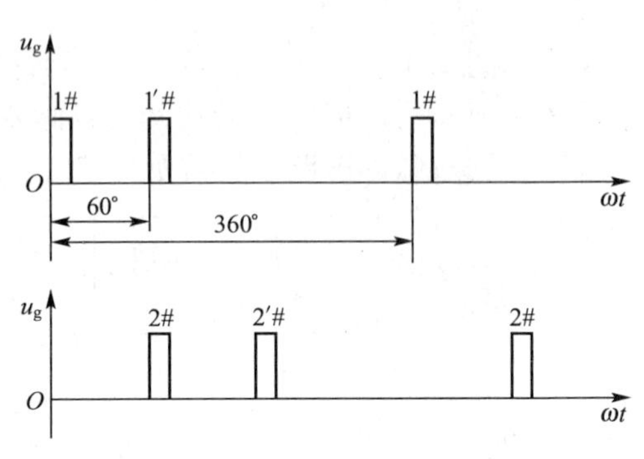

图 7.22　双脉冲排队波形

2) 电阻负载

(1) 触发电路正常后，把控制电压旋钮调到零，然后调节 U_P，使 $\alpha=120°$。仔细检查线路无误后，按图 7.17 接好主电路并接通电源。调节控制电压 U_C，观察输出电压 u_d 的波形，并将 $\alpha=30°$、60°、90°时输出电压 u_d、晶闸管 V_1 两端电压 u_{V1} 的波形以及 U_d、U_C 的数值记录于表 7-22 中。

表 7-22　电阻负载实验记录

α	U_d	U_c	u_d	u_V
30°				
60°				
90°				

(2) 去掉一只晶闸管的脉冲，观察输出电压 u_d 的波形及不触发的晶闸管两端的电压波形，比较不触发的晶闸管两端电压与正常触发的晶闸管两端电压有什么不同，将结果记录于表 7-23 中，分析这些波形。

表 7-23　电阻负载线路不正常时的实验记录

	u_d	u_V
不触发一只晶闸管时		
正常触发一只晶闸管时		

(3) 人为颠倒三相电源的相序，观察输出电压波形是否正常时，为什么？电源相序正常时，单独对调主变压器二次侧相序，观察 u_d 波形是否正常，为什么？

3) 电阻电感负载

(1) 按“停止”按钮，切断主电路，在输出端换上电阻电感负载。然后按“启动”按钮接通主电路电源，记录 $\alpha=30°$、60°、90°时输出电压 u_d、电流 i_d、电抗器两端电压 u_{Ld} 的波形于表 7 - 24 中。

表 7 - 24　电阻电感负载实验记录

α	u_d	i_d	u_{Ld}	$i_d(\alpha=60°)$
30°			R_d 大	R_d 小
60°				
90°				

(2) 改变 R_d 的数值，观察输出电流的脉动情况，并记录 R_d 阻值最大与最小时 i_d 波形于表 7 - 25 中。

4）反电动势负载

(1) 按“停止”按钮，切断电源，在输出端换接上电动机负载。

(2) 接通主电路电源，带上一定负载，调“控制电压”旋钮，使 U_d 由零逐渐上升到额定值，用示波器观察并记录不同 α 角时输出电压 u_d、电流 i_d 及电动机电枢两端电压 u_m 的波形，记录 U_z(直流发电机输出电压)与 U_d 的数值，验证 $U_d=f(U_z)$关系。

(3) 断开电源，接入平波电抗器 L_d，重复上述实验，观察并记录不同 α 角时输出电压 u_d、电流 i_d 及电动机电枢两端电压 u_m 的波形，记录 U_z 与 U_d 的数值，验证 $U_d=f(U_z)$关系。将以上结果记录入表 7 - 25 中。

表 7 - 25　反电动势负载实验记录

	α	u_d	i_d	u_m	U_d	U_z
不接 L_d	30°					
	60°					
	90°					
	α	u_d	i_d	u_m	U_d	U_z
接 L_d	30°					
	60°					
	90°					

(4) 直流电动机机械特性实验。切断电源，使控制电压 U_C 电位器旋钮调到零位，使直流发电机空载。接通电源，逐渐调节控制电压，使输出电压 U_d 为额定值，记录电动机电流 I_d 及转速 n，再逐渐增加负载到额定值，中间记录 n 点，作出机械特性 $n=f(I_d)$曲线。将结果记录入表 7 - 26 中。

表 7 - 26　直流电动机的机械特性实验记录

电　量	空　载	1	2	3	4
U_d/V					
I_d/A					
n/r/min					

6. 实验结果

实验结果填入表 7 - 22～表 7 - 26 中。

7. 实验报告要求

(1) 分析实验中出现的现象，回答实验中提出的问题。

(2) 整理实验中记录的波形。

(3) 总结调试三相桥式整流电路的步骤和方法。

(4) 画出电阻负载时的输入-输出特性 $U_d=f(U_C)$ 关系曲线。

(5) 绘出电动机机械特性 $n=f(I_d)$ 曲线。

7.4.4 三相交流调压电路的研究

1. 实验目的

(1) 熟悉三相交流调压电路的工作原理。

(2) 了解三相三线制和三相四线制交流调压电路在电阻负载、电阻电感负载时输出电压、电流的波形及移相特性。

2. 实验电路

实验电路如图 7.23 所示。

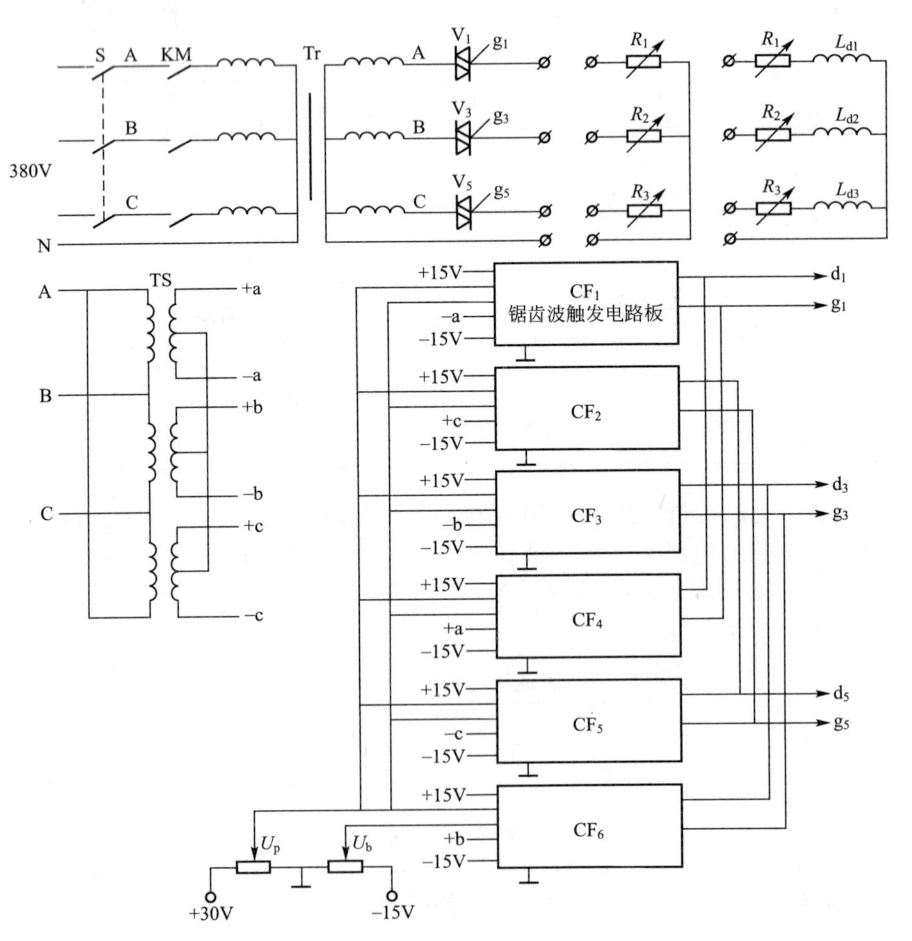

图 7.23 三相交流调压电路

3. 实验设备

实验设备有变阻器、电抗器、双踪示波器和万用表。

4. 实验原理

星形带中线的三相交流调压电路实际上就是 3 个单相交流调压电路的组合，其工作原理和波形均与单相交流调压相同。

对三相三线制交流调压电路，由于没有中线，每相电流必须与另一相构成回路。与三相全控桥一样，三相三线制调压电路应采用宽脉冲或双窄脉冲触发。与三相整流电路不同的是，控制角 $\alpha=0°$为相应相电压过零点，而不是自然换相点。在采用锯齿波同步的触发电路时，为满足小 α 角时的移相要求，同步电压应超前相应的主电路电源电压 30°。

由图 7.23 可看出，主电路整流变压器采用 YN，yn(y)接法与同步变压器采用 D，yn、一yn 接法即可满足上述两种调压电路的需要。

5. 实验内容及步骤

(1) 按图 7.23 把电路接好(暂不接负载)，闭合 S，按“启动”按钮，主电路接通电源。用示波器检查同步电压是否对应超前主电路电源电压 30°(即 U_{+a}超前 U_V30°)。

(2) 切断主电路电源，按星形带中线的三相交流调压电路接上电阻负载，并按“启动”按钮接通主电路，用示波器观察 $\alpha=0°$、30°、60°、90°、120°、150°时的波形，并把波形和输出电压有效值记录于表 7－27 中。

表 7－27 电阻负载时三相交流调压电路实验记录

接 法	α	0°	30°	60°	90°	120°	150°
YN	U						
	u 波形						
Y	U						
	u 波形						

(3) 切断主电路电源，在星形带中线的三相交流调压电路中换接上电阻电感负载，再接通主电路。调变阻器(三相一起调)，使阻抗角 $\varphi\approx60°$，用示波器观察 $\alpha=0°$、30°、60°、120°时的波形，并将输出电压 u、电流 i 的波形和输出电压有效值记录于表7－28中。

表 7－28 电阻电感负载时三相交流调压电路实验记录

接 法	α	0°	30°	60°	120°
YN	U				
	u 波形				
	i 波形				
Y	U				
	u 波形				
	i 波形				

(4) 按“停止”按钮，切断主电路，断开负载中线，做三相三线交流调压实验，其步骤与(2)、(3)相同，并将波形和数值分别记录于表 7－27 和表 7－28 中。

6. 实验报告要求

(1) 讨论分析三相三线制交流调压电路中如何确定触发电路的同步电压。

(2) 整理记录波形，作不同接线方法、不同负载时 $U=f(\alpha)$ 曲线。

(3) 将两种接线方式的输出电压、电流波形进行分析比较。

7.4.5 GTR 单相并联逆变器的研究

1. 实验目的

(1) 熟悉由 GTR 组成的单相并联逆变器电路及其工作原理，了解各元件的作用。

(2) 观察控制电路及负载波形。

2. 实验电路

实验电路如图 7.24 所示。

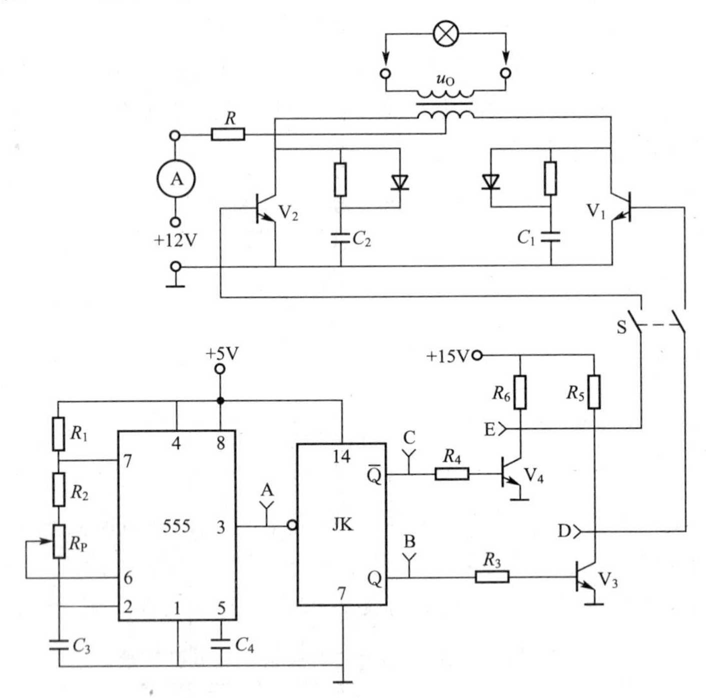

图 7.24　GTR 单相并联逆变电路

3. 实验设备

实验设备包括双踪示波器、万用表、频率计、直流电流表、灯板和 350V 以上电容元件。

4. 实验原理

实验原理如图 7.24 所示，交替导通与关断 V_1、V_2 就能在逆变变压器的二次侧得到交变电压，其频率取决于 V_1、V_2 交替通断的频率，调节 R_P 就能使负载得到频率可调的交变电压。

5. 实验内容及步骤

(1) 首先按图 7.24 把线接好，接上电阻负载(7.5kΩ)，把开关 S 处于断开位置。

(2) 接通+5V 和+15V 电源，用示波器观察 A 点波形，调 R_P，观察 555 集成时基电路的频率是否连续可调。

观察 B、C 点波形的频率是否为 A 点的一半，B、C 两点波形的相位是否正好相差 180°。

观察 D、E 两点的波形，频率与 B、C 点相同，但幅值要高些。

(3) 电路正常后，可接通主电路+12V(+15V)电源，接通开关 S，用示波器观察逆变器输出电压 u_o 的波形。调 R_P，交流电压的频率应连续可调，此时表明逆变器电路工作正常。

(4) 调 R_P 为某一值，测量逆变器输出电压 U_o 及频率 f_O 的数值，并将此时的一组波形记录于表 7-29 中。

表 7-29 逆变器输出波形实验记录

电 压	u_A	u_B	u_C	u_D	u_E	u_o
波 形						

把 R_P 的值调到零和最大，分别读取频率值，指出该电路频率变化范围，将结果记入表 7-30 中。

表 7-30 R_P 值为零和最大时逆变器实验记录

类 别	I/A	U_o/V	f/Hz	f_{R_P}/Hz	$f_{R_{Pm}}$/Hz	$f_{min}\sim f_{max}$
数 值						

(5) 断开 S 和主电路电源，让学生自行设计滤波电路做改善波形实验。如在逆变器的输出端串入电容或采用其他滤波器电路，再接负载电阻，接好后再接通主电路电源和开关 S，观察记录负载电阻两端电压波形，并与步骤(4)中测得的 u_o 进行比较，看 u_o 的波形是否有所改善。将结果记入表 7-31 中。

表 7-31 改善波形实验记录

电 压	u_{o1}	u_{o2}	u_{o3}
滤波电路			
波 形			

6. 实验说明及注意问题

为了安全，实验时应串入 R'，否则调试中一旦出现逆变失败，就会因电流过大而损坏设备。

在逆变器调好后，可去掉 R'，直接接主电路电源进行实验，但因装置上电源功率较小，负载电阻可用 7.5kΩ。若用蓄电池供电，应注意输出功率不得超过 100W。表中记录的波形和数据均应在去掉 R'后读取。

7. 实验报告要求

(1) 整理记录波形，分析实验中出现的问题。

(2) 提出改善输出电压波形的理想方案。

7.4.6　IGBT斩波电路的研究

1. 实验目的

(1) 进一步掌握斩波电路的工作原理。
(2) 熟悉IGBT器件的应用。
(3) 熟悉W494集成脉宽调制器电路。
(4) 了解斩波器电路的调试步骤和方法。

2. 实验电路

实验电路如图7.25所示。

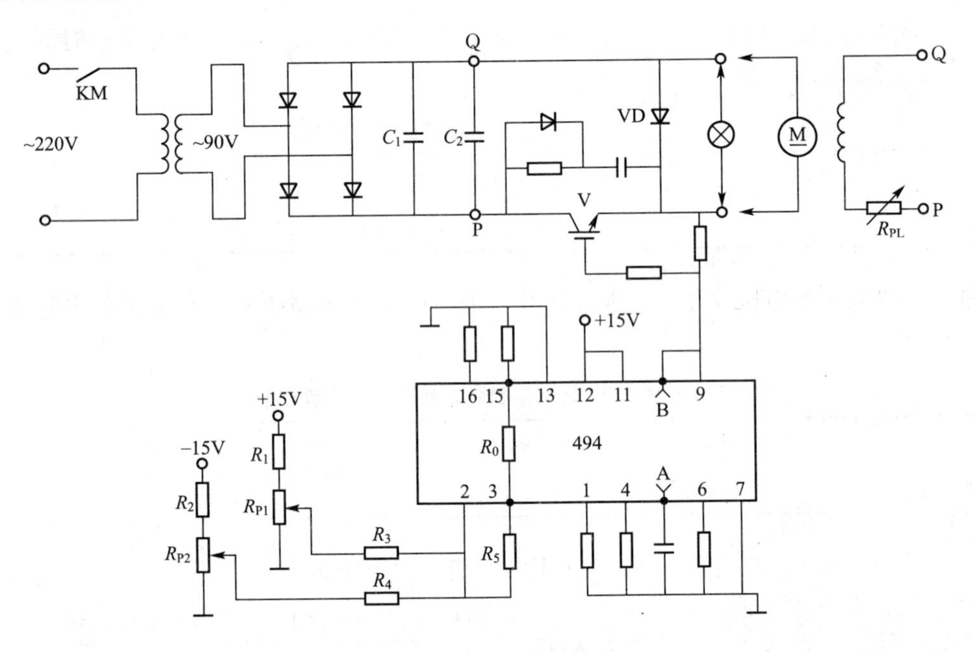

图7.25　IGBT实验电路

3. 实验设备

实验设备包括灯板、变阻器、双踪示波器、万用表和直流伺服电动机(电枢电压110V,励磁电压110V)。

4. 实验原理

实验原理如图7.25所示,220V电源经变压器减压到90V,再由二极管桥式整流、电容滤波获得直流电源。控制IGBT的通断就可调节占空比(τ/T),从而使输出直流电压得到调节。

控制电路采用W494集成脉宽调制器,其引脚排列和内部框图如图7.26所示。

图7.26中电源电压U_{CC}的工作范围为7～30V,实验电路中U_{CC}接+15V。W494内部还提供一个+5V基准电压,由13脚引出,除差动放大器外,所有内部电路均由它提供电源。PWM的开关频率由C_T端和R_T端决定,对地分别接入电容C和电阻R,便可

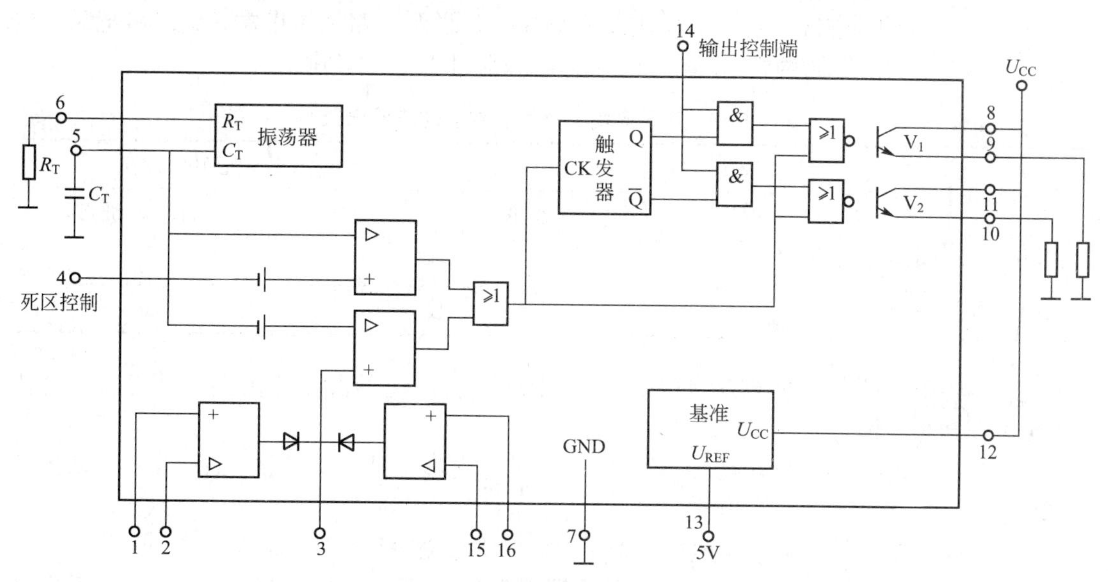

图 7.26 W494集成脉宽调制器的管脚排列及内部框图

产生锯齿波自激振荡，所产生的锯齿波稳定性、线性度好，振荡频率为 $f\approx1/(RC)$。输出控制端 U_{REF}(13脚)用于控制W494的输出方式，当其接地时，两路输出三极管同时导通或截止，形成单端工作状态，可以用于提高输出电流。当输出控制端接 U_{REF}(13脚)时，W494形成双端工作状态，两路输出三极管可接成两路对称的反相工作状态，交替导通。本实验采用13脚接地的控制方式。两个误差放大器，一个可以作为电压控制使用，用于各种不同的PWM控制，另一个可以用于保护。采用适当的连接方式可实现0%～100%和50%～100%占空比脉冲输出，波形如图7.27所示。

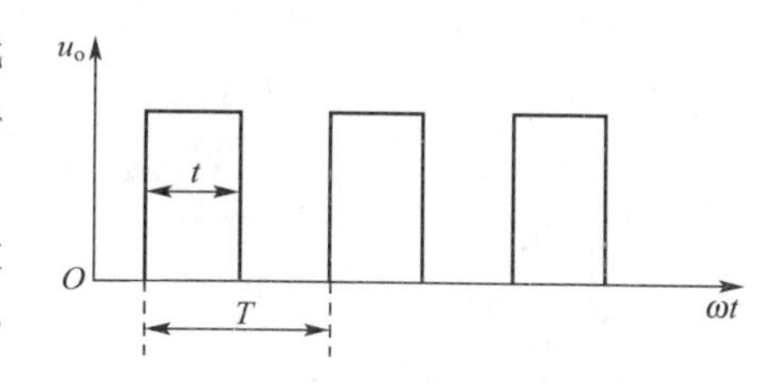

图 7.27 IGBT斩波电路的波形

5. 实验内容及步骤

(1) 对照图7.25在实验装置中找出主电路和控制电路插板的位置，熟悉电路接线，找出IGBT和W494等主要元器件。

(2) 按图7.25把线接好，把电位器 R_{P1} 调到零位，接通±15V电源，用示波器观察A点波形，应为锯齿波，调节 R_{P2}，B点应有脉宽可调的脉冲输出。

(3) 调节 R_{P2} 使输出脉冲宽度为零。正向旋转 R_{P1} 使控制电压由零上升，用示波器观察脉冲应逐渐变宽。调节 R_{P1} 应使占空比由0%～100%(近似)连续可调，这样就说明控制电路工作正常，记录占空比为50%时A、B两点电压波形于表7-32中。

表7-32 占空比为50%时A、B两点的电压波形

u_A 波形		u_B 波形	

(4) 断开±15V电源，并把电位器 R_{P1} 调节到零位，接上灯泡负载(可用200W灯泡)。按启动按钮接通主电路交流电源，此时用万用表测量 C_2(即P、Q)两端直流电压为120V，说明变压器、整流桥及滤波电容工作正常。

(5) 再次接通±15V电源，增大 R_{P1}。用示波器观察负载两端电压波形，占空比是否

由0%～100%(近似)连续可调。若为连续可调方波，说明电路工作正常，此时可记录占空比为50%及100%时负载两端电压u_o数值及u_o波形于表7-33中。

表7-33 不同负载、不同占空比的波形记录

负载	占空比50%		占空比100%	
	u_o/V	u_o波形	u_o/V	u_o波形
200W				
100W(或60W)				

关掉一盏灯或改用一只60W灯泡，重复上述实验，记录占空比为50%及100%时负载两端电压数值及波形于表7-33中。

(6) 断开各电源，把电位器R_{P1}调到零位，拆去灯泡负载，参照图7.25接上电动机负载(空载)。

(7) 接通交流电源和主电路电源，调节R_{PL}，使励磁绕组电压为额定值。

(8) 接通±15V电源，正旋R_{P1}，用示波器观察u_o的波形及电动机转速的变化，看电动机运行是否平稳。电动机工作正常后，可用直流电压表和转速表记录一组数据于表7-34中。

表7-34 电动机转速与直流表电压数据记录

τ/T	25%	50%	75%	100%
U_o/V				
n/r·min^{-1}				

6. 实验报告要求

(1) 整理记录波形，比较两种灯泡下u_o波形有什么不同，为什么？

(2) 占空比为100%时u_o的波形是否平直，为什么？

(3) 画出电动机负载时$u_o=f(\tau/T)$及$n=f(\tau/T)$关系曲线。

参 考 文 献

[1] 王兆安，黄俊. 电力电子技术 [M]. 4 版. 北京：机械工业出版社，2005.
[2] 莫正康. 电力电子应用技术 [M]. 3 版. 北京：机械工业出版社，2003.
[3] 黄俊. 半导体变流技术实验与习题 [M]. 北京：机械工业出版社，1989.
[4] 王兆安，杨君，刘进军. 谐波抑制和无功功率补偿 [M]. 北京：机械工业出版社，1989.
[5] 曾方，郭再泉. 电力电子技术 [M]. 西安：西安电子科技大学出版社，2004.
[6] 张一工，肖汀宁. 现代电力电子技术原理与应用 [M]. 北京：科学出版社，1999.
[7] 华为，周文定. 现代电力电子器件及其应用 [M]. 北京：北方交通大学出版社，2002.
[8] 陈伯时. 电力拖动自动控制系统 [M]. 北京：机械工业出版社，1992.
[9] 陈志明. 电力电子器件基础 [M]. 北京：机械工业出版社，1992.
[10] 王文郁，石玉. 电力电子技术应用电路 [M]. 北京：机械工业出版社，2001.
[11] 潘孟春，胡媛媛. 电力电子技术实践教程 [M]. 长沙：国防科技大学出版社，2005.

北京大学出版社高职高专机电系列规划教材

序号	书号	书名	编著者	定价	出版日期
1	978-7-301-12181-8	自动控制原理与应用	梁南丁	23.00	2012.1 第 3 次印刷
2	978-7-5038-4861-2	公差配合与测量技术	南秀蓉	23.00	2011.12 第 4 次印刷
3	978-7-5038-4865-0	CAD/CAM 数控编程与实训(CAXA 版)	刘玉春	27.00	2011.2 第 3 次印刷
4	978-7-5038-4869-8	设备状态监测与故障诊断技术	林英志	22.00	2011.8 第 3 次印刷
5	978-7-301-13262-3	实用数控编程与操作	钱东东	32.00	2011.8 第 3 次印刷
6	978-7-301-13383-5	机械专业英语图解教程	朱派龙	22.00	2012.2 第 4 次印刷
7	978-7-301-13582-2	液压与气压传动技术	袁 广	24.00	2011.3 第 3 次印刷
8	978-7-301-13662-1	机械制造技术	宁广庆	42.00	2010.11 第 2 次印刷
9	978-7-301-13574-7	机械制造基础	徐从清	32.00	2012.7 第 3 次印刷
10	978-7-301-13653-9	工程力学	武昭晖	25.00	2011.2 第 3 次印刷
11	978-7-301-13652-2	金工实训	柴增田	22.00	2011.11 第 3 次印刷
12	978-7-301-14470-1	数控编程与操作	刘瑞已	29.00	2011.2 第 2 次印刷
13	978-7-301-13651-5	金属工艺学	柴增田	27.00	2011.6 第 2 次印刷
14	978-7-301-12389-8	电机与拖动	梁南丁	32.00	2011.12 第 2 次印刷
15	978-7-301-13659-1	CAD/CAM 实体造型教程与实训 (Pro/ENGINEER 版)	诸小丽	38.00	2012.1 第 3 次印刷
16	978-7-301-13656-0	机械设计基础	时忠明	25.00	2012.7 第 3 次印刷
17	978-7-301-17122-6	AutoCAD 机械绘图项目教程	张海鹏	36.00	2011.10 第 2 次印刷
18	978-7-301-17148-6	普通机床零件加工	杨雪青	26.00	2010.6
19	978-7-301-17398-5	数控加工技术项目教程	李东君	48.00	2010.8
20	978-7-301-17573-6	AutoCAD 机械绘图基础教程	王长忠	32.00	2010.8
21	978-7-301-17557-6	CAD/CAM 数控编程项目教程(UG 版)	慕 灿	45.00	2012.4 第 2 次印刷
22	978-7-301-17609-2	液压传动	龚肖新	22.00	2010.8
23	978-7-301-17679-5	机械零件数控加工	李 文	38.00	2010.8
24	978-7-301-17608-5	机械加工工艺编制	于爱武	45.00	2012.2 第 2 次印刷
25	978-7-301-17707-5	零件加工信息分析	谢 蕾	46.00	2010.8
26	978-7-301-18357-1	机械制图	徐连孝	27.00	2012.9 第 2 次印刷
27	978-7-301-18143-0	机械制图习题集	徐连孝	20.00	2011.1
28	978-7-301-18470-7	传感器检测技术及应用	王晓敏	35.00	2012.7 第 2 次印刷
29	978-7-301-18471-4	冲压工艺与模具设计	张 芳	39.00	2011.3
30	978-7-301-18852-1	机电专业英语	戴正阳	28.00	2011.5
31	978-7-301-19272-6	电气控制与 PLC 程序设计(松下系列)	姜秀玲	36.00	2011.8
32	978-7-301-19297-9	机械制造工艺及夹具设计	徐 勇	28.00	2011.8
33	978-7-301-19319-8	电力系统自动装置	王 伟	24.00	2011.8
34	978-7-301-19374-7	公差配合与技术测量	庄佃霞	26.00	2011.8
35	978-7-301-19436-2	公差与测量技术	余 键	25.00	2011.9
36	978-7-301-19010-4	AutoCAD 机械绘图基础教程与实训(第 2 版)	欧阳全会	36.00	2013.1 第 2 次印刷
37	978-7-301-19638-0	电气控制与 PLC 应用技术	郭 燕	24.00	2012.1
38	978-7-301-19933-6	冷冲压工艺与模具设计	刘洪贤	32.00	2012.1
39	978-7-301-20002-5	数控机床故障诊断与维修	陈学军	38.00	2012.1
40	978-7-301-20312-5	数控编程与加工项目教程	周晓宏	42.00	2012.3
41	978-7-301-20414-6	Pro/ENGINEER Wildfire 产品设计项目教程	罗 武	31.00	2012.5
42	978-7-301-15692-6	机械制图	吴百中	26.00	2012.7 第 2 次印刷
43	978-7-301-20945-5	数控铣削技术	陈晓罗	42.00	2012.7
44	978-7-301-21053-6	数控车削技术	王军红	28.00	2012.8
45	978-7-301-21119-9	数控机床及其维护	黄应勇	38.00	2012.8
46	978-7-301-20752-9	液压传动与气动技术(第 2 版)	曹建东	40.00	2012.8
47	978-7-301-18630-5	电机与电力拖动	孙英伟	33.00	2011.3
48	978-7-301-16448-8	Pro/ENGINEER Wildfire 设计实训教程	吴志清	38.00	2012.8
49	978-7-301-21239-4	自动生产线安装与调试实训教程	周 洋	30.00	2012.9
50	978-7-301-21269-1	电机控制与实践	徐 锋	34.00	2012.9
51	978-7-301-16770-0	电机拖动与应用实训教程	任娟平	36.00	2012.11
52	9978-7-301-20654-6	自动生产线调试与维护	吴有明	28.00	2013.1

北京大学出版社高职高专电子信息系列规划教材

序号	书号	书名	编著者	定价	出版日期
1	978-7-301-12180-1	单片机开发应用技术	李国兴	21.00	2010.9 第 2 次印刷
2	978-7-301-12386-7	高频电子线路	李福勤	20.00	2010.3 第 2 次印刷
3	978-7-301-12384-3	电路分析基础	徐　锋	22.00	2010.3 第 2 次印刷
4	978-7-301-13572-3	模拟电子技术及应用	刁修睦	28.00	2012.8 第 3 次印刷
5	978-7-301-12390-4	电力电子技术	梁南丁	29.00	2010.7 第 2 次印刷
6	978-7-301-12383-6	电气控制与 PLC(西门子系列)	李　伟	26.00	2012.3 第 2 次印刷
7	978-7-301-12387-4	电子线路 CAD	殷庆纵	28.00	2012.7 第 4 次印刷
8	978-7-301-12382-9	电气控制及 PLC 应用(三菱系列)	华满香	24.00	2012.5 第 2 次印刷
9	978-7-301-16898-1	单片机设计应用与仿真	陆旭明	26.00	2012.4 第 2 次印刷
10	978-7-301-16830-1	维修电工技能与实训	陈学平	37.00	2010.7
11	978-7-301-17324-4	电机控制与应用	魏润仙	34.00	2010.8
12	978-7-301-17569-9	电工电子技术项目教程	杨德明	32.00	2012.4 第 2 次印刷
13	978-7-301-17696-2	模拟电子技术	蒋　然	35.00	2010.8
14	978-7-301-17712-9	电子技术应用项目式教程	王志伟	32.00	2012.7 第 2 次印刷
15	978-7-301-17730-3	电力电子技术	崔　红	23.00	2010.9
16	978-7-301-17877-5	电子信息专业英语	高金玉	26.00	2011.11 第 2 次印刷
17	978-7-301-17958-1	单片机开发入门及应用实例	熊华波	30.00	2011.1
18	978-7-301-18188-1	可编程控制器应用技术项目教程(西门子)	崔维群	38.00	2011.1
19	978-7-301-18322-9	电子 EDA 技术(Multisim)	刘训非	30.00	2012.7 第 2 次印刷
20	978-7-301-18144-7	数字电子技术项目教程	冯泽虎	28.00	2011.1
21	978-7-301-18519-3	电工技术应用	孙建领	26.00	2011.3
22	978-7-301-18770-8	电机应用技术	郭宝宁	33.00	2011.5
23	978-7-301-18520-9	电子线路分析与应用	梁玉国	34.00	2011.7
24	978-7-301-18622-0	PLC 与变频器控制系统设计与调试	姜永华	34.00	2011.6
25	978-7-301-19310-5	PCB 板的设计与制作	夏淑丽	33.00	2011.8
26	978-7-301-19326-6	综合电子设计与实践	钱卫钧	25.00	2011.8
27	978-7-301-19302-0	基于汇编语言的单片机仿真教程与实训	张秀国	32.00	2011.8
28	978-7-301-19153-8	数字电子技术与应用	宋雪臣	33.00	2011.9
29	978-7-301-19525-3	电工电子技术	倪　涛	38.00	2011.9
30	978-7-301-19953-4	电子技术项目教程	徐超明	38.00	2012.1
31	978-7-301-20000-1	单片机应用技术教程	罗国荣	40.00	2012.2
32	978-7-301-20009-4	数字逻辑与微机原理	宋振辉	49.00	2012.1
33	978-7-301-20706-2	高频电子技术	朱小祥	32.00	2012.6
34	978-7-301-21055-0	单片机应用项目化教程	顾亚文	32.00	2012.8
35	978-7-301-17489-0	单片机原理及应用	陈高锋	32.00	2012.9
36	978-7-301-21147-2	Protel 99 SE 印制电路板设计案例教程	王　静	35.00	2012.8
37	978-7-301-19639-7	电路分析基础(第 2 版)	张丽萍	25.00	2012.9

请登录 www.pup6.cn 免费下载本系列教材的电子书(PDF 版)、电子课件和相关教学资源。
欢迎免费索取样书，并欢迎到北京大学出版社来出版您的大作，可在 www.pup6.cn 在线申请样书和进行选题登记，也可下载相关表格填写后发到我们的邮箱，我们将及时与您取得联系并做好全方位的服务。
联系方式：010-62750667，yongjian3000@163.com，linzhangbo@126.com，欢迎来电来信。